雪泥鸿爪

XUENI HONGZHAO

张化本◎著

中国文史出版社
CHINA CULTURAL AND HISTORICAL PRESS

张化本（2010年）

目録

辑一　文艺心理

辑二　审美欣赏

辑三　人物风采

辑四　议政感言

辑一

文艺心理

谈谈文艺心理学的几个问题

（一）

文艺心理学，是研究文学艺术创作和欣赏中的心理活动及其规律的一门科学，是文艺学与心理学相互交叉的一门学科。

以往的文艺学，多从文艺与现实的关系上着眼，因此便有了文艺创作反映客观现实这个命题。在揭示文艺创作的根本性质和根本方向上，这个命题毫无疑问是正确的，是应当继续坚持的。但从文艺创作活动的实际情况来看，这个命题却是不精密的。因为这个命题在表述上只揭示了两个环节："客观现实和文艺创作中的艺术形象。"而文艺创作的实际却是：在客观现实与文艺作品之间，有一个不可忽视的中介，这就是艺术家大脑的活动，客观现实是先经过艺术家的大脑活动转变为心理形态的东西后，才外化为艺术作品的。人的大脑对客观现实的反映并不是像镜子那样消极被动的，而是积极能动的，其反映成果要受到种种主观心理因素的影响和制约。例如，宋末著名画家郑思肖在南宋灭亡之后多画墨兰，而所画之兰皆有根无土。有人问他为什么作无土之兰，他满怀悲愤地反问说："地为番人夺去，汝不知耶？"兰花本是有根有土的，但是在郑思肖的反映中却是有根无土，因为这种反映活动受到了艺术家主观心理因素——亡国丧土之痛的影响。如果说这种反映的情意化现象还不是文艺创作所独有的话，那么反映的加工则更突出反映了文艺创作者的主观能动作用。文艺创作作为一种审美创造活动，不是对客观世界简单反映一下就算了事，而是要按照一定的主观意图和艺术法则对头脑中的反映成果进行加工改造，以创造出艺术的形象，这种艺术形象往往与"客观事物的本来面目"大相径庭。请看，古曲《春江花月夜》中所描绘的景物决不仅仅限于听觉对象，即从题目来看，就可以有肤觉的春夜江风、视觉的明月、嗅觉的花香，等等。而这一切最后却都被表现为听觉形式的音乐旋律。由此可知，创作者在对“春江花月夜”这种客观景物的艺术反映中，对头脑中的映象进行了何等复杂的加工和改造。这类事例说明，两个环节的说法相对于创作的实际而言，的确是太简单化了。准确而精密的说法应该包含三个环节，即“客观现实、主观反映和加工、文艺创作中的艺术形象”。正如马克思所说：“观念性的东西不外是移入人的头脑并在人的头脑中改造过的物质性的东西而已。”一是“移入”，二是“改造”，这两个要点是不可偏废的。文艺创作中的艺术形象这个观念性的东西，就既是“移入人的头脑”的物质性的东西，又是“在人的头脑中改造过的”物质性的东西。文艺心理学所研究的一个重要内容，就是艺术家的头脑是怎样对这些移入的物质性的东西进行改造以创造出艺术形象的，也就是说，主要研究三个环节的中间一环，即艺术家的感觉、知觉、联想、想象、思维、注意、情感、意志等心理活动在文艺创作过程中各有什么活动特点，又是怎样相互作用并相互配合起来，对客观事物的映象进行加工和改造的。另外，艺术家的性格、气质和能力等个性因素对这些心理活动又会产生怎样的影响和作用。

以上说的是创作过程中的心理活动。文艺心理学研究的另一重要内容是欣赏中的心理活动，这种心理活动也是有很大能动性的。瑞士心理学家皮亚杰经过多年的研究证明，个体对外界刺激的任何反应，都是已有心理结构对刺激的同化，即主体已有心理结构对“刺激输入过滤和改变”。鲁迅先生在谈到读《红楼梦》时说：“单是命意，就因读者的眼光而有种种：经学家看见《易》，道学家看见淫，才子看见缠绵，革命家看见排满，流言家看见宫闱秘事……”[①]同是一部《红楼梦》，在不同人的头脑中会留下如此不同的印象。可见文艺欣赏也存在欣赏者主观能动的心理因素的作用，欣赏者的兴趣、经验、情感、价值观念等主观因素都可能影响到对作品映象的选择、过滤、改变乃至于再创造。文艺心理学也要研究欣赏者的大脑是怎样在作品欣赏中发挥作用的；研究欣赏中的感觉、知觉、联想、想象、思维、情感、注意等心理活动各有什么特点和规律。

① 《鲁迅全集》，第7卷，第419页。

（二）

研究文艺心理学具有重要的意义，这种意义至少可以表现在以下两个方面：

首先，它有利于探索和揭示文艺创作与欣赏的心理奥秘，给以科学的说明与解释。文艺是人类生活中重要的精神活动，但是对于这种精神活动中的许多情况，人们认识得并不是很清楚，有时甚至觉得很神秘，例如文艺创作中的灵感现象。许多艺术家都有过这样的体会，有时殚精竭虑而不得者，有时却仿佛不思而至，妙想联翩。法国音乐家柏辽兹在一次谱曲中搜肠刮肚所不得的旋律，却在后来的一次落水后偶然得到；郭沫若自言他在课堂上听讲时“突然有诗意袭来”，于是创作了那首著名的《凤凰涅槃》。这种现象在古今中外的文艺创作中并不少见，人们把它叫作灵感。灵感的这种奇特性使人们对它产生了一种神秘感，古希腊哲学家柏拉图就曾将灵感归于神灵，认为诗人的灵感是由神灵赐予的。其实，灵感是创造思维中的一种心理现象。文艺创作思维和其他创造思维一样，都是要在大脑皮层上破除事物之间旧的联系，建立新的联系。建立新的神经联系往往需要唤醒那些处于潜沉状态的神经细胞群，然后通过不断的尝试构建起一种新的神经模式。但是旧的神经联系、思维定势及其他心理因素往往会压抑着那些处于沉潜状态的神经细胞的复苏，阻碍着新联系的建立。只有在创作者的各种心理因素得到了相当协调的配合与发挥，旧的神经联系和思维定势被打破时，那些潜沉的神经细胞才可能激发活力，那些极难接通的思维“电路”才可能突然接通。当然，灵感的情况很复杂，它的奥秘以及其他种种心理现象（例如潜意识、直觉等问题）的奥秘也还有待于进一步揭示，而这正是文艺心理学的一项重要任务。

其次，它有利于总结文艺创作与欣赏的心理活动的特点和规律，从而指导人们在创作与欣赏中取得较佳的效果。例如文艺创作中的形象思维问题就是文艺心理学的一个重要课题。有人觉得艺术思维并没有不同于其他思维的特点，它同样要通过概念、判断、推理等抽象思维形式取得认识成果，形象只是一个表现形式问题，由此便出现了“主题先行”“图解概念”等创作。另有人觉得艺术思维与抽象思维毫无关系，它只是非理性和无意识的形象组合，于是便有了通过睡梦和致幻剂进行创作的现象。其实，艺术思维既不能脱离人的大脑固有的抽象思维功能，又不是抽象思维成果的形象展现，而是一种形象思维。从文艺心理学的角度看，就是由抽象思维指导和配合的、渗透着情感活动的自觉表象运动过程。表象是客观事物形象的心理形态，它具有一定的概括性，又具有一定的理解性（因为表象来源于知觉，而人的知觉是具有理解性的），这使得创作者可以直接通过自觉表象运动来认识和反映事物的联系。当然这种反映和认识不能脱离抽象思维的影响，但却不是抽象思维的图解演绎，而必须是自觉表象运动的直接成果。只有运用这样的思维方法，才能创造出既具有深刻的认识价值又具有艺术感染力的作品来。下面再以艺术通感为例谈谈文艺心理学对文艺欣赏的指导意义。所谓艺术通感，简单地说，就是艺术创作与欣赏中不同感觉的沟通。吴昌硕《刻印长诗》说："诗文书画有真意，贵能深造求其通。"这"通"就包括通感的意思。例如，有人在欣赏颜真卿的书法名作《祭侄文稿》时感到一种欣赏裘盛戎唱腔时的悲壮之美，有人从大型建筑"柱、窗、窗，柱、窗、窗"的结构中感受到圆舞曲的节奏和韵律。艺术欣赏如果能像这样在不同感觉形式和表现形式的艺术间产生相通的感受，无疑会加强欣赏的效果。

（三）

文艺心理学作为一门独立的学科，在国外已经有了相当的发展，在我国则刚刚开始起步。我国最早的文艺心理学专著，是朱光潜先生写于30年代的《文艺心理学》和《悲剧心理学》。前者在新中国成立前重版7次，1982年收入《朱光潜美学文集》（第1卷）；后者是作者早年在国外用英文写作出版的，1983年在国内首次翻译出版。朱光潜先生这两部著作是我国文艺心理学研究的滥觞。此后近半个世纪，这个领域的研究一直无声无息，近乎空白，直到1982年才出版了金开诚的《文艺心理学论稿》，其后，陆一帆的《文艺心理学》、鲁枢元的《创作心理研究》、滕守尧的《审美心理描述》、金开诚的《文艺心理学概论》、高楠的《艺术心理学》等相继问世，使文艺心理学园地开始出现一种繁荣兴旺的局面。在译著方面，1959年我国出版了苏联的《绘画心理学》，1982年出版了英国的《音乐家心理学》，1983年出版了苏联的《文学创作心理学》，1984年出版了苏联尼季伏洛娃的《文艺创作心理学》（魏灰安译）和美国阿恩海姆的《艺术与视知觉》（滕守尧译），1985年出版了苏联维戈茨基的《艺术心理学》（周新译）。

当前我国的文艺心理学研究呈现一种多元化、多角度的局面，这种情况并不奇怪。因为文艺心理学本身就是多种学科（如心理学、文艺学、美学、语言学等）的边缘学科，因此在实际的研究中，各人的学科侧重会有不同，各自阐述的重点和所取的角度便会出现差别。另外，文艺心理学要运用心理学原理来研究文艺创作和文艺欣赏中的心理活动，而心理学却是一门学派众多、新说竞起的学科，如精神分析心理学、格式塔心理学、认知心理学、结构主义心理学、人本主义心理学等，都对我国当前的文艺心理学研究产生着影响，使各种文艺心理学研究呈现出不同的色彩和风貌。

那么我们对文艺心理学是怎样认识的呢？这可以概括为两个基本思想、五种辩证关系。

第一个基本思想，就是在肯定文艺创作与欣赏中的一切心理活动在本质上都是主观对客观的反映的前提下，强调在创作与欣赏中充分发挥主观能动作用。我们认为，文艺创作与欣赏中固然存在着种种不自觉、无意识的心理现象，但从整体和本质上看，创作与欣赏却都是一种自觉的、有意识的心理活动。因此在创作与欣赏活动中，既不应停留在对客观对象消极被动的反映上，也不应寄希望于虚幻的无意识活动，而应在有意识的反映与创造活动上下功夫，开展积极的心理活动。

第二个基本思想，就是在充分肯定表象活动在创作与欣赏中的突出作用的前提下，强调大脑活动的整体性原则，把创作与欣赏中心理活动的基本内容看作表象活动、思维活动、情感活动三者相互联系、相互作用的整体性活动。这一思想可以具体表述如下：创作与欣赏中的表象活动，在自觉性、深广度、普遍性上都远远超过其他活动中所可能出现的表象活动，但是由于大脑的机能定位与整体性活动之间存在着不以人意志为转移的辩证关系，因此这种表象活动必然要受到抽象思维的渗透、影响和制约。作为创作与欣赏中的认识方面，表象活动与抽象思维是在大脑皮层上进行的，而作为创作与欣赏心理中另一重要因素的情感活动，却是通过皮层下中枢完成的。由于皮层与皮层下中枢也是相互作用的整体性活动，因此形成了认识决定情感、情感反作用于认识的辩证关系。这样就形成了以自觉表象运动为核心的表象、思维、情感三者有机统一的具有整体性的艺术思维活动。

五种辩证关系就是主观与客观、感性与理性、认识与情感、修养与创造、创作与欣赏。这是对两个基本思想的具体阐发。我们觉得，文艺创作与欣赏中的各种心理现象和心理活动都是辩证统一的，任何片面强调某一方面而否定另一方面的认识都可能造成理论上的偏颇。当然，文艺创作与欣赏心理中的辩证关系是极为丰富的，并不限于五种，但前面所说的五种关系却是最基本的。

（本篇与金开诚教授合作，刊于《百科知识》1988年第5期）

文艺创作中的表象、思维与情感

文艺心理学是一门很年轻的科学，它研究文艺创作和欣赏中的心理现象，即感觉、知觉、表象、思维、情感等心理活动的特点及其相互关系。文艺心理作为一种特殊的心理现象，离不开马克思主义心理学所揭示的一般规律的制约。首先，人的一切心理活动，都是客观事物作用于人所引起的人的高级神经活动。客观事物作用于人的各种感官，使人产生感觉、知觉，进而在头脑中形成记忆表象，然后通过表象和思维的活动达到对事物逐步深入的理解，这些构成了人的认识活动的全部内容。人们在认识客观事物的同时就会对它产生一定的态度，如喜爱、厌恶等等，这就是情感活动。人既反映客观世界，又反作用于客观世界，文艺就是人能动地反映客观世界的一种实践认识活动。其次，人的感知、表象、思维、情感等心理活动并不是彼此孤立的，而是相互联系、相互制约的。现代心理学的发展证明，人的大脑是一个整体，其左、右两半球的活动以及皮层和皮层下中枢的活动是相互调节、彼此制约的。文艺作为人对客观事物的艺术的认识，其心理活动除遵从以上规律外还另有特点。这种特点主要表现在其表象活动占有突出地位，表象、思维、情感三者的统一具有和其他心理活动不同的形态。

本文主要讨论文艺创作中表象、思维、情感三者的特点及相互关系，分为表象篇、思维篇、情感篇三部分。这是根据金开诚先生所著《文艺心理学论稿》一书的基本观点和体系并结合笔者学习研究文艺心理学中的一些体会和认识撰写的。文中引文凡未注明出处处均引自或转引自金开诚先生所著《文艺心理学论稿》一书。

（一）表象篇

一切文学艺术都是以生动的艺术形象来感染人的。客观世界的形象通过艺术家大脑的改造加工并加以外化而成为作品中的艺术形象。那么，艺术家大脑中加工改造的直接材料是什么呢？是表象，即人的记忆中所保持的客观事物的形象。为什么表象能成为艺术家头脑中加工改造的直接材料？创作过程中表象是怎样发挥作用的？这些就是本篇所要讨论的问题。

1. 表象的特性

表象来源于人对客观世界的知觉。所谓知觉，就是人脑对客观事物的各种属性、各个部分及其相互关系的综合的、整体的反映。比如一辆汽车驰过我们面前，我们看到了它的轮子、车厢，听到了它的引擎声，闻到了它的汽油味，这些不同部分、不同属性通过我们的各种感官（眼、耳、鼻等）在我们头脑中形成一个综合整体的反映，我们就知觉到这是一辆汽车。这种反映使汽车的形象留在我们的脑子里，时过境迁，我们回忆时脑子里仍然会浮现出汽车的形象，这就是表象。随着知觉次数的增加和表象的积累，我们就会抛弃一些表面的东西而形成一个深刻的认识："汽车是以内燃机为动力、有四个或四个以上胶轮、用来载人或运货的公路交通工具。"这就是概念，即人脑对现实对象和现象的一般特征和本质特征的反映。以上三种认识形态相比，为什么只有表象能成为艺术家创造新形象的直接材料？因为表象有以下特点：

（1）形象的持久性

概念虽然比知觉、表象深刻，但由于缺乏形象性而不能成为创造艺术形象的直接材料。知觉在反映客观事物时具有形象性的特点，但知觉只有在客观事物正处于人的感觉器官所及的范围之内时才得以产生，因此也无法积累起来成为创作的材料。只有表象既具有形象认识的形态，又由于人类大脑的记忆功能而具有持久性，因此可以作为素材被积累起来而在创作时直接进入构思。

（2）形象的不稳定性

知觉不存在不稳定的问题，看到天安门的红墙黄瓦，就是红墙黄瓦，对象通过我们的眼球鲜明清晰地映在视网膜上。表象则不然，过一段时间可能模糊，是黄瓦还是绿瓦？可能记不清了。当然我们如果有意持久地仔细观察，还是能获得较为深刻稳定的表象的，但其深刻稳定程度永远也赶不上当时知觉的形象。表象的这种不稳定性就使它具有了变异性和可塑性，艺术家在创作时就可以依据自己的感情倾向和美学趣味对原有的表象进行加工改造。

（3）形象的概括性

知觉具有形象直观性，但没有概括性；概念具有概括性，却不具有形象性。只有表象既具有形象直观性，又有一定的概括性。例如说到松树，你的脑子里可能会映出一棵具有绿色针叶的松树的表象。这松树的表象具有形象性，但又不像知觉那样是对某一特定对象的反映（例如你在华山或黄山看到某一棵松树），而是对一般松树形象的反映；它所突出的不是一棵个别松树的特点，而是一切松树所共有的一般特征（绿色针叶等）。因此，它就具有了概括性。表象这种既有一定程度的概括又有一定程度的形象的特性就使它能够在抽象思维的指导下，通过复杂细致的加工，达到概括性不断提高，具象性也不断提高，从而成为具有典型意义的表象。

表象的以上特点决定了它在形象的创造上比知觉具有很大的优越性，又不能被概念所代替，因此可以在创作中发挥巨大的作用。

2. 自觉的表象运动

表象在文艺创作中的作用主要表现在自觉的表象运动。表象在人的头脑中并非凝固静止的，而是活动变化的。一般的表象活动是自发的，文艺创作是一种有目的的自觉行动，创作过程中艺术家根据一定的创作意图使头脑中的表象运动变化从而创造出新的表象，因此，这是一种自觉的表象运动。自觉的表象运动有哪些运动形态呢？

（1）自觉的表象深化、分化和变异

所谓自觉的表象深化是指艺术家在对客观事物的观察中不要满足于自发形成的浅薄表象，而要发挥主观能动作用，加强注意，使表象由浅入深。巴尔扎克在《法齐诺·加奈》一书的前言中写道："我喜欢观察我所住的那一带郊区的各种风俗习惯，当地的居民和他们的性格……我可以和他们混在一起，看他们做买卖，看他们工作完毕后怎样互相争吵。对我来说，这种观察已经成为一种直觉，我的观察既不能忽略外表，又能深入对方的心灵……"这种由表及里所形成的深刻表象怎能不使作者笔下的人物栩栩如生呢？自觉的表象分化就是在保持表象的基本形态和主要特征的同时，构想种种类似的新表象。

其心理基础在于前面所谈表象具有的概括性和可塑性特点。徐悲鸿笔下可以画出千姿百态的马来，是否徐悲鸿的脑中预先储有这千姿百态的马的种种的稳定表象呢？任何人都很难具有这样高强的形象记忆力。关键要在牢固把握马的基本形貌、主要特征、常见姿态的基础上，通过表象的分化画出各具形态的马的形象。舞蹈、戏曲演员由基本功分化出丰富多彩的舞蹈动作，音乐由主旋律分化出一系列变奏曲，都体现了表象分化的作用。自觉的表象变异是指艺术家在创作中自觉地通过情感、思维等心理因素对表象产生影响，使其变异。“白发三千丈，缘愁似个长”是李白《秋浦歌》中的一句，显然白发的客观情况不可能在李白的头脑中形成三千丈的表象。之所以如此，是作者内心的愁情使白发的表象发生变异，作者将其外化为诗句，以表达内心的愁情之长。

（2）自觉的表象联想

以上所谈都是单个表象的积极变化，自觉的表象联想则是在表象与表象的联系中所展开的运动。“自觉的表象联想就是根据创作的目的，由一个表象联想到另一个或更多的表象，使它们彼此联系起来，在思想、艺术的表现上起到积极的作用。”文艺作品中常见的比喻、象征、衬托、对照等表现手法，其心理基础都是表象联想。表象联想有接近联想、类似联想、对比联想等种种。白居易《琵琶行》诗中“大弦嘈嘈如急雨，小弦切切如私语”一句，由琵琶的听觉表象联想到“急雨”“私语”的听觉表象，使读者对琵琶乐声的感受更真切，是类似联想。杜诗“即从巴峡穿巫峡，便下襄阳向洛阳”（《闻官军收河南河北》），因巴峡、巫峡、襄阳、洛阳地理位置的接近而产生的联想是接近联想，而他的“朱门酒肉臭，路有冻死骨”（《自京赴奉先县咏怀五百字》），则显然是对比联想。

（3）自觉的表象分解与综合

自觉的表象分解与综合是在表象与表象联系中所展开的更为复杂的运动，是艺术创作中最重要的一种自觉的表象运动。自觉的表象分解与综合就是有意想象，即艺术家为了一定的创作目的在头脑中改造记忆中的表象而创造新表象的过程。所谓表象分解，就是把记忆中的有关表象拆散或碾碎；所谓表象综合，就是将这些碎散的表象再重新结合成一个新的表象。高尔基说：“假如一个作家能从二十个到五十个，以至从几百个小店铺老板、官吏、工人中每个人的身上，把他们最有代表性的阶级特点、习惯、嗜好、姿势、信仰和谈吐等等抽取出来（分解——笔者注），再把它们综合在一个小店铺老板、官吏、工人的身上（综合——笔者注），那么这个作家就能用这种手法创造出典型来——而这才是艺术。”导演郑君里在《角色的诞生》一书中曾介绍了一位演员自己谈酝酿塑造《北京人》中愫芳形象的心理过程：

> 我便放下剧本，打算用思索来拨开这些隐约的浮光，突然，一位亲戚的身影出现在我记忆中——哦，对了！她的“味儿”跟我现在的心情有些相近！我开始集中注意去回忆她的脸，瓜子形，苍白得像透明——她的眼、嘴、全身、仪态，她的为人、脾气，以及我们之间的往还，等等。一种记忆挑起另一种，从此我的心好像发生一种磁力，把我过去看过的、听过的、经历过的一切与这调子相近的影像都摄吸回来，像萤火似的在心头穿来穿去。角色所给我的一些直接的感触开始跟我记忆中原有的影像互相渗合，模糊的演变为较清晰，断片的引申为较完整。……终于我看见她了！

从中我们可以清楚地看到表象分解与综合的过程。当她亲戚的身影浮现在她大脑屏幕上的时候，当她“把过去看过的、听过的、经历过的一切与这调子相近的影像都摄吸回来”的时候，她就在进行着把有关的表象从原有的表象系统中分解出来的工作；而对于角色的直接感触与这些影像的“互相渗合”，新的表象变为“清晰”“完整”，则是综合。

应该指出，表象的分解，不应该是生硬的“割裂”，而应是精细的“分化”；表象的综合，不应是简单的“凑合”，而应是有机的“融合”。只有这样，创造出的形象才能是和谐的、完整的、血肉丰满的。

自觉的表象运动是文艺创作中最重要的一项心理活动。其所以重要就在于正是它体现了文艺创作中心理活动的特点。在其他实践认识活动中也存在着自觉的表象运动，如对暖水瓶、电视机外形和图案的设计。但是它们在深度和广度上都难以同文艺创作中的自觉表象运动相比。从深度看，“文艺创作的思想内容是熔铸在艺术形象之中的，它的创造，从内容到形式都离不开表象性的认识及自觉的运动”，而电视机、暖水瓶外形设计上的表象运动则主要表现在形式上。从广度看，文艺创作中的自觉表象运动贯穿于创作活动的始终并表现为最终结果，而不像在科学创造中那样只是间或浮现，起一些辅助作用。因此，研究文艺创作中的心理活动，必须对自觉的表象运动给予充分重视。

（二）思维篇

表象在文艺创作中有重大作用，但孤立的表象运动却并不能完成文艺创作的任务。因为文艺创作并不是形象的无意识拼凑，而是艺术家以形象的方式对客观现实进行集中概括的反映。表象虽然具有一定的概括性，但却是水平较低的概括。文艺创作要对客观现实做出较为深刻的反映，就离不开抽象思维活动。本篇将讨论抽象思维在文艺创作中的作用和形象思维的心理内容。

1. 抽象思维在文艺创作中的作用

抽象思维是人脑对客观现实的间接的、抽象的、概括的反映，它可以通过概念、判断、推理等形式反映事物的本质及其内部联系。文艺形象的创造虽然是自觉的表象运动的直接结果，但这种自觉的表象运动却离不开抽象思维的指导与配合。

首先，从生理基础上看，人的大脑天然具有抽象概括和抽象思维的机能，这是人与动物相区别的一个重要的心理标志。人的大脑皮层有三个级区，第一、第二级区是人与动物所共有的，它可以对外界刺激做出直接的反映，第三级区是人类所特有的组织。皮质后部第三级区的活动不仅对于顺利地综合直观信息是必要的，而且对于由直接的直观综合水平过渡到象征过程水平，对于词的意义、复杂的语法结构和逻辑结构的运用、数的系统和抽象的相互关系的运用都是必要的。……在成年人那里，主导地位就转移到皮质的高级区，甚至在感知周围世界的时候，成年人也把自己的印象组织到逻辑系统中去，换句话说，成年人的最高级皮质区控制着服从于它的第二皮质区的工作。因此，当艺术家感知周围世界或进行自觉表象运动的时候，不管他是否意识到，他实际上都已经把表象及其活动纳入到一定的逻辑系统中去了。例如李白《北风行》中“燕山雪花大如席”一句，虽然对表象进行了夸张变异（大如席），但还是符合“燕山冬天有雪”的逻辑的。如果说“广州雪花大如席”，人们也许就会认为作者的神经可能有些不正常了。固然作者在创作时脑中可能不会出现“燕山有雪，广州无雪”这样的逻辑判断，但是他却决不会把“雪花”的“表象”同“广州”的表象结合在一起，因为高级的抽象思维认识形态在自然地制约着较低级的表象认识形态。

其次，从创作实践上看，脱离抽象思维，创作也是无法进行的。例如，日本电视连续剧《血疑》的作者在构思的时候脑子里出现幸子与光夫一起走路、一起复习功课的情景，这些事物的外部联系可以通过表象来反映。但是他们两人是什么关系？是兄妹，是恋人，还是同学？光靠表象就无法反映了。要深入反映两人之间的这种内部联系，根据已有的剧情，作者一定先要明确“他们是同父异母兄妹，又是恋人”这样一个认识，而这已经是地地道道的由概念组成的判断了。至于由此出发去构思他们相恋而又不能如愿的种种情节，就需要更复杂的抽象思维参与到表象运动中去了。当然，作者在构思时也许不必通过种种的判断推理得出“同父异母兄妹不能结婚”这个认识，但却不能排除这是他以前认识的成果，而这成果里就包含了抽象思维的成分。因此，在创作中，艺术家也许并没有意识到抽象思维的活动，但是当他信笔而书的时候，抽象思维却在潜移默化地发挥着作用。

文艺创作中抽象思维对自觉表象运动制约的表现是很多的。例如，自觉表象运动要受到世界观的制约，而世界观则是以抽象思维的认识形态存在于人的大脑中的，自觉表象运动离不开语言的指导，而语言又是概念的物质外壳。此外，创作目的的考虑、作品主题的提炼等等，一般都离不开抽象思维的作用。

2. *形象思维的心理内容*

有的同志可能会说：“文艺创作是要用形象思维的，为什么要如此强调抽象思维的作用？”其实，所谓形象思维，其心理内容，就是抽象思维指导、配合、制约、渗透下的自觉的表象运动。

在人们认识客观世界的过程中，表象的认识可以提高为概念的认识，但概念并不排除其有关的表象，而是二者并存于认识者的脑际，并且彼此联系。例如，当我们获得“人是一切社会关系之总和”这一概念后，关于人的丰富具体的表象却并不会从我们的脑海中消失，相反会变得更加深刻。因为，“感觉到了的东西，我们不能立刻理解它，只有理解了的东西才能更深刻地感觉它”（毛泽东《实践论》）。表象与概念在脑际随着人的实践认识活动各自在运动，并且互相制约、彼此渗透。但是由于实践认识的对象不同，目的不同，表象适动与概念运动会表现为不同的结合方式，思维会表现出不同的形态。在科学研究中，由于活动的目的是要揭示客观世界某一方面的规律，因此认识活动主要以抽象概括的方式直接在概念的基础上进行，表象的运动是被动的、不活跃的，认识的最终结果表现为抽象概念的形态。在文艺创作中，活动的目的是要创造既能反映社会生活本质而又生动具体的艺术形象，因此，认识活动是直接在表象的基础上进行的。艺术家根据一定的创作目的，自觉地使头脑中的表象运动起来，贯穿于创作活动的始终，并且表现为最后的结果——艺术形象。概念运动只是间接地发挥着指导作用，而不能直接地干预，更不能代替。表象成了思维的直接材料，去粗取精、去伪存真、由此及彼、由表及里等加工改造工作都是在表象的范围内进行的（表象的深化、分化、变异、联想、分解综合等等），概念运动只是暗地里指导、调节、配合着表象运动。而且，概念运动（即抽象思维）的这种调节活动常常是通过情感活动来实现的。只有那种由艺术家在自己切身的生活经验中得出或验证过的，并在自己内心情感中深切体验过的抽象认识，才能对自觉的表象运动产生积极的影响。没有情感色彩的生硬概念只能妨碍想象。

（三）情感篇

前面讨论了文艺创作中自觉的表象运动和抽象思维。从心理学的角度看，表象运动与抽象思维都属于认识的范畴。与认识相对应的一个范畴是情感。情感是文艺创作中另一项重要的心理活动，文艺总是要以情动人的。什么是情感？情感在文艺创作中有什么作用？它与表象运动和抽象思维的关系是怎样的？本篇将讨论这些问题。

1. 情感的概念及其与认识的一般关系

什么是情感？金开诚先生在其所著《文艺心理学论稿》中说：“情感就是人们对与之发生关系的客观事物（包括自身状况）的态度的体验。”这是一个十分精辟的定义。人在社会中生活，总要同周围的环境（自然的、社会的）发生这样或那样的关系。客观事物作用于个体，个体会由于它是否能满足自己的需要而产生肯定或否定的态度，这种态度引起了个体以某种生理感觉为特征的体验，情感生活就产生了。例如，某个人接到了大学录取通知书，这个信息满足了他想上大学的需要，他对此产生了肯定的态度，于是体内可能出现心跳加快、血压升高乃至泪腺大量分泌等生理变化，于是他便体验到一种激动愉快的情感。

情感活动是大脑皮层和皮层下中枢（丘脑、下丘脑、网状结构和边缘系统）协同活动的结果。大脑皮层接受了外界的刺激后，通过分析认识形成了一定的态度，然后通过神经系统将其传至下中枢。下中枢中的下丘脑控制着自主神经系统，而自主神经系统又控制着内脏器官（心脏、血管、胃肠、肾等）、外部腺体（唾腺、泪腺、汗腺等）以及内分泌腺（肾上腺、甲状腺、胰腺等）的活动。因此，当神经冲动传至下中枢后，就会在人体内引起种种生理反应。这种反应返回传入到大脑皮层，人就会体验到一种情感活动。由于情感活动是与个体内部的生理变化相联系的，因此具有较大的力量。它成为外界刺激物的强化信号，使个体对刺激物的反映增加；它又执行着调节机能，在一定程度上决定着人的行为，成为人的活动的动机。

综上所述，情感活动与认识活动的联系是密切的。情感活动来源于个体对客观事物的认识评价，又反过来对个体的认识活动（感知、表象、思维等）产生影响。这就是情感与认识的一般关系。那么情感与认识的关系在文艺创作中有哪些表现呢？

下面分别从表象与思维两方面来讨论。

2. 文艺创作中情感与表象的关系

文艺创作中情感与表象的关系可以从以下两个方面来考察：

（1）情感与表象形成的关系

艺术家头脑中表象的形成来源于他对客观世界的感觉、知觉。对客观世界的感知，一方面在他大脑中形成着表象，另一方面也相应地诱发着他的情感活动。李白《静夜思》是一首脍炙人口的小诗：“床前明月光，疑是地上霜。举头望明月，低头思故乡。”作者看到床前的月光，这月光触发了他客居异地凄凉孤独的情怀，故感到月光如秋霜一样清冷；下面由月光而望明月，又进一步诱发了思念故乡的情感。在这里，表象的形成与情感的活动伴随着感知的深入在同步进行着。当作者“低头”之时，他头脑中“月光”“明月”的表象已形成，情感活动也相应地完成了。情感融化到表象之中，并伴随表象留在了作者的记忆里；当表象复现的时候，相应的情感也就复现出来。从中我们可以看到情感对感知与表象的依赖关系：情感伴随着表象的形成而形成，并以表象为载体储存在记忆里。

情感依赖于感知、表象，但又反作用于感知、表象，对表象的形成产生着积极的影响。

首先，情感对表象的内容（也即感知对象）的选择是有影响的。

人在感知事物的过程中接受了外界许多刺激，这些刺激由于是否适合个体需要而使个体产生一定的情感反应，这种反应作为对条件反射的强化而把某些刺激物分出来并相互融合在一起，从而产生了涂上某种情感色彩的表象。例如你在假日到郊外去秋游，大自然在你面前呈现出丰富多彩的景色：金黄的稻浪，雪白的棉海，野花的清香，黄莺的歌唱，迅急的秋风，枯黄的落叶，南飞的大雁，西沉的落日……所有这些都通过你的各种感官而对你产生着刺激，但是这些刺激在你大脑中所引起的反映却并不是平均的。此时你若是处于一种志得意满的愉快心境，那么吸引你的就可能是稻浪棉海、鸟语花香并在你脑中形成秋景的表象；反之，你若是处于一种消极感伤的情绪状态，那么引起你注意并在你脑中形成深刻表象的则可能是秋风落叶、飞雁落日。因为这些景物分别适应了个体不同心情的需要并进一步诱发了其内心的感情，从而使个体感受深切。

其次，情感对所形成表象的性质也是有影响的。鸟语花香，赏心悦目，会给一般人脑子里留下愉快的表象，但在杜甫眼里却是“感时花溅泪，恨别鸟惊心”（《春望》），并在脑中形成了催人泪下和惊心动愁的事物表象。原因在于作者时逢“安史之乱”，被困长安，目睹国破家亡之惨状，悲愤之情充溢心中。这种主观情感影响了对对象的感知，也影响了头脑中所成表象的性质。我们平时所说的“情人眼里出西施”，实际也是这个道理。

最后，情感对表象记忆的持久性也有影响。表象形成时情感活动越剧烈，所形成的表象就越深刻，持续的时间也就越长。法国著名作家雨果16岁时曾在巴黎法院门前广场上看到一个年轻妇女受烙刑，当时他内心曾受到剧烈的情感冲击。这个场景在他脑子里留下了深刻的印象，以致他六十岁时给朋友的信中描写这一往事时，还能够把当时的场景细致具体地叙述下来。

（2）情感与表象运动的关系

因为表象是情感的载体，所以表象的运动可以影响情感活动。当一种表象在人脑中浮现出来后，与之相联系的情感活动乃至生理反应也会相应地表现出来。法国作家福楼拜在写《包法利夫人》中的女主角爱玛·包法利服毒的场面时，他鲜明感觉到口中有砒霜的味道。巴金在谈到他写《家》的体会时说："我写《家》的时候，我仿佛在跟一些人一同受苦，一同在魔爪下面挣扎。我陪着那些可爱的年轻生命欢笑，也陪着他们哀哭。"在文艺创作中，艺术家的情感活动伴随着表象运动发展变化。一种情况是，当艺术家通过自觉的表象运动使头脑中的形象日益典型集中而富有表现力时，这典型的形象反过来又激发着作家的感情，使情感活动日益深入。柴可夫斯基论到他的歌剧《叶甫盖尼·奥涅金》时写道："当我写作这篇音乐时，由于难以借笔墨表示的欣赏，我甚至完全都融化了，身体都在颤抖着。"他在作品《黑桃皇后》最末一段的写作完成之日在自己的日记中写道："当葛尔曼死亡的时候，我便深深地哭泣了。"另一种情况是，当艺术按照生活的逻辑进行自觉的表象运动、形象自身的发展改变了艺术家的预想时，常会引起艺术家情感性质的变化。托尔斯泰创作《安娜·卡列尼娜》时，开始对主人公安娜抱有的是一种鄙视的情感。但是随着创作的进行，当表象按照人物性格逻辑运动变化，安娜不断受到上流社会的欺骗、诋毁和迫害的时候，作家的情感也逐渐由鄙视转为同情。

表象运动影响情感活动，情感活动反过来也对表象运动发生作用。首先，情感活动在表象运动中发挥着动力作用。人的任何一种意识活动都要求大脑皮层保持一定的紧张度，表象运动也是如此。当某一客观事物引起了艺术家的情感活动后，内部生理反应的信号（血压升高、心跳加快、内分泌加强等）刺激大脑皮层，迫切要求大脑皮层进行反映，此时艺术家便觉得产生了一种创作冲动。在情感反应的刺激下，大脑皮层的紧张度增强了，兴奋集中于引起情感反应的对象，于是艺术家大脑里的表象就按照他的主观意愿极其活跃地运动起来。情感推动想象，想象又促进情感，艺术创作便呈现出一种良性循环的形态。当然，情感活动对表象运动的推动是在与抽象思维相互配合的情况下进行的。情感活动给表象运动以刺激和运力，使其处于一种活跃状态；抽象思维则控制着表象运动的方向，将其纳入一定的逻辑系统之中。因此，情感过于强烈，冲破抽象思维理性的制约，也会使大脑皮层产生超限抑制，从而阻塞了联想和想象的通道。其次，情感活动在表象运动中发挥着组织作用。如前所述，抽象思维对自觉的表象运动的指导常常是通过情感的过滤器发挥作用的。当艺术家产生了某一种蕴含着抽象思维认识内容的情感活动后，这种情感活动就引发了过去记忆中储存的带有类似情感印迹的表象。情感像分化剂一样将有关表象从旧的系统中分离出来，又像凝固剂一样将其凝成一个新的表象。正是在这个过程中完成了旧表象的改造和新表象的创造。

3. 文艺创作中情感与抽象思维的关系

抽象思维需要理智和冷静，但与情感活动也有密切关系。抽象思维能影响情感活动，情感活动也能反作用于抽象思维。抽象思维对情感活动的影响表现在它既能引发情感，又能控制情感。由于抽象思维是一种间接的概括的反映，其认识范围远远不止于直接反映的事物，因此抽象思维作用比较突出的认识内容在诱发情感活动的深度和广度上，常常会超出一般的表象运动。例如《红楼梦》二十七至二十八回，写贾宝玉偷听林黛玉的《葬花诗》，“先不过点头感叹；次又听到‘侬今葬花人笑痴，他年葬侬知是谁？……一朝春尽红颜老，花落人亡两不知’等句，不觉痛倒山坡上，怀里兜的落花撒了一地。试想林黛玉花颜月貌，将来亦到无可寻觅之时，宁不心碎肠断，既黛玉无可寻觅之时，推之于他人，如宝钗、香菱、袭人等，亦可以到无可寻觅之时矣。宝钗等终归无可寻觅之时，则自己又安在呢？且自身尚不知何在何往，将来斯处、斯园、斯花、斯柳，又不知当属谁姓矣！因此一而二，二而三，反复推求了去，真不知此时此际，如何解释这段悲伤！”这段中宝玉直接感知黛玉葬花和作诗的活动可以引起情感活动，但却没有通过类比关系、因果关系的推理所引发的情感活动深广；固然此时宝玉脑中会闪现出宝钗等人及大观园的表象，但这些表象运动都是由这些推理引发的并按照推理的关系运动的。因此推动宝玉情感发展的主要是抽象思维运动。而宝玉的心理活动实际是作者创作时心理活动的外化，从中我们也就可以推知创作时抽象思维是怎样推动作者的情感活动的。

下面再谈谈抽象思维对情感活动的控制。由于抽象思维是人的心理能力和自觉意识的最高表现，因此它不仅制约着感知、表象等认识活动，也可以控制调节情感活动，使其适应个体活动所要达到的目的。例如演员演戏时自己实际的心情很可能与所演角色的情感不一致，甚至对立，如一个刚刚失恋的演员却偏偏要扮演一个处于热恋中的角色，在这种情况下，他就要用“你是××角色！”“你现在的任务是把戏演好！”这样一些理智的判断来压下内心的痛苦情感而使自己“入戏”。文学家也是如此，即使他对自己作品中的反面人物再痛恨，在描写这一人物时，也要把这种情感压下去，而站在这一人物的立场上来思想。

抽象思维可以作用于情感，情感反过来也可以影响思维。人在情绪消极的时候，想什么都容易趋向消极；反之，在情绪高涨的时候，想什么就会是另一种样子。如同情感对表象运动的作用一样，没有一定的情感刺激，思维就不会活跃！反过来，情感刺激过于强烈，也会遏制思维，影响创作活动的正常进行。

以上我们用分析的方法，分别介绍了文艺创作活动中情感与表象、思维的关系。下面再综合说明几个问题。

第一，由于文艺创作中表象与思维活动是紧密联系在一起的，因此，情感与认识的关系往往不像我们采用分析法所显示得那么单纯，而是要更为复杂和微妙。但不论多么复杂微妙，认识（表象、思维等）引发情感、情感影响认识这种辩证关系是不会改变的。

第二，“情感虽然同认识紧密联系（一般说来不存在没有认识内容的情感），但是不能机械地认为情感的强度必定与认识的深度成正比。”从认识形态看，思维自然比知觉、表象深刻，但由思维引起的情感活动却并不一定比知觉、表象引起的情感活动强烈。“这是因为情感是同人的需要（包括天然需要和社会性需要）有关的；需要，以及由需要转化而成的愿望、追求与意向的强度直接决定了情感的强度。”因此，一个艺术家即使对社会生活有深刻正确的认识，但却并没有感到这些社会生活现象与自己有什么关系，那么他在创作中就不能充满感情，其作品也就不能感人。只有以马克思主义为指导认识生活，将祖国人民的需要与自身的需要联系在一起，才能创作出认识深刻而又生动感人的作品来。

以上我们分别从表象、思维、情感三方面讨论了文艺创作中的心理活动。总结起来，我们可以得出这样一些认识：文艺创作自始至终离不开自觉的表象运动。自觉表象运动必然要受到抽象思维的制约与影响。这种在抽象思维制约影响下的自觉表象运动就是形象思维。自觉表象运动与抽象思维的有机结合构成了文艺创作中认识活动的基本内容。这种认识活动诱发着情感活动，反过来又受到情感活动的影响。自觉表象运动、抽象思维、情感活动三者相互依存、相互作用而形成的整体性活动，就是文艺创作中心理活动的基本内容。

（原标题为“谈谈文艺心理学中的几个问题”，
刊于《陕西青年》1984年第12期）

艺术知觉的特征和艺术家的知觉能力

知觉是一切认识活动的基础。对于文艺创作来说，知觉更有特殊的重要意义，因此，有成就的艺术家历来重视创作中的知觉活动。那么，比之一般的知觉活动，艺术知觉有什么特征呢？它要求艺术家有什么样的知觉能力呢？这就是本文所要讨论的内容。

（一）

艺术知觉的第一个特征是它的专业性。现代心理学认为，人对客观事物的知觉并不是一种机械被动的反映，而是一个积极能动的反映过程。“知觉主要由作用于个体感官的刺激所决定，这无疑是真实的；但是感官反应以外的一些因素会调整所产生的经验，同样也是真实的。”[①]这种对知觉经验进行调整的因素，就是主体已有的经验以及像需要、意向、态度、情感之类的个人因素。这些因素作为完成一种知觉的准备状态，对知觉活动产生着重要的影响和作用。

专业的经验和需要正是这些影响知觉活动的诸多因素中的一种。无论是科学家还是艺术家，若就其专业创造活动而言，他们的知觉活动绝不是漫无目的的，而是与一定的专业需要相联系的；他们也不是以大脑的空白状态去知觉对象的，而是以已有的专业经验去组织有关信息的。因此各行各业的人对某一对象的知觉总是既有一致性（这是由客观事物本身所具的属性决定的），又伴随着不同的理解（这是因为受到人们各自的专业经验和专业需要的制约），现在专就其不同的理解而言，则例如在植物学家的眼里，松树是一种针叶球

① 克雷奇、克拉奇菲尔德等：《心理学纲要》（下册），文化教育出版社1981年版，第54页。

果、雌雄同株的常绿乔木，而在艺术家眼里，它却可能是一种坚强不屈的性格的象征。因为“把刺激加以组织不仅是为了使它们彼此最好地‘适合’，而且也是为了‘适合’知觉者正进行的其他活动，即她正在思考、感受和试图去做的事情”。[①]植物学家是按照植物学专业的需要、以植物学专业的经验去组织刺激的；艺术家则是按照艺术创作的需要、以艺术创作的经验去组织刺激的。因此，由于专业经验和需要的不同，知觉成果也会出现差异。从上面的论述可知，在各类创造活动中，专业性乃是一切专业知觉的共同特征。其知觉成果的差异，乃是由不同的专业性质所决定的。问题还不仅如此，人们要问，艺术知觉的专业性与其他专业知觉的专业性相比又有什么特殊之处呢？一个显著的特点就是：艺术知觉的专业性不仅表现在内容上，而且表现在形式上。也就是说，一般专业知觉只受专业内容的制约，艺术知觉则不仅要受专业内容的制约，而且要受一定的专业艺术形式的制约。例如动物学家用动物学的眼光知觉山羊，植物学家用植物学的眼光知觉松树，他们只是将知觉信息纳入一定的专业内容系统。因为无论是动物学家还是植物学家，他们对于知觉成果的交流，都主要运用语言这种普遍的表现形式。艺术知觉则不然。艺术知觉当然也要受专业内容的制约，这表现在一切艺术知觉都是审美知觉，它要将知觉信息纳入内容美的系统之中，例如前面所说艺术家对松树的知觉，就是将松树纳入了人格美的系统。但是艺术知觉还要受艺术形式的制约。因为任何艺术都是通过一定的专业艺术形式来反映客观现实，交流思想和感情的。例如音乐是通过乐音、旋律等因素所构成的特定听觉形式来表现；绘画则通过色彩、线条等因素所构成的特定视觉形式来表现；文学虽以语言为表现手段，但它的语言却不是一般的语言，而是受特定艺术形式（小说、诗歌等）制约的艺术语言。总之，任何艺术都是把来自各种感觉渠道、各种性质的客观事物信息统一表现于某种特定的艺术形式，以集中作用于欣赏者的特定感官的。这就决定了艺术知觉不可能只从内容上去知觉客观事物，还必须注意以形式去知觉客观事物。以古曲《春江花月夜》来说，现实生活中的相应景物是由各种性质的事物构成的，而且绝不是光靠听觉就能感知的；即以题目来看，就可以有春夜江风的肤觉、明月的视觉、花香的嗅觉、江水拍岸的听觉等等，而这一切都要表现为听觉艺术

① 克雷奇、克拉奇菲尔德等：《心理学纲要》（下册），文化教育出版社1981年版，第78页。

形式的音乐旋律。因此，作曲者要从音乐艺术形式的要求出发去知觉这些事物，并通过复杂的心理信息转换而形成音乐的知觉成果。正是由于这种专业艺术形式的制约，所以从事各种不同艺术专业的艺术家，在知觉某一对象时，会形成各种不同类型的审美印象，即专业的、特殊的艺术知觉成果。又正因为这一点，所以艺术知觉不仅同一般知觉有区别，而且同其他的专业知觉有区别。我们说专业性是艺术知觉的一大特征，就是从这个意义上来说的。

有的同志可能会说，艺术只是在形象创造和外化阶段才受形式因素的制约，在知觉阶段，艺术与其他专业知觉没什么区别。换句话说，艺术知觉与其他专业知觉虽然选择的角度不同，接收的信息内容不同，但反映的都是客观事物的本来面目，只是到了加工外化的阶段，才依据形式法则对其进行改造。这话不完全符合艺术创作的实际。事实上，艺术形式的作用在不同程度上往往贯穿于艺术认识的全过程，在艺术知觉时就已经开始。也就是说，对于一个高度自觉的专业艺术家而言，复杂的心理信息转换是随时随地都在进行的。民乐重奏《观花山壁画有感》曾获1984年全国民乐作品一等奖，它的作者徐纪星在叙述这部作品的产生过程时说，在南宁博物馆她看到《花山壁画画展》，一下子怔住了。远古时代人们的生活现象和情趣，在壁画中经画家运用了类似现代的表现手法而得以成功地表现，这使她对自己以前比较淡漠的岩画，突然有了一个全新的、强烈的感受，在一幅幅静止的画面前，她神思飞驰，走进了音乐世界：钢琴浑厚的音块，如遥远森林中传来的洪钟，唤醒了沉睡的记忆；飘忽悠长的滑音，引导着神思透过历史的尘封，进入古老的境界。马骨胡奏出时而舒缓、时而急促的旋律，眼前仿佛出现一幅祖辈耕耘、狩猎、在篝火边群舞的生活画面。钢琴明亮清新的间奏，又像一个漫步在历史画廊前的思索者。马骨胡的旋律与钢琴的旋律通过节奏的桥梁，组成并行的多调结构，交流着，呼应着，犹如苏醒的历史回潮与现实的共鸣和对话。[①]从中可以看出，音乐创作者在一般知觉客观事物的同时，也用音乐艺术的形式去同化对客观事物的反映，亦即经由自己头脑中的“图式”——音乐艺术的形式去改造客观事物的一般性知觉（或说对一般性知觉进行了特殊加工），从而形成特殊的艺术知觉或储存在脑子里的艺术表象。艺术知觉的专业性特点决定了艺术家必须具有专业知觉

① 见1984年3月1日《文汇报》《马骨胡与钢琴的对歌》一文。

的能力，这主要表现在以下两个方面：

首先，艺术家要具有专业知觉的素养，能够用专业艺术形式的眼光去认识一切客观事物。对音乐家来说，要有“音乐家的耳朵”；对画家来说，要有“画家的眼睛”。文艺复兴时期的绘画大师达·芬奇曾经说过这样一段话：“假如你凝视一堵污渍斑斑或嵌着各种石子的墙，而正想构思一幅风景画，那么你会从墙上发现类似一些互不相同的风景画面，其中点缀着山、河、石、树、平原、广川，以及一群丘陵。”[①]对于一般人来说，一堵污渍斑斑的墙就是一堵污渍斑斑的墙，但是画家却从中看到了点缀着山、川、石、树等物的风景画面。客观事物的本来面目在画家的专业知觉“屏幕”上因经过特殊的加工（例如联想、想象）而变了形。如果不具备一定的绘画艺术素养，不懂得用风景画的艺术形式去知觉和加工这堵污墙，显然不会取得这样的知觉效果。现代舞蹈家邓肯说过：“我的灵感可以从树木、云彩、海浪以及介于热情与山岚之间和恬静与微风之间的共感得到。”[②]从视觉的树木、云彩、海浪、山岚和肤觉的微风等自然现象中，感受并产生了以运动觉为主的舞蹈创作灵感，在主客体之间经历了何等复杂的信息交流，在艺术家头脑中经历了何等复杂的表象转化！然而这种转化却毫无疑问是受着舞蹈艺术形式制约的，是以舞蹈家的“内部图式”知觉自然现象的结果；如果是音乐家，则会是另一种知觉效果。对于一个成熟的艺术家来说，这种受艺术形式制约的复杂的表象转化活动不应是一种刻意为之的心理活动，而应是一种定势效应。因此，有志于艺术创作的人应该在艺术实践中自觉培养专业知觉的习惯和素养。

其次，艺术家要具有专业知觉的敏感。艺术的专业知觉不同于一般的专业知觉。在一般的专业知觉中，知觉的对象是有限的。矿物学家的专业知觉对象只是矿物，植物学家的专业知觉对象只是植物，而艺术家的专业知觉却是以整个自然和社会为对象的，艺术家要用专业的眼光去知觉一切自然和社会现象。然而纷纭复杂的客观世界虽然是艺术家取之不尽、用之不竭的创作源泉，却不是艺术家现成的创作材料。要在这丰富多彩的大千世界中汲取艺术创作的信息，不仅要求艺术家具有专业知觉的素养，而且要求他具有专业知觉的敏感，能够在纷杂的客观世界中敏捷地发现与专业创作相关的信息。要做到这

① 龙协涛编著：《艺苑趣谈录》，北京大学出版社1984年版，第136页。

② 龙协涛编著：《艺苑趣谈录》，北京大学出版社1984年版，第69页。

一点，艺术家就要使自己头脑中的专业活动细胞经常处于兴奋状态，时时处处注意接收和筛选客观事物的信息，敏锐地发现客观事物与专业创作的联系。传说张旭“见公主担夫争道而得其意，又观公孙大娘舞剑器而得其神”，遂使其草书大进。如果他没有书法艺术的素养，不会用书法艺术的眼光去知觉这些事物，他当然不会在这些与草书“风马牛不相及”的事物中汲取到专业营养；如果他虽具有书法艺术的素养和眼光，却不注意保持专业敏感，不注意时时处处用专业的敏感去知觉事物，他同样不会从中获得有益于草书的东西。因此，一个艺术家不仅要能于专业知觉，而且要善于专业知觉。

（二）

情感性是艺术知觉的第二个特征。情感，是人对客观事物是否符合自身需要而产生的态度的体验（自身需要中包括对社会、群体、他人等需要的反映，即是主客观需要的内在有机统一）。客观事物作用于人，人会由于它是否符合需要而产生肯定或否定的态度，并产生相应的生理反应，于是人就体验到某种情感。因此，情感产生于包括知觉活动在内的主体对客体的认识活动，又反过来对认识活动产生作用和影响。一般来说，人们的知觉活动都可能不同程度地伴随着一定的情感活动。

艺术知觉的情感性特征不仅在于知觉活动本身伴随着情感活动，而且在于知觉者要将这种情感熔铸于知觉对象之中并体现在知觉的结果上。无论是科学知觉还是艺术知觉，在其进行过程中都可能伴随着情感活动。“并且我们大家都知道，心境和情绪也影响我们对世界的看法。无论由于什么样的原因，如果我们是在美好的心境中开始一天的话——有着定势去知觉每一件事情的最好方面——我们几乎必然地在我们遇到的任何情景下都能发现和看到一线光明。”[①]因此，知觉中的情感活动，无论是由知觉对象所诱发，还是先此存在于知觉主体之中的，都会对知觉结果产生影响。但在科学知觉中，知觉的目的主要是为了达到对客体的认知，它要求知觉成果具有客观的认识价值，因此知觉者往往要抑制自身情感的干扰与影响，以保证知觉活动在对客体认识上的

① 克雷奇、克拉奇菲尔德等：《心理学纲要》（下册），文化教育出版社1981年版，第82页。

准确性。艺术知觉则相反。由于艺术创作不仅要表现和交流一定的认识，而且要表现和交流一定的情感，因此知觉者不仅不能抑制自身的情感，而且要激发内心的情感并将其融入知觉对象中。换句话说，艺术知觉不仅要在主客体之间达到认识上的统一，而且要达到情感上的统一。艺术家要将知觉对象的信息放在主观的情感世界中过滤，从而将情感熔铸于知觉成果之中。例如在科学知觉中，白发再长不过数尺，这是主客体之间的认识性统一，而在诗人李白眼里却是“白发三千丈”，为什么呢？因为“缘愁似个长”。诗人将愁情熔铸于知觉对象之中，使知觉表象发生变异，主客体之间达到了一种情感性统一。

艺术知觉的情感性特征决定了艺术家要具有情感知觉的能力，即善于满怀情感地去知觉客观事物，在知觉中不断诱发和调节自身的情感活动，使客体对象信息与主体情感信息相互作用，融为一体。那么如何做到这一点呢？首先，要具有情感知觉的态度，即从对象与主体的情感关系出发去知觉对象。在艺术知觉中，艺术家不仅要把对象当作认知对象，用已有的知识经验去组织对象的信息，而且要把对象当作情感对象，即把对象与主体的需要、意愿、态度、倾向、价值观念等联系起来，用渗透着这些因素的知识经验去组织对象的信息，在信息组织的过程中体验着相应的情感，并将这种情感融入关于对象的知觉印象之中。但是要时时处处在主体与知觉对象之间建立起情感关系并不是很容易的，因为人们在生活中往往习惯于从个体狭隘的需要、意愿去知觉，这样，对他来说具有情感意义的知觉对象也必然是狭隘的。这就要求艺术家从个人需要的小天地中跳出来，将个人的需要与人类的需要、社会的需要、时代的需要、人民的需要联系起来，融为一体。一个艺术家只有热爱人民、热爱生活，并有较高的时代与社会责任感，才能与广泛的知觉对象建立起情感关系，才能在那些与个体狭隘需要无直接关系的知觉对象中体验到其他个体或群体的情感。诗人杜甫在“三吏”“三别”中所描写的并不是他的个人遭遇，他所知觉的这些事物与他个人的狭隘需要并无直接联系。但是“穷年忧黎元”的杜甫是把关切人民需要当作他个人需要之一的，因而能与这些“无关”的知觉对象建立起情感关系，从而使他的知觉表象凝聚着深重的情感。因此，有成就的艺术家历来重视与人民、与社会的情感联系。作家柳青在谈到观察生活的问题时说：“我认为这个题目里最重要的还不是观察与否和特别注意什么的问题，而是观察的态度问题。一个对人冷淡无情和对社会事业漠不关心的人，无论他怎样善于观察人，也不可能成为真正的作家。这就是说在生活中或工作中要有热情——热情地喜欢人、帮助人、批评人或反对人……”[①]作家张天民也认为，作家要“热爱人，热爱大自然，热爱生活。要有颗易感的心灵”。[②]以这样的态度去知觉，当然能使极为广泛的知觉活动都充满情感色彩。

其次，要有丰富的情感世界。如前所述，在艺术知觉中，艺术家是以自己的情感系统对知觉对象信息进行组织的。因此，艺术家内心情感世界的丰富与否与艺术知觉的情感效果也有密切的关系。一个没有与亲人离别过的人，在知觉送别场面时很可能体验不到离别的痛苦；一个情感世界贫乏的人，面对雄伟的万里长城也可能无动于衷。对于一般人来说，诸如此类的情况可能无关紧要，但对艺术家来说，事情就颇为不同了。因为艺术家的职业决定了他要表现的是包括他个人情感在内的、受一定社会关系制约的人类情感。现代心理学研究成果表明，人类情感是极其丰富和复杂的。一个艺术家的情感世界固然不可能将人类种种复杂的情感经验囊括无余，但总应尽可能多地积累情感经验，丰富自己的情感世界。只有这样，在知觉客观事物时，才能迅速有效地诱发起内心的情感经验，并通过知觉对象信息与内心情感经验的相互作用，产生相应的情感活动。托尔斯泰晚年在田野中看到一棵枝条坚韧、多刺的牛蒡花：她即使被车轮碾过以后，溅着污泥，枝叶被折断，也仍能歪着身子倔强生长。于是产生了一种强烈的情感体验：生命的力量是多么顽强！作者为何会有这种情感体验呢？因为在他知觉牛蒡花时，“回忆起哈泽·穆拉特来。于是产生了写作愿望。把生命坚持到最后一息，虽然整个田野里就剩下它孤单单的一个，但它还是坚持住了生命”。[③]哈泽·穆拉特是高加索地区的一个英雄，托尔斯泰青年时在高加索服役，曾听到过关于他的不少传说。他对敌人不屈不挠进行斗争的事迹，他那有着罕见生命力的形象，曾经深深激动过托尔斯泰的心。这些都作为情感经验保存在他的记忆中。由于这棵牛蒡花与哈泽·穆拉特存在着异质同构的关系，因此很快唤醒了他关于哈泽·穆拉特的经验记忆，同时也诱发了相应的情感。正是在对于牛蒡花的知觉信息与有关哈泽·穆拉特的情感经验的相

① 见《中国现代作家谈创作经验》，第695页。

② 郭晨、王大伟编：《你想了解他们吗？——人物性格心理调查》，天津人民出版社1984年版，第77页。

③ 康·洛穆诺夫：《托尔斯泰传》，李桅译，天津人民出版社1981年版，第333—334页。

互作用中，托尔斯泰产生了强烈的情感体验。也就是说，知觉对象唤起了他的情感经验，他又用情感经验去组织知觉对象的信息。这样，他所知觉到的牛蒡花就不是一般的牛蒡花，而是经过他情感世界过滤的牛蒡花。如果没有丰富的情感世界，显然不会取得这样的知觉效果。

最后，要具有活跃的情感品质。丰富的情感世界只是使艺术知觉具有情感色彩的条件，要真正在艺术知觉中获得丰富的情感体验，还要求艺术家具有活跃的情感品质。这首先表现在他的情感因子高度敏感，情感经验极易激活。外界信息中每一点与创作有关的刺激，都能使他在心灵上迸发出情感的火花。陆机在《文赋》中所说的“遵四时而叹逝，瞻万物而思纷，悲落叶于劲秋，喜柔条于芳春”，正是对这种情感特质的极好形容。有人说，一个艺术家应该“多情善感”，如果说“多情”是指艺术家应具有丰富的情感世界，那么“善感”就可以说是艺术家应具有活跃的情感品质。艺术家情感的活跃性还表现在它并不满足于知觉情境的狭隘范围，也不满足于被动激活的水平。艺术家的情感一旦被激活，就如电波一样向四周放射，唤醒那些相关的情感经验，于是促发了联想与想象。联想与想象的展开又丰富了情感活动的内容，提高了情感活动的水平。正是在这种相互作用中，艺术知觉获得了极其丰富的情感内容。我们不妨就杜甫的一首小诗《登岳阳楼》来做一点分析：

昔闻洞庭水，今上岳阳楼。吴楚东南坼，乾坤日夜浮。亲朋无一字，老病有孤舟。戎马关山北，凭轩涕泗流。

作者是在晚年登上岳阳楼的，登楼之后，即被洞庭湖水那宏伟浩荡的气势所震慑，内心激起一种崇高壮美的感情，并用“吴楚东南坼，乾坤日夜浮”的诗句将这种感受表现了出来。从中可以看出，诗人的情感极易被激活，正所谓“登山则情满于山，观海则意溢于海”。然而如果情感活动到此为止，那么诗人在知觉中所获得的情感收获也就很有限，但是诗人却将这种情感辐射开去，从而唤醒了年少时“昔闻洞庭水”那种向往洞庭壮阔景象的情感记忆，又进而引发了眼下“亲朋无一字，老病有孤舟”的悲凉伤感之情。情感大起大落，急剧变化。由此诗人又想到了自己半生飘零、孤舟老病，皆由内忧外患所致。如今“戎马关山北”，战事尚未休，这种状况何时才能结束？想至此，诗人不禁“凭轩涕泗流”，情感上升到顶点。通过以上分析可以看出，诗人在对洞庭湖的知觉中，由于伴随联想与想象，情感活动就更为活跃。正是这种活跃的情感活动使他的知觉成果蕴含着丰富的情感内容，从而创作了这首感人肺腑的诗篇。

（三）

艺术知觉的第三个特征是它的独特性。和科学知觉一样，艺术知觉也是一种创造性的知觉。任何创造性的知觉都不是一种简单的认知，而是对事物的某种新特征的探索和发现。然而艺术知觉与科学知觉在把握特征的内涵上却有所不同。科学知觉所反映的只是客观事物本身的特征，并不包括由客观事物所引起的主观感受方面的特征。例如一位农艺师对某一小麦新品种的知觉，只是对小麦本身某方面特征的反映，并不包括自己内心的情绪感受特征。这当然不是说小麦新品种不能引起农艺师的情绪感受，而是说他的情绪感受不是他知觉的对象，因而不需要融入对象并对知觉结果产生影响。因此，如果几个科学工作者都准确地知觉到某一事物的某一特征，那么他们的观察结论基本上不会有什么不同。

艺术知觉则不然。它不仅要反映客观事物自身的特征，而且要反映它所引起的主观情绪感受方面的特征。例如一位艺术家对一座山峰的知觉，不仅包括它与其他山峰相区别的特征，而且包括它在自己心中引起的情绪感受特征，并且使二者有机地统一起来。因此，艺术知觉的结果，不仅要受客体情况的制约，而且要受主体个性诸因素的制约。因为“强烈的感受性——是以个性的全部性质，首先是以他对物质世界和周围人们的态度的认识，以他理智的发展为条件的情绪特性”。[①]而在心理学上，每一个个性都是一个独特的世界，都有着他人不可重复的特征。因此，如果几个艺术家都知觉到客观事物的某个特征，那么他们每个人的知觉结果都可能是独特的，与他人不同的。这就是艺术知觉的独特性。例如，清代以来很多山水画家画过黄山景色，却表现为不同的风格与形象，即使画的是同一个山峰、同一棵松树，也各有姿质。这些图画就

① 波果斯洛夫斯基等主编：《普通心理学》，人民教育出版社1979年版，第323页。

既反映了黄山的特征，也表现了各个画家的知觉的独特性。艺术知觉的独特性特征决定了艺术家不仅要具有知觉客观事物特征的能力，而且要具有形成独特感受的能力，这可以分析为以下各点：

首先，要具有善于把主客观联系起来的能力。艺术家的独特感受，既不是先于知觉地存在于客观事物之中，也不是先于知觉地存在于主观心理之中，而是在知觉过程中形成的，是主客观相互作用的产物。感受虽然是由客观对象引发的，但却是在知觉者的个性心理中形成的。如果知觉者习惯于封闭个性心理的大门，那么他至多只能形成某种一般的印象和感受。艺术家要形成自己的独特感受，必须善于调动自己的心灵，让客观事物信息激活自己的整个个性世界。他必须以自己的切身经验（而不是抽象的概念）、内心的真实情感（而不是“为赋新词强说愁”式的矫揉情感）和个性的独特方式（而不是一般的模式）去知觉客观事物，在知觉客观事物特征的过程中形成自己的独特感受。

其次，要善于克服一般的感受经验的影响。艺术家的大脑并不是一张白纸，在对对象进行知觉之前，他的头脑中可能已经积累了种种关于对象的直接或间接的感受经验。它们可能是生活中一般的、流行的印象，也可能是前辈艺术家在作品中多次表现过的感受。诸如“悲落叶于劲秋，喜柔条于芳春”之类的感受经验，并不只属于某一个艺术家，也属于一切人。这些感受经验由于习惯的力量会在艺术家头脑中形成一种定势，即一种知觉前的心理准备。当客观事物信息进入艺术家的大脑后，这种作为定势的反映模式立即兴奋起来，从而使他产生一种一般的、流行的情绪感受。因此，艺术家要形成某种别人没有过的、独特的感受，必须自觉地克服头脑中的知觉定势，揭去那些现成的、流行的感受经验的重压，以获得有鲜明个性的独特感受。唐代诗人岑参有这样几句诗：“北风卷地白草折，胡天八月即飞雪。忽如一夜春风来，千树万树梨花开。”一般来说，风雪呼啸的恶劣天气会自然地使人产生某种抑郁低沉的情绪感受。如果诗人沿用了这种一般的感受经验，那他就创作不出这样的传世名句。但是诗人克服了这种定势，从自我真实的个性——乐观向上的生活态度、追奇求异的浪漫气质——出发去知觉对象，于是形成了如知觉春风送暖、梨花盛开一样的热情洋溢的独特感受。

再次，要具有加工自我感受的能力。在知觉中，艺术家可能由知觉对象直接引发出某种感受，但这大都是自发形成的，因而往往是简单、粗糙、模糊、零散的。这种原始感受很难在作品中加以表现，需要通过艺术家的心理加工使其变得丰富、细致、鲜明、集中。这种加工并不是在构思阶段才进行的，而是在知觉阶段就已经开始了。法国艺术理论家丹纳说：“艺术家在事物面前必须有独特的感觉：事物的特征给他一个刺激，使他得到一个强烈的特殊的印象……而这个鲜明的，为个人所独有的感觉并不是静止的；影响所及，全部的思想机能和神经机能都受到震动。”“最初那个强烈的刺激使艺术家活跃的头脑把事物重新思索过，改造过，或者照明事物，扩大事物；或是把事物向一个方向歪曲，变得可笑。”[①]这种思索、改造，就是加工，既是对知觉表象的加工，也是对知觉感受的加工。由于一定的感受总是由一定的事物，或事物表象引起并以表象为其载体，因此知觉感受的加工是通过知觉表象的加工来进行的，即通过围绕知觉对象的联想和想象来进行的。一种丰富、细致、鲜明、集中的独特感受往往并不是限于知觉情境的狭小天地就能获得的，它需要艺术家通过联想建立新联系，通过想象开拓新境界。通过联想与想象，艺术家以往的生活经验复苏了，个性的深层心理被唤醒了，知觉对象在个性心理的广阔天地翱翔，与艺术家内心世界的种种积累相互撞击和融化，从而不断迸发出新的思想火花，激发出新的情绪感受。正是在这种“物昭晰而互进”的心理过程中，艺术家“情曈昽而弥鲜”，感受愈益丰富、细致、鲜明、集中。

最后，要具有体验独特感受的能力。艺术创作不仅要反映客观事物，而且要表现艺术家的主观感受。表现自己的感受首先要体验自己的感受。所谓体验，就一般心理活动而言，可以界说为人对自己情感的产生、发展与变化的心理过程的自我感觉；就文艺创作心理而言，还要扩大一点，可以界说为艺术家对自身心理过程（包括情感以及感觉、知觉、想象等）的内省。感受作为一种具有情绪色彩的内心反应，其心理表象是极为模糊纷杂的。人们在生活中常有这样的体会，有时内心产生了某种情绪感受，却说不清它到底是什么。因此艺术家要具有较强的体验能力，能够较为清晰准确地审视自己内心细微的心理活动和心理变化。罗曼·罗兰在二十四岁那年，在罗马郊外的霞尼古勒山上，仰观满天彩霞，俯瞰夕阳照耀的罗马城，内心产生了一种强烈的感受。他后来在写回忆录时对这种感受做了详细的描述：“夕阳照耀，罗马城上红光闪闪。围

① 丹纳：《艺术哲学》，人民文学出版社1963年版，第27页。

绕着城市的田野如同一片汪洋。天上的眼睛吸引我的灵魂。我立足不定，失去了时间概念。忽然间，我将闭着的眼睛微微张开。在远处，我望见祖国，看见我的那些成见和我自己，我第一次意识到我的生命，自由的、赤裸裸的生命。这是一道闪光。……就在这儿，《约翰·克利斯朵夫》开始被孕育。当然，他那时还没有成形。可是他的生命的核心，已经下了种。什么样的核心？纯洁的眼光，超乎各国'混战之上'，超乎时间的自由眼光。……后来，我用了二十年工夫，把这一切表达出来。"[①]在霞尼古勒山上，罗曼·罗兰一方面将自身置于知觉情境之中，在与知觉对象的心物交融中形成自己的感受；另一方面又超乎知觉情境之上，细心审视着自己内心感受的起伏消长、发展变化。他的感受神奇缥缈，近乎玄虚，很难把握，然而他却知觉得那样细致、准确、清晰。没有较强的内心体验能力，他就不可能获得这样的感受，也就谈不到在《约翰·克利斯朵夫》一书中把这一切表现出来。

（本篇与金开诚教授合作，刊于《求索》1988年第1期）

① 转引自罗大冈：《罗曼·罗兰在创作〈约翰·克利斯朵夫〉时期的思想情况》，载《文学评论》1963年第1期。

中国古代诗歌比喻手法的心理分析

（一）

比喻在中国古代诗歌的表现手法中占有极其重要的地位。《礼记·学记》说：“不学博依，不能安诗。”意思就是，不懂得运用比喻，就等于不懂诗。至于《毛诗序》将“比”标为“六义”之一，更说明了比之于诗的重要。清人魏源在《诗比兴笺序》中说：“词不可以径也，则有曲而达焉；情不可以激也，则有譬而喻焉。”进一步强调诗不可直言，而应通过比喻来曲折地表达情意。

中国古代诗歌创作为什么如此重视使用比喻？其中一个重要的原因，就是比喻对于引导欣赏者对诗歌艺术形象获得鲜明深刻的感受与理解具有很大的作用。

比喻产生于比较。比较是一种重要的认识方法。就诗歌创作来说，任何一个诗人都希望他所创造的艺术形象给欣赏者留下鲜明深刻的印象，因此就往往要充分利用通过比较所获得的认识成果。所谓比较，就是在思想中确定事物的同异和关系。人不可能孤立地认识某一事物，在实际的认识过程中，人总是自然地将该事物与它事物进行比较，找出它们的相同点和不同点，确定它们之间的关系，从而达到对事物准确清楚的感受和理解。比较有一个特点，即总是依据一定的方向或事物某一方面的特征来进行的，也就是说通过把握事物某一方面的特征而达到对事物的深刻准确的认识。诗歌中的比喻，正是创作者为了突出形象的某方面的特征而采用的一种比较方式，其目的在于引导欣赏者通过比较把握形象的特征，从而获得深刻的印象。《诗经·硕人》中有一段表现庄姜美貌的诗：“手如柔荑，肤如凝脂，领如蝤蛴，齿如瓠犀，螓首蛾眉，巧笑倩兮，美目盼兮。”这段诗前五句通过一系列生动的比喻展示了庄姜的手、皮肤、脖子、牙齿、额头、眉毛等形象的美，给人以清晰深刻的印象。这种清晰而深刻的印象是通过比较把握了事物特征而获得的。诗人通过一个“如”字引导欣赏者确定了庄姜之手与柔荑（茅的嫩芽）在某方面的相似关系，这样欣赏者就会从这种关系出发在自己的头脑中将“手”与“柔荑”的表象进行比较。通过比较，二者的相同点得到了认知，“手”获得了“柔荑”纤细白嫩的形象特征；二者在外部形象与内部性质上的不同点也得到了肯定，以此为背景就使得纤细白嫩的形象特征更为突出。同样，庄姜的皮肤、脖子、牙齿、额头和眉毛的形象特征也分别是在相似关系的引导下通过与凝脂、蝤蛴、瓠犀、螓和蛾的比较中被突出出来的。如果采用直陈其事的方法，例如只说“其手纤细白嫩，其肤洁白细腻……”虽然也能使人产生一定的形象感，但究竟是怎样的“纤细白嫩”“洁白细腻”？读者只能得到一个大概的、模糊的印象，而不像比喻那样明确清晰。

比喻是创作者引导欣赏者进行比较从而对艺术形象取得明确认识的一种方式，但并不是比较的唯一方式。一切在某方面具有可比关系而又有所不同的两个事物都能进行比较，只是由于创作者的目的不同，对比较对象之间的关系的处理不同，比较的方式也就不同。“万绿丛中红一点”也是一种比较，即红与绿的比较。在这种比较中，诗人所要突出的是二者之间的差异，因此比较对象之间主要是一种对立关系，这叫作对比手法。比喻这种方式所要突出的则是二者之间的同一，因此比较对象之间主要是一种相似关系。例如“停车坐爱枫林晚，霜叶红于二月花”，所要突出的就是枫叶与二月花在“红”这一点上的相似，至于其他方面则必须要有差异。“霜叶”与“花”的差异在于它们的类别和形态不同，如果说“霜叶红于枫叶”就不能形成比喻关系，因为二者本是同一类事物。因此，比喻是一种强调事物之间相似关系的比较，它要求相比较的两个事物在某一点上极其相似，而在整体上极不相似。对于比喻的这一特点，中国古代的诗人和诗论家们是早有认识，深有体会的。刘勰在《文心雕龙·比兴》中说：“故比类虽繁，以切至为贵，若刻鹄类鹜，则无所取焉。”所谓“切至为贵”，就是强调本体与喻体在某一点上应该极其相似，越像越好。至于整体上极不相似这一点，则在理论上虽少阐述，但在实际创作中却多有极为显著的表现。试看“余霞散成绮，澄江静如练”二句，分别写了何等不同的事物，然而它们之间却各有极为相似的一点，这一点由于比者与被比物在整体上的不同而得到了强化的表现。

比喻要求喻体和本体在一点上极其相似而在整体上极不相似，这是有心理学根据的。人对客观事物的认识是通过大脑的神经活动来实现的。大脑的神经活动遵循着“泛化”与“分化”的规律。所谓“泛化”，就是大脑神经兴奋的扩散，就是对事物相同、相似、相通方面的反射；所谓“分化”，就是大脑神经兴奋的集中，就是对事物不同和差别方面的反射。喻体与本体在某一方面越相似，越有利于大脑神经兴奋“泛化”的精确，因而对所要表现的事物之间的相似特征的把握就越准确。另外，喻体与本体在整体上越不相似，就越有利于大脑神经兴奋“分化”的准确，因而更容易将事物的特征从整体中区分出来。这种神经活动在创作者突出事物特征和欣赏者感受事物特征的过程中都是要起作用的。白居易《暮江吟》中“可怜九月初三夜，露似珍珠月似弓”二句，以其比喻准确、形象鲜明而成为传世名句。首先，作者抓住了露水与珍珠在晶莹圆亮上极其相似这一点，在二者之间建立了比喻关系。这样，“露”在欣赏者头脑中所引起的神经兴奋的“泛化”过程就不是无目的的扩散（如水、雨、霜等事物也与“露”有相通或相似的方面），而只对露与珍珠之间的相似点进行反映，从而使露水“晶莹圆亮”的特征通过珍珠形象的协同作用而得到强化。其次，由于“露”与“珍珠”在整体上“极不相似”，因而又促进了神经兴奋的“分化”过程，使“晶莹圆亮”的形象特征在整体差别的背景中显著突出出来。

以上分析可以看出，优秀的比喻因其“在一点上极其相似，而在整体上极不相似”，所以有利于神经兴奋活动过程中的准确“泛化”与“分化”，从而能够准确地把握事物特征，获得清晰的印象。

（二）

比喻产生作用，是因为它有利于神经活动过程中的准确“泛化”与“分化”，现在还要进一步追问：比喻在诗人的头脑中是怎样形成的呢？两个极不相同的事物是怎样在诗人的头脑中建立起联系的呢？这就涉及形成比喻的心理机制。

刘勰在《文心雕龙·物色》中说："诗人感物，联类不穷，流连万象之际，沉吟视听之区。"这里所谓联类，从心理活动上看，就是联想。比喻正是通过相似联想、通过本体与喻体在诗人的大脑皮层上建立"暂时神经联系"而形成的。那么在整体上极不相同的本体和喻体，作为诗人头脑中储存的客观事物的信息，又是怎样建立起"暂时神经联系"的呢？这就要通过它们极其相似的那一部分特征所共有的心理反映模式。这种反映模式是本体与喻体之间建立联系的心理中介：从生理机制上说，它们是一些对本体和喻体都进行反射的神经细胞；从心理机制上说，它们是一些对本体和喻体都作了反映的信息单位。在不同的相似联想中，可能形成种种不同的、而为本体和喻体所共有的反映模式，它们都是经过各种不同的概括（具象概括、抽象概括、情感概括等）而形成的心理存在。苏东坡诗"岭上晴云披絮帽，树头初日挂铜钲"二句是两个生动的比喻，现在只说后一句，"初日"与"铜钲"这两个形象之所以会在诗人的头脑中建立起联系，乃是通过一种概括性的反映模式。诗人在日常生活中通过对朝阳、落日、铜镜、红盘、铜钲等事物的多次反映，就会在头脑中形成一种高于这些具体表象之上的概括性表象。这种表象并不具有这些事物的个别形象特征，而具有它们的共同形象特征：又大、又圆、又红。它像一个骨架，联系着铜镜、红盘、铜钲、朝阳、落日等具体事物的表象，是它们所共有的心理反映模式。当大脑对这些事物作反映时，无论在具体的反映模式上有何种不同，都会引起这种共有的概括的反映模式的兴奋。当"树头初日"反映到诗人的大脑皮层，诗人感受到它又大、又圆、又红的特征后，就引起了这种共有的反映模式的兴奋，并通过神经兴奋的扩散相继唤醒与之联系的一系列事物表象。在这种情况下，诗人有可能首先就想到铜钲这个喻体，也可能先后想起几个喻体，经过比较才决定选取铜钲。这就是相似联想的过程，比喻正是在这个过程中形成的。

在比喻形成的心理过程中，相似联想有时是与想象活动结合在一起的。当本体找不到恰当的喻体，或者喻体不能充分反映出本体某一方面的特征时，想象就要发挥作用了。在这种情况下，诗人就要根据所要表现的事物特征，对记忆中储存的表象进行分解综合、加工改造，创造出一个最能反映本体特征的新表象作为喻体。例如李白《望庐山瀑布》一诗："日照香炉生紫烟，遥看瀑布挂前川。飞流直下三千尺，疑是银河落九天。"对于庐山瀑布"飞流直下三千尺”的磅礴壮美气势，诗人在头脑中找不到能与之比美的现成的事物表象，于是就将有关的表象加工改造，创造了“银河落九天”这一新表象，与飞流直下的庐山瀑布结成了比喻关系。

在形成比喻的相似联想中，情感也发挥着重要的作用。本体与喻体之间比喻关系的建立不仅要受所表现的本体的特征（也即本体与喻体极其相似的那一点）的制约，也要受本体所引起的诗人的情感活动的制约。情感是人对客观事物的态度的体验，它在一定程度上决定着人的心理活动的倾向。因此，在比喻形成的心理过程中，情感对喻体的选择有着重要的影响。岑参在《白雪歌送武判官归京》一诗中用了这样一个比喻：“北风卷地白草折，胡天八月即飞雪。忽如一夜春风来，千树万树梨花开。”诗人所要突出的无疑是本体在色彩和形状上的特征，但是在选择“千树万树梨花开”作为喻体的时候，起作用的却不只是色彩和形状上的特征，而是包括诗人主观情感的因素。如果把被冰雪覆盖的树貌，比作缀满洁白的纸花，在色彩和形状的特征上与本体也很相似，但这样的形象所蕴含的是一种悲痛的感情。而诗人面对胡天飞雪所形成的银装素裹的形象所产生的是一种惊奇喜悦的情感，因此就选择了与本体既在形象特征上相似、又在情感色彩上一致的“忽如一夜春风来，千树万树梨花开”。

（三）

在我国古代诗歌中，比喻手法不仅被广泛运用，而且在表现形式上呈现出千姿百态、丰富多彩的面貌。为了深入认识这些比喻的心理特点，拟对它们的心理类型（即从创作心理机制上对比喻所作的分类）再做一点探索和分析。

依据什么来划分比喻的心理类型呢？看来依据诗人所要表现的本体与喻体相似点的心理形态来划分比较合适。因为比喻的心理机制主要是相似联想，相似联想与其他联想（对比联想、接近联想、关系联想等）及其他心理活动的最大区别，在于两个各不相同的事物在诗人的大脑皮层上是通过它们的相似点建立起暂时神经联系的，这些相似点在比喻形成的过程中分别表现为表象、概念和情感的心理形态。

刘勰在《文心雕龙·比兴》中说：“夫‘比’之为义，取类不常：或喻于声，或方于貌，或拟于心，或譬于事。宋玉《高唐》云：‘纤条悲鸣，声似竽籁'，此比声之类也；枚乘《菟园》云，'焱焱纷纷，若尘埃之间白云'，此则比貌之类也；贾生《鵩赋》云：'祸之与福，何异纠纆'，此以物比理者也；王褒《洞箫》云：'优柔温润，如慈父之畜子也'，此以声比心者也。"刘勰在这里从取类（指其相似之处）的心理形式上将比喻分为四种类型。"喻于声"与"方于貌"，虽然感觉形式不同，但它们所反映的都是事物外部形象上的相似，其相似点都是以表象形式存在于诗人的脑中，因此可以并为一类。"拟于心"所指的是不同事物所给予人的情绪感受上的相似，其相似点是以情感活动的方式存在于诗人的心中的。"譬于事"乃是"以物比理"，它所指的是事物内部逻辑上的相似，其相似点是以概念形式存在于人的心理中的。据此，我们可以将比喻分为表象、概念、情感三种心理类型。

（1）表象型比喻，所要表现的是本体与喻体外部形象上的相似，其心理中介是一种通过对事物外部形象的具象概括所获得的、以表象形式存在的心理模式。例如白居易《琵琶行》中"大弦嘈嘈如急雨，小弦切切如私语"二句，所反映的就是大弦之音与急雨之声、小弦之音与私语之声在听觉形象上的相似。这一比喻的形成，是大弦与急雨的听觉表象、小弦与私语的听觉表象分别通过一种在音质、音色、音量等方面反映二者共有的外部特征的概括心理模式建立起神经联系的结果。欣赏者虽然实际上并没有听到琵琶声，却可以通过头脑中储存的急雨、私语声音表象的复现而引起这种共有的心理模式的兴奋，从而把握琵琶声的概括性特征。再将此与头脑中储存的琵琶的声音表象联系在一起，于是就可能产生如闻其声之感。至于像"日出江花红胜火，春来江水绿如蓝"及前面所举的一些例子，则很明显是通过视觉表象的相似联想来反映视觉形象上的相似关系的比喻，在此就不赘述了。以上两种表象型比喻所反映的都是同一感觉对象间的相似关系。还有一种表象型的比喻，所反映的是不同感觉对象间的相似关系。例如李颀《听董大弹胡笳声兼寄语弄房给事》一诗中将胡笳之音比作"空山百鸟散还合，万里浮云阴且晴"，所反映的就是听觉对象与视觉对象间的相似关系。这就是所谓"通感"，即人的某一种感觉有时可以引起另一种感觉的表象联想。两种不同类型的感觉对象却可以引起共通的感受。这是由于人具有高度的"分化""泛化"和"分析""综合"的能力，因此能在不同的感觉对象中形成一种概括性更高的共有的心理反映模式。这种反映模式虽然概括性较高，但由于它所反映的仍是事物的外部形态和结构，因此仍属于表象概括型的心理反映模式。它就是联结两个不同感觉类型表象的心理中介。通感型比喻在古代诗歌中是不乏其例的。如白居易《琵琶行》中“冰泉冷涩弦凝绝，凝绝不通声暂歇”二句，就是将渐低渐弱、断断续续的琵琶音响的听觉感受，比作渐冷渐缓、涩滞难行的流泉给人造成的触觉感受。再如李贺《李凭箜篌引》中的“十二门前融冷光”，是将听李凭箜篌所获得的柔和明丽的听觉感受，比作能够融化寒冷的暖气流给予人的温暖舒适的肤觉感受；又如韩愈《听颖师弹琴》中的“浮云柳絮无根蒂，天地阔远随飞扬”，则是将轻柔悠扬的琴声感受比作随风飘荡的浮云、柳絮所给予人的视觉感受。这些通感型比喻都是不同感觉类型的表象通过它们共有的心理反映模式而产生相似联想所形成的。

（2）概念型比喻，在文艺创作中虽要通过形象来表现，但是本体与喻体的相似关系却是属于内在的、逻辑性的，其心理中介是一种通过对事物内部性质的抽象概括而得出的、以概念形式存在的心理模式。曹操诗“老骥伏枥，志在千里；烈士暮年，壮心不已”四句，历来被人们传为佳句。作为比喻，伏枥之老骥与暮年之烈士在外在形象上无丝毫相似之处，相似的只是一种一生英烈、老而弥壮、渴望新的成就的内在实质和逻辑模式。这是曹操通过对自己内心的感受进行抽象概括而形成的一种概念性的心理模式。当然这个比喻也是在“有意想象”的配合下形成的，因为作为动物的“老骥”不可能有“志在千里”的思想，这只是作者以己推物的想象。概念型比喻在中国古代诗歌中的表现是很广泛的，许多借物抒怀、借古喻今的比喻皆属于此类型。例如张九龄《感遇》诗之四：“江南有丹橘，经冬犹绿林。岂伊地气暖，自有岁寒心。可以荐佳客，奈何阻重深。命运唯所遇，循环不可寻。徒言树桃李，此木岂无阴？”此诗以橘树岁寒犹绿比喻自己不同世俗的坚贞品德和节操，以丹橘因路阻而不能荐客比喻自己因荐路阻塞而不能被朝廷识别任用，本体与喻体的相似点是一种内在的逻辑模式。有的比喻，本体并不是一种具体事物，而是一种抽象的道理，如前面引的刘勰所举贾谊《鵩赋》“祸之与福，何异纠纆”之例，就是以纠纆相联的关系来说明祸福相依的道理。还有的比喻，本体干脆不出现，而直接以喻体来代替本体，如“春蚕到死丝方尽，蜡炬成灰泪始干”，即比喻一种忠诚不渝、死而后已的精神。这些比喻的相似点的心理形态都是概念性的，都属概念型比喻。

（3）情感型比喻，所要表现的不是事物本身外部和内部的相似关系，而是事物对人情感作用上的相似关系。客观事物作用于人，人会由于它是否满足自己的需要、对自身具有什么样的意义而在机体内产生种种生理的反应和变化（心跳、血压、内分泌等各种变化）。这种反应和变化以神经冲动的方式反馈到大脑皮层而被人觉知，于是人就体验到一种情感。所以说，情感活动也是一种信号活动。人体内部情绪性生理变化在大脑皮层上各种各样的反映，通过皮层的分析综合活动，可以概括为不同的模式和类型，如愉快、忧伤、愤怒、恐怖等等。因此，外部形态和内部实质都不相同的各类事物，由于对个体的意义相似，就可以引起类似的情绪反映，两个事物就可能以某种情绪反映的心理模式为中介而形成相似联想，从而形成情感型比喻。韩愈《听颖师弹琴》一诗中“昵昵儿女语，恩怨相尔汝。划然变轩昂，勇士赴敌场”一节，前二句将轻柔细碎的琴声比作恩怨尔汝的昵昵语声，主要反映的是听觉形象上的相似，是一种表象型比喻。后二句将轩昂雄壮的琴声比作勇士赴战场杀敌的场面，无论是外部形象还是内部逻辑，二者的关系都是不相似的。但它们使人产生的情绪感受却有着明显的相似性，它们都使人感受到一种激昂向上的情绪。当诗人听到这种轩昂雄壮的琴声时，其机体内的情绪性生理变化在大脑皮层上的反映就会引起某种具有激昂向上性质的情绪反映模式的兴奋，这种情绪反映模式的兴奋会唤起与之相联系的许多事物（这些事物都可能引起这一情绪反映模式的兴奋），于是诗人就选择“勇士赴敌场”这一事物作为喻体而与轩昂的琴声建立了比喻关系。反之，欣赏者则是通过“勇士赴敌场”所唤起的情绪感受去体验琴声的。

情感型比喻的本体与喻体，无论在外部形态还是内部实质上既可以都不相似，也可以都相似。构成情感型比喻的关键在于作者通过比喻所要表现的主旨是什么。只要作者所表现的主旨是本体和喻体对主体情绪感受作用上的相似，那么即使本体与喻体在外部形态或内部实质的某些方面有相似之处，这个比喻也仍然应该划为情感型比喻。

以诗人所要表现的本体与喻体相似点的心理形态为依据，我们将中国古代诗歌中的比喻分为以上三种类型。但是，由于人的大脑是一个有机的整体，一个具体的反映过程常常需要多种心理功能在多种水平上的协同活动来完成，因此，在一个比喻形成的实际心理过程中，本体与喻体的相似点有时并不表现为单一的心理形态，其心理类型也常常并不像以上所分析的那样纯粹。“日出江花红胜火”一句，江花与火固然在色彩上相似，在情绪上不也同样给人以热烈之感吗？但是，在这些不同心理形态的相似点中，总有一种是诗人所要表现的主要方面。比喻的心理类型正是由它决定的。例如前一个例子主要反映的是红花与火在色彩上的相似，因此属表象型比喻。

古今中外的诗歌都广泛地使用比喻，其心理内容也是相同的。由于中国古代诗歌的比喻丰富多彩，源远流长，且有理论的总结，所以本文专以此为对象，对其心理意义、心理机制、心理类型试作分析，以期有助于认识和继承这一重要的创作经验。

（本篇与金开诚教授合作，刊于《文学遗产》1986年第6期）

艺术创造中情感与形象的关系

艺术以形象的方式反映社会生活，表现人们的思想感情。同其他创造活动相比，艺术创造有两个最显著的特点：第一，创造是在形象的基础上进行的；第二，创造过程自始至终伴随着情感活动。那么艺术创造中形象与情感存在着怎样的关系？艺术家头脑中形象的形成与记忆、形象的加工与改造（即想象）对其情感活动会产生怎样的影响？情感活动对这些形象活动又发挥着怎样的作用？本文拟从文艺心理学的角度对这些问题做些有益的探讨。

（一）情感与形象的一般关系

所谓形象，就是能为人所直接感知的客观事物的具体形态。从艺术创造的心理过程来看，艺术家在头脑中加工的并不是客观形象本身，而是在头脑中形成的、在记忆中保持的对客观事物的映象，即表象。艺术家首先要通过自己的感官感知客观事物的形象并在自己头脑中形成表象，然后通过抽象思维制约、指导下的自觉表象运动（即想象活动）对头脑中的表象进行分解综合、加工改造而创造出艺术形象来。至于作品中的艺术形象，则是艺术家头脑中创造的艺术形象的外化。因此，就心理内容而言，艺术创造中形象与情感的关系主要就是以表象运动为核心的认识活动与情感活动的关系。什么是情感？情感就是人们对与之发生关系的客观事物的态度的体验。人在世界中生活，一方面出于自身本能而有这样那样的需要，另一方面因同周围的环境发生联系而有这样那样的需要。客观事物的各种信息通过人的各种感官作用于个体，个体会由于其是否适应于自己的需要而产生肯定或否定的态度，态度又引起了自身以某种生理感觉为特征的体验，这就是情感活动。一般来讲，情感可以作为一个总的概念来使用，而把情感体验心理过程进行的具体形式称为情绪。

那么，以表象运动为核心的认识活动与情感活动的一般关系是怎样的呢？我们可以用一句话来概括：情感依赖于认识，又对认识产生着积极的影响。情感对认识的依赖主要表现在两个方面。

第一，人对客观事物的认识（感知、表象运动、思维）是情感活动的源泉和内容。从生理机制上说，情感活动是大脑皮层和皮层下中枢（丘脑、下丘脑、网状结构、边缘系统等）协同活动的结果。外界的刺激通过人的各种感受器传至大脑皮层，大脑皮层通过对它们的认识评价而形成一定的态度，然后通过神经兴奋将其传至皮层下中枢。“位于两半球皮下的脑的各个部位有着有机体生理活动的各个不同中枢：呼吸中枢、心脏血管中枢、消化中枢、分泌中枢等。因此，皮下中枢的兴奋便引起许多内脏器官活动的增强”，使机体出现一些反应，如“呼吸节律的变化（人因心绪不安而呼吸加快，呼吸困难与断续）、有机体各部分的供血变化（因害羞而脸红、因恐惧而脸色苍白）、分泌腺机能的失调（因悲痛而流泪、因心绪不安而口干、因害怕而出‘冷’汗）等”。[①]这种反应返回传入到大脑皮层，人就会感到被一种情绪所笼罩。因此，“情绪过程是被皮下结构调节的，而评价、认识等过程则是大脑皮层的机能，只有大脑皮层能评价经验的感情性质，并组合这些情绪为怕、怒、爱或恨。”[②]所以说，大脑皮层对客观事物的认识活动是情感活动的源泉和内容。

第二，大脑皮层是皮层下部位以及整个有机体的最高调节器，它可以对皮层下中枢的活动进行调节和影响，从而使情感活动适应人的目的、意图和行为程序。这项工作主要是由位于大脑前额部的皮层来完成的。大脑前额部皮层是在生物进化过程中最后发展起来的、增生在大脑皮质所有各部位之上的高级神经组织。“它是负责制定行为程序、调节和控制心理活动的机构”。它“保证运动和行动服从于相应的意图，建立完成运动动作的程序，保证对运动的进行予以调节和控制，借此保持运动进行的有组织、有理性的性质”。“它不仅与脑的下部（内侧核和腹侧核、丘脑枕以及其他组织）和网状组织的相应部分相联系，而且实质上与皮质的所有其余部分相联系”。它可以“给予网状结构组织以强有力的调制性影响，赋予网状结构的激活性冲动以分化性性质，并引

---

① 彼得罗夫斯基主编：《普通心理学》，人民教育出版社1981年版，第400、395、402页。

② 曹日昌主编：《普通心理学》（下册），人民教育出版社1980年版。

导它们与那些直接在脑的额叶皮质中形成的行为动力图式相适应”。[①]从皮层前额部能够调节皮下中枢活动的事实可以看出，人的理性思维活动一般说来能够驾驭和控制人的情感活动，使其服从于人的目的、意图和行为程序。

情感依赖于认识，但并非消极地接受认识的影响，而是积极地对认识发挥着反作用。这种作用也主要表现在两个方面。

第一，情感对认识活动发挥着信号作用。人的大脑皮层上所进行的感知、表象运动、思维等高级神经活动，就其产生方式来说，都是在无条件反射基础上形成的一系列条件反射活动。条件反射就是大脑皮层的信号活动。“情感——这是关于世界上所发生的对人具有着意义的事物的信号系统。”[②]客观世界众多的事物刺激着人的各种感官，人的意识域不可能对这些刺激物都发生条件反射。当某些刺激物由于对人有着某种意义、能适应人的某种需要时，就会引起人的某种情绪反应。这种情绪反应所产生的内部生理变化会在大脑皮层上形成较为强烈的兴奋，从而引起人对这些刺激物的注意，并将其从原有的系统中分离出来而在皮层上与过去储存的、由于情绪兴奋而被唤醒或强化的有关信息建立起联系，于是意识域中的条件反射就形成了。这新的信息会被储存在人的记忆库里，也许还会促使人对这一信息源采取某种行动。情感活动的这种作用不仅发生在感知过程中，也发生在表象运动和思维等其他认识活动中。当人的大脑中浮现的某种记忆表象诱发了他的情感活动后，皮层上产生的情绪性兴奋同样会引起人对其注意并将其与其他有着类似情感性质的记忆表象联系起来。因此，皮下中枢兴奋所导致的情绪活动，“恰恰就是形成条件反射的强化。由于这种强化便形成各种条件反射，因而在大脑两半球皮层上形成各种暂时联系，这些暂时联系便是知觉、记忆、想象、思维、熟练、习惯、定势和行为定型（亦即构成个体的理智活动的全部东西）的基础。”[③]

第二，情感对认识活动发挥着调节作用。人的任何一种意识活动都需要大脑皮层保持一种与之相适应的紧张度和积极性。现代心理学研究的结果证明，这种调节皮质紧张度和积极性的器官“不是位于皮质本身中，而是位于下部的脑干和脑的皮质下部位中，这些器官与皮质有着双重的关系，它既增强皮

---

① 鲁利亚：《神经心理学原理》，科学出版社1983年版。

② 彼得罗夫斯基主编：《普通心理学》，人民教育出版社1981年版。

③ 彼得罗夫斯基主编：《普通心理学》，人民教育出版社1981年版。

质的紧张度，同时又经受它的调节作用”[①]，这种器官就是分布在脑干至丘脑广大区域的网状神经系统。来自外部和内部（机体内的生理反应）的刺激是沿着两条神经通路传导到大脑皮层的。感觉神经将神经冲动通过脑干、丘脑等皮下中枢传至大脑皮层而形成特异性感觉（如视觉、听觉等），同时在经过脑干时又通过其侧枝将神经冲动传至位于脑干至丘脑广大部位的网状结构（网状结构几乎与大脑所有的中枢都保持着联系），并通过网状结构传至大脑皮层的广大区域。网状结构的功能并非使皮层产生特异性的感觉，而是“维持与改变大脑皮层的兴奋状态，调整大脑皮层的活动，使机体处于觉醒状态”。[②]没有网状结构对大脑皮层的激活与兴奋状态的调整，皮层上的各种认识活动（感知、表象运动、思维）都不能有效地进行。网状结构对皮层兴奋度的调节与情绪活动关系密切，这主要表现在两个方面。第一个方面是外界信息输入所直接引起的情绪活动的影响。当客观事物的刺激引起个体一定的情绪活动后，内部生理变化的反应一方面通过特异性通道传入大脑皮层，另一方面通过丘脑、下丘脑的非特异性通道传入网状结构。网状结构接受了来自丘脑、下丘脑等皮下中枢的神经冲动，就对大脑皮层的兴奋水平进行调节，对皮层分析综合等认识活动的积极性给予影响。由于皮层下的许多中枢是无条件反射或本能（食物的、防御的、性的等本能）的中枢，它的兴奋所引起的内部生理变化实际上是“有机体在维持种族生存中所建立起来的机体结构的活动”[③]，因此具有较大的力量，它要求皮层积极地对外界刺激做出反应。第二个方面是人的有意识活动中形成的意愿、目的和行为程序对网状结构的影响。“人的积极性的相当大的部分是受在人的有意识的生活过程中形成的意图和计划、远景和程序制约的”，这种积极性生理机制上的源泉就是皮层前额部。“脑的前额——特别是它的内侧部和基底部——具有强大的、与网状结构相联系的上行联系束和下行联系束”，“它既能给予下部的神经组织以激活性作用，也能给予它们以抑制性作用”[④]，从而使网状结构对整个大脑皮层兴奋状态的调节与人的复杂的自觉意识活动相适应。皮层前额部和皮下中枢对网状结构并通过网状结构对整个大脑

① 鲁利亚：《神经心理学原理》，科学出版社1983年版。

② 全国九所综合性大学所编《心理学》，第152页。

③ 曹日昌主编：《普通心理学》（下册），人民教育出版社1980年版。

④ 鲁利亚：《神经心理学原理》，科学出版社1983年版，第106—121、84、93—95、102页。

皮层神经细胞活动的积极性和兴奋度给予调节，这些就是情感活动对认识活动进行调节的生理内容。

通过以上的讨论我们可以得出这样一个结论：艺术创造中艺术家对客观形象的感知、对头脑中表象的加工改造（伴随着思维）都可以诱发和调节其情感活动；情感活动反过来又对以上的形象认识活动发挥着信号作用与调节作用，对其产生积极的影响。这就是艺术创造心理活动中形象与情感的辩证关系。这种辩证关系虽然发生在人的心理过程中，却是不以人的意志为转移的。因此，一切艺术创作必须遵循这种关系才能真正取得形象与情感的有效统一，一切艺术理论也只有遵循这种关系才能正确阐明创作中形象与情感的关系。

（二）情感与形象的感知和记忆

从情感与形象的一般关系出发，我们首先讨论艺术创造中情感与形象的感知和记忆的关系。

早在两千多年前的战国时期，我国的一部文艺理论著作《礼记·乐记》中就曾指出："凡音之起，由人心生也。人心之动，物使之然也。感于物而动，故形于声。"这段论述明确地指出了艺术家的情感活动来源于他对客观事物形象的感知。客观事物形象作用于艺术家的感官，一方面在他头脑中形成表象，另一方面也诱发他的情感活动。我们可以通过李白的一首小诗《静夜思》来分析形象感知诱发情感活动的过程。

床前明月光，疑是地上霜。
举头望明月，低头思故乡。

我们可以设想作者于夜深人静之际，由于对自然形象（月光）的感知引起了相类的社会感触与情绪（孤独寂寞），这种情绪又推动个体对自然形象的深入感知（望明月），这种感知再推动了个体的情感活动并引发了他头脑中的社会形象（故乡、家人），使个体的情感活动达到高峰。在这个过程中，情感活动由形象感知而引起并与其交互作用使二者不断向前发展。当作者低头之时，他头脑中月光、明月的表象已形成并与过去储存的故乡家人的表象之间建立了暂时神经联系，而情感活动也相应地完成了。这种情感活动通过复杂的暂时联系影响到“习惯、定势和行为定型”，于是作为诗人的李白便把他的感受构思为诗，写下了脍炙人口的名篇《静夜思》。

情感的产生依赖于形象的感知，情感的储存也依赖于形象的记忆。形象不仅是诱发情感的客体，也是情感依存的载体。客观形象通过艺术家的感知而在其头脑中形成了表象，这表象与由其诱发的情感活动在大脑皮层的兴奋点之间建立了暂时神经联系，二者共同留在艺术家的记忆中。过后，当该表象浮现时，与之相联系的情感活动也就相应复苏，使个体好像又回到了当时的环境。巴金的《家》，是根据他亲身接触的许多人、亲身经历的许多事创作的。这些人和事曾经使他的心灵激动过，因此，当这些人和事重新在他的脑际浮现时，也就同时唤醒了与之相应的情感活动，他好像又像以前那样“陪着那些可爱的年轻生命欢笑，也陪着他们哀哭”。从中可以看出，正是由于表象可以成为情感的载体，艺术家才能够在脱离实际场景的情况下凭借形象的记忆诱发情感活动，从而使艺术创造过程始终伴随着情感活动。情感依赖于形象的感知与记忆，但是反过来又对形象的感知与记忆产生着积极的影响。这种影响主要表现在三个方面。

1. 情感影响着感知对象的选择。在感知客观事物的过程中，外界众多的刺激并非都会引起艺术家的注意，并在他头脑中形成相应的表象。艺术家是满怀着自己的专业兴趣、创作目的、审美情趣来感知客观事物的，只有那些符合他的需要（包括求知需要），对他有一定意义（包括引发兴趣）的形象，才能使他激动，引他注意，并促使他去深入感知。有些与需要相联系的兴趣、意愿和要求因为对个体意义重大而在其大脑皮层上形成了较为巩固的动力定型。俄国生理学家巴甫洛夫把情感与大脑皮层动力定型的建立联系在一起，他认为暂时神经联系系统的维持或破坏使人对现实的态度发生改变。因此，当外界信息传入后，皮层会由于其维持或破坏了原有的动力定型而产生肯定或否定的态度。这种态度以神经兴奋的方式影响皮下中枢并从而引起机体的生理变化。这种变化以较强的神经冲动传入皮层，艺术家就受到了一种情绪冲击，更加强了对对象的注意。在这里，情感正是作为刺激对象的强化信号来发挥作用的，它把对艺术家有意义的刺激物从众多的刺激物中分离出来并在大脑皮层上留下兴奋的痕迹——表象。情感活动对艺术感知对象选择的影响，不仅表现在艺术家较为持久的兴趣意愿与客观对象相互作用而产生的情绪活动上，还表现在其感知客观对象时的具体心境和情绪上。假日到郊外去秋游，大自然会在人们面前呈现出多彩多姿的景色：金黄的稻浪，雪白的棉海，野花的清香，小鸟的歌唱，迅急的秋风，枯黄的落叶，南飞的大雁，西沉的落日……但是这些物象信息在人们大脑中所引起的反映却不是平均的。此时，你若是处于一种愉快的心境，那么大脑中所形成的秋景表象就可能突出了稻浪棉海，鸟语花香；若是处于一种消极感伤的情绪状态，那么大脑中所形成的秋景表象就可能突出了秋风枯叶，归雁落日。因为人在被某种情绪所笼罩的时候，皮层与其下中枢的协同活动就会在大脑的某个部位形成一个相对的优势兴奋中心，外界刺激所诱发的情绪若是在性质上与兴奋中心的情绪色彩相吻合，就很容易被兴奋中心所吸引，并与其建立起暂时神经联系。

2. 情感影响着形成表象的质量。我们可以将表象的质量分为清晰性、丰富性、深刻性三个方面。表象越清晰、越丰富、越深刻，质量越高，对艺术形象创造的功用也就越大。

表象的清晰来源于对客观形象的持久注意和深入感知，而这种持久注意和深入感知的动力是与情感活动分不开的。情感及其体验形式“在一定程度上决定着人的行为，成为人的活动和各种动作（以及动作完成的方法）的持久的或短时的动机，从而产生追求所提出的和所想到的目的的意向和欲望”。[①]宋代罗大经《鹤林玉露》一书载：李伯时（公麟）为画马达到“终日纵观，至不暇与客语”的地步。这种持久的注意和深入的感知是离不开他对马的专业兴趣和艺术热爱的。从生理机制上说，这是负责形成人的目的、意图和行为程序的皮层额叶部对网状结构并通过网状结构对整个大脑皮层的兴奋水平进行调节所致。正是这种情感驱使他采取了以上行动，从而获得了马的清晰、精细的表象，在艺术创造上达到了“下笔生马”的境界。

艺术形象的创造不仅要求表象清晰，而且要求表象丰富，即在有形的表象内蕴含尽可能多的感受内容。提到荷花荷叶，一般人的脑子里只是映出一个单薄的表象轮廓，但在朱自清先生的笔下却是这样一种形象：“曲曲折折的荷

① 彼得罗夫斯基主编：《普通心理学》，人民教育出版社1981年版，第400、395、402页。

塘上面，弥望的是田田的叶子。叶子出水很高，像亭亭的舞女的裙。层层的叶子中间，零星地点缀着些白花，有袅娜地开着的，有羞涩地打着朵儿的；正如一粒粒的明珠，又如碧天里的星星，又如刚出浴的美人。微风过处，送来缕缕清香，仿佛远处高楼上渺茫的歌声似的。”（朱自清《荷塘月色》）从中可以看出作者头脑中的表象蕴含了何等丰富的感受内容，而这些感受内容的形成是离不开形象感知过程中的情感活动的。人的大脑皮层是由三个级区组成的，这三个级区在反映客观事物时遵循着特异性递减的规律。第一级区是感觉投射区，对各种感觉进行专门反映；第二级区则具有了一定程度综合反映的机能；第三级区特异性更低，概括综合性更强，具有使直观知觉转变为抽象模式的机能。在这三个级区中，第三级区占据着主导地位，“甚至在感知周围世界的时候，成年人也把自己的印象组织到逻辑系统中去”①。因此，如果一般地从理性与概念出发去感知客观形象，则第一、二级区内一些细微的感知觉还来不及充分感受就会被迅速地抽象淘汰而进入第三级区，这样所形成的表象只能是概念的薄弱附庸。但是如果饱含兴致去注意感知客观形象，情况就不一样了。一些细微的感知觉虽然在大脑的概念领域内反映不出来，却能够引起机体内复杂细致的情绪反应。这些反应会使大脑皮层产生一定程度的兴奋，从而又引起个体对这些感知觉的注意和重视。有意识地保持上述情绪，并通过深入感知发展这种情绪，就会丰富对客观形象的感受。因为这种情绪会像磁石一样将过去储存在记忆中的类似的感知觉信息吸引过来，从而使暂时神经联系接通，形成了联想。如由“出水很高”的荷叶，联想到“亭亭的舞女的裙”，由微风送来的“缕缕清香”，想到“远处高楼上渺茫的歌声”。这些对应感觉的联系虽然很难用抽象的语言准确表示出来，但它们相互之间却可以通过形象与情绪沟通。需要指出的是，前面所谈的这些联想活动有可能不是在创作中产生的，作者在感知荷花时可能并没有想到“亭亭的舞女的裙”，但是与之相类似的感受和情绪却可能因荷花的感知而产生（虽然可能是朦胧的）并被储存在荷花表象的记忆中。而这正是创作时运用联想以至于想象的基础。

表象质量的第三项内容是它的深刻性。表象越深刻，它在大脑保持的时间越长，进入形象创造的机遇也就越多。表象的深刻性和持久性与情感的强度

① 鲁利亚：《神经心理学原理》，科学出版社1983年版，第106—121、84、93—95、102页。

成正比。表象是感知客观形象的神经兴奋在大脑皮层上留下的痕迹，而人的神经活动是遵循着强度关系的规律的。巴甫洛夫认为，在一定限度内，条件反射的强弱是以每一种刺激到达大脑皮层的能量为转移的。感知形象过程中的情感活动越强烈（在一定限度内），皮下中枢及受其调节的内部生理变化对皮层的刺激和影响就越大，皮层相应的神经兴奋就越强，情感活动和诱其产生的感知对象在皮层上留下的兴奋痕迹也就越深，越持久。

3. 情感活动对表象的变异也产生着影响。人的大脑对客观形象的反映并不是像镜子那样的机械的反映，而是要受一定的认识积累和情感色彩的影响。鸟语花香赏心悦目，会给一般人脑子里留下愉快的表象。但对诗人杜甫来说，却一度曾经“感时花溅泪，恨别鸟惊心”（杜甫《春望》），形成了触目惊心和催人泪下的事物表象。原因在于作者那时正逢“安史之乱”，被困长安，目睹国破家亡之惨状，悲愤之情充溢心中，这种主观情感影响了对客观对象的感知，也影响了其脑中所成的表象。情感对知觉表象的影响是与知觉的特点和大脑高级神经活动的规律分不开的。人对客观形象的知觉以及形成表象是以对客观形象的理解为前提的，而理解则是体现了当前感知的事物形象与人所已有的知识经验的联系。而当人所已有的知识经验、认知成果中的某些部分被处于某种情绪状态时，内部生理变化的反应就会使这些部分所在的神经细胞高度兴奋起来。外界新进入的相对较弱的信息就会被原有的兴奋中心所吸引，在这样一种性质的联系中被理解。于是，客观形象的意义就被纳入了这部分认识系统，并被涂上了相应的情感色彩而发生表象的变异。

（三）情感与艺术想象

艺术想象是艺术创造的中心环节，是艺术家对头脑中储存的形象材料进行加工改造而创造新形象的过程。在这个过程中，形象与情感的基本关系表现为想象诱发情感，情感推动想象。

同形象的感知与记忆相比，想象对情感的作用具有一些新的特点。首先，想象使情感鲜明集中。形象感知过程中的情感活动是由客观事物形象直接诱发的，而想象中的情感活动则是由记忆中的形象间接诱发的。当记忆表象在艺术家的头脑中浮现出来后，与之相联系的情感活动也会相应地产生出来。但是，想象并不是感知表象的简单复现，其所诱发的情感活动也不是感知过程中情感活动的简单复苏。想象是艺术家根据一定的创作目的对记忆中的形象所进行的分解综合、加工提炼。在这个过程中，皮层前额部一方面从水平的方向对皮层其他部分的神经活动进行指导（因为皮层前额部与皮层所有其余的外表部分都有着密切的联系），从而使形象渐趋典型，并通过这新的形象不断诱发和推动皮下中枢的情绪活动；另一方面又从垂直的方向对处于皮下中枢的网状结构的兴奋给予分化性的调节影响，从而使原来纷杂模糊的情感伴随着形象的运动而趋于集中和鲜明。陆机所说的“情曈昽而弥鲜，物昭晰而互进”，是对这一状况的极好形容。想象的结果是新的、典型形象的形成，这一典型形象由于在表现力上远远超出感知表象，因此对情感的诱发力更强。

其次，想象使情感活动不断发展变化。想象是在感知表象的基础上进行的，但是由于想象是一种自觉的、创造性的形象认识活动，因此形象并不会停留在原有的基础上不动，而是随着认识的深入不断发展变化，这就使得情感活动也不断伴随形象的运动而发展变化。一种情况是，想象使形象日益丰满、典型、深刻，艺术家越来越深地被自己创造的形象所感动，从而使情感活动越来越强烈。另一种情况是，当艺术家按照生活的逻辑进行想象活动时，形象自身的发展改变了艺术家的预想，从而引起了艺术家情感性质的变化。

最后，想象使情感活动的类型复杂多样。在形象感知中，艺术家产生的只是由感知对象诱发的情感活动，比较单纯。若由感知引起联想，情感就较为复杂，而在艺术想象中则情况更为复杂。分析起来，大致存在着三种情感活动。第一种是创造活动本身所引起的情感活动。艺术想象本身是一种创造性的劳动，是一种精神产品的生产，因此，同其他一切创造性劳动一样，其活动本身就可以诱发创造者的情感活动。艺术家在想象活动中获得一定进展、克服一定困难都会产生一种愉快的情感，最后的成功当然更会令其欣喜兴奋；反之，如若困难重重、进展不利甚至夭折失败，都会使其产生沮丧、失望、烦躁等消极情绪。第二种是创造对象所引起的情感活动。艺术家的创造对象并不像科学家的创造对象那样仅仅是客观事物本身，而是饱含着思想感情的艺术形象。因此艺术家在创造的同时也就在进行着欣赏，他不断地接受着自己创造的形象的感染，不断地从形象上汲取着新的情感内容。这在其他创造活动中是少见的。第三种是艺术形象自身的情感活动。这主要表现在以人为描写对象的艺术作品中。在创作这些作品时，艺术家的情感活动不仅有自身的，而且有角色的。正如高尔基所说："文学家在描写吝啬汉的时候，虽然不是吝啬东西的人，也必须要把自己想象作吝啬汉；描写贪欲的时候，虽然不贪欲，也必须感到自己是个贪欲的守财奴；虽然意志薄弱，也必须带着确信来描写意志坚强的人。"[①]当艺术家把自己想象为吝啬汉的时候，他就会在想象的世界里使自己以一个吝啬汉的身份与周围的环境发生关系，因而也就会体验到一种吝啬汉的情感。

艺术想象中形象作用于情感的特点就使得这个过程中的情感活动更深刻、更复杂、更活跃。那么情感活动反过来又对想象活动发挥着怎样的作用呢？首先，情感在艺术想象中发挥着动力作用，它推动想象活动的进行，使其呈现出一种活跃状态。艺术想象是一种自觉的、有意识的创造活动，艺术家之所以要开动脑筋想象是因为他要用艺术的形式表明他对社会生活的认识。情感活动的产生恰恰使这种要求变得更为迫切了。当艺术家处于情绪状态的时候，皮层前额部及皮下中枢的兴奋就会通过网状结构对皮层上神经细胞的兴奋产生积极的影响，促使这些细胞积极谋求暂时神经联系的建立，使问题尽快得到解决。如前面所说，皮下中枢对皮层影响的泛化性比较强，涉及的区域比较广，于是较多的神经细胞被唤醒了；皮层前额部影响的分化性较强，因此又在这些被唤醒的神经细胞中形成了一个体现创作目的和要求的兴奋中心。这兴奋中心按照皮层前额部所赋予的一定的逻辑程序积极尝试着与其他神经细胞建立联系，于是想象就在一个较为广阔的范围内积极而又有目的地活动着，呈现出"精骛八极，心游万仞"的活跃状态。在艺术创造中情感对想象活动的这种推动作用并不是一时的，而是贯穿于创作的始终，并且在深度上不断加强。这是由于艺术家不断从想象形象的发展中吸取新的情感力量，反过来又进一步推动想象活动向前发展。

其次，情感在艺术想象中发挥着组织作用。艺术想象并不是胡思乱想，而是艺术家按照一定的目的和创作法则将头脑中琐碎繁杂的表象进行分解综合，组织成一个新形象。在新形象形成的过程中，情感活动发挥着重要的组织作用。当某种客观事物触发了艺术家的情感活动并使之产生了创作欲望后，这饱含着他的意愿和态度的情感就会由于皮下中枢的活动而在其皮层上与该事物

① 转引自王朝闻《美学概论》，第175页。

的表象一起形成一个兴奋中心。这兴奋中心在创作欲望的推动下向四周扩散，唤醒了储存在记忆中的有关的或类似的情感，也唤醒了作为情感载体的相应表象。于是在表象与表象之间建立起了暂时神经联系。随着想象活动的进行，皮层兴奋中心，也按照艺术家的创作目的不断运动变化，神经兴奋不断按照从集中到扩散、从扩散到集中的规律活动着，大量的表象也就不断地被分解综合，直至形成一个新的表象。在这个过程中，情感活动像分化剂一样将有关的表象从旧的系统中分离出来，又像凝固剂一样将其凝成一个新的表象。需要指出的是，新表象的形成自然离不开理性思维的指导，因为杂芜的表象总是要按照一定的创作目的和逻辑程序被组织在一起而不能随便拼凑。但是艺术想象中的理性思维却不像有些创造想象活动中那样（如科学研究、建筑规划等的想象）直接对新表象进行组织，而常常要借助情感活动来发挥作用；它在意识表层一般并不表现为明晰的概念运动，而是一种浑然的、为情感活动所包蕴的意向。从生理机制上来分析，在有些创造想象活动中，具有形成目的意愿和行为程序机能的皮层前额部对心理活动的调节，往往表现为抑制皮下中枢的兴奋，而主要在水平方向上直接对大脑皮层其他地区的神经活动进行指导；在艺术想象中，皮层前额部则主要是通过对皮下中枢及其网状结构的情绪性兴奋的影响和控制来间接地对皮层其他地区的神经活动进行指导，水平方面的作用不如有些想象活动中明显。

最后，情感活动对艺术想象的作用还表现在对其活动形态的调节上。任何想象活动都是在理性思维与情感活动相互配合的作用下进行的，它既要受到理性思维的指导，又要受到情感活动的影响。但是，在对想象活动的调节上，理性思维与情感活动的结合会由于对象和目的的不同而表现出不同的方式，从而使想象活动呈现出不同的形态。如前所述，大脑皮层特别是其前额部既能够诱发又能够抑制皮下中枢的情绪性活动。但是由于皮下中枢是在生物进化过程中形成的与有机体自然生存需要紧密相连的中枢，因此具有较大的力量，其兴奋也就具有一定的相对独立性，能够在一定程度上突破皮层的控制。一般来讲，当皮层有效地控制着皮下中枢的冲动、使网状结构的激活稳定地保持在一定的程度内，想象主要接受理性思维的调节，呈现为理智性和逻辑性较强的形态，如科学中的想象等。当皮下中枢的兴奋过于强烈（如人受到巨大的打击而处于激情或应激状态），因而在较大程度上突破皮层的控制时，人就会感到被一种强烈的情绪所控制，大脑皮层的神经活动就会由于过度的刺激而发生超限抑制，不仅想象会出现混乱与阻塞，人的一般意识活动也不能正常进行了。还有一种情况是，当皮下中枢的兴奋虽然大为加强，但皮层并没有失去对它的控制，此时的想象活动就在皮层与皮下中枢的相互作用下接受理性思维与情感活动两方面的调节，理寓于内，情动于外，呈现为情绪性较强而又没有失去理性思维控制的形态。在这种形态中，情感活动给想象以动力，使其处于一种活跃状态，理性思维则控制着想象的方向，将其纳入一定的逻辑系统之中。艺术想象就是如此。在艺术想象的进行中，由于理性思维与情感活动的结合方式不同，想象也会表现为不同形态。当理性思维占主导地位时，想象就较多呈现为“现实主义”形态，往往因果明确，顺理成章，生活逻辑性较强。足见作者在艺术想象时，理性思维较为稳固地把握了情感活动的方向。反之，当情感活动占主导地位时，想象就较多呈现为“浪漫主义”形态，往往不完全符合实际生活的逻辑。这是由于作者在艺术想象过程中强烈的情感活动占据主导地位，因此在一定程度上跨越了理性逻辑系统的寻常轨道，但也没有脱离理性思维的控制，只是情感的调节性影响更突出而已。当然，在文艺创作中采用什么创作方法，可以决定于多种原因，这里只是说思维与情感的结合形态也可能成为原因之一。

以上从不同角度分析了情感对艺术想象的动力作用、组织作用、调节作用。需要指出的是，在想象的实际心理过程中，这些作用并不是彼此孤立的，而是作为情感活动的整体来施加影响的。

艺术创造中情感与形象的关系问题是个很复杂的问题，也是文艺理论中一个重要的问题。本文从文艺心理学的角度对这个问题作了一些探讨，旨在说明，艺术创造中形象与情感的关系实际上是一般实践创造活动中认识与情感关系在艺术实践创造活动中的体现。它不能脱离情感源于认识而又反作用于认识这一一般心理学原理，同时又因其形象认识的特点而表现为情感与形象感知、记忆和想象活动的丰富复杂的辩证关系。

（本篇与金开诚教授合作，刊于《社会科学辑刊》1985年第5期）

文艺创作者的个性问题

创作者的个性，在创作活动中会起重要的作用，而它在文艺作品中的表现，则既为欣赏者之所共见，又似乎难以确切把握和表述。于是，这就成了文艺心理学理应探索的一个重要问题。

（一）

在现代心理学中，个性是一个相当复杂而又颇多争议的概念。一般认为，个性是指在个人的自然素质的基础上，通过社会实践活动，而形成的稳固心理特征的总和；它是个体所具有的既区别于动物，又与其他人存在差异的稳定心理特质的整体。因此，它又是人与人之间的共同性与差异性的辩证统一。

首先，每一个个性都具有作为人的共同性。这种共同性既表现在人的自然属性上（例如高度发达的大脑、神经机制中的第二信号系统、能制造工具的双手等等），也表现在人的社会属性上（例如民族性、阶级性、职业习性等等）。两种属性并存，后者却是人的本质之所在，正如马克思在谈到个性的本质时所说："不是人的胡子、血液、抽象的肉体的本性，而是人的社会特质。"[①]

其次，每一个个性中都具有区别于他人的独特性，表现为不脱离人的共同性的独特的心理特征和精神风貌。

最后，由这种共同性与独特性的有机统一而形成的心理特征不是一时的、偶然的，而是相对稳定和持久的。

由于任何创造活动都是通过一定的个性来进行的，因此这些活动都离不

① 《马克思恩格斯全集》，第1卷，第270页。

开个性的制约和作用。特别是文艺创作，同其他创造活动相比，它与作者的个性有着更为密切而特殊的关系，这主要表现在个性的差异性方面：

第一，文艺创作的特性要求创作者将个性表现在对客观事物的反映之中，这是与其他创造活动不大相同的。其他创造活动所要满足的主要是人们的认识需要或实用需要，人们对创造成果所要求的主要是它们的认识价值或实用价值，并不关心创造者具有什么样的个性，更不要求创造者将自己的个性表现在成果之中。例如，看一篇经济学论文，人们主要看它是否符合客观实际，是否阐发了经济的规律，至于作者的个性心理特征及文章的表现风格，则并不是人们认识与评价的对象，也不会影响论文的科学价值。又如，对于飞机设计师所设计的飞机，人们所关心的主要是它的功用与性能，也不关心设计者有什么样的个性，以及飞机表现了什么样的风格。当然，在这些创造活动中，创造者的个性事实上也是起了作用的，并且还程度不同地表现在创造成果之中；但这种个性却不是构成其成果价值的必然因素，也不是接受者所必须认识与评价的内容。文艺创作则不然。它必须满足欣赏者的审美要求。美在本质上是人在实践活动中所显示的、凝结于对象之中的本质力量；就本质力量的表现而言，固然一切真正的创造都具有内在的美学价值；但艺术创造以外的各种创造成果，却不像艺术创造那样，把内在的美学价值充分表现在外在的富于感性的艺术形象之中，从而以其独特的方式作用于社会，并取得艺术创造所独有的审美评价。艺术之美存在于无限丰富多彩的感性形象之中，而创作者的艺术个性则直接决定了艺术创造究竟表现为什么样的独特形象，就这个意义上来说，文艺创作者的艺术个性也就是他的艺术独创性，这种独创性乃是艺术创造的美学价值的有机组成。同是一株荷花，八大山人、赵之谦、齐白石、潘天寿笔下便各成独特的艺术形象；同是一出旦角戏，在梅、程、荀、尚四大名旦的表演中也各有姿态和风韵。文艺创作者只有创作出独特的、富有艺术个性的作品，才能满足欣赏者的审美要求，提高作品的审美价值。

第二，文艺的表现方式为个性的充分展现提供了有利的条件。一个人的个性体现在他的感性与理性相统一的全部心理生活之中，通过活动外化到他的行为或制作对象之中，形成一个人的风格特点。就心理过程而言，其他创造活动比之文艺创作的抽象化程度都高，这样，在创造活动中，个性差异必然会伴随着头脑中心理信息的抽象概括而不断地被淘汰掉。文艺创作是以感性形象的方式对客观事物进行反映和加工改造的，创作过程虽然离不开抽象思维的制约，但毕竟始终贯穿着自觉的表象运动。这样，个性差异必然能够比较充分地在艺术形象中展现出来。试想，如果请几位画家来讲授绘画理论，虽然从中也能看出他们的某些个性差异，但一般说来这种差异是不突出的。因为绘画理论乃是从许多画家的创作实践中抽象概括出来的具有普遍指导意义的原则，是从无数富有个性差异的创作中提炼出来的共性规则。固然画家们要结合各自的创作实践讲授，但是理论的要求却迫使他们将各人的个性差异消融到共性的概念之中。反之，如果请他们来作画，例如画花鸟，情况就不一样了。固然他们都是按照花鸟画的一般法则来画，但他们笔下的花鸟却会因各人审美趣味、艺术能力、性格气质的不同而表现为各不相同的神态，这就意味着个性差异在感性形象中能更为充分地表现出来。

以上分析说明了文艺创作与个性的密切关系。个性对文艺创作有显著的影响和作用，文艺创作对个性有较为充分的反映和表现，这都是由文艺创作的性质和特点所决定的。

（二）

艺术风格是艺术作品在整体上所呈现出来的代表性特点，是由艺术家的主观方面的特点和题材的客观特征相统一而形成的一种独特面貌。艺术风格与个性关系密切，从主观方面看，它实际是艺术家的创作个性在作品中的自然流露。别林斯基说："一个诗人的一切作品无论在内容和形式上怎样分歧，还是有着共同的面貌，标志着仅仅为这些作品所共有的特色，因为它们都发自一个个性，发自一个统一而不可分割的我。"[①]这就是说，一个艺术家对现实的反映，不论其内容和形式怎样不同，都要通过他所特有的思想感情、审美趣味、性格气质、艺术才能等心理因素的过滤，从而在作品中打上个性的烙印，显出个性的特征。人们的个性互有差异，反映到作品中就形成不同的风格。刘勰说："才有庸俊，气有刚柔，学有浅深，习有《雅》《郑》，并情性所铄，陶染所凝，是以笔区云谲，文苑波诡者矣。"[②]这是对个性与风格关系的极好说明。

---

① 《别林斯基论文学》，第137页。

② 刘勰：《文心雕龙·体性》。

现代心理学认为，个性心理结构是一个多层次、多水平的复杂统一体，它由三种亚结构组成，即动力结构、特征结构、调节结构。个性的动力结构又称个性的倾向结构，包括个体的需要、动机、兴趣、理想、信念、世界观等心理成分，它们是个体的态度和积极性的源泉，是人与人之间最重要的区别。个性的特征结构包括性格、能力、气质等心理成分，它们体现出个性心理中稳定的个别特点。个性的调节结构就是自我意识对心理与行为的调节控制系统，包括自我认识（观察、分析、评价等）、自我体验（自信、自卑、自尊等）和自我控制等成分，它们体现了个性的主观能动性，人与人的个性品质差异的主观原因在很大程度上取决于人们的自我调节系统功能的差异。在文艺创作中，个性三方面结构都会对创作活动产生影响，从而形成不同的创作风格。

个性动力结构对创作风格的影响主要表现在题材和手法的选择上。一个艺术家有一个艺术家的审美需要、审美情趣和审美理想；理想的高下，情趣的雅俗，都对艺术风格产生影响。审美理想和情趣使创作者常常喜欢选择那些与之相适应的题材和手法，久而久之，就形成了他在选材和手法上的独特之点。例如，齐白石从小喜欢虾，经常到溪流里观察这种逗人喜爱的小动物，直到晚年，还在画案的水碗里养着数只活虾，每天细心观察它们游动跳跃的姿态。这种对于虾的稳定持久的审美兴趣使他一生画了不少以虾为题材的创作。徐悲鸿则喜欢马，在巴黎和柏林留学时，他经常去动物园对马进行观察写生，画了一千多幅速写，这种对马的艺术兴趣使他后来多有以马为题材的创作。艺术风格除了与选材有关，也与表现手法有关，所以即使创作者选材相同，但由于个体审美情趣和审美理想的不同，也会在表现手法上显示出不同的特点。例如，同样是描写黄山，渐江所追求的是一种天真幽淡之美，笔墨枯瘦简洁；石涛则追求奔放雄浑之美，因而用墨酣畅淋漓，笔势的运动感极强。

在个性的特征结构中，气质、能力和性格都对风格产生影响。气质主要表现为心理过程的速度和稳定性（例如知觉的速度、思维的灵活程度等）、心理过程的强度（例如情绪的强弱、意志努力的程度）以及心理活动的指向性特点（例如内倾、外倾），等等。比之其他个性因素，气质较多地受个体生物组织的制约，稳定性较强。心理学上一般将气质分为四种类型：胆汁质、多血质、粘液质、抑郁质。气质类型往往使艺术家的创作心理染上某种独特的色彩。“据研究，俄国的四位著名作家就是四种气质的代表，普希金具有明显的胆汁质特征，赫尔岑具有多血质的特征，克雷洛夫属于粘液质，而果戈理属于抑郁质。”[①]他们在文学上都取得了成就，而不同的气质却使他们的作品具有不同的风格特色。

能力特征对风格的影响也很明显。文艺创作需要多种能力的有机配合，但是就各个创作者来说，他所有的各种能力并非是整齐划一、全然相等的，所以各个作者各有所长、各具特点，形成各不相同的能力结构：有的想象丰富，有的思维深刻，有的观察细致，有的体验深切。这些特点表现在创作中，也对风格特色产生影响。例如，在鲁迅的能力结构中，深刻的洞察力和思维能力占据主导地位，因此他的许多作品（如《狂人日记》《阿Q正传》《药》等）就具有思想深刻、笔触冷峻的风格。在郭沫若的能力结构中，想象力和情感表现力居于主导地位，因此他的许多作品（如《女神》《凤凰涅槃》《天狗》等）就具有想象新奇、激情澎湃的特色。

性格是个性特征结构的核心，它表现为对现实的稳固态度以及与之相应的习惯了的行为方式。心理学上一般以两种方式划分性格类型。第一种将性格分为理智型和情绪型，前者行动多受理智支配，后者行动多受情绪左右。第二种将性格分为外倾型和内倾型，前者心理外向，开朗活跃，后者心理内向，深沉冷静。性格是影响艺术家创作风格的重要个性因素。例如李白和杜甫是我国诗坛上两颗并列的巨星，他们处于同一时代和社会，艺术上都取得了很高的成就，但由于性格的不同（当然他们个性中的其他因素也有差异），作品的风格就迥然相异。从性格类型上看，李白基本上属于情绪型和外倾型，情绪活跃，易于冲动和外泄，这使他的作品具有一种感情激荡、直抒胸臆的风格；杜甫则基本上属于理智型和内倾型，富有理性，感情深沉，善于自我控制，因而他的作品就表现出一种深思熟虑而沉郁顿挫的风格。例如，同样是抒发抑郁不得志的感受，李白是这样表现的：

君不能狸膏金距学斗鸡，坐令鼻息吹虹霓。君不能学哥舒青海横行夜带刀，西屠石堡取紫袍。吟诗作赋北窗里，万言不

① 曹日昌主编：《普通心理学》（下册），人民教育出版社1980年版，第183页。

直一杯水。……

——《答王十二寒夜独酌有怀》

诗中对斗鸡媚上、屠杀邀功的幸臣武将投以憎恶嘲笑，对自己怀才不遇、遭谗被逐深感悲愤不平，感情炽烈，气势充沛。再看杜甫：

杜陵有布衣，老大意转拙。许身一何愚，窃比稷与契。居然成濩落，白首甘契阔。盖棺事则已，此志常觊豁。穷年忧黎元，叹息肠内热。取笑同学翁，浩歌弥激烈。非无江海志，潇洒送日月。生逢尧舜君，不忍便永诀。当今廊庙具，构厦岂云缺？葵藿倾太阳，物性固难夺。……

——《自京赴奉先县咏怀五百字》

杜甫客居长安十年，求仕不得。诗中以自嘲的口吻流露了内心的苦闷，细致入微地分析和阐释了自己的用世之志；在情感表现上，以理驭情，自我剖析，迂回曲折，深沉细腻，与李白的风格显然不同。

个性调节结构对风格的影响主要表现在自我与现实的动态关系上。个性的形成、发展和表现（外化为风格）并不是被动的、静止的，而是在能动的活动中进行的。个体通过活动（包括创作活动）认识自己与现实的关系，分析和评价自己的主观因素，并据此对自己的心理和行为进行调节。在对现实的关系上，由于每个个体自我认识、自我体验、自我调节的特点不同，因而在活动中表现的风格也就不同。还以李白和杜甫为例。在个性调节结构上，李白主要表现为突出主体和自我。在自我认识上，他高度评价自己的主观因素，自认为在政治上“调笑可以安储皇”，在军事上可以“谈笑三军却”，在创作上则又自称“日试万言，倚马可待”；在自我体验上，他充满自信和自尊，“天生我才必有用，千金散尽还复来”，“安能摧眉折腰事权贵，使我不得开心颜”；在行为调节上，则是“不屈己，不干人”，“一生傲岸”。这些个性特点使他的创作富有自我表现的特色，他要入京求官，就宣称：“仰天大笑出门去，我辈岂是蓬蒿人？”政治上失意了，就大呼：“大道如青天，我独不得出？”怀念长安，就说：“狂风吹我心，西挂咸阳树。”与此相适应，在诗歌形式上他喜欢格律较为自由、对个性较少束缚的乐府歌行与古风，在语言上则具有“清水出芙蓉，天然去雕饰”的特色。与此相反，杜甫个性调节结构的特点主要表现为突出客体和现实。在自我认识和自我体验上，他不像李白那样自豪与自信。他固然有“致君尧舜上，再使风俗淳”的政治抱负，却主要出于“葵藿倾太阳”的臣子本性，并自谦这是“许身一何愚”。在与劳动人民的关系上，他有一个封建士大夫所少有的亲切与同情，例如对偷着扑枣的贫妇，他认为“不为困穷宁有此？只缘恐惧转须亲”。对诗歌创作，他更是虚心好学，自言“不薄今人爱古人”“转益多师是汝师”。因此，他在心理和行为的调节上，倾向于自我与现实相适应、主体与客体相谐调。为了求仕，他可以忍受“饥卧动即向一旬，敝衣何营悬百结”的困顿生活，甚至“朝扣富儿门，暮随肥马尘”。他善于将个人的愿望和国家、人民联系在一起，将个性与社会统一起来。这种个性特点使他的创作重在表现客观，写出了“三吏”“三别”、《兵车行》《北征》等许多富有时代特点和现实意义的诗篇。与此相应，他在表现手法上注重通过客观的描绘表现主观的感情，例如《石壕吏》，全篇没有一句直接泄情的语言，却通过真切的客观描写使读者感受到诗人心中深沉真挚的感情。在诗歌形式上，他喜欢格律谨严的律诗并下苦功钻研，写出了许多将丰富的思想感情融于格律形式之中的优秀律诗。因此，总起来看他与李白的诗歌风格是截然不同的。

以上通过一些艺术家的比较，分析了个性动力结构、特征结构和调节结构对创作风格的影响。应该指出，作为个性心理结构的这三个子系统及其内部诸因素，是一个相互联系、相互渗透、相互作用的多层次的动态系统，它们是以整体的相干效应对艺术风格产生影响的。例如，自我表现是李白个性的核心特点，这个特点的形成和对其创作风格产生影响都是通过个性三个子系统及其内部诸因素的相互作用实现的：神经过程有较强的兴奋和较弱的抑制、情绪易于激动、反应迅速、性急和缺乏自制等多血质的气质特点，为他外倾型和情绪型的性格特征奠定了生理基础，并通过社会因素的影响而最后形成。这一过程当然是通过个体与现实相互作用的活动实现的，但在活动中却形成了突出个体的自我调节特征，并成为对现实态度的稳定的性格特征。这种特征影响了他的动力结构，使他在审美兴趣上更多地指向自身的精神世界，并在诗歌创作的能力结构上比较突出了超现实想象的能力，又善于使用对个性较少束缚的乐府歌行与古风形式。当然，反过来说，他的兴趣与能力特点也对其他个性因素产生影响。总之，艺术家的个性诸因素是以整体的相干效应对风格产生影响的。

（三）

最后谈谈文艺创作者在个性养成中的自觉追求问题。在这个问题上，人们往往只看到个性养成过程中的自发性与受动性，这是不为无因的。人的个性特征早在婴儿时期就有“萌芽表现”，而在学前期则已“初步形成”，到了少年时期就“对人的内部世界、内心品质发生了兴趣，开始要求了解别人和自己的个性特点”，并能“自觉地评价别人的和自己的个性品质”[①]。从婴儿到少年期，个体显然不可能对个性形成的契机与原因作出分析，他接受家庭、学校、社会和各种有关事物的制约和影响，却不可能认识这种制约、影响与个性形成之间的因果关系。所以对任何成年人来说，在早年导致个性形成的许多契机和原因是难以追寻的，事实上它们大都已变作个体的潜意识储存，只在某种特殊的情况下，才能在人的意识域中重新显现，并有助于个体对某一个性特征的自我认识。

但是，个性形成中虽然存在自发性与受动性，却也不能把这个问题绝对化。正像世界上一切事物一样，人的个性也是始终不停地处在发展变化之中。因此在个性基本形成之后，个体在“自我塑造”方面也并非完全无能为力，而是可以有所追求的。特别是在职业的工作与创造中所表现出来的“专业个性”（如文艺创作者的创作个性或艺术个性），那更是在人的自然个性的基础上、通过长期的专业实践而形成，并表现于人的“第二生命”。这种个性的形成与发展，不仅可能而且必须调动人的自觉努力，发挥主观能动作用，才能把它养成。关于这个问题，不妨仍从个性所属的三个亚结构分别作一点分析，由于每个亚结构都包含多种因素，不能全面论述，所以分析是举例性的，并且分析对象仅限于文艺创作者。

首先，在文艺创作者“专业个性”的动力结构中，热爱生活与热爱艺术显然都是重要的特征，它们推动艺术家长期在创作上有所追求，不仅对现实生

① 朱智贤：《儿童心理学》，第134、202、422—423页。

活作出深入的干预和反映，而且在艺术上也不断有所创新，逐渐臻于美善之境。现在就热爱生活这一点来说，抽象地看它似乎是一切正常人共有的心理，但具体分析起来，文艺创作者的热爱生活实际是指通过创作实践日益加深对生活的感受和理解，由此而产生的一种积极而稳定的感情。这种感情与其他人经由别的工作与创造而加深了对生活的热爱是各有不同的情感内容的；反过来说，又正是各不相同的情感内容才真正有益于各不相同的工作与创造。因此，作为“专业个性”动力结构中的有机组成的“热爱生活”这个特征，并不仅仅是指在“第一生命”（即自然生命）的意义上乐于享受生活的甘美，而主要是指在“第一生命”与“第二生命”（即创造生命）的积极协调中、通过专业的工作与创造实践而发现了生活的真谛与自身的价值，由此而产生的热爱之情才能真正发挥动力作用，促进包括文艺创作在内的各类工作与创造。至于热爱艺术这个个性特征，则情况当然更为明显。固然许多文艺创作者从小就有对某种艺术的浓厚兴趣，但却从来不会有某个艺术家在幼小之时即已把某种艺术当成自己的“第二生命”。“第二生命”的形成必然是通过较为长久的创作实践，取得了较为显著的成果，从而对自己有所发现、有所塑造的结果。这也就意味着对某种艺术的稳固的热爱之情，乃是围绕着创作实践的加深而加深的。

这里特别需要强调的一点是，创作成果的正负反馈在“第二生命”和“专业个性”的形成过程中所起的巨大作用：正反馈能够支持和强化创作者本来较为朴素的创造兴趣和热情，使之趋于稳固、深厚并更富于自觉性；负反馈则使创作者不断纠正创作中的误差，并不断扬弃旧模式，开拓创新路。在正负反馈的共同作用下，文艺创作者才有可能最终形成既丰富又稳固的“第二生命”和艺术个性。

正因为成果反馈有如此巨大的作用，所以文艺创作者唯一可行的成长之路是边修养边创造，而不可以对诸如“读书破万卷，下笔如有神”“厚积而薄发”等传世名言作机械的理解。万卷书当然要读，但不是读完了再下笔；生活经验和知识理论当然要积累，但不是等“厚积”之后再去“薄发”，而是边积边发，最后达到“厚积又厚发”的境地。倘若把修养与创造机械地分割为两个互不联系的段，则创作者在万卷书读破之时早已因为长期得不到成果的鼓舞而消磨了创造的热情，同时光“积”不“发”则意味着没有正负两方面的反馈，所以等“厚积”之后再“薄发”出来的作品，因为出于“闭门造车”、从来未经社会检验，所以很可能是一个陈旧的废品。对于文艺创作者来说，边修养边创造的意义是多方面的，仅就艺术个性来说，它在单纯的修养中是根本无法养成的，只有一边修养，一边不脱离创造的实践，才能使创作者不断对自己有所发现和塑造。所以，“第二生命”和艺术个性的形成是与边修养边创造紧密联系的，它们之间有着必然的同步互促的关系，也正是因为有这样的关系，所以创作者不难从中找到作出主观努力、养成艺术个性的可靠途径。

其次，在文艺创作者“专业个性”的特征结构中，能力的特征是一个重要的因素。文艺创作者一般都有较强的形象思维能力，但实际上个人的形象思维能力又各有特点，这主要因为个人有各不相同的能力结构，即感受、理解、记忆、思维、想象等多种基本能力的不同方式、不同分量的组合，从而形成各不相同的能力特征，成为创作者的艺术个性的重要组成和决定艺术风格的重要因素。那么，不同的基本能力组合是不是通过沉思默想的自我考察而后构成一纸“配方”的呢？显然，情况绝非如此。各种基本能力的发现和锻炼，特别是它们的优化组合，都只能在创作实践中逐步完成，并且也受到效果反馈的检验与促进。发现与组合一经完成，创作者便能认识到自己的优势和弱点所在，因而通过扬长避短、截长补短以至化短为长等自觉的努力，来发展和完善自己的能力组合，使作品表现出独特的风格，打上深深的艺术个性的烙印。

最后，在文艺创作者“专业个性”的调节结构中，可以谈谈动情、驭情与表情的关系问题。文艺创作者一般都有丰富的情感体验和活跃的情绪反应，也就是易于动情。但为了完成真正的艺术创造，就不能不致力于分寸准确的驭情和表情。倘若只是听任情感肆意动荡，甚至进入激化状态，那么整个意识便会专注于极其狭窄的情感对象，不由自主地离开对创作来说实际是重要或有用的东西，“身体的变化和表情动作变成越来越缺乏意识。细微的动作由于强烈紧张而发生紊乱。抑制越来越强烈地包围着大脑皮层（按：这意味着失去理智和思考），而兴奋则在皮下神经节与间脑中增大，人感到被顽固地迫使屈从于他所体验到的情感。”[①]在这种情况下显然无法有效进行任何类型的创作。所以，为了完成真正的艺术创造，便不可能没有准确的情感驾驭，并因此而有准确的情感表现。驭情和表情正是个性调节结构的一种重要的功能。但这种调节

① 彼得罗夫斯基主编：《普通心理学》，人民教育出版社1981年版，第411页。

同样也不是静止的修身养性能得到有效锻炼的。作为创作者的艺术个性的有机组成来说，个性的调节结构也只有在长期的艺术创造实践中，根据一个个特定的创作目标，进行反复的调节试验与锤炼，并不断接受创作效果的反馈，才能进到有效驾驭、有效表现、运用自如而恰到好处的境界。所以，投身于创造实践，又是创作者在改进并完善艺术个性的调节结构方面能够发挥主观能动作用的有效途径。

总体来说，人的自然个性主要是在自发与受动过程中形成的；自然个性也有变化发展，而且也可经过个体的主观努力促其演变；但这种主观努力只能贯穿在日常的自我制约或追求之中，而并无一条较为明确稳定的途径。至于在自然个性基础上养成的、表现在“第二生命”中的“专业个性”则情况有所不同，它固然深受自然个性的制约，但在其发展完善的过程中却有更大的发挥主观能动作用的余地，并且存在着争取积极演变的明确而有效的途径，这就是紧紧瞄准创造的目标，在创造实践中摸索锻炼，正确接受创造效果的反馈，使“专业个性”的三个亚结构都在持续不断的创造进程中发生积极的变化，最终养成较为完善而特征鲜明的“专业个性”——就文艺创作者来说，也就是他的艺术个性。

（本篇与金开诚教授合作，刊于《北京大学学报》1987年第1期）

欣赏心理中的“泛化”与“分化”

文艺创作是通过欣赏者的心理发生作用的。创作要取得好的欣赏效果，就要研究并适应欣赏的心理规律。神经过程的“泛化”与“分化”就是欣赏心理的规律之一，本文即准备从创作与欣赏的关系上对这一问题作一点探讨。

（一）

文艺欣赏是一种审美的形象认识活动，同一般认识活动一样，它也是通过大脑的神经过程来实现的。客观事物的信息通过人的各种感官被人所接收，并以神经冲动的方式传导到大脑皮层，引起皮层有关神经细胞的兴奋，人就对客观事物获得了一种认识（以表象、概念等心理形态而存在的认识）。认识的神经过程遵循着“兴奋泛化”和“分化抑制”（以下简称“泛化”和“分化”）的规律。所谓“泛化”，就是大脑神经兴奋的扩散，就是对事物相同、相似、相通方面的反映过程；所谓“分化”，就是大脑神经兴奋在抑制过程作用下趋向集中，就是将某一事物或事物的某一方面从其他事物或事物的其他方面中区分出来的过程。人对客观事物的最初认识总是“泛化”性的，文艺欣赏也是如此。开始欣赏达·芬奇的名画《最后的晚餐》时，我们并不能立即将犹大从耶稣的十二个门徒中区别出来，因为他们之间相通或相似的部分使我们的神经兴奋“泛化”了。有的同志可能会说，如果欣赏对象是单一形象，如一朵花、一只熊猫，恐怕就不会产生“泛化”了。其实不然。因为人对客观事物的认识是以已有的认识经验为中介的，神经兴奋的“泛化”不仅会在当时感知的事物中产生，而且会在头脑中储存的、以表象和概念等心理形态存在的事物中产生。例如欣赏郑板桥的墨竹，如果只是草率地看上几眼，我们只能认知这是竹或风中之竹，却不能看出这竹和别的竹究竟有何不同，究竟有什么妙处，因此脑子里很难留下清晰深刻的印象。因为画面上的竹反映到我们头脑中，首先只是通过神经兴奋的扩散诱发起我们记忆中的其他竹的表象，而如果认识过程到此为止，我们就不容易将这新表象与过去的旧表象区别开来。

文艺欣赏中神经过程的初期“泛化”现象是人们认识客观事物的心理规律在欣赏活动中的反映，它虽然有其必然性和积极意义（这一点我们将在后面谈），但是每一个欣赏者却总希望对作品中的艺术形象及其所蕴含的美学意义获得一个清晰准确的印象，因此创作者就要在促进欣赏过程的“分化”上下功夫。

怎样促进欣赏过程的“分化”呢？主要就是要使创作具有一定的鲜明性。所谓鲜明性，就是指创作者所要表现的事物的新异特征和审美倾向在作品中得到了突出和强化。特征，是一事物与其他事物本质区别的征象和标志。突出了所要表现的事物特征，就使该事物在与其他相关事物的比较中变得鲜明起来，从而可以抑制欣赏者神经过程的盲目“泛化”，促进其准确“分化”，使其尽快获得较为清晰准确的认识。例如在《最后的晚餐》中，由于达·芬奇赋予了犹大手抓钱袋、身体因惊慌而后倾、将一张充满虚伪和奸诈的面孔藏在阴影处等形象特征，因此使我们能通过一定的比较，较快地将他从耶稣的其他门徒中区别出来。《最后的晚餐》这个取自《圣经》的题材，在达·芬奇之前不少画像都画过，但构思和艺术处理（特别是对犹大形象）都比较平庸，很难给人留下深刻印象。达·芬奇的艺术构思和处理是独特、深刻和新异的，他所表现的犹大的特征是别人从未表现过的，因此具有新异性的特征。为什么只有突出了事物的新异性特征才能促进欣赏者神经过程的“分化”，使其获得鲜明深刻的印象？因为“新异性是引起不随意注意的刺激物的最重要的特点之一”，而“注意是意识对一定客体的集中，以保证对它获得特别清晰的反映”。

突出事物的新异性特征，是使作品获得鲜明性，从而促进欣赏者神经过程“分化”的根本途径。至于怎样突出和促进，则主要表现在以下两个方面：

第一，增强事物特征本身的刺激强度，以提高欣赏者感受的绝对值。巴甫洛夫认为，在条件反射中，反映的效果与刺激的强度有着密切的关系。在一定限度内，条件反射的强弱是以每一种刺激达到大脑皮层的能量为转移的。对象刺激越强，相应的神经细胞的兴奋度越高，周围神经细胞由于负诱导规律所产生的兴奋抑制度越高，神经过程的“分化”就越迅速，对象在皮层上的印象也就越鲜明突出。在这方面，有四种较为常见的方法：

（1）集中。所谓集中，就是对现实生活中分散、朴素、不明显的事物特征给予提炼、提高和典型化的处理。在鲁迅先生创造阿Q这个典型之前，人们对国民中普遍存在的“精神胜利法”这种病态意识并没有引起注意，但当鲁迅先生将“精神胜利法”的分散、朴素的表现加以典型化处理并通过阿Q这一形象给以突出表现时，就使人们一下子认识了这一特征，以至于一些人竟然“联系实际，对号入座”起来。

（2）强调。所谓强调，就是对所要表现的事物特征给以强化处理，即结合想象给以突出。例如巴尔扎克在《欧也妮·葛朗台》中对吸血鬼、守财奴葛朗台形象的刻画：

> 讲起理财的本领，葛朗台先生是只老虎，是条巨蟒：他会躺在那里，蹲在那里，把俘虏打量个半天再扑上去，张开血盆大口的钱袋，倒进大堆的金银，然后安安宁宁去睡觉。……

作者并没有对葛朗台贪婪、凶狠的形象特征进行一般的泛泛描写，而是采取暗喻和拟物等想象方法将其与老虎、巨蟒联系了起来，使其特征得以强化，从而给欣赏者以深刻的印象。

（3）反复。反复是通过重复的刺激来突出事物的特征，例如电影《城南旧事》中反复唱奏李叔同的《送别》，有力地渲染了影片的思乡忆旧气氛。反复由于某一刺激在不同背景上一再出现而变得突出起来，从而使欣赏者能够较容易地将其从整体中分化出来。

（4）夸张。夸张就是对事物进行表面上看起来不合实际的夸饰和铺张的处理，例如汉乐府民歌《上邪》说：“山无陵，江水为竭，冬雷震震，夏雨雪，天地合，乃敢与君绝。”就是通过实际上不可能出现的事物的夸饰铺张的处理来表现忠贞不渝的感情。夸张的艺术形象由于不符合实际生活的逻辑而在欣赏者头脑中与过去的经验发生了冲突，从而使欣赏者的神经过程能够迅速将被夸张的形象特征从过去的经验中分化出来，在头脑中留下鲜明印象。

第二，突出事物之间的对立和差异，使所要表现的事物特征在比较中得到强化，提高欣赏者感受的相对值。这又有两种较为常见的方法：

（1）反衬。反衬就是用相反或差异较大的事物来衬托所要表现事物的特征，以增强其相对刺激强度。例如王维《鸟鸣涧》“人闲桂花落，夜静春山空。月出惊山鸟，时鸣春涧中”，就是以鸟鸣之动来反衬春山之静的特征。从心理学上看，人在感知客观事物时，总是选择其中的某一刺激作为感知对象，其他刺激则作为感知背景。对象与背景的差异越小，神经兴奋模式的重叠部分越大，反映就越容易“泛化”；差异越大，神经兴奋模式的重叠部分越小，反映就越容易“分化”。以“万绿丛中一点红”来说，由于绿与红在视神经上的色素反应重叠很小，因此我们很容易将“一点红”的特征从“万绿”的背景中分化出来；如果说“万花丛中一点红”，我们就很难将“一点红”的特征从“万花”中分化出来，因为“一点红”在视神经上的色素反应被淹没在紫红、粉红、桃红等花的相类似的色素反应之中，它们的许多成分在神经细胞上反应都是重叠的，从而使神经兴奋趋向“泛化”。

（2）对比。对比是用相反或差异较大的两个事物来进行对照比较，以突出各自特征，增强各自的刺激强度。例如鲁迅的“横眉冷对千夫指，俯首甘为孺子牛”，就是对敌人的恨与对人民的爱相互对照，使两种情感表现的特征更其鲜明。对比与反衬的心理学原理基本一样，只不过反衬中对象与背景的关系基本上是单向的，对比则是双向的，是互为对象和背景的。

（二）

文艺欣赏中的“分化”有助于欣赏者获得准确鲜明的印象，但是，同世间任何事物都具有两面性一样，过于迅速准确的“分化”反而会对欣赏产生消极的作用。这主要表现在以下两个方面：

第一，过于迅速准确的“分化”会影响欣赏者审美认识的愉悦。文艺欣赏是伴随着审美愉悦的，其中也包括认识活动本身所带来的愉悦。对未知事物的认识是人的一种基本需要，这种需要的满足会给人带来一种精神上的愉快。在欣赏中，欣赏者的整个心理会处于一种积极探索的状态，对美的任何一点新的发现和认识都会给他带来一种心理上的愉悦和满足，继而又会激起他更高的认识积极性。一般来说，对对象认识的要求越强烈，认识中付出的心理努力越大，其所带来的愉悦也越大。达·芬奇的杰作《蒙娜丽莎》中的“神秘的微笑”，几个世纪以来吸引着广大欣赏者作出巨大的心理努力去认识和探索，并从中获得美的愉悦和享受。但是假如达·芬奇在下面明确标出这是一种“美满姻缘带来的喜悦”，或标出别的解释，她还会具有这样巨大的魅力吗？显然不会。因为这样就使欣赏者产生了迅速准确的“分化”，一下子获得了明确的认识，从而探索玩味所带来的愉悦也就化为乌有了。

第二，过于迅速准确的“分化”会影响欣赏者的创造想象，从而会减弱其欣赏中的审美愉悦。我们知道，创造是人的本质力量的集中体现，人通过创造看到自己的本质力量会产生一种愉悦之感。高水平的欣赏并不满足于对作品的消极接受，而是要展开创造想象的翅膀，扩大审美感受，并享受创造的愉快。但是，“想象是在情境非常不明确的认识阶段上发挥作用的。情境越是习以为常，越是清楚明确，它为想象力提供的活动场所也越小。”因此，如果创作过于清楚明确，使欣赏者产生迅速准确的“分化”，就会抑制欣赏者的创造想象。

文艺欣赏中的“分化”现象是人的神经系统机能的表现，是不以人的意志为转移的，我们不能对一个清楚明确的对象（如两个苹果、三本书等）运用主观意志使有关它们的认识变得模糊缓慢。然而欣赏者却又需要欣赏具有一定程度的模糊和一定的时间过程以增加审美感受和审美愉悦，这就要求创作者为欣赏者神经过程的一定程度的“泛化”创造条件。这种神经过程“泛化”的积极意义在于，它使欣赏者的神经兴奋在大脑皮层较为广阔的范围内扩散开来，唤醒与之相通或相似的记忆储存，并在它们之间建立起暂时神经联系，从而使联想、想象、比较等认识活动成为可能。

为欣赏者神经过程的一定程度的“泛化”创造条件，主要是使创作具有一定的含蓄性，就是指对作品所要表现的内容和主旨不作直接的揭示和过分的强调，而是采取曲折隐蔽的方法使欣赏者思而得之。至于怎样使作品具有含蓄性，则主要表现在以下两个方面：

第一，对所要表现的事物不作直接的描绘，而是通过对与之有一定关系的事物的描绘来间接地表现。与鲜明性相反，含蓄不是要在直观上突出所表现的事物，而是要加以隐蔽，使欣赏者按照一定的关系、通过联想和想象来把握作品的内容和主旨。俄罗斯著名风景画家列维坦曾经画过一幅风景画

《弗拉基米尔卡》，画的是沙皇政府遣送千千万万“犯人”到西伯利亚去所必经的一段道路。画面上只有原野、天空和一条伸向远方的路，没有人，但却引导欣赏者通过路与人的关系想象出道路上一队队衣衫褴褛的“犯人”艰难地行走着，无数人的斑斑血泪洒在这条路上，进而通过画面上那条无穷无尽的路把人们的想象越引越远：对这些“犯人”命运的惦念，对俄罗斯苦难现实和今后前途的思索……作者把这些深刻的内容都隐蔽了起来，并通过一定关系的引导而留给了欣赏者，而欣赏者的种种联想正是通过神经过程的“泛化”（神经兴奋由刺激对象向与之相通、相似、相关的其他事物的扩散）来实现的。

第二，突出所表现事物的和谐与统一。任何事物之间都存在着对立与差异，也存在着和谐与统一。鲜明所要突出的是事物之间的对立与差异，含蓄所要突出的则是事物之间的和谐与统一。渲染是突出事物之间和谐与统一的一种重要方法，这种方法在绘画和文学中都有广泛的运用。如柳永《雨霖铃》：“念去去，千里烟波，暮霭沉沉楚天阔。”这句词写了水、暮气、天空三种景物。这三种景物分有特点，合有差异，但诗人却用一种情感基调将三者统一起来。写水以“千里烟波”，表现其迷蒙淼远，给人以惆怅之感；写暮气则“暮霭沉沉”，给人以沉抑之感；写天空为“楚天阔”，给人以茫然若失之感。三种景物都被涂上了一种“多情自古伤离别”的情感色彩，从而形成了一个和谐有机的整体。从心理学的角度看，这样的艺术处理增强了欣赏者神经过程的“泛化”，减弱了“神经过程”的“分化”，使欣赏者不去注意水、暮气、天空各自的特点，而笼罩在一种迷茫凄戚的情绪氛围之中。

（三）

如前所述，人认识客观事物的神经过程主要表现为“兴奋泛化”和“分化抑制”。文艺作品的鲜明性，有利于欣赏者神经过程的“分化”，从而促进审美感受的准确；文艺作品的含蓄性，有利于欣赏者神经过程的“泛化”，从而促进审美感受的持久与丰富。但是，在实际的审美认识活动中，神经过程的“泛化”与“分化”并不是相互孤立的，而是相互联系、相互作用的。反映的

“泛化”、兴奋的扩散，必然引起反映的“分化”、兴奋的集中；反之，反映的“分化”、兴奋的集中又必然导致反映的“泛化”、兴奋的扩散。整个神经过程就是通过“泛化”“分化”、再“泛化”、再“分化”的循环而使人获得越来越准确、深刻、全面、完整的认识。例如初读《红楼梦》，贾府中众多的婢女在我们脑子里的印象可能是模糊的，甚至会张冠李戴，这就是神经兴奋的初期“泛化”。要获得对她们的清楚认识，我们就必须把注意分别集中于每一个人，如晴雯、司棋、金钏、鸳鸯等等，于是神经兴奋就必然趋向集中，这种集中使我们认识了她们每个人的外部特点，能够在外部联系上把她们区别开来，这就是神经兴奋的初期“分化”。在初期“分化”的基础上，我们又可能产生多种方向的“泛化”，方向之一如由晴雯的死想到金钏的死、司棋的死、鸳鸯的死，以及《红楼梦》以外的与她们有着类似身份的人的死，这就是神经兴奋的再“泛化”，就是联想。这次“泛化”已经不像第一次那样盲目，而是具有了一定的明确性，神经兴奋只是沿着“婢女之死”的方向扩散着（当然也可以沿着别的方向扩散）。神经兴奋扩散到一定程度又会再集中，通过对晴雯、金钏、司棋、鸳鸯等人的死的联想，我们发现了其中的共性，即她们都是被封建贵族主子残酷威逼迫害致死的。于是这一认识就从对婢女们的种种认识中“分化”出来，这就是神经过程的再“分化”。这次“分化”在认识上显然是比第一次深刻了。

欣赏者神经过程“泛化”与“分化”相统一的认识规律要求文艺作品中的鲜明性与含蓄性统一起来。由于“分化”是一定“泛化”基础上的“分化”，因此鲜明应该是含蓄基础上的鲜明，是寓于含蓄的鲜明；由于“泛化”是一定“分化”影响下的“泛化”，因此，含蓄也受到鲜明的制约，是寓于鲜明的含蓄。如果把欣赏比作航行，那么鲜明就是海上的航标，含蓄就是大海的茫无涯际。没有航标，欣赏就会迷失方向，就谈不到到达彼岸；可是，若非茫无涯际，欣赏者过于容易地到达彼岸，又有何探险的乐趣？作为创作者，关键要把握住鲜明与含蓄的尺度，使之恰如其分地适合欣赏者神经过程“分化”与“泛化”的规律。宋代诗人梅尧臣说：“必能状难写之景，如在目前，含不尽之意，见于言外，然后为上矣。”（欧阳修《六一诗话》）写景“如在目前”，当然是鲜明；言外“含不尽之意”，当然是含蓄。诗人认为，二者的有机结合才是诗之极致，真可谓一语中的。

欣赏心理中的“泛化”与“分化”要求创作的鲜明性与含蓄性相统一，但并非要求二者平分秋色或有什么标准“配方”可以如法炮制。就一部具体作品的创作而言其鲜明性和含蓄性可以有所侧重，并由此形成作品在审美认识方面的特色。

（本篇与金开诚教授合作，刊于《无锡教育学院学报》1986年第1期）

文艺创作与定势

按照马克思主义的反映论，文艺创作是艺术家对客观世界的艺术反映。但是这种反映并不是机械的、被动的，而是能动的、创造性的。换句话说，文艺创作不仅要受客体因素的制约，而且要受主体心理的影响。在主体心理的影响中，定势是一种值得注意的心理现象。

（一）

定势是一种由一定心理活动所形成的准备状态，它影响或决定着后继心理活动的趋势或形成。它使人们按照一种固定了的倾向去反映现实，从而表现出心理活动的趋向性和专注性。苏联心理学家乌兹纳捷为证明这种现象曾做过这样一个实验：给被试者催眠后，将两个体积不等的球多次重复地放入他的手中。解除催眠后，再将两个相等的球放到他手中，并要他比较。结果是，不同的被试者都将球估计为不相等的。这个实验说明，由于被试者多次接受两个不等的球的刺激，因此头脑中形成了一种较为稳定的反映模式，并作为一种心理准备，对以后的反映活动产生着影响。因此，他后来固然接受的是两个相等的球的刺激，但这种心理准备却对后来的刺激做了修正，于是被试者仍认为两个球是不相等的。定势效应常常是不自觉的，“对人来说它们在许多场合不知不觉地决定着人的整个生活态度”[①]。

定势效应在文艺创作中有着很多表现。例如文艺创作中有时会出现这样的情况：笔下形象在创作者没有明确意识到的情况下自然而然地形成和发展起来，甚至会违反创作者的意志。现在看来，这其中的原因固然很多，定势却可

① 彼得罗夫斯基主编：《普通心理学》，人民教育出版社1981年版。

能是一个不可忽视的因素。俄国画家列宾有一次为他的一个泼辣蛮横的女邻居画像。他诚心诚意地想把她画成一位心肠很好的、容颜端庄的妇女，因此一边作画一边对这个女人说：“你多么诚挚，多么善良，我可得把你画成天使。”对方当然也在努力配合。然而他笔下的女人却显然是一副眼露凶光的小市民形象。列宾手中的画笔为什么会违反他的意志呢？我想恐怕是由于他平时已经不自觉地对这个女邻居形成了蛮横泼辣的反映定势。因此，固然他在理智上想把这个女人画得善良一些，头脑中的定势却使他不知不觉地画成了后来的样子。

美国心理学家克雷奇等人认为：“知觉定势主要来自两个方面：早先的经验和像需要、情绪、态度和价值观念这样一些重要的个人因素。简言之，我们倾向于看见我们以前看过的东西，以及看见最适合于我们当前对于世界所全神贯注的和定向的东西。”（克雷奇等著《心理学纲要》）这是就知觉定势而言，实际上思维定势和运动定势也是如此。

早先的经验所形成的定势对创作的影响是很突出的。雨果青少年在贵族学校读书时，曾看到过一个外号叫“小骆驼”的工友。这是一个相貌和打扮都很古怪的驼背人：红脸，头发绺像一条条绳子披下来，红毛衣，蓝绒裤，黄袜，俄国样式的皮鞋。这个人心地善良，工作勤苦。他的外在丑和内在美的鲜明结合给雨果留下了深刻的印象，乃至形成了一种心理定势，一种塑造人物形象的模式。我们从《巴黎圣母院》中的加西莫多和《国王寻乐》中的武列布莱身上都可以看到这个驼背人的影子。这正是一种定势效应。由需要、情绪、态度和价值观念等个人因素形成的定势对创作的影响也很普遍。面对公园内千姿百态的花卉，画菊者只专注菊花，画牡丹者只欣赏牡丹，不同专业需要所形成的定势决定了他们不同的知觉趋向。而面对一株松树，植物学家可能想到它的针叶形态对光合作用的意义，艺术家却可能想到它那不畏严寒傲然挺立的品格，这则是他们不同的态度和价值观念（科学的和审美的）的定势决定了他们在同一对象上知觉到不同的内容。至于情绪定势对创作活动的影响，那就更为突出。例如，鸟语花香，赏心悦目，会使一般人获得愉快的感受，然而在诗人杜甫的眼中却是“感时花溅泪，恨别鸟惊心”，成了催人泪下和惊心动愁的事物。原因在于，诗人是以“感时”和“恨别”的心理准备去对这些事物进行反映的。诗人当时正逢“安史之乱”，被困长安，目睹国破家亡之惨状，悲愤之情充溢胸中。这种深切强烈的情感形成一种定势，给对象涂上了强烈的主观色彩。

定势对创作过程的影响并不只局限于某个环节，而是表现在知觉、思维和运动（即形象的感知、创造和外化）的各个阶段。“运动定势是准备作特殊动作；心理定势是准备进行特殊的思维过程；知觉定势是对刺激作特殊组织的准备”（《心理学纲要》）。如果我们把前面所说的杜甫“感时花溅泪，恨别鸟惊心”的感受看作一种知觉定势，那么法国古典戏剧家在创作时习惯以“三一律”的模式去进行构思，则是一种思维定势。至于运动定势，主要表现在创作的外化阶段。例如当一个画家对某种画法形成定势以后，无论作什么画，画笔的运动都会表现出自己固有的特点。

（二）

定势作为对客观事物进行反映的心理准备，常使反映活动具有主观性、稳定性、不自觉性等特点。这对于文艺创作活动具有一定的积极作用，主要表现在以下几个方面：

第一，定势有助于艺术家获得独特的直觉感受。艺术感知与其他感知活动的一个重要区别，就是具有强烈的主观情意化和个性化特点。一方面客观对象的信息作用于艺术家，另一方面艺术家的经验和需要、情感、意愿等个人因素也反作用于对象，从而获得熔铸着主观情意和个性印迹的独特的知觉印象。对于真正的艺术感受来说，这种主观因素注入不是有意做作，而是一种自然地投射。在这个过程中，定势发挥着积极的作用。当外界事物的信息触动了艺术家的心理世界后，先此存在的有关定势立即对其进行整体反应，从而使艺术家获得一种直觉感受。列夫·托尔斯泰晚年曾从一丛被碾轧但尚未死去的鞑靼花中自觉地感受到顽强不屈的生命力量，并由此引发了小说《哈泽·穆拉特》的创作冲动。原来托尔斯泰青年时曾以志愿者的身份在高加索服过役，在那里，他听到了不少关于哈泽·穆拉特的传说，了解了不少当地人民顽强斗争的事迹。这使他在心理上形成了一种对于顽强不屈精神的崇敬感情，一种潜在的强有力的定势。这种定势在他40年后知觉到某种异质同构的情境时（鞑靼花经挫折后还要顽强生长与人经受打击后还要顽强抗争有着异质同构的关系）发生作用，使他直接将早年的经验和情感注入知觉对象，从而跨越了理性思考而一下获得了某种直觉感受。

第二，定势有助于形成敏捷的专业反映能力。每一门艺术都有其反映生活、表达思想感情的特殊方式，这就要求艺术家具有一定的专业反映能力，能够按照一定的艺术方式去对一般的客观事物进行特殊的感知、思维和表现。这种反映不应是机械生硬的，而应是自然而然的，也就是说要通过艺术实践形成一种对一般事物进行特殊专业反映的定势。达·芬奇说过这样一段话："假如你凝视一堵污渍斑斑或嵌着各种石子的墙，而正想构思一幅风景画，那么你会从墙上发现类似一些互不相同的风景画面，其中点缀着山、河、石、树、平原、广川，以及一群丘陵。"①污渍斑斑的墙就是污渍斑斑的墙，然而画家却能从中"看"到如此丰富的绘画内容，显然他是以绘画的眼光去感知的。这种专业眼光如果成为一种定势，达到不自觉乃至自动化的程度，就能自然而敏捷地对那些看似无关的普通事物形成专业反映，这无疑会大大有益于创作。

第三，定势有助于形成良好的创作心态。所谓良好的创作心态，就是创作时的一种随心所欲、充分自由的心理状态。许多创作者都有这样的体会，处于良好的创作心态时，心中文思泉涌，笔下飞龙走蛇。作者常常并没有明确意识到要表现什么，怎样表现，这一切都出色地在作品中展现了出来。如何形成这种创作心态呢？一个重要的因素就是要形成一种良好的创作心理定势。文艺创作并不是像盖房子那样对生活素材进行即时的谋划和堆砌，而是要有一个长期积累和酝酿的过程。在这个过程中，创作者自觉不自觉地逐渐形成一种由经验、需要、情感等多种因素构成的创作定势。一旦外界有关刺激触发了他的创作欲望，定势就会发生作用，从而形成一种信笔为之、轻松自如的创作心态。据郭沫若说，他写历史剧时"妙思泉涌，奔赴笔下"，创作《筑》只用了13天，《屈原》只用了7天。然而，荆轲刺秦王的故事早就曾使他心动，至于《屈原》，则是他25年前试作《湘累》的发展。因此，他的良好的创作心态，实际是以长期的心理准备为基础的。

第四，定势有助于艺术风格的形成。风格是艺术家在作品中自然表现出的稳定而独特的创作风貌。风格往往能够体现一个艺术家独特的审美情趣、思想倾向、思维方式、表现手法乃至气质、性格、能力、修养等众多的个性因

① 转引自龙协涛编著《艺苑趣谈录》。

素。但是这并不意味着如果一部作品体现了以上所说的诸因素就可以说这位艺术家已经形成了自己的风格，而只有这些因素在他的一系列作品中得到稳定持久的表现才可以这样说。因此，风格的形成有赖于一个艺术家的个性诸因素在长期的创作实践中形成一种稳定的心理模态，即形成一种定势。这种定势是艺术家创作时的一种不自觉的心理准备，它以潜在的心理形式规范和制约着艺术家的创作，在其作品上留下印迹，而不论其具体的创作内容是什么。

（三）

同世间任何事物都具有两面性一样，定势对文艺创作不仅有着积极意义，也有着消极影响。这种影响至少表现在以下三个方面：

第一，定势在一定情况下影响艺术家对客观世界的正确把握。文艺创作作为对客观世界的艺术把握，是客观与主观、真与善在审美层次上的辩证统一。它不要求与客观事物在外部现象上一模一样，却要求符合客观事物的内质。这就决定了定势这种对客观事物发生影响的主观倾向，既可能对创作产生积极作用，也可能产生消极影响。当艺术家的心理被某种不符合客观事物内质的定势所统治时，就可能不自觉地对对象做出不正确的反映。例如由于托尔斯泰头脑中对妇女和家庭问题存在着不正确的定势，安娜在他笔下最初是个否定的形象。而只有当他克服了那种固有定势，按照人物的内在逻辑进行创作时，安娜才成了一个令人同情的肯定形象。这种情况说明，艺术家在创作中一方面要发挥与客观事物内质相一致的定势效应，以获得独特的感受与理解；另一方面又要克服与客观事物内质不相一致的定势效应，以获得对客观事物的正确把握。

第二，定势在一定程度上阻碍艺术家的创新。艺术的生命在于创新。然而，在实际的创作中，创新常常要受到种种因素的干扰和影响，定势就是其中的一个重要因素。当一个艺术家对某一对象进行反映时，以往关于这一对象的经验就会自觉不自觉地对反映活动发生作用，使之囿于已有的惰性模式而不能有所创新。一个文艺创作者要在创作中表现出某种新颖独特的认识，就要善于克服头脑中的习惯定势，从新的视角、以新的方式认识对象。据说宋代画院曾以“野渡无人舟自横”这句诗命题考画，应考者有人画一只空船系在岸边，有人画一只鸬鹚站在船头，还有的画一只乌鸦在船篷上乱叫。唯有一人与众不同，画一舟人坐在船尾口吹横笛，任小船在水中漂游。对于这句诗中的“野渡无人”，一般人都习惯理解为没有摆渡之人，前三者正是为这种习惯认识所囿，故虽着意点缀，终无新意。而最后者突破了这种认识定势，意为“野渡无人”并非无舟人，而是无行人，并以舟人之有来强调渡河人之无，从而给人以耳目一新之感。

第三，定势影响创作思维的灵活性。灵活性是良好的思维品质之一，它可以使艺术家根据创作情境的发展变化不断地调节思维方向、变换思维视角、转变思维方式，灵活地从多侧面、多角度去想象构思，使创作思维呈现出“精骛八极，心游万仞”的活跃状态。但是定势却会使思维的灵活性受到遏制。这不仅表现在固有定势的影响上（例如前人和自身创作经验对艺术创新的影响），而且表现在新近形成定势的影响上。当艺术家循着某一方向构思时，很容易不自觉地形成一种趋向或模式，即一种对后来心理活动产生影响的定势。它使艺术家只注意按照某一方向或某一方式在事物间建立联系，而忽视在其他方向或以其他方式在事物间建立联系，从而使思维陷入僵化而刻板的泥潭，甚至殚精竭虑而得不到理想的结果。这种情况在文艺创作中并不少见，它常常使文艺创作者陷入极大的苦闷之中。改变这种思维状况的方法就是要善于把自己从思维定势的桎梏中解放出来。文艺创作中常有这样的情况，创作者有意识苦苦思索而不得的东西却常常会在一些无关的情境（如散步、游玩）中意外地得到。这种情况的原因也许很复杂，但依笔者所见，定势的突破应该是一个重要的原因。当创作者把注意转移到其他方面去时，定势的优势兴奋也就逐渐减弱。此时，那些被定势的优势兴奋所压抑的事物联系就可能被艺术家发现，从而获得了意想不到的思维成果。当然这是一种较为消极的克服思维定势的方式，从积极方面着眼，创作者应该注意自觉地转换思维的角度与方向，以保持思维的灵活性。

（刊于《百科知识》1987年第11期）

情感宣泄与情感表现

——关于艺术中情感表现的思考

艺术具有情感宣泄的作用。朱光潜先生说："从亚里士多德和柏拉图所举的'净化'的例子来看，可知'净化'的要义在于通过音乐或其他艺术，使某种过分强烈的情绪因宣泄而达到平静，因此恢复和保持住心理的健康。"[①]由此可见，早在古希腊时期，艺术的情感宣泄作用就已为人们所注意。所谓情感宣泄，是指内部集聚的情感通过某种外在形式表露出来，从而使个体的心理和生理恢复到某种平衡状态。当人处于某种情绪状态时，无论是悲是喜，是爱是恨，机体内部都会产生某种生理变化，例如心跳加快、血压升高、内分泌增强等。这种状况反映到心理上，就形成了心理上的不平衡。不平衡使生理和心理上形成某种张力，要求通过一定的形式宣泄出来，以求得平衡。如果能够宣泄出来，人就会感到轻松；如果长久地压抑而不能使其得到某种疏导，则可能会影响生理和心理的健康。因此，情感宣泄实际是身体自卫机制的一部分，是人在生理和心理两种水平上进行自我调节的一种手段。

在生活中，内在的情感活动可以通过种种形式宣泄出来。兴奋时手舞足蹈，愤怒时横眉立目，悲哀时失声痛哭，高兴时开怀大笑，这些都是通过身体媒介，直接自然地将某种情感宣之于外。情感还可以通过某些间接的形式宣泄出来。例如，向某人献上一束鲜花以表示自己的尊敬或爱慕之情，为逝去的人扎上一个花圈以寄托自己的哀思，中秋赏月以抒发对异地亲人的思念之情，等等。凡此种种，都属于以身体之外的某种事物为媒介曲折地抒发某种情感，因而是间接的形式。

① 朱光潜：《西方美学史》（上卷），人民文学出版社1979年版，第88页。

艺术创作中的情感宣泄主要属于间接的形式。当创作者内心集聚了某种情感的时候，将其化为一首诗、一幅画、一段乐曲或其他艺术作品表现出来，确实能在情感上获得某种平衡。而且，许多优秀的文艺作品，往往正是以这种集聚的情感为动力创作出来的。（司马迁在《史记·太史公自序》中说："昔西伯拘羑里，演《周易》；孔子厄陈蔡，作《春秋》；屈原放逐，乃赋《离骚》；左丘失明，厥有《国语》；孙子膑脚，而论《兵法》；不韦迁蜀，世传《吕览》；韩非囚秦，《说难》《孤愤》；《诗》三百篇，大抵圣贤发愤之所为作也。此人皆意有所郁结，不得通其道也，故述往事，思来者。"）这里所说的著作都是在作者内心集聚的强烈情感推动下创作出来的。虽然著作者这样做的目的可能并不是或不仅仅是为了宣泄情感，但这样做却毫无疑问地会使他们的情感获得某种宣泄。

然而，艺术创作中的情感传达虽然具有情感宣泄的作用，但它同时又需是一种情感表现。

所谓情感表现，是指将内部情感通过某种形式呈现于外部，以影响和作用于他人。情感表现与情感宣泄既有联系又有区别。从其联系的方面看，二者都是将内在情感表露于外，因此不同程度地都会使内部集聚的情感得到疏导，使紧张得到缓解。从其区别来看，则二者强调的角度不同，使情感宣之于外的动机也不同。情感宣泄所着眼的是对个体本身的生理和心理意义，情感宣之于外的动机主要是为了使个体在生理和心理上取得一种平衡（而且这种动机在很多情况下是无意识的、不自觉的）。因此它可以考虑也可以不考虑情感外观的方式和效果，只要为内在集聚的情感找到一条渠道使之疏泄出来即可。例如极度悲痛时的大声号哭，极度愤怒时的打碎家具，个体在激情的推动下已无法理智地考虑或不愿考虑这些行为的后果，而一任情感不受控制地宣泄出来。情感表现则在宣泄的同时还须考虑对他人的影响和意义，情感宣之于外的主要动机是为了影响他人，而不是只求自身的痛快。因此它不能像情感宣泄那样不加克制地一吐为快，而是要考虑以何种形式将情感外现出来，怎样才能影响对方以取得好的效果。例如某人对某事愤愤不平，希望得到别人的理解、同情或支持，他就不能采取毁坏家具、高声怒吼等方式来表达他的愤怒，因为这样做固然可以使他的愤怒情感得到宣泄，但却并不能得到别人的理解和同情。而如果他将引发愤怒的前因后果以及他对此的看法和态度绘声绘色地讲给人听，那么就可能引起别人的理解和同情。在这个过程中，他的情感也会得到一定程度的宣泄。

艺术创作是人们表现和交流思想感情的一种手段。一般来说，绝大多数艺术家都是为了交流而创作的，都希望在思想感情上打动欣赏者，得到欣赏者的共鸣。因此，虽然“感情是诗情天性的最主要的动力之一”（别林斯基语），虽然只有“情动于中”才能“形于言”，但是创作者却不能一任情感无控制地喷发和宣泄，而是要考虑怎样将情感表现出来才能真正感动人，才能收到好的效果。美国符号学家苏珊·朗格说，一个孩子号啕大哭时的表现，比一个艺术家歌唱时的情感表现不知强烈多少倍，但谁又愿意花钱到剧院去欣赏一个孩子的号啕呢？之所以如此，除了审美的因素外，主要因为孩子的号啕只是一种自发的情感宣泄，而艺术家的演唱却是一种自觉的情感表现，他要考虑如何在情感上打动和影响听众，而不是像孩子大哭那样只受自己的情感冲动的支配。演唱艺术如此，其他艺术也是如此。

（刊于《火花》1992年第9期）

通感及其类型分析

人对世界的了解离不开感觉。对于审美活动来说，感觉更有着特殊的意义，因为美存在于感性事物之中，不通过感觉，我们就无法获得美的感受。一支乐曲传入我们的耳鼓，我们就听到了它那美妙的旋律；一幅画映入我们的眼帘，我们就看到了它那斑驳的色彩。人的各种感官各司其职，它们按照各种渠道将客观世界的各种信息传递到大脑的神经中枢，于是我们就获得了各种各样的感觉：视觉、听觉、嗅觉、肤觉、运动觉、机体觉，等等。通过各种各样的感觉，我们把握了世界，进而形成了对世界的各种各样的审美印象。然而人的各种感觉虽然分工明确，却并非互无联系。它们有时会相互影响和作用，从而形成一种特殊的心理现象：通感。《火花》杂志1989年第6期刊登的名为《听琴》的一篇散文中有这样一段描绘：

音符儿从手下流出来，如一线清亮亮的溪水，铮铮淙淙、叮叮咚咚、嘈嘈切切……那琴声像绿波中出一朵红荷，微风里酥酥地颤；又像彩霞里开一轮朝日，光华在灿灿地闪了。情意绵绵时宫商动人，吴语呢喃，壮怀激烈处又金戈铁马、喇叭声咽。那乐声不是司马相如的相思，不是萧史引凤的诱惑，也不是蔡文姬的胡笳声，不是商妇的琵琶怨，也不是张君瑞的幽愤；那乐声该是水，是山溪里的水，那曲儿该是乳了，水乳交融，便化作了溶溶的月光，月光也如水，照在了听众的心里，听众也才融融地陶醉了么？有人说：建筑是凝固的音乐。那么，音乐便一定是流动的建筑了。法国诗人梵乐希在他论建筑的书里赞美：建筑“如一个女子的奇花初放，一个可爱的人儿的音乐的和谐，是一阕新婚的歌，里面夹着清亮亮的笛声，我现在已听到它在我内心里升起来了。”而这美妙的琴音在我的想象里也升起了一幢幢美丽的建筑，那是罗丹的雕像、嬴政的秦俑，是庄严的纪念碑一座又一座，是现代化的大厦一层又一层……

请看，作者所直接感受到的只是琴声，一种听觉的信息，然而在他大脑的屏幕上却显现了一幅幅视觉的画面：绿波中酥酥颤动的红荷，彩霞里光华灿灿的朝日，水乳交融所化作的溶溶月光，以及罗丹的雕塑、嬴政的秦俑和一座座庄严的纪念碑，一层层现代化的大厦……所有这些视觉表象并不是他直接看到的，而是琴声在他的大脑中引发的，在他的心里生成的。这种在一种感觉影响下产生另一种感觉的心理现象，就叫通感。这种现象在审美活动中有着较多的表现。

通感作为一种心理现象其实并不神秘，它实际是人的有关感觉在生活实践和审美实践中所建立的特殊联系的结果。人在实践中形成了各种各样的感觉经验，这些感觉经验作为记忆表象储存在人的头脑里。当外界某种刺激进入人的头脑后，就有可能唤醒某些处于潜沉状态的感觉经验并与之形成某种联系，这些复苏的感觉经验在大脑皮层上的兴奋就会使人获得某种相应的感觉。虽然这种间接产生的感觉具有一定的虚幻性，没有直接产生的感觉那样实在，但它毕竟是一种伴随着自身体验的感觉。《听琴》中所描述的通感，正是琴声的听觉经验与作者头脑中储存的种种视觉经验建立了某种联系的结果。通感虽然不神秘，但却并不简单。下面结合具体实例从不同的角度对它的类型做一点分析。

从产生的方式看，通感可以分为重现型与新建型。所谓重现型通感，是指两种感觉经验过去就建立了一定的联系，当外界刺激激活了其中一种感觉经验后，通过这联系自然引发了另一种感觉经验，从而形成通感。例如当红色作用于我们的眼睛的时候，我们不仅视觉上觉知到这是红色，而且在肤觉上会获得一种温暖之感。之所以如此，是因为我们过去在知觉“太阳”“火”这些事物的时候，同时获得了“红”的视觉和暖的肤觉，这两种感觉相互联系并作为经验储存在我们的头脑里。当“红”的刺激单位作用于我们时，这种联系就会重现出来，于是我们就获得了暖的肤觉。这种现象在文艺创作和文艺欣赏中是很常见的。苏轼《书蒲永升画后》一文中谈到，画家蒲永升“善画水”，曾为他作画二十四幅，“每夏日挂之高堂素壁”，观者觉寒气逼人，毛发为立。观者之所以能通过对蒲永升所画之水的视觉而产生“寒气逼人”的肤觉，是因为过去对水的感知中所产生的，这两种感觉已经在他的头脑里建立了联系，通感只是这种联系在新刺激下的重现而已，当然这也是与画家出色的艺术表现力分不开的。

所谓新建型通感，是指两种感觉经验过去在大脑中并没有建立过既成的联系，它们的联系是在对某一事物感觉的过程中新建立起来的。例如我们前面所举的《听琴》这篇散文，毫无疑问，作者在听琴之前头脑中是早已储存了关于绿波中的红荷、彩霞里的朝日、罗丹的雕塑、嬴政的秦俑等等事物的感觉经验的，但是听琴之前，它们与琴声似乎并没有过什么联系（如果作者是第一次听这首琴曲的话）。这种联系是在听琴的过程中建立的。琴声通过听觉系统传入听者的大脑后，激发了他的情感活动，也唤醒了种种沉睡的感觉经验。于是，在情感的催动和影响下，琴声的听觉信息开始在过去的感觉经验中寻求联系。这种联系可能是两种感觉经验在心理感受上的某种相似（超出具体的感觉形态，例如某节琴声的听觉与“绿波中的红荷”的视觉可能都会使人产生一种清新明丽的感受），也可能是两种感觉经验所引发的情感情绪上的某种相似（例如某节琴声的听觉与“彩霞里的朝日”的视觉可能都会引发一种欣欣向上的情感）。这种联系的建立，就使得作者在琴声的听觉信息的作用下产生了一系列的视觉意象。毫无疑问，这种新建型的通感比之重现型的通感要复杂困难得多，它往往要求审美者有较强的审美感受能力，付出较大的心理努力。

从联系形态上看，通感可以分为相关型与相似型。所谓相关型通感，是指两种感觉经验之间是一种相关关系，它们在时间上或空间上相互关联，因而一种感觉可以引发起另一种感觉。宋代学者张拭曾作《墨梅》诗云：

眼明三伏见此画，便觉冰霜抵岁寒。
唤起生香来不断，故应不作墨花看。

张拭观画梅而感到寒冷、闻到花香，这种由视觉通于肤觉和嗅觉的通感，就是一种相关型通感。在现实中，梅花于寒冬开放，故它的视觉形象常与寒冷的肤觉相伴而生；至于花香的嗅觉，当然更是与视觉一起被人所感受的。因此纸上之梅虽然既无温度又无气味，但却可以通过视觉引发起与之相关的肤觉和嗅觉。

相似型通感，是指两种相通的感觉经验之间是一种相似关系。这两种感觉经验可以在时空上毫无联系，但它们之间却存在着一种超出具体形态的相似关系。1984年6月24日《文汇报》刊载的薛尔康《卖花谣》一文中有这样一段描写：

> 路过房门，飘来一阵清奇的幽香，香味儿虽浓，但来得温雅，不慌不慢的韵律，如一曲柔婉的江南丝竹。

在花的幽香的嗅觉与“柔婉的江南丝竹”的听觉之间并不存在着时空上的联系，换句话说，它们并不像前面所举的梅花的视觉、肤觉、嗅觉那样是在同一时间和空间中被感受者所感受到的。它们之间只是存在一种超出个体感觉形态（嗅觉形态与听觉形态）之上的相似点。正是这相似点使它们之间建立了通感关系，使对于花的幽香的嗅觉引发了并未直接在耳边产生的“柔婉的江南丝竹”的听觉。

从感觉类型上，通感可以分为相异型与相同型。所谓相异型通感，是说形成通感的两种感觉经验在感觉上是相异的，如前所举的由听觉引发视觉、视觉引发肤觉、嗅觉引发听觉等例子，其感觉类型都是不同的。但是通感并不仅仅发生在不同类型的感觉之间，事实上还存在着一种通感——相同型通感，即两种类型相同而内容不同的感觉经验的相通。这在审美活动中似乎表现得更多一些。据史书载，唐代著名书法家张旭“见公主担夫争道而得其意，又观公孙大娘舞剑器而得其神”，书法大进。公主担夫争道的杂而不乱、挤而有让的情景，使他联系到书法上的大小长短、参差不齐的谋篇布局；公孙大娘舞剑器的舞姿，使他悟彻了书法的低昂回翔、行动而又有节奏的生动气韵。“见公主担夫争道”“观公孙大娘舞剑器”与研磨书法属同类型的感觉经验（主要是视觉，其次是动觉），而其具体的感觉内容却不相同。张旭由前者而引发了对后者的感悟，从类型相同而内容不同的感觉经验中获得了某些相通的感受，继而丰富了自己对书法艺术的审美感觉。

以上从三个方面对审美通感做了一些分析。一般来说，对某一具体的通感现象，都可以从这三方面分析它的特点。

（刊于《火花》1993年第10期）

比喻心理研究

比喻是一种重要的修辞手法，在文学创作乃至各种语言表达活动中有着广泛的应用。从语言学的角度对比喻的研究已经颇为广泛而深入，因此本文准备从心理学的角度对其做一点探讨，以求获得对这种修辞手法更为全面的认识。

（一）比喻的心理根据

比喻产生于比较。所谓比较，就是在认识中确定事物的同异和关系。人在认识某一事物时，总是自然地将该事物与其他事物进行比较，找出它们的相同点和不同点，确定它们之间的关系，从而达到对事物准确清楚的感受和理解。比喻是表达者引导接受者进行比较从而使之对所传达事物取得明确认识的一种方式。一切在某方面具有可比关系而又有所不同的两个事物都能进行比较，只是由于表达者的目的不同，对比较对象之间的关系的处理不同，比较的方式也就不同。有的比较所要突出的是两个事物之间的差异，如“万绿丛中一点红”，所突出的是比较对象（即红与绿）之间的差异，比较对象之间主要是一种对立关系，这叫对比手法。比喻是一种强调事物之间相似关系的比较，所突出的是两个事物之间的同一，它要求相比较的两个事物在某一点上极其相似，而在整体上极不相似。例如“霜叶红于二月花”所要突出的就是枫叶与二月花在“红”这一点上的相似，而从整体上看，“霜叶”与“二月花”在类别和形态上都是极不相同的。

比喻要求喻体和本体在一点上极其相似而在整体上极不相似，是有心理学根据的。人对客观事物的认识是通过大脑的神经活动来实现的。大脑的神经活动遵循着“泛化”与“分化”的规律。所谓“泛化”，就是大脑神经兴奋的扩散，就是对事物相同、相似、相通方面的反应；所谓“分化”，就是大脑神经兴奋的集中，就是对事物不同、差异方面的反应。喻体与本体在某一方面越相似，越有利于大脑神经兴奋“泛化”的精确，因而对所要表现的事物之间的相似特征的把握就越准确。另外，喻体与本体在整体上越不相似，就越有利于大脑神经兴奋“分化”的准确，因而更容易将事物的特征从整体中区分出来。例如：

> 战士们的三只小船就奔着东南方向，箭一样飞去，不久就消失在中午水面上的烟波里。
>
> 孙犁《荷花淀》

在这个比喻中，作者抓住小船与箭运动时在轻盈快速这一点上极其相似，在二者之间建立了比喻关系。这样，“小船”在读者头脑中所引起的神经兴奋的“泛化”过程就不是无目的的扩散（如弯月、织布梭在形象上与小船有相似之处，滑翔的鹰、游动的鱼等在运动速度、形态上与小船也有相似之处，它们都可能在神经兴奋的“泛化”过程中与小船建立起联系），而只对运动的小船与运动的箭的相似点产生反应，从而使小船运动时“轻盈快速”的特点通过箭的运动形态而得到强化。另外，由于“小船”与“箭”在整体上极不相似（类别、形象都不同），因而又促进了神经兴奋的分化过程，使“轻盈快速”的特点在整体差别的背景中显著突出出来。

（二）比喻的心理机制

前面谈了比喻之所以被广泛应用，是因为它符合接受者认识事物的规律，有助于接受者对所传达事物获得清楚明确的认识。此处则要讨论两个极不相同的事物是怎样在表达者的头脑中建立起联系的，即比喻形成的心理机制问题。

比喻是通过相似联想，通过本体与喻体在表达者大脑皮层上建立“暂时神经联系”而形成的。那么在整体上极不相同的本体和喻体，作为表达者头脑中储存的客观事物的信息，又是怎样建立起“暂时神经联系”的呢？是通过它们极其相似的那一部分特征所共有的心理反映模式。这种反映模式是本体与喻体之间建立联系的中介：从生理机制上说，它们是一些对本体和喻体都进行反应的神经细胞；从心理机制上说，它们是一些对本体和喻体都做了反映的信息单位。在不同的相似联想中，可能形成种种不同的、为本体和喻体所共有的反映模式，它们都是经过各种不同的概括（具象概括、抽象概括、情感概括等）而形成的心理存在。

苏东坡诗“岭上晴云披絮帽，树头初日挂铜钲”二句是两个生动的比喻，以后一句来说，“初日”与“铜钲”这两个形象之所以会在诗人头脑中建立起联系，乃是通过一种概括性的反映模式。诗人在日常生活中通过对朝阳、落日、铜镜、红盘、铜钲等事物的多次反映，就会在头脑中形成一种高于这些具体表象之上的概括性表象。这种表象并不具有这些事物的个别形象特征，而具有它们的共同形象特征：又大、又红、又圆。它像一个骨架，联系着铜镜、红盘、铜钲、朝阳、落日等具体事物的表象，是它们所共有的心理反映模式。当大脑对这些事物作反映时，无论在具体的反映模式上有何种不同，都会引起这种共有的、概括的反映模式的兴奋。当“树头初日”反映到诗人的大脑皮层，诗人感受到它又大、又红、又圆的特征后，就引起了这种共有反映模式的兴奋，并通过神经兴奋的扩散相继唤醒与之相联系的一系列表象。在这种情况下，诗人有可能首先就想到铜钲这个喻体，也可能先后想起几个喻体，经过比较才决定选取铜钲。这就是相似联想的过程，比喻正是在这一过程中形成的。

（三）比喻的心理类型

从语言学的角度，比喻可分为明喻、隐喻、借喻、讽喻等类型。那么从心理学的角度看，比喻可以分为哪些类型呢？此处准备对比喻的心理类型做一点探索和分析。

依据什么来划分比喻的心理类型呢？笔者认为依据表达者头脑中本体与喻体相似点的心理形态来划分比较合适。因为比喻的心理机制主要是相似联想，相似联想与其他联想（对比联想、接近联想、关系联想等）的最大区别，在于两个各不相同的事物在表达者的大脑皮层上是通过它们的相似点建立起暂时神经联系的，这些相似点在比喻形成的过程中分别表现为表象、概念和情感的心理形态。

刘勰在《文心雕龙·比兴》中说："夫'比'之为义，取类不常：或喻于声，或方于貌，或拟于心，或譬于事。宋玉《高唐》云：'纤条悲鸣，声似竽籁'，此比声之类也；枚乘《菟园》云：'焱焱纷纷，若尘埃之间白云'，此则比貌之类也；贾生《鵩赋》云：'祸之与福，何异纠纆'，此以物比理者也；王褒《洞箫》云：'优柔温润，如慈父之畜子也，'此以声比心者也。"刘勰在这里从取类（指其相似之处）的心理形式上将比喻分为四种类型。"喻于声"与"方于貌"虽然感觉形式不同，但它们所反映的都是事物外部形象上的相似，其相似点都是以表象形式存在于表达者的头脑中，因此可以并为一类。"拟于心"所指的是不同事物所给予人的情绪感受上的相似，其相似点是以情感体验的方式存在于表达者的心中的。"譬于事"乃是"以物比理"，它所指的是事物内部逻辑上的相似，其相似点是以概念形式存在于表达者的心里中的。据此，我们可以将比喻分为表象、概念、情感三种心理类型。

1. 表象型比喻。这种比喻所要表规的是本体与喻体外部形象上的相似，其心理中介是一种通过对事物外部形象的具象概括所获得的，以表象形式存在的心理模式。例如：

> 那融化的雪水，从高悬的山涧、从峭壁断崖上飞泻下来，像千百条闪耀的银练。这飞泻下来的雪水，在山脚汇成冲激的溪流，浪花往上抛，形成千万朵盛开的白莲。
>
> 碧野《天山景物记》

这里两个比喻所反映的是飞泻的雪水与闪耀的银练、上抛的浪花与盛开的白莲在视觉形象上的相似。这一比喻的形成，是飞泻的雪水与闪耀的银练的视觉表象，上抛的浪花与盛开的白莲的视觉表象分别通过一种在色彩、形态等方面反映二者共有的外部特征的概括心理模式建立起神经联系的结果。读者虽然实际上并没有见到飞泻的雪水与上抛的浪花，却可以通过头脑中储存的闪耀的银练、盛开的白莲等视觉表象的复现而引起这种共有的心理模式的兴奋，从而把握住这些景物的概括性特征。再将这种特征与头脑中储存的雪水、浪花的表象联系在一起，于是就可能产生如在眼前之感。

以上两个表象型比喻所反映的都是同一感觉对象间的相似关系。还有一种表象型比喻，所反映的是不同感觉对象间的相似关系。例如：

> 层层的叶子中间，零星地点缀着些白花，有袅娜地开着的，有羞涩地打着朵儿的；正如一粒粒的明珠，又如碧天里的星星，又如刚出浴的美人。微风过处，送来缕缕清香，仿佛远处高楼上渺茫的歌声似的。
>
> 朱自清《荷塘月色》

将绿荷间的白花比作明珠、碧天里的星星，所反映的都是视觉对象间的相似关系；而将微风吹送的清香比作远处高楼上渺茫的歌声，所反映的则是嗅觉对象与听觉对象的相似关系。这就是所谓“通感”，即人的某一种感觉有时可以引起另一种感觉的表象联想。两种不同类型的感觉对象在人的大脑中通过一种概括性更高的共有的心理反映模式而建立起联系。这种反映模式虽然概括性较高，但由于它所反映的仍是事物的外部形态和结构，因此仍属于表象概括型的心理反映模式。它就是联结两个不同感觉类型表象的心理中介。

2. 概念型比喻。这种比喻所要表现的是本体与喻体在内部结构或逻辑上的相似。其心理中介是一种通过对事物内部性质的抽象概括而得出的，以概念形式存在的心理模式。例如，孟子见梁惠王，梁惠王问孟子，谁能统一天下，孟子说，不好杀人的国君能统一天下，梁惠王又问，那有谁来跟随他呢，孟子说，天下的人没有不跟随他的，接着，就做了这样一个比喻：

> 王知乎苗乎？七八月之间旱，则苗槁矣。天油然作云，沛然下雨，则苗浡然兴之矣。其如是，孰能御之？今夫天下之人牧，未有不嗜杀人者也。如有不嗜杀人者，则天下之民皆引领而望之矣。诚如是也，民归之，由水之就下，沛然谁能御之？

久旱的禾苗遇雨与老百姓对于不杀人的国君的向往这两种现象在外在形态上无丝毫相似之处，但久旱的禾苗与雨的关系和老百姓与不杀人的国君的关系却是相似的，它们之间都是一种需要与满足需要的关系，这种相似点是蕴藏于事物内部的逻辑模式与逻辑关系，是孟子通过对自己内心的感受进行抽象概括而形成的一种概念型的心理模式。

有的比喻，本体并不是一种具体事物，而是一种抽象的道理，如前面引的刘勰所举贾谊《鵩赋》“祸之与福，何异纠纆”之例，就是以纠纆相联的关系来说明祸福相依的道理。还有的比喻，本体干脆不出现，而直接以喻体来代替本体，如“春蚕到死丝方尽，蜡炬成灰泪始干”，即比喻一种忠诚不渝、死而后已的精神。这些比喻的相似点的心理形态都是概念性的，都属概念型比喻。

3. 情感型比喻。这种比喻所要表现的不是事物本身外部和内部的相似关系，而是事物对人情感作用上的相似关系。客观事物作用于人，人会由于它是否满足自己的需要，对自身具有什么样的意义而产生种种情感，并在大脑皮层上形成相应的反映。这些反映由于皮层的分析综合活动，可以概括为各种不同的模式和类型，如愉快、忧伤、愤怒、恐怖等，因此，外部形态和内部实质都是不相同的各类事物，由于对个体的意义相似，就可以引起类似的情感反映，两个事物就可能以某种概括性的情感反映的心理模式为中介而形成相似联想，从而形成情感性比喻。韩愈《听颖师弹琴》一诗中“昵昵儿女语，恩怨相尔汝。划然变轩昂，勇士赴敌场”一节，前二句将轻柔细碎的琴声比作恩怨尔汝的昵昵语声，主要反映的是听觉形象上的相似，是一种表象型比喻。后二句将轩昂雄壮的琴声比作勇士赴战场杀敌的场面，无论是外部形象还是内部逻辑，二者的关系都是不相似的。但它们使人产生的情绪感受却有着明显的相似性，它们都使人产生一种激昂向上的情感。当诗人听到这种轩昂雄壮的琴声时，就会引起某种具有激昂向上性质的情感反映模式，这种情感反映模式的兴奋会唤起与之相联系的许多事物（这些事物都可能引起这一情感反映模式的兴奋），于是诗人就选择“勇士赴敌场”这一事物作为喻体而与轩昂的琴声建立了比喻关系。反之，欣赏者则是通过“勇士赴敌场”所唤起的情感去体验琴声的。

情感型比喻的本体与喻体，无论在外部形态还是内部实质上都既可以相似，也可以不相似。构成情感型比喻的关键在于表达者通过比喻所要表现的主旨是什么。只要表达者所表现的主旨是本体和喻体对主体情感作用上的相似，那么即使本体与喻体在外部形态或内部实质的某些方面有相似之处，这个比喻也仍然应该划为情感型比喻。

以表达者所要表现的本体与喻体相似点的心理形态为依据，我们将比喻分为以上三种类型。但是，由于人的大脑是一个有机的整体，一个具体的反映过程常常需要多种心理功能在多种水平上的协同活动来完成，因此，在一个比喻形成的实际心理过程中，本体与喻体的相似点有时并不表现为单一的心理形态。其心理类型也常常并不像以上所分析的那样纯粹。“日出江花红胜火”一句，江花与火固然在色彩上相似，在情绪上不也同样给人以热烈之感吗？但是，在这些不同心理形态的相似点中，总有一种是作者所要表现的主要方面。比喻的心理类型正是由它决定的。例如前一例主要反映的是红花与火在色彩上的相似，属表象型比喻。

（刊于《吕梁学刊》1994年第3期）

文艺创作与社会心理

社会心理作为文学艺术与社会存在的中介，对文艺创作有着重要的作用和影响，这主要表现在以下几个方面：

第一，社会心理影响文艺创作的基本倾向和内容。文艺创作者不是生活在真空的世界里，而是生活在一定的社会环境和人际关系之中。一定社会群体（阶级的、阶层的、民族的等）的需要、情绪、意向、信仰、道德风尚、生活情趣等心理现象会通过各种方式、各种渠道对他产生着潜移默化的影响，不自觉地铸造着他的心理个性。因此，在他的个性心理中不可避免地溶解着一定的社会心理，这不仅表现在他的显意识层次，而且表现在他的潜意识层次，因为社会心理常常是在不自觉的情况下对个体发生作用的。另一方面，文艺创作是一种精神生产活动，它是以作用于一定社会成员的精神生活为直接目的的，因此必然要受到一定社会心理需要的制约。正如丹纳所说："精神气候仿佛在各种才干中作着'选择'，只允许某几类才干发展而多多少少排斥别的。……群众思想和社会风气的压力，给艺术家定下一条发展的路，不是压制艺术家，就是逼着他改弦易辙。"①因此文艺创作不可避免地要受到一定社会心理的影响和作用。例如，古希腊人所处的温暖湿润的地中海气候和他们的军事需要使他们产生了裸体进行体育锻炼的风俗，"这种特有的风气产生了特殊的观念。在他们眼中，理想的人物不是善于思索的头脑或者感觉敏锐的心灵，而是血统好，发育好，比例匀称，擅长各种运动的裸体。"②正是在这样的社会心理的影响和作用下，古希腊的艺术家们创作了大量的完美的裸体塑像；而这对于其他民族，例如以"男女授受不亲"为道德规范和行为准则的中国古代社会，则是绝不可能的，因为不具备相应的社会心理基础。

① 丹纳：《艺术哲学》，第35页。

② 丹纳：《艺术哲学》，第43页。

社会心理对文艺创作的影响和作用不仅表现在那些持久、稳定的心理因素上，而且表现在那些活跃、变化的情感、情绪、意向等心理因素上。例如小说《新星》被改编为电视连续剧播出后，在社会上曾引起强烈反响，群众争相购买，颇有“洛阳纸贵”之势。《文艺报》记者为此曾采访了二十名从16岁到60岁不等的读者，他们认为这本书触及了“权”与“法”的关系这个大家关注的问题，把人们感觉到的一些东西淋漓尽致地表现了出来，因此引起社会的共鸣。这里所说的“人们感觉到的”一些东西，实际就是阻碍改革的官僚主义、特权思想、不正之风等不良现象。人们“感觉到了”这些，并自发形成了一些要求改变这种现象的不定型、不系统的情绪、愿望和要求。小说的作者正是感受到了这些社会心理并以艺术的形式加工表现了出来，从而与这种社会心理产生了共鸣。因此，这一现象正是从相反的方向证明了社会心理对文艺创作的决定作用。

第二，社会心理制约文艺创作的表现形式和特征。每个民族的艺术都有自己独特的表现形式，每个时代的艺术也都有自己的风格特征；这固然是通过艺术家的创作表现出来的，却是受一定的社会心理所制约的。一定的社会心理（道德风尚、审美趣味、欣赏习惯、精神特色等等）引导和制约艺术家以特殊的方式和风格对生活进行艺术加工，从而形成独特的艺术形式和艺术风格。例如中国的五言诗形式最早产生于民间，早在春秋末期，就出现了《孺子歌》那样的形式，更晚又出现秦始皇时的《长城歌》的形式。汉武帝以后，这种形式的诗歌大量被采入乐府，吸引了文人的注意，他们大量模仿创作，从而最后完成了五言诗的形式。由此可见，正是群众审美心理引导着艺术家进行创作，从而形成新的艺术形式。而一个艺术形式一旦形成，艺术家就必须遵循这一形式的规则去进行创作。表面看来这好像是艺术创作受制于艺术形式，而实际上却是受制于某种社会审美心理。因为接受对象已经对这种艺术的形式形成了某种心理定势，不这样创作就不能得到他们的肯定和批准。例如我国戏曲的程式化表演，演员手摇马鞭即是代表策马而行，四个龙套即可代表千军万马，欣赏者在心理上完全可以接受。而如果哪位演员将真马牵上舞台，或将四个龙套改成六个，这恐怕就难以被人接受了。以上说的是社会心理对艺术形式的制约，下面再看对创作风格的制约。鲁迅曾经指出，从汉末魏初曹氏父子的“清峻、通脱、华丽、壮大”，到晋代阮、嵇的狂放、高逸，再到晋末“田园诗人”的平和、自然，都是与当时的社会状况、封建文人的生活方式、社会心理的变化密切相关的。再看以李白、高适、岑参、李颀、王昌龄等人为代表的豪迈奔放的盛唐之音，不正是对当时强盛的大唐帝国充满信心，对未来充满希望的社会心理的写照吗？反之，以杜牧、李商隐、温庭筠、李煜等人为代表的充满感伤情调的晚唐诗歌，不也反映了一种国运衰败、悲观失望的社会情绪吗？这些都是显而易见的，不必细说。

第三，社会心理为文艺创作提供心理素材。文艺创作是以人为对象的，它要反映作为社会的人的精神世界和精神生活。但是文艺是以形象直观的方式对此进行反映的，它所要反映的不是人们头脑中的抽象精神成果，而是活生生的、完整的人的精神活动。因此，它固然要从高层次的社会意识（即一些以抽象概念形式而存在的思想理论）汲取营养，但是却要以社会心理这种低层次的社会意识作为直接的创作素材。社会中存在的种种朦胧的、杂乱的心理倾向、价值观念、思想方式、情绪活动等等为创作者提供了大量的创作素材，等待着创作者去感受、挖掘、研究、加工，创造出具有典型意义而又有血有肉的艺术形象。鲁迅笔下的阿Q正是这样的一个艺术形象，他那“精神胜利”的思想方式、盲目自大而又愚昧可笑的心理特征，不正是当时某些国人灵魂的写照吗？鲁迅对这种病态的社会心理揭示得那样深刻，描绘得那样逼真，以至许多不同身份的人以为写的自己。可见正是这种社会心理的存在为鲁迅提供了创作素材，鲁迅也正是通过对这些社会心理的直接感受与研究，而不是通过对某些思想理论的图解创造出这一典型的。

第四，文艺创作社会功能的实现有赖于社会心理的整体效应。任何社会意识形态要作用于社会存在以实现其社会功能都要通过社会心理这个中间环节，因为它们不可能直接改变、破坏或创造经济关系和社会关系。但是对于某些抽象形态的思想理论来说，它们所依赖的主要是社会心理理性层次的效应，它们主要是通过影响社会心理的理性部分而使理论转化为实践的。例如经济体制改革的理论主要是通过影响人们的理性认识而使其诉诸行动的，对于人们在感性心理中可能存在的种种不适应、不习惯、不稳定的情况则作用不大。但是文艺创作则不然，它是通过影响人的整个心灵来达到最后影响人的行为，因此它有赖于包括意识和潜意识、理性与感性、理智和情感等多层次水平在内的社会心理的整体效应。因此，从社会效应的角度看，社会心理之于文艺比其他意识形态有着更为重要的意义。

综上所述，社会心理对文艺创作有着重要的作用和影响。因此，文艺创作者应该对社会心理给予充分的重视。

首先，要敏锐地感受社会心理。由于社会心理是社会存在自发的、直接的反映，因此具有敏感的特点。社会生活中的一些细微变化，都会迅速地在社会心理中得到反映。因此，可以说社会心理是社会生活的晴雨表，是文艺工作者认识社会生活的钥匙。社会心理常常是依附于一定人和事表现的，同明确系统的思想理论等意识形态相比，它具有不定型、不明确、不稳定、不系统的特点，这就要求文艺工作者具有敏锐的感受能力，能够从纷纭复杂的社会现象中准确地把握住社会心理的脉搏。交通拥挤、乘车困难曾经是北京的一个老大难问题，乘客有意见，司售人员有情绪。对于这一司空见惯的现象，一般人只是发发牢骚而已。作家刘心武却敏锐地发现了隐藏在表面现象之中的一种社会心理，即改革给人们心理上带来的一种复杂微妙的波动，一种心理的不适应与不平衡。于是他据此写出了纪实小说《公共汽车咏叹调》。小说发表后，在社会上和广大司售人员中引起了强烈的反响，一些司售人员感到小说把潜藏在自己内心深处的、自己也说不太清楚的那种情绪、意向和心理活动准确而又细致地表现了出来，从而促进了乘客与司售人员之间的相互了解与相互体谅。然而，要想如此准确细致地把握住一定的社会心理却也不是轻而易举的。一定的社会心理产生于一定的社会环境与社会关系，文艺家只有深入其中，进行切身的体验和感受，才能真有所得。刘心武为此曾经花了一个多月的时间，从早到晚乘坐公共汽车观察体会，同各种各样的乘客和司售人员交谈了解，深入司售人员的工作场所和家庭体验感受，获得了大量的第一手材料。因此，敏锐准确地把握住一定的社会心理，离不开对一定社会生活的深入体验。

其次，要能动地反映社会心理。文艺作品中的心理内容，实际上是一定社会心理在文学艺术中的反映。不论创作者是否明确意识到，这种反映实际是通过创作过程实现的。创作过程实际是社会心理向创作者个体心理的转化，是社会心理由纷杂朴素形态向典型概括形态的转化。通过这种转化，社会心理以创作者个体心理的形式表现出来，并上升为文学艺术型的社会意识形态。但是这种反映和转化不是消极被动的，而是积极能动的，事实上这是创作者个体心理与一定社会心理相互作用的过程。在这个过程中，作为客体的社会心理影响着主体，而主体也会以自己固有的心理改造着客体。因此，反映在作品中的某种社会心理，可能与创作者个体心理一致，也可能与其不很一致甚至很不一致。例如电影《血总是热的》中所反映的不甘现状、要求改革的心理，就体现了创作者个体心理与社会心理的一致。但是鲁迅在《阿Q正传》中所反映的“精神胜利”的社会心理，就与创作者的心理不一致，作者对这种心理是取否定和批判态度的。但是《血总是热的》中所反映的要求改革的心理也不是对一定社会心理的照抄，而是经过创作者个性心理过滤的、熔铸着他独特的理解和感情的社会心理；鲁迅对“精神胜利”心理的否定，也不是超社会的个性心理的体现，而是同样具有一定的社会心理基础。因此，创作者既不能以主观意志代替社会心理，也不能被动地反映社会心理，而应该从社会心理与个体心理的有机统一中正确地反映社会心理。

再次，要艺术地加工社会心理。任何意识形态都是通过对社会心理的加工制作而形成的，但由于各种意识形态的性质不同，其对社会心理的加工方式也就不同。文艺创作是以艺术的形式反映社会心理的，因此要对社会心理进行艺术的加工。所谓艺术的加工，主要是对社会心理采取具象概括的方式，而不是采取抽象概括的方式。也就是说创作者没有用理性思维的方式从纷纭复杂的社会现象中将社会心理提炼成若干概念，而是要从心理行为的联系出发，从众多的个别行为中概括出具有一定普遍性的社会心理，同时形成最能表现这种心理的行为方式和形象系统，并且这是与创作者自身的心理体验相联系的。这就要求文艺创作者具有形象直觉能力和心理同感能力。巴尔扎克说：“我喜欢观察我所住的那一带郊区的各种风俗习惯，当地的居民和他们的性格……对我来说，这种观察已经成为一种直觉，我的观察既能不忽略外表又能深入对方的心灵。”（巴尔扎克《法齐诺·加奈》）他又说：“当我观察一个人的时候，我能够使自己处于他的地位，过着他的生活……他们的欲望，他们的需求，这一切都深入我的心灵，我的心灵和他们的心灵已经溶而为一了。”如果说前者指的是作家的形象直觉能力，后者则解释了作家的心理同感能力，即设身处地地进入他人心理状态的能力。形象直觉能力使文艺创作者能够通过千百次“不忽略外表又能深入对方的心灵”的观察从行为与心理、个别与一般的联系上对一定的社会心理做出整体性的概括，而心理同感能力则使文艺创作者能够从环境与心理的关系出发以自己的心灵去切实地体验一定的社会心理，这样就使文艺创作中所反映的社会心理既具有一定的典型意义，又是活生生的、有血有肉的个性心理。

最后，要积极地影响社会心理。文艺创作不仅要反映社会心理，而且要反作用于社会心理。文艺的社会职能正是通过对社会心理的影响实现的。要影响社会心理，首先要适应社会心理。文艺创作只有适应一定社会心理的意志、要求和审美需要，才能为其所接受，也才能对其产生影响。但是这种适应并不是消极的，而是积极的。所谓积极的适应，就是说文艺创作不仅要服从社会心理，而且要引导社会心理。马克思说："艺术对象创造出懂得艺术和能够欣赏审美的大众——任何其他产品也都是这样。"文艺创作的正确引导可以给社会心理以健康的发展方向，也可以提高社会的欣赏水平。当然，这种引导只有在尊重社会心理的基础上进行，才能收到理想的效果。

（刊于《火花》1994年第8期）

关于艺术感知的几个问题

（一）感觉

感觉是客观事物的个别属性在人脑中的直接反映。客观事物直接作用于人的感觉器官，引起神经冲动，由感觉神经传导到脑的相应部位，便产生感觉。因分析器的不同，感觉可分为视觉、听觉、嗅觉、味觉、肤觉等。感觉是人的一切认识活动的基础，一切较高级、较复杂的心理现象，如知觉、想象、思维等，都是在通过感觉而获得的材料的基础上产生的。因此列宁说："不通过感觉，我们就不能知道事物的任何形式，也不能知道运动的任何形式。"①

感觉是审美感受中不可缺少的一种基本心理因素。感觉在审美感受中所起的作用与生理快感有一定的关系。实验美学的材料证明，对单颜色可以有愉快或不快的不同感觉，如红色与绿色对视神经的刺激反应便很不一样，并随年龄、性别等等而有所差异。所以，应该承认审美感受的愉快与生理快感有一定的联系。即生理机能上的适应满足与作为人的社会需要的精神享受之间，可以有一定的联系。但是对这种联系不应过分夸大，事实上，感觉的生理快感因素在美感中的作用到底是次要的。

感觉在艺术活动中具有重要意义。任何艺术都是以特定的感觉形式作用于人的特定感觉器官来表现丰富多彩的社会生活和精神生活的。例如音乐是以听觉形式作用于人的听觉器官，绘画是以视觉形式作用于人的视觉器官。因此它要求从事某一艺术创作和欣赏的人具有与该艺术的表现形式相适应的感觉能力。正如马克思所说："对于没有音乐感的耳朵说来，最美的音乐也毫无意义，不是对象，因为我的对象只能是我的一种本质力量的确证，也就是说，它

① 列宁：《唯物主义和经验批判主义》，《列宁全集》，第14卷，第319页。

只能像我的本质力量作为一种主体能力自为地存在着那样对我存在，因为任何一个对象对我的意义（它只是对那个与它相适应的感觉来说才有意义）都以我的感觉所及的程度为限。”[①]需要说明的是，对各种艺术的感觉形式的感受，往往不是某一感觉的孤立活动，而是需要相关感觉的协同活动。这种对事物的各种属性、各个部分及其相互关系的综合的、整体的反映，就是知觉。因此，感觉对艺术活动虽然重要，但在实际的认识活动中却往往是离不开知觉的，是联系着知觉的整体来感觉事物的个别属性的。当然，在不同艺术的知觉活动中，各种感觉所发挥的作用也不是平均的，而是有主有从的。在绘画艺术的知觉中，视觉发挥着主导作用，可以称之为视知觉；在音乐艺术的知觉中，听觉发挥着主导作用，可以称之为听知觉。

（二）统觉

统觉是指由当前事物引起的心理活动（知觉）同已有的知识经验相融合、从而更清晰地理解事物意义的心理现象。它说明，知觉并不是当前事物在大脑屏幕上的直观反映，也不是一种孤立的心理影像，而是个体已有的知识经验、兴趣态度等心理因素与当前刺激相互作用的产物。客观事物的刺激引起了以前形成的暂时神经联系的兴奋，于是事物信息就在已有的知识经验、兴趣态度等心理因素中被组织，从而使个体理解到事物的意义。

统觉对于艺术知觉具有重要意义。从一定意义上说，艺术活动中的知觉虽然具有某种直觉的性质和表现，但这只是由于职业敏感、艺术通感、心理定势等因素的作用使知觉变得更为敏捷和迅速，并不意味着可以不涉及已有的知识经验而孤立地从知觉对象中获得直接的理解。因为艺术知觉作为一种特殊的知觉，不能脱离一般知觉规律的制约，因此也不能脱离统觉。例如，中唐诗人刘禹锡在其著名的《金陵五题》之二《乌衣巷》中写道：“朱雀桥边野草花，乌衣巷口夕阳斜。旧时王谢堂前燕，飞入寻常百姓家。”诗人从对桥边野草、巷口夕阳、飞燕入屋等景物的知觉中获得了某种意义，即五百年前显赫一时的王谢士族的府宅如今已成为寻常百姓的庭院，名位权势不过是过眼烟云，历史

① 《马克思恩格斯论艺术》，中国社会科学出版社1982年版，第155页。

却是不以人的意志为转移而发展的。这种感想的获得就有赖于统觉的作用。如果诗人没有王谢士族的历史知识和自身荣辱沉浮的人世阅历，或没有将所见景物与这些知识经验、生活态度联系起来，那么他知觉到的只能是一些表面物象，而不会有这样深刻的感悟和理解。

知觉的发生依赖于人的知识、经验、兴趣、生活态度等，而每个人的知识经验、生活态度、个性特征都不完全相同，与人的这些因素相联系，各人的统觉也不完全相同。这一点在艺术知觉中尤为突出。

（三）通感

通感是指感觉经验之间的相互沟通和转化。例如红色引起暖的感觉，白色引起冷的感觉，就是视觉经验与肤觉经验的沟通。又如观赏书法，由不同的笔墨而引起“甜熟”或“生涩”的感觉，则是视觉经验通于味觉经验。表面看来，通感似乎只是“感觉的转移”，即一种感觉引起了另一种感觉的兴奋，实际上它的心理内容并不仅仅限于感知活动，还必然包含着表象的活动。因为感觉是客观事物直接作用于人的感觉器官的结果，离开了客观事物，感觉也随即消失。而通感这种心理现象，不可能是客观事物直接使人产生两种感觉的结果，它或者是一种感觉引起某一表象活动从而使相应的感觉经验复现，或者是某一表象引发另一表象活动从而使两种感觉经验相通。例如观看不同书法笔墨而引起“甜熟”或“生涩”的感觉，就是由书法视觉引发了与之相通的味觉表象的联想，由于此种味觉表象是富有感性的，它的活动能使大脑皮层上某个味觉部位出现一定程度的兴奋，因而才有那种似乎感到“甜熟”或“生涩”的感觉，而不是真正通过味觉器官产生“甜熟”或“生涩”的感觉。综上所述，通感的心理内容主要是感觉（或表象）所引起的关于其他表象的某种相连感受。

从生理机制上看，通感的产生主要是大脑皮层有关部分暂时神经联系的建立。客观刺激物作用于人的感受器，引起大脑皮层的活动。由于客观刺激物彼此间存在一定的联系，加之主观因素（情感、倾向、兴趣等）的影响，反映在大脑皮层活动上，就形成各有关神经元之间一般联系和特殊联系的建立，表现在心理活动上，就成为各种联想。这种联系之所以会建立，首先是因为“兴奋泛化”的结果，“泛化”使大脑皮层中储存相同或相似信息的各点兴奋起来，因而使人感知事物的相通之处。同时“兴奋泛化”又与“分化抑制”相交替，分化的结果使人觉察事物之间的相异之处，从而又突出了特定路线的“泛化”，使个体所注意的相通之处更显得清晰。这种能使个体于同中见异、异中见同的“泛化”与“分化”的交替，正是通感所由产生的根本原因。例如，最早把建筑说成“凝固的音乐”的是贝多芬，对于贝多芬来说，音乐乃是他大脑皮层上一个持久的兴奋中心，因此“兴奋泛化”的结果，竟感受到建筑与音乐的相通之处。但他的“兴奋泛化”又是与“分化抑制”相交替的，所以他并不简单地把建筑视为音乐，而是准确地称之为“凝固的音乐”，表明他同时也感受到建筑与音乐的某一突出的相异之处。通感对于文艺创作和欣赏具有重要的意义，这主要表现在以下几个方面：

一是创作素材的发现和冶炼。任何艺术都是以特定的感觉形式和艺术方式来反映客观世界的，音乐是以听觉形式，绘画是以视觉形式，文学则是以作用于视听觉的语言诱发想象的形式；而在同一感觉形式的艺术中，如绘画、书法、雕塑等，其具体的艺术表现方式又不同；由此形成了艺术反映的专门化特点。但是客观事物是丰富复杂的，其作用于艺术家的感官也是多种多样的，要在这纷纭复杂的感觉信息中发现创作素材并将其冶炼成具有特定感觉形式和艺术方式的艺术形象，显然离不开通感的作用。例如中国古典乐曲《春江花月夜》，现实中的相应景物绝不是光靠听觉就能感知的。即从题目来看，就可以有对春夜江风的肤觉、明月的视觉、花香的嗅觉、江水拍岸的听觉等，而这一切却都要通过听觉形式的音乐旋律来表现，作者如果不能将这些感觉经验与音乐的听觉感受相通连，又怎能创作出这首乐曲呢？又如唐代书法家李阳冰在《上李大夫论古篆书》中说道：“于天地山川，得方圆流峙之常；于日月星辰，得经纬昭回之度；于云霞草木，得霏布滋蔓之容；于衣冠文物，得揖让周旋之体……”以上所举物象，都是视觉形象，但却无法直接照搬到书法艺术之中，而必须以书法的眼光将其提炼加工为适合于书法艺术的东西并融化到书法的创作中，也就是将一般视觉通于书法的特殊视觉，才能用于书法艺术形象的创造。

二是对艺术感性的充分表现。在语言艺术创作中，为了突出再现作者对事物形象的生动感受并使读者也产生相应的形象感，往往在比喻中运用通感。例如晋代陆机写“佳人抚琴瑟”而说“哀响馥若兰”，将琴声说成似兰香，是借嗅觉强化听觉；晚唐周朴说“风暖鸟声碎”，宋代宋祁说“红杏枝头春意闹”，前者（“碎”）借视觉强化听觉，后者（“闹”）借听觉强化视觉，都在隐喻中表现了敏锐的通感，因而成为名句。

三是对艺术奥秘的感悟和领会。文艺创作者在创作实践中发挥艺术通感的作用，还往往能对各种艺术触类旁通，乃至融会贯通；同时在日常生活中，也能经常有感于物，有悟于心。这样的训练和收获，当然有益于文艺创作者对各种艺术奥秘的理解和把握，使之不断扩展与加深。例如唐代书法家张旭观公孙大娘舞剑器而“笔势益俊”。舞蹈与书法乃是两种不同的艺术，张旭运用艺术通感悟到其中的相通之处并将其吸融到自己的书法创作之中，从而丰富和提高了自己的创作。一个艺术家如果能够经常运用艺术通感来把握各种艺术的相通之处，例如从诗歌的“言有尽而意无穷”、绘画的“目尽尺幅，神驰千里”、书法的“黑处是字，白处也是字”、音乐的“此时无声胜有声”等艺术中感悟到虚实结合、有无相生的艺术辩证法，并将其有机地融入自己的创作中，那么他的创作就可以进入一个更高的境界。

四是对艺术欣赏的作用。在艺术欣赏中，通感的主要作用表现在使欣赏中的感受更为丰富和深入，进而有益于对艺术的理解。例如，有人认为欣赏颜真卿的书法名作《祭侄文稿》和裘盛戎的唱腔，都使人感到有悲壮之美；“无言独上西楼，月如钩，寂寞梧桐深院锁清秋”的画面和弹词演员侯莉君的中调、长调都有凄婉之美；渴笔书、破笔画与周信芳的唱腔都有苍劲之美。……在艺术欣赏中，能如此运用通感而对各种艺术进行弃异求同的感受，无疑会使欣赏进入一个更高的境界。

（四）艺术初感

艺术初感是指欣赏一件艺术品时所得到的最初感受。欣赏艺术首先要对作品进行感受，在这方面，最初的感受十分可贵。因为它对人的感官是一种新鲜刺激，所以最为敏锐。有些品酒专家指出，人的嗅觉是最容易疲劳和麻痹的，只有最初一二次闻嗅最灵敏，因此要抓住一刹那间所嗅到的香气特征。品酒虽不能算是一种艺术欣赏，但这里所讲的道理，却程度不同地适用于各种感受活动。在一切艺术欣赏中，都要利用新鲜刺激物所给予感觉器官的最初感受，敏锐地抓住其中一些深入而细微的东西，进一步加以玩味以至思考。这样做对锻炼感受能力、提高欣赏水平很有好处。

捕捉艺术初感要注意以下几点：（1）集中并稳定注意。初感虽是一种新鲜刺激，但要准确地把握住它也不是很容易的，必须集中并稳定注意，才能充分发挥尚处于敏锐状态的感觉器官的作用以获得较佳的感受效果。浮光掠影、草草了事不可能感受到深入细致的东西。（2）细心果断。艺术欣赏中的感受往往隐约细微，飘忽游移，因此必须细心品味体察，抓住了便不放。越是隐约的感受越要抓得狠，才不至于轻轻放过那较为含蓄隐蔽的内涵。（3）克服势利之心。势利之心是初感的大敌。如果在欣赏之前已经在头脑中形成“这是名家大作”或“这是无名之辈”之类的心理定势，必然会干扰对作品客观正确的感受，难以在初感中发现名家的败笔和无名者的出色之处。艺术初感虽然敏锐，却不一定准确和全面，甚至还会有错觉。因此在抓住某种初感之后，不仅要对此反复玩味，还要结合对整个作品的全面感受，统一进行思考，才能使敏锐而隐约的初感转化为准确而深刻的欣赏。

（五）艺术专感

艺术专感是指各种艺术所要求的专门的感受方式和感受能力。任何艺术都是以特定的感性形象作用于人们特定的感觉器官的。音乐形象作用于人们的听觉，美术形象作用于人们的视觉，戏剧形象既作用于人们的视觉又作用于人们的听觉，文学形象则通过语言作用于人们的视觉或听觉，从而引起人们的想象。但是艺术中的感觉与日常生活中的感觉有所不同，它是一种专门的感觉，要受特定的感受方式的制约。在日常生活中，我们听到雷声，就可以判断出这是雷声；看到闪电，就可以知道这是闪电。但是在音乐中，我们就不能把听觉简单地归结为某种音响，它所包含的内容要比这种直接的听觉丰富得多。以古曲《春江花月夜》来说，现实生活中的相应景物是由各种性质的事物构成的，而且绝不是光靠听觉就能感知的，它可以产生春夜江风的肤觉、明月的视觉、花香的嗅觉、江水拍岸的听觉等等，而在音乐中，这一切却都要被表现为听觉艺术形式的音乐旋律。这就要求欣赏者具有音乐艺术的专感能力，能够按照音乐艺术的法则，经过复杂的心理信息转换，将这些特定的听觉信息转变为反映现实世界的音乐艺术的感受，否则，他就只能形成一般的听觉，而不能形成音乐的感觉。正如马克思所说：“对于没有音乐感的耳朵说来，最美的音乐也毫无意义，不是对象。”音乐艺术是这样，其他艺术也是这样。欣赏书法要按照书法艺术的法则将各种线条组合的视觉信息转变为各种相应的感受与情感，欣赏绘画要按照绘画艺术的法则将二度空间的视觉信息转变为三度空间的相应感觉和某种意境感受。艺术专感的意义不仅表现在欣赏中，也表现在创作中。这就是说，艺术家对生活的感受也不是按照一般的方式进行的，而是按照某种专门的艺术感受方式进行的。画家要按照绘画艺术的法则将各种感觉和各种性质的信息转变为绘画的视觉信息，音乐家要按照音乐艺术的法则将各种感觉和各种性质的信息转变为音乐的听觉信息。对于一个成熟的艺术家来说，这种复杂的心理信息转换并不是一种生硬的“编码”，而是一种定势化了的自然反应。现代舞蹈创始人邓肯曾经说：“我的灵感可以从树木、云彩、海浪以及介于热情与山岚之间和恬静与微风之间的共感得到。”从视觉的树木、云彩、海浪、山岚和肤觉的微风等自然现象中，直接感受并产生了以运动觉为主的舞蹈创作灵感，可以看出其间经历了何等复杂而又自然的心理信息转换，这种转换正是以舞蹈艺术的感受方式感知自然的结果。

艺术专感能力的获得和提高固然需要学习必要的专业知识，但更要依靠创作和欣赏的实践。某种艺术的感觉经验虽然可以通过概括和抽象上升为理性认识并用语言指导初次接触这门艺术的人，但却并不能使这个人获得实际的专感能力。因为许多细微的感觉信息是与个体自身的体验相联系的，在上升为理性认识的过程中，这些信息大都被抽象概括掉了，转入他人脑中的只是干巴巴的概念，而不是生动丰富的感受。

（本文系作者对其撰写的相关词条编辑而成。词条刊于金开诚主编《文艺心理学术语详解词典》，北京大学出版社1992年10月出版）

艺术活动中的表象运动

（一）什么是表象

表象也叫记忆表象，是保留在记忆中的客观事物的映象，也就是个体曾经感知过而现在不在感知范围中的事物的形象反映。

一切文艺创作都必须富于感性，即表现为可见可闻的、多姿多彩的、有特定艺术形式的生动形象。这种形象的创造虽然不可能排除理性心理活动的作用，但却不是由其派生的，而是复杂的感性心理活动的直接成果。从认识活动的角度来看，感性心理活动主要是感觉、知觉、表象的形成与活动。创作过程可分为生活经验阶段、创作构思阶段、形象外化阶段三个环节，其中创作构思阶段是形象创造的核心环节。感觉、知觉主要在一、三两个环节中发挥作用（在第一环节通过感知获得直接经验，在第三环节通过感知评估“外化”效果），而在构思阶段，则一般不起作用。其原因有二：第一，感觉和知觉都只是在刺激物正处于人的感觉器官能够直接感知的范围之内才得以产生，只要刺激物脱离了直接感知的范围，感觉和知觉也随即消失。因此，它们无法进入创作构思。艺术家在构思形象时，头脑中活动的虽是感知过的事物，但由于已脱离了对这些事物直接感知的范围，因此实际上活动着的是事物的表象，而不是对事物的感觉和知觉。即使是写生画，也是先由客观景物通过画家的视觉变为画家头脑中的记忆表象，然后才表现在画幅之上的。因为当作者举目观物之时，他固然能产生对景物的知觉，而当他低下头来落笔作画时，由于眼光已经转而落在画幅上，所以他那对景物形象的知觉也已变成一种记忆了。第二，感觉、知觉的实际内容都有赖于客观刺激物所固有的真实属性，无法进行有意的加工和改造。知觉的产生固然可以受到原有经验及需要、情感等主观因素的影响，但这些都是感知者在一定的心理定势的基础上自然产生的，而不可能自觉地“想要它怎样便怎样”。但是任何艺术形象的创作都是一种新的创造，需要有意识地对表现为心理形态的原材料进行加工改造；感觉、知觉既然不能被有意地加工改造，所以便不能直接成为构思的材料。由此可见，创作构思中属于认识方面的感性心理活动主要是表象的活动。表象是艺术构思中进行加工改造的直接心理材料。

表象具有以下一些特性：

1. 形象性。这一特点标志着表象与概念的根本区别。概念是以符号为载体的客观事物的概括而抽象的反映，它虽然同表象一样可以不依赖于客观事物的直接刺激而保存在心理中并成为抽象思维的材料，但因为没有形象性，所以无法在艺术创作中直接派生形象。而表象则因为有形象性，所以在艺术构思中形成的艺术形象乃是表象运动的直接成果。

2. 概括性。表象有形象性，但也有概括性，所以是一种具象的概括。例如人们想起“树”的表象，这表象就只显现“树”的一般而突出的特征，在内容上远远不能反映任何一棵树的具体性。表象的概括性在人类认识活动中有很大的作用，具体说来就是举一反三。表象的概括性对于文艺创作很有意义，它使得创作者致力于再现事物的特征，因为只有这样，创作者和欣赏者才都能根据表象来认知：创作中所再现的，确为某种或某一事物，而非其他事物。所以画人不需要把头发一根根都画出来，因为这不是特征之所在，无关乎认知，但却需要画出人的基本特征，因为人们需要借助头脑中代表这些特征的概括性表象来认知画中的形象是人。

3. 可塑性。表象在人的头脑中不是凝固不变的，而是处于运动变化之中，并具有可塑性。因此记忆者可以利用这一点并通过“有意想象”自觉地对表象进行加工改造，使头脑中形成新的“想象表象”。这种可塑性，使表象成为构想艺术形象最理想而适当的材料。创作者正是充分运用表象的可塑性并通过活跃的想象力来创造艺术形象的。

4. 间接获得的可能性。表象除了通过直接的感知而保留在记忆中之外，还可以通过间接的途径获得，这与知觉只能产生于对客观事物的直接感受很不相同。人们听故事、看小说或听人讲述种种事物与景观，都有可能在头脑中形成一定的表象，这种表象实际是人们进行了“再造想象”的结果。表象可以通过间接途径获得，这一特点对文艺创作也很有意义。因为直接生活经验对创作来说固然重要，但文艺创作仅靠直接生活经验而创作出来的情况是极为少见的，甚至是不可能的。文艺创作总要在不同程度上借助于间接生活经验的“协作”，而间接生活经验所起的重要作用之一，就是它提供了丰富的间接表象，这种表象总是作为个体所掌握的文化知识的一种有机成分，储存在人的头脑里，在各种认识和创造活动中发挥作用。

5. 表象记忆的个体差异性。这就是说表象虽然是客观事物的映象，但个人的表象记忆情况却是有差异的。一种差异是，有人善于表象记忆，有人则不善于表象记忆。一般说来，文艺创作者都有较强的表象记忆力，例如苏联学者考证，托尔斯泰所刻画的安娜·卡列尼娜的外貌是以普希金之女玛丽亚·普希金娜为原型的，托尔斯泰仅在土拉与普希金娜见过一面，而过了十三年至十五年，他刻画安娜的外貌仍能酷似普希金娜。另一种差异就是对不同类型表象的记忆力，例如有人善于记住视觉表象，有人则善于记住听觉表象。结合文艺创作来说，不同的记忆能力很可能影响到对不同专业的选择：善于记住视觉表象显然有利于从事视觉艺术；善于记住听觉表象，当然有利于从事听觉艺术。表象记忆的这种个体差异性使得文艺创作者能够在天赋因素的基础上通过训练形成较强的专业表象记忆能力，从而大大有利于创作。

（二）表象运动

表象在人的记忆中并不是凝固静止的，而是运动变化的。这种运动变化可以分为消极的变化和积极的变化两大类。

消极的变化指表象的淡漠以至遗忘。这是一种自然的心理现象，在许多情况下，初次形成的表象如果不经过强化，往往会淡漠和遗忘。这种运动变化对文艺创作没有什么积极意义，只是从反面告诉文艺创作者，要注意训练准确记忆事物形象的能力，否则是不利于文艺创作的。

积极的变化是指各种加深记忆的表象运动。从运动形式上来看，它可以分为表象深化、表象分化、表象变异、表象联想、想象等类型；从意识状态上来看，它又可以分为自发、无意的表象运动和自觉、有意的表象运动两种类型。

自发的表象运动不能直接作用于文艺创作。在文艺创作中直接发挥作用的是自觉的表象运动，即文艺创作者根据一定的创作意图使头脑中的表象通过运动发生变化，以创造出艺术形象。但是自发的表象运动对文艺创作也具有一定的积极意义：首先，自发的表象运动往往能成为引发创作冲动或构思灵感的契机，这种契机一出现，创作者就会立即把自发的表象运动变为自觉的，使它们发挥巨大的作用。例如，做梦就是一种自发的表象运动，即无意想象，因为任何人都不可能怀着某种目的去做梦，并使梦中呈现的形象符合自己的目的。但是文艺创作中却有不少因做梦而引发或有助于创作的现象，梦者醒来后，常常会把这种自发表象运动的成果变成自觉的表象运动而作进一步的加工，从而创造出艺术形象。其次，自发表象运动的任何一种表现，都是文艺创作在刻画人物心理时经常要用到的，而这种描写又总要参照作者本人的心理活动经验。因此，作者所经历过的那些自发表象运动的经验是对创作有用的，只是用起来都要在艺术构思中变为自觉的表象运动。自发表象运动虽是无意出现的，但并不意味着与个人的主观因素毫无关系。例如对某一事物看得多了，自然表象加深，但其深度也因个人的知觉与观察能力的不同而不同。又如人人都可能把冬日玻璃窗上的冰花想象成某种形象，但受过绘画训练的人“看到”的一定比没受过训练的人更加丰富生动。总之，自发表象运动一方面人人都有，另一方面又因人而异。

在文艺创作中，自发表象运动与自觉表象运动之间并没有不可逾越的界限，前者往往可以转化为后者。例如杜甫诗“天上浮云如白衣，斯须改变为苍狗”，诗人观看浮云，出现了白衣苍狗的无意想象，接着就按白衣、苍狗的规格把它们越想越像，终于写入诗中，这就成为自觉有意的表象运动了。自觉的表象运动，是文艺创作中最基本、最突出的心理活动，关于它的特点和作用将在各种具体的表象运动形式中分别介绍。

（三）表象深化

表象深化是指随着反映的重复和加深，有关事物的表象逐步变得准确、深刻、完整、鲜明和稳定。表象深化可以是自发的，也可以是自觉的。自发的表象深化是无意的、自然而然形成的，例如与人初次见面印象不深，交往时间长了，虽无意识记，印象也会慢慢加深，变得鲜明而稳定。自发的表象深化对文艺创作有积极意义，因为文艺创作是通过对头脑中的表象进行加工改造而创造艺术形象的，表象越鲜明深刻，越有利于艺术形象的创造。但是文艺创作者不能消极等待表象自然而然、不知不觉地变得准确深刻，而要发挥主观能动作用，通过对事物的有意观察和回忆使表象尽快深化，这就是自觉的表象深化。

自觉表象深化的过程为：首先要集中注意对客观事物进行反复深入的感知，使头脑中的表象鲜明准确。晚清著名艺人“泥人张”（即张明山）善塑人像，他所塑三教九流各类人像无不形象逼真，生动传神。之所以如此，是由于他头脑中形成了关于这些人物的深刻稳定的表象。而这些表象的获得，又是他反复观察使表象不断深化的结果。他喜欢流连街头，观察揣摩各种人的相貌、服饰、神态、动作。为了塑造一个理发匠的形象，他曾走了许多理发馆，站在窗外仔细观察理发师的动作、神情。这种反复深入的感知，当然会使他头脑中的表象变得鲜明准确。其次要不断对头脑中储存的表象进行回忆和使用，以使表象持久稳定。前面说过，表象具有自然而然向消极方面变化的趋向，即淡漠遗忘，克服这种消极趋向除了反复感知客观事物外，还要不断回忆和使用表象。对已有表象的回忆和使用可以使大脑皮层上相应的记忆痕迹由于反复的兴奋不断强化和加深，从而使表象稳定持久。

（四）表象分化

指对客观事物形成表象之后，在保持表象的基本形态和主要特征的同时，构想出种种类似的新表象。这种现象的心理基础在于表象具有一定的概括性，是一种类化了的映象；同时又具有可塑性，所以个体能够根据某个概括的、类化的表象分化出种种大同小异的、更为具体的新表象。

表象分化可以自发地产生，例如人们脑中无意中浮现一只老虎的形象，继而可能又会出现第二个、第三个类似的老虎形象，这些就是某种概括的老虎形象的具体化或分化。自发的表象分化可以成为创作的某种契机或准备，但要在创作中直接发挥作用，就要将这种自发的表象分化转变为自觉的表象分化。例如自发分化出的老虎形象可能在某些方面启发了创作者，于是创作者可能对这一表象再作进一步的分化加工，以使其体现出某种创作意图。这样，自发的表象分化也就转变为自觉的表象分化。

表象分化，特别是自觉的表象分化，对文艺创作十分重要。因为如果没有这种表象的运动，那么原始表象无论多么深刻准确，也难以反映客观事物的千姿百态。唐代画家李公麟善画马，所画常“信意落笔，自然超妙”，宋代罗大经认为这是他“终日纵观……久久则胸中有全马矣”的结果（见罗大经《鹤林玉露》）。李公麟之所以能“信意落笔，自然超妙”，画出千姿百态的马来，一个重要的原因是他具有较强的自觉的表象分化能力，因此能够在牢固把握马的基本形貌、主要特征以及熟悉马的一些姿态的基础上，通过表象分化画出千姿百态的马的形象。不仅绘画，在任何艺术创作中，表象分化都可以发挥重要作用。在书法艺术中，凡是学习前人而有所改变，表现出一定的特色，其间就有表象分化在起作用。舞蹈、戏曲演员从其基本功中可以化出丰富多彩的舞蹈动作，这中间也有表象分化（视觉与运动觉表象）的作用。在音乐中，主题变奏同表象分化的关系更为明显，变奏次数越多，分化的作用越显著。

自觉的表象分化中往往也有想象的成分，因此与有意想象有时难以区分。但是像把一棵四枝分叉的树的表象变为三枝分叉或五枝分叉的表象，那只能算是一种表象分化，而够不上有意想象。所以总的来看，表象分化和有意想象还是可以视为两种不同的表象运动。

（五）表象变异

指某个表象在其他心理因素的影响下发生了变化。表象在头脑中的存在不是孤立的，而是与其他心理因素（知识、经验、需要、态度、兴趣、性格等）和心理活动（认识、情感、意志等）相联系的。

这些联系可能对已形成的表象发生作用使其变异。例如某一个人曾经给人们留下一个美好的印象，后来人们了解到，这个人虽表面温文尔雅，实际却是一个两面三刀、心狠手黑的人，于是人们头脑中的表象就会发生变化，这种变化是某种认识和态度的作用造成的。

表象变异可以自发产生，也可以自觉产生。自发的表象变异是无意的、自然而然形成的，所以是自发的表象变异。至于自觉的表象变异则与此有所不同。它是有意识地使表象产生某种变化。例如一个继母为了与孩子搞好关系，可能有意识地多想一些孩子的优点而少想一些孩子的缺点，甚至以积极的方面去理解孩子的一些不友好行为，这样孩子在她头脑中的表象就可能慢慢变得好起来。

自发的表象变异与自觉的表象变异对文艺创作都有意义。自发的表象变异常常成为自觉的表象变异的基础。例如有人长期离开故乡，由于思乡的种种复杂心理因素和心理活动的作用，他对故乡的印象往往比他当初形成的那些表象要美好得多，令人心驰神往。这就是一种自发的表象变异。而如果他想创作一篇怀念故乡的诗或散文，他就会在已经自发变异了的表象的基础上更自觉地使它变得更美好，这就成为自觉的表象变异了。

在各类艺术形象的塑造中，不论美化还是丑化，不论赋以什么样的情感色彩，起主要作用的都是有意想象，但是自觉的表象变异还是会在其中起一定的作用。一般说来，文艺创作中真实事物的成分越重，表象变异所起的作用就越大。因为把真实事物典型化，一方面固然必须借助有意想象，才能充分表现其美或丑；但同时真实事物本身的表象也必然在创作过程中被美化或丑化，从而促进作者进一步通过有意想象对原表象进行加工。

（六）表象的分解与综合

表象的分解与综合是在表象联系中所展开的更为复杂的运动形式，是文艺创作中最重要的一种表象运动，是创造艺术形象的一种根本方法。表象的深化、分化、变异、联想等运动形式虽然在运动形态上各不相同，但其性质都是原有表象的运动变化，并不能形成新的表象。表象的分解与综合却可以在对原有记忆表象加工改造的基础上创造出新表象。文艺创作不是对客观事物形象的简单摹写，而是在反映客观事物的基础上创造新形象的过程。新形象的创造主要是通过想象活动来实现的，表象的分解与综合正是想象活动的主要心理内容。

所谓表象分解，就是把记忆中的有关表象“拆散”或“碾碎”；所谓表象综合，则是将这些经过分解的表象再重新结合成一个新的表象。高尔基说：“假如一个作家能从二十个到五十个，以至几百个小店铺老板、官吏、工人中每个人的身上，把他们最有代表性的阶级特点、习惯、嗜好、姿势、信仰和谈吐等等抽取出来，再把它们综合在一个小店铺老板、官吏、工人的身上，那么这个作家就能用这种手法创造出典型来——而这才是艺术。”[①]这是对表象的分解与综合的形象注释。当作家把这些生活中众多人物的特点、习惯、姿势等从它们所属的人物身上抽取出来的时候，他头脑中就在进行着将这些表象细节从它们原有的完整表象中分解出来的工作；当作家把这些表象细节综合在一个人身上以创造出艺术形象时，他就在进行表象的综合工作。表象的分解与综合表现在一切艺术形式和艺术形象的创造上。拜伦说：“描写自然的诗，如果仅只是如实地写自然，是不能表达诗人的意图的。他所画的天空并非自然天空的形象。它是由很多不同的天空所组成的（这些天空是画家在不同的时候观察到的），而不是任何一天的天空的全盘模仿。”又说：“当康诺瓦塑像时，他采取一人的肢体，另一人的手，第三人的五官，或第四人的体态，或者同时对他们都加以改善，像古希腊艺术家在具体化他的维纳斯像时所做的那样。”[②]

在艺术形象的创造中，表象的分解，不应是生硬的割裂，而应是精细的分化；表象的综合，不应是简单的捏合、凑合，而应是有机的融合。托尔斯泰在谈到创造《战争与和平》中娜塔莎形象时说：“我拿过达尼亚来，把她同苏尼雅一同捣碎，于是就出现了娜塔莎。”歌德谈他创造《少年维特之烦恼》中的主人公绿蒂，是“把许多美女们的容姿和特性合在一炉而冶之，铸成那主人公绿蒂”的。一个“捣碎”，足见表象分解之精细；一个“冶之”“铸成”，足见表象综合之浑然天成。只有这样，创造出的艺术形象才能是和谐的、完整的、血肉丰满的。

表象的分解与综合可以是自发的，也可以是自觉的。凡是头脑中无意产生的未曾见闻过的新形象，实际都经历过一个自发的表象分解与综合的过程。例如有人大脑中偶然浮现出一个背生双翅的飞人形象，实际就是把鸟的翅膀表象从鸟的完整表象中分解出来，又与人的表象综合在一起。只是由于这种分解与综合是无意的，因此其过程往往不易为人们注意。同其他表象运动一样，自发的表象分解与综合在文艺创作中只起辅助作用，它只能为艺术形象的创造提供契机与准备，在艺术形象创造中发挥主要作用的是自觉的表象分解与综合。

① 《谈谈我怎样学习写作》，《古典文艺理论译丛》第11辑。

② 《致约翰·墨雷先生函》，见《古典文艺理论译丛》第1辑。

（七）表象联想

指由一事物表象想起另一事物表象的心理现象。“联想”一词来源于拉丁文：ssocio，有联系、联结的意思。最初的联想概念是在对记忆过程进行观察时形成的。亚里士多德将联想分为接近联想、类型联想和对比联想三种。近代的笛卡尔、斯宾诺莎、霍布斯对联想进行研究，认为一切心理过程的发展都是由物质原因决定的。洛克在《人类理智论》中首先提出用观念的联合解释联想作用。而贝克莱、休谟、布朗则从唯心主义方面对联想进行解释，认为联想的内容和联想本身是第一性的心理现象，其总和不仅构成全部心理生活，而且也构成外部现实。19世纪，著名心理学家穆勒、贝恩、冯特对联想进行了系统的研究。而20世纪初，弗洛伊德及其追随者在心理分析中提出自由联想概念，并把它作为心理治疗的技术而与无意识的心理现象联系起来。

如果说表象深化、表象分化、表象变异都只是单个表象的运动变化，那么表象联想则是在表象与表象的联系中所展开的更为复杂的表象的运动变化。表象联想主要可以分为接近联想、相似联想、对比联想、关系联想等类型。

1. 接近联想。指甲乙两事物在空间或时间上接近，因而在反映活动中由甲及乙的一种联想。白居易《忆江南》词说：“江南好，风景旧曾谙。日出江花红胜火，春来江水绿如蓝。能不忆江南！”江南、江花、江水这些事物在空间关系上是接近的，因此这首词中反映的这三种事物表象之间的联想就是一种接近联想。通过这种联想，突出表现了诗人对江南风物的美好回忆。

2. 相似联想。指在性质或形态上相似的事物表象之间产生的联想。文艺创作中常见的比喻、象征等表现手法的心理基础，主要就是相似联想。表象的相似联想可以在同一感觉类型的表象间进行（例如“明月光”与“地上霜”就是视觉表象间的相似联想，白居易《琵琶行》中“大弦嘈嘈如急雨”将琵琶音比作急雨声，则是听觉表象间的联想），也可以在不同感觉类型的表象间进行。后者也可以叫作通感联想，例如韩愈《听颖师弹琴》中“昵昵儿女语，恩怨相尔汝。划然变轩昂，勇士赴敌场”中后两句的比喻，就是在琴声的听觉表象和“勇士赴敌场”的视觉表象之间产生的相似联想，是两种不同感觉类型表象的相通。茅盾《白杨礼赞》中以白杨树来象征北方农民质朴、坚定、不屈不挠和团结向上的精神品质，从心理内容上讲也是一种相似联想，只是其相似点不是着眼于外部形态，而是内在的气质与风貌。

3. 对比联想。指在两种或两种以上截然相反的事物表象之间产生的联想。文艺创作中对比、反衬等手法，在心理活动上看就是对比联想的运用，其目的是要突出所要表现的事物特征。

4. 关系联想。指依据事物之间的各种关系而在有关的表象之间产生的联想。广义来看，接近、相似、对比等也是事物之间关系的体现，在此基础上形成的联想也可称为关系联想。但是事物之间并非只有这三种关系，通过其他关系（例如因果关系）所形成的联想并不能为以上三种联想所包孕，因此还可以把它们另分一类，并从狭义的角度称之为关系联想。关系联想在文艺创作中的运用也是很多的。例如齐白石所画的《蛙声十里出山泉》，画面上并无一只青蛙，只画着若干蝌蚪顺着急流的泉水自山里游出，但欣赏者却可以通过蝌蚪与青蛙的关系联想到十里深山内的青蛙，甚至仿佛听到它们在嘱咐自己的孩子“一路小心”的“呱呱”叫声。可以想见，作者在构思这幅画时，头脑中也是经历了由青蛙到蝌蚪的联想的，而这种联想所遵循的正是青蛙与蝌蚪之间的种系繁衍关系。

表象联想可以自发产生，例如无意中由白云想到棉花、由雪花想到柳絮，也可以是自觉产生。同其他表象运动形式一样，自发的表象联想也只能成为文艺创作的准备和契机，一旦进入创作过程，自发的表象联想就要转变为自觉的表象联想。因此在文艺创作中发挥作用的主要是自觉的表象联想。表象联想对于文艺创作有重要的意义，主要表现在三个方面：其一，表象联想是生活形象转化为艺术形象的重要途径。文艺创作主要是进行艺术形象的创造，作品中的艺术形象虽然是来自生活，却不是对生活形象的简单复制，而是要经过一个艺术化的过程，这个过程离不开表象联想。音乐创作要将各种感觉类型的表象转化为听觉表象，舞蹈创作要将各种感觉类型的表象转化为视觉和运动觉表象，其间各种感觉类型表象的转化都是以表象联想为基础的。小说、绘画中的许多艺术形象虽然是生活形象的再现，但却不是艺术家头脑中某一原始生活表象的简单翻版，而是艺术家在诸多相关生活表象的基础上加工而成；在这个过程中，必然要经过由某一生活表象向另一些相关生活表象的联想活动。其二，表象联想是艺术形象之间相互联系的基本途径。一部艺术作品往往并不是一个单一的艺术形象，而是由众多形象（各种人物、景物、环境等）按照特定关系组成的形象系统，因此必然需要各种类型的表象联想将它们相互结合在一起。其三，文艺创作要运用比喻、象征、对比、反衬等多种表现手法塑造艺术形象，这些都离不开表象联想。

表象联想对于文艺欣赏也有重要的意义，主要表现在两个方面：其一，欣赏中的表象联想是艺术形象转化为生活形象的桥梁。前面说过，在创作中生活形象是通过联想转化为艺术形象的，同样，在欣赏中艺术形象也是通过联想转化为生活形象的。欣赏贝多芬的《命运交响曲》，不会停留在音乐形象本身上，而是会自觉不自觉地把它“翻译”成各种各样的人类与命运抗争的生活图景；欣赏芭蕾舞剧《天鹅湖》，也不会停留在舞蹈形象本身上，而是会不同程度地把它转换为各种各样的善良与邪恶相斗争的生活画卷。这些“翻译”和转换都离不开表象联想。其二，欣赏中的表象联想是扩大艺术作品认识内容的重要手段。艺术创作固然是对生活的反映，但是由于艺术形式自身的特点及其在时间和空间上的限制，其认识内容在数量上也就远逊于丰富多彩的现实生活。就时空限制来说，一幅山水画不能展示出天下所有的奇山异水；就艺术形式的限制来说，绘画只能现其形而不能传其声，音乐只能得其声而不能展其形。要从有限的艺术形象中获得尽可能多的认识内容，就需要欣赏者通过表象联想去丰富和发展艺术形象。

（八）表象转化

表象转化与表象联想很难严格区分，它是由表象联想引起的。但当艺术家由某一事物的表象而引起有关其专业实践的联想时，他的心理活动并没有到此为止。他还要对该事物留在自己记忆中的表象继续进行研究分析，以求更加深入地把握它的某种特征，再经过大脑的加工，使之融化到与其专业实践有关的特定的表象运动中去。例如唐代草书名家张旭观公孙大娘舞剑器而笔势益俊，这是一个著名的运用通感的事例。这一事例绝不意味着张旭面对公孙大娘舞剑器便产生了一阵有关草书的联想，舞剑器留在他脑子里的表象也无法直接进入草书的创作。他定然是在公孙大娘的舞中吸收到某种东西，又经过特殊的加工，使舞剑器的表象被分解、综合、制作和改造，才使他的草书真正得到了滋养。在整个创作构思的过程中，关于舞剑器的某种表象竟能变成关于书法的某种表象，这就叫表象转化，其内容显然不是“联想”一词所能够概括。概括地说，表象转化具有以下特点：（1）它不是一般的表象联想，而是与专业艺术实践相联系的表象联想。它要将生活中各种各样的表象转变成专业艺术创作所需要的表象，音乐创作要将各种各样的表象转变为与之相应的音乐听觉表象，即各种相应的音调、节奏与旋律；舞蹈创作要将各种各样的表象转变为与之相应的舞蹈动作表象，即各种各样的形体动作。（2）它不像一般的表象联想那样只是简单地在两个现成的表象之间建立起某种联系，而是要从某种专业艺术要求出发对生活中的表象进行复杂的分解综合、加工改造，因此，它又是与有意想象紧密结合的。

表象转化对于文艺创作具有重要意义。任何文艺创作都是要把丰富多彩的生活素材统一表现于某种特定的艺术形式，因此都需要将生活中积累的各种各样的表象转化为专业艺术创作所需要的表象。如果创作者不善于进行表象转化，那么即使他积累了相当丰富的表象素材，也难以创造出生动的艺术形象来。另外，表象转化对于文艺创作者职业敏感的养成、艺术通感的形成也具有重要意义。一个文艺创作者如果具有敏捷而熟练的表象转化能力，他就可以迅捷地把生活中的各种信息转变为专业艺术所需要的表象，乃至做到触类旁通、融会贯通，这当然会大大有益于创作。

（九）具象概括

具象概括是一个相对于抽象概括的概念，指在反映活动中，将诸对象中相通、相似、相同的感性内容从它们原有的系统中分离出来、联合起来的心理过程。任何概括都是通过神经生理过程中的“兴奋泛化”和“分化抑制”来实现的。“泛化”就是对诸事物中相通、相同、相似因素的反射，使人在相异的事物中见出“同”；“分化”则使反射趋于精确，使人在相同的事物中见出“异”；二者的准确结合，就使个体能够对客观刺激物“同中见异”“异中见同”。概括正是通过“泛化”与“分化”的结合实现的。“泛化”使事物相通、相同、相似的因素在心理上得到反映，“分化”则将这些因素从它们原有的系统中分离出来、突现出来，从而实现了对事物的某种概括。严格来说，任何概括都需要经过一定的抽象，具象概括也不例外。具象概括与抽象概括的区别不在于它是否经历了抽象的过程，而在于它的概括成果的心理形态是具象的感性形态还是抽象的理性形态。抽象概括的成果主要表现为舍弃感性内容的概念形态，具象概括的成果则主要表现为保留感性内容的概括性的表象形态。

具象概括对文艺创作和文艺欣赏都具有重要意义。在文艺创作中，典型形象的塑造，比喻、象征、通感等表现手法的运用，都离不开具象概括。典型形象既要表现该类形象的一般特点，又要保留其感性形态，因此要用具象概括而不能用抽象概括。比喻、象征、通感等手法许多是以某一感性事物来表现另一感性事物，而这两类感性事物在心理上赖以建立联系的桥梁，正是经过具象概括而形成的一种概括性的表象。在文艺欣赏中，欣赏者对艺术形象的认知和联想都离不开具象概括。正是由于欣赏者头脑中有着经过具象概括（自觉或不自觉的）而形成的概括性的松树表象，他才可能认知画上画的这株针叶球果的树就是松树，也才可能由这株松树联想到其他各种各样的松树。

具象概括作为一种感性概括，主要有以下三种类型：

1. 形象特征的概括。例如大山与大海的形象固然极不相同，但却都有“大”的特征。这个特征除了可以概括为“大”这个概念之外，也可以在意识中保留一种具有概括性的大的空间感，后者就属于具象的概括。“苍山如海”这一构思所表现的内容之一，就是揭示了“苍山”与“海”在空间感上的相似。上面所说的特征概括，还限于同是视觉对象的范围之内。由于“分化”“泛化”的进一步深入，人们还能在不同的感觉对象之间实现特征的具象概括。例如视觉上的“珠圆玉润”也可以在聆听戏曲或歌唱中感受到，味觉上的甜熟与生涩也可以在观看书法、绘画中感受到。这种通感之所以能够形成，是由于通过对两种不同感觉类型表象的具象概括而形成了一种超于感觉类型之上并反映二者共有特征的概括性的表象，这种概括性的表象正是两种感觉相通的桥梁。

2. 美感的概括。不同的事物形象给人以不同的美感，但美感的经验也是可以概括的。例如中国的万里长城和埃及的金字塔给人的具体审美感受并不相同，但却可以从中概括出二者所共有的“雄伟”“悲壮”的美感。诸如秀丽、和谐、崇高、匀称、质朴、典雅、简洁、华艳等等，都可以在不同的审美经验中被概括出来，成为某种概括性的美感表象，并成为各种不同审美经验相通的渠道。

3. 情感和情绪的概括。不同的事物形象能引起不同的情感与情绪，但情感与情绪的经验也是可以概括的。例如二胡曲《江河水》和罗丹的雕塑《老妓女》虽属于视听两种不同的感知对象，但都可以使人产生一种“心酸”的情感，这就是一种概括性的情感。对不同情感与情绪经验的概括所形成的概括性的情感或情绪感受，可以成为不同性质、不同类型事物在头脑中建立联系的通道，这无论对文艺创作还是文艺欣赏都具有重要意义。

以上所谈三种具象概括在实际的创作与欣赏活动中往往并不是彼此孤立的，而是相互联系发挥作用的。一种表象与另一种表象在创作者或欣赏者头脑中产生的联系，往往既有形象特征上的概括，也有美感和情感色彩上的概括。当然这并不意味着三者在各种表象联系中都是平均的，实际上它们往往是有所侧重的。

（十）想象

指人脑将原有的表象加工改造形成新表象的心理过程，是文艺创作中最重要的心理活动之一。想象是一种表象活动，但却不是原有表象的简单复现，而是大脑通过对原有表象的加工改造而形成的一种从未直接感知过的事物的表象，因而是一种新的表象。想象活动的实际心理活动内容是表象的分解和综合。想象所形成的新表象的素材来源于原有的旧表象，因此首先要将这些素材从其所在的表象系统中分解出来，然后再将它们综合在一起（详见“表象的分解和综合”）形成一个新表象。

从想象的意识状况来分析，想象可以分为无意想象与有意想象。无意想象是一种没有预定目的、并不做出努力、也无意志参与的想象活动，属于自发的表象活动。无意想象由于是一种自发的表象活动，因此不能直接作用于文艺创作。但无意想象往往能成为引发创作冲动或灵感的契机，这种契机一出现，创作者就可以立即把无意想象转变为有意的，使它们发挥巨大的作用。例如梦中常常会出现一些新奇形象，但是这些新奇形象却是梦者事先所无法预料更无法安排的，因此想在梦中或在半睡眠状态中寻求预期的新奇形象无异于缘木求鱼。然而创作者如在梦中产生了对创作有益的新奇形象与灵感，却可以在醒来后立即将其纳入创作构思，从而把无意想象转变为有意想象。另外，文艺创作在刻画人物心理时往往要描写人物的无意想象，而这种描写又总要参照作者本人的心理活动经验（抒情诗中更多是作者心理活动的直接表现），因此，作者所经历过的一些无意想象的经验还是对创作有用的，只是用起来都要在艺术构思中变为有意想象。

有意想象是一种按照一定的目的并做出一定的意志努力的想象活动，是一种自觉的表象运动。有意想象对于一切人类劳动都具有重要意义，因为人类劳动与动物本能的根本区别，就在于“劳动过程结束时得到的结果，已经在劳动过程开始时，存在于劳动者的观念中”。这种“观念地存在着”的劳动结果，就是有意想象的产物。文艺创作是一种精神产品生产的创造性劳动，当然离不开有意想象。由于文艺创作致力于艺术形象的创造，而有意想象的直接成果就是创造新形象，因此有意想象在文艺创作中尤其具有重要的作用，可以说艺术形象从根本上说是通过有意想象创造出来的。因此，高尔基说：“想象是创造形象的文学技巧的最重要的方法之一。”

从想象与现实的关系来看，它可以分为超现实想象与现实想象。超现实想象是通过在不同类的事物之间进行分解和综合，从而形成一种在现实中不可能出现的新形象。例如希腊神话、传说中人面狮身的怪物斯芬克司是人面与狮身的表象综合，《西游记》中的孙悟空是人与猴的表象综合。超现实想象常常运用在浪漫主义的创作中，这更易于表现人的主观意愿和情感。现实想象通过表象的分解与综合所形成的是一种现实中可能出现的新形象，例如《子夜》中的吴荪甫在现实中并无其人，他乃是茅盾通过对现实中各个民族资本家形象的分解综合创造出来的，但却是现实中可能有的。一些人曾有过一种误解，认为只有浪漫主义的文艺创作是充满了想象的，而现实主义的创作则似乎与想象关系不大。这其实是把想象与虚构臆想等同起来，又把想象与对现实的真实反映对立起来。实际上，构成想象这一概念内涵的并不在于它是否超脱现实。从心理学上看，主要是看它对现实表象是否进行了加工制作而创造出新的表象。想象乃是一切文艺创作都必须自觉运用的，只不过在不同的创作方法中，想象的方式和心理内容有所不同罢了。

（本文系作者对其撰写的相关词条编辑而成。词条刊于金开诚主编《文艺心理学术语详解词典》，北京大学出版社1992年10月出版）

艺术活动中的情感问题

（一）情感与认识

情感与认识的关系是文艺心理学中的一个重要问题。因为文艺创作与欣赏中的任何情感活动都是在一定的认识活动（感知活动、表象活动、思维活动）中产生的，又是通过一定的认识活动而表现的。情感与认识的关系可以概括为：一定的情感活动依赖和产生于一定的认识活动并受它的调节，反过来又对认识活动产生积极的影响并通过它进行表现。认识与情感的这种辩证关系从生理机制上看是由大脑皮层与皮层下中枢的辩证关系所决定的。

1. 感知活动与情感。感知活动是文艺创作与欣赏中情感活动的直接源泉。我国战国时期的《礼记·乐记》一书曾对此做过精辟的论述："凡音之起，由人心生也。人心之动，物使之然也。感于物而动，故形于声。"这告诉我们艺术家的情感活动来源于客观世界，是"物使之然也"。但是客观事物只有与人发生关系才能使人产生情感活动，只有"感于物"才能"动"。因此，从心理过程来看，文艺创作与欣赏中的情感活动的最初直接来源都是对客观事物（文艺作品对欣赏者而言也是客观事物）的感知。

感知活动对情感活动的诱发作用比较单纯，但是对于文艺创作来说，有两点需要说明：一是由于感知不能直接进入创作构思而只能成为创作的契机，因此感知所诱发的情感活动也只能成为创作的动力而不能直接在创作中表现。但这并不是说感知中的情感活动对创作没有意义。恰恰相反，感知中的情感活动越丰富，感知所形成的表象的情感色彩也就越丰富，从而以自觉表象运动为主体的创作构思中的情感活动也越丰富。二是感知过程可能引起回忆、联想、想象、思维等其他心理活动，与此相应也就必然引起情感活动的变化和深入。

感知诱发情感，情感反过来又会影响感知，从而给感知成果涂上特殊的主观情感色彩。例如，鸟语花香，赏心悦目，会使一般人获得愉快的感受，然而在诗人杜甫的眼中却是“感时花溅泪，恨别鸟惊心”，成了催人泪下和惊心动愁的事物。原因在于，诗人当时正逢“安史之乱”，被困长安，目睹国破家亡之惨状，悲愤之情充溢胸中，这种强烈的情感影响了诗人的知觉，给知觉对象涂上了强烈的主观色彩。

2. 表象活动与情感。表象活动也可以诱发情感。但是与感知相比，表象对情感的作用又有自己的特点。第一，表象不像感知那样随着客观事物脱离感知范围而消失，它是可以长久地保存在大脑之中的，因此与之相联系的情感也就可能长久地发挥作用。这对于文艺创作具有重大意义，因为文艺创作是把表象作为可以积累并用于构思的材料，因此与之结合的情感当然就能够在创作中发挥作用。第二，表象既然可以长期记忆，它在记忆中就会因为受到不同的生活处境和心理状况的影响而发生活动与变化，从而有可能引发出新的情感，出现新的表象与情感的结合。

表象活动对情感活动的作用特点在想象活动中表现得最为突出，这可以概括为以下三点：

（1）想象使情感鲜明集中。感知活动由于是对客观事物直接与共时的反映，因此它所诱发的情感活动可能比较纷乱或模糊。想象则是艺术家根据一定的创作目的对记忆中的表象所进行的分解综合、加工改造，不是记忆中的表象的简单复现。因此随着表象在分解综合、加工改造中愈益鲜明集中，其所诱发的情感也就愈益鲜明集中。陆机在《文赋》中所说的“情曈昽而弥鲜，物昭晰而互进”，正是对这一状况的极好形容。

（2）想象使情感发展变化。想象是创造形象的过程，也是对形象深入认识的过程。伴随着想象认识的发展变化，情感也会相应地发展变化。托尔斯泰创作《安娜·卡列尼娜》时，开始对主人公安娜抱有一种鄙视的情感，随着创作中想象活动的进行，当人物按照自身的性格逻辑发展变化，安娜不断受到上流社会的欺骗、诋毁和迫害时，作家的认识发生了转变，情感也就相应地由鄙视转为同情。

（3）想象使情感复杂多样。感知活动中所产生的只是感知者自身的情感，而想象中不仅存在着想象者自身的情感，而且有各种角色的情感，因为创作者在想象各种人物形象时必须体验人物相应的情感活动。

表象活动可以诱发情感活动，情感活动反过来又可以对表象活动产生作用。这主要表现在以下两个方面：

（1）情感推动表象活动。艺术家开动脑筋进行表象活动的目的是为了用形象的方式表明他对社会生活的认识，情感的产生则使这种要求变得迫切，成为表象活动的推动力量。当客观事物的刺激使艺术家产生创作欲望后，负责形成意愿的皮层前额部就引发皮层下中枢产生情绪性兴奋并反作用于大脑皮层。由于以生理变化为标志的情绪性反应具有较大的力量，因此这种反作用使欲望得到强化，使皮层一些神经细胞的积极性和兴奋度大大提高，积极谋求建立暂时联系以满足创作欲望。这样，就推动表象活动（表象的深化、分化、变异、联想和想象）在广阔的范围内活跃地开展起来。

（2）情感组织表象活动。艺术形象的创造是通过表象的深化、分化、变异、联想和分解综合等活动进行的，不同的表象活动特别是不同的表象分解与综合形成了不同的艺术形象。但是，表象并不是无原因地进行这样或那样的分解与综合（或进行其他类型的表象活动）以创造出各种不同的艺术形象，而是在许多心理因素的催动和作用下这样做的，情感就是其中的一个重要因素。由于情感与表象有着密切的联系，因此一定性质的情感活动能够唤醒与之相关的表象。又由于情感活动与形成意图的皮层前额部有着密切的关系，因此它能在一定程度上起到类似于“分化剂”的作用，促使有关的表象从旧的系统中分离出来；又能在一定程度上起到类似于“凝结剂”的作用，促使其凝结成一个新的表象。这样，表象就按照一定的情感倾向被组织成一定的艺术形象。

3. 思维活动与情感。思维活动需要理智和冷静，但它也会引起情感活动，反过来又受到情感的推动和影响。同感知和表象活动相比，思维与情感的关系具有以下特点：

（1）思维引起的情感活动更为复杂和深刻。思维以其间接、概括的反映特点而使认识的复杂度和深刻度远超过感知和表象活动。因此伴随思维而出现的情感活动在深刻性和复杂性上也会超过以感知和表象为认识内容的情感活动。

（2）思维可以协助对情感活动进行控制。文艺创作不是发泄情感而是表现情感，因此情感控制相当重要。情感控制虽然是意志的功能，却要通过思维对认识的调整而实现。例如当演员的心情与角色的情感不一致时，就需要通过

“我现在的任务是演戏”之类的判断控制自己的情感。

思维可以引发和控制情感，情感反过来也会影响思维。因为在一定的情感驱动下，思维会变得更加活跃，情感的倾向也会影响思维的取向。另外，思维的理智态度固然可以克服情感的一些即时影响，但一些稳定的情感倾向和情绪状态却可能潜移默化地、持久地影响思维的方式和趋向，在文艺创作上，它常成为决定作者形成稳定的选材趋势和艺术风格的重要因素之一。在实际的创作活动中，感知、表象、思维等活动常常是作为一个整体的认识活动而与情感活动发生关系的，在想象活动中有思维的参与，在思维活动中又有想象的参与。但就整个创作的心理过程来说，却是以表象活动为主体的。同时，这种以表象活动为主体的认识活动与情感活动的相互影响和作用又是一种动态的关系，一定的认识引发了一定的情感，这种情感反过来又影响认识的变化，变化了的认识又会引发新的情感。这样，情感与认识便在相互作用中不断发展。

（二）情感移入

情感移入是指根据某种需要而将某种外在于自身的情感体验转移到自身，或者说使自身处于某种情感状态之中。情感移入对于文艺创作具有重要的意义。高尔基指出，科学工作者研究公羊时，用不着想象自己也是一头公羊，但是文学家则不然，他虽慷慨，却必须想象自己是个吝啬鬼，他虽毫无私心，却必须觉得自己是个贪婪的守财奴，他虽意志薄弱，但却必须令人信服地描写出一个意志坚强的人。这就是说，文艺创作者必须根据创作需要体验各种人的各种情感，以使他们所创作的作品能真实感人。因此文艺创作者必须善于将各种情感转移到自身。

将某种外在于自身的情感体验转移到自身并不是很容易的。由于情感体验是与机体的某些内部生理变化（心跳的加快或减慢、血管的扩张与收缩、肾上腺等内分泌腺的活动等）相联系的，而这些生理变化又是受自主神经系统（交感神经系统与副交感神经系统）根据机体内外的情况自然调节控制的，因此人很难通过大脑的直接命令使内部生理活动发生预期的变化，进而体验到某种情感，就像人无法直接控制自己的心跳加快或减缓一样。那么人是否能将某种情感移入自身呢？回答是肯定的，只是不能采取直接命令的方式，而须采取间接诱发的方式。一定的情感活动是由一定的认识引发的，是受一定的需要与满足需要的主客体关系制约的。个体只有对外界事物是否符合自身的需要产生出某种认识和评价（自觉或不自觉的），才能自然地通过自主神经系统引起内部的生理变化，从而体验到相应的情感。因此，移入某种情感体验，首先要移入与这种情感体验相联系的包含特定需要与满足需要的主客体关系的认识内容。例如要将老葛朗台贪婪守财的情感体验引入自身，就要将他对金钱的价值观、他聚敛财富的需要以及从此出发与周围事物发生关系时的态度等认识内容引入自身，这样就可能产生相应的情感体验。当然这并不是说要创作者真的成为葛朗台，而是要求创作者通过想象使自己处于他的地位，按照他的需要和价值观念去处理各种关系。

在文艺创作中，创作者情感经验的丰富与否对情感移入具有重要意义。情感移入固然有赖于创作者移入与情感相关的认识内容并设身处地地体验之，但却是以创作者自身的情感经验为基础的。它需要创作者调动和组织与移入情感相关的自身的情感经验，以深入体验所移入的情感。这个过程主要是通过联想进行的。电影演员赵丹曾谈到，他演电影《烈火中永生》中许云峰在狱中的戏时，不仅移入了角色思想倾向、价值观念和周围环境等体现特定主客体关系的认识内容，而且调动了自己早年在新疆盛世才监狱中的情感经验去体验之，这样就使他的情感移入更为迅速、真切和深刻。赵丹与许云峰狱中情感的具体认识内容并不一样，但二者却有一定相似之处，因此可以通过相似联想促进情感移入。由此可见，一个创作者的情感经验越丰富，越有助于他的情感移入。

情感移入不仅要求创作者有丰富的情感经验，而且要求他具有活跃的情感品质。这表现在他的情感因子高度敏感，情感经验极易激活，能够根据创作的需要，迅速地唤起相关的情感经验，进入要求的情感状态。文艺创作（特别是表演艺术和文学的创作），常常要求创作者迅速从自身的情感状态转到角色的情感状态，从某种情感状态转到另一种情感状态，没有活跃的情感品质，便很难自如地完成这些转变。

情感移入对于文艺欣赏也具有意义。要取得好的欣赏效果，就需要对人物和作者的情感进行体验。这种体验在很多情况下是自发进行的，即随着情节的展开自然而然地进行。但是对于一些高标准的欣赏来说，例如文艺研究者和评论者的欣赏，自发的情感体验往往是不够的。这就需要自觉的情感移入，以有目的地、深刻细致地体验人物和作者的情感。

（三）情感宣泄

情感宣泄是指内部聚集的情感通过某种外在形式表露出来，从而使个体的生理和心理状况恢复到某种平衡状态。当人处于某种情感状态时，无论是悲是喜、是爱是恨，机体内部都会产生某种生理变化，例如心跳加快、血压升高、内分泌增强等，使生理活动失去原有的平衡状态。这种状况反映到心理上，就形成了心理上的不平衡。不平衡使生理和心理上形成某种张力，要求通过一定的形式宣泄出来，以求得平衡。如果能够宣泄出来，人就会感到轻松；如果长久地压抑而不使其得到某种疏导，则可能会影响生理和心理的健康。因此，情感宣泄实际是身体自卫机制的一部分，是人在生理和心理两种水平上进行自我调节的一种手段。

在生活中，内在的情感活动可以通过种种形式宣泄出来。兴奋时手舞足蹈，愤怒时横眉立目，悲哀时失声痛哭，高兴时开怀大笑，这些都是通过身体媒介直接、自然地将某种情感宣之于外。情感还可以通过某些间接的形式宣泄出来。例如，向某人献上一束鲜花以表达自己的尊敬或爱慕之情，为逝去的人扎上一个花圈以寄托自己的哀思，中秋赏月以抒发对异地亲人的思念之情，等等。凡此种种，都属于以身体之外的某种事物为媒介曲折地抒发某种情感，因而是间接的形式。

艺术活动也是一种情感宣泄的间接形式。情感宣泄虽然不是艺术活动的本质和目的，但是艺术活动确实具有一定的情感宣泄的功能。从创作方面来说，当作者内心集聚了某种情感的时候，将其化为一首诗、一幅画、一段乐曲或其他艺术创作表现出来，确实能在情感上获得某种平衡。而且，许多优秀的文艺作品，往往正是以这种集聚的情感为动力创作出来的。司马迁在《史记·太史公自序》中说：“昔西伯拘羑里，演《周易》；孔子厄陈蔡，作《春秋》；屈原放逐，乃赋《离骚》；左丘失明，厥有《国语》；孙子膑脚，而论《兵法》；不韦迁蜀，世传《吕览》；韩非囚秦，《说难》《孤愤》；《诗》三百篇，大抵圣贤发愤之所为作也。此人皆意有所郁结，不得通其道也。”这里说的这些著作都是在内心集聚的强烈情感的推动下创作出来的，虽然著者这样做的目的可能并不是或不仅仅是为了宣泄情感，但这样做却毫无疑问地会使他们的情感获得某种宣泄。

艺术欣赏也具有情感宣泄的功能。这可以分为两种类型：一种是欣赏者将作品当作宣泄内心情感的方式与手段。当某人内心集聚了某种情感的时候，由于种种主客观的原因，他可能不通过哭喊之类的直接方式发泄，而通过对某些艺术作品的欣赏使其得到疏导。例如一个人因事业成功或爱情顺利内心充满幸福欢愉之情，他可能通过吟唱一支欢快的乐曲来抒发内心的情感；一个人内心充满了思乡之情，也可以通过吟诵李白的《静夜思》、王安石的《泊船瓜州》等诗寄托自己的情思；一个人因爱情失败而陷入深深的痛苦之中，他可能对《红楼梦》中宝黛的爱情悲剧产生强烈的共鸣；等等。艺术欣赏中情感宣泄的另一种类型，是欣赏者在作品的诱发下不断集聚起某种情感，又随着情节的展开而使这种情感得到宣泄。例如看歌剧《白毛女》，欣赏者会逐渐集聚起一种同情喜儿、仇恨黄世仁的强烈感情，而随着喜儿被解放、黄世仁被处决，欣赏者内心的感情也就得到了宣泄。在这个过程中，欣赏者经历了由聚集到宣泄的情感历程，内心会产生一种轻松舒畅的感觉，并由于获得了某种情感体验和艺术感染而感到满足。如果没有这种情感的聚集与宣泄，作品只是引导欣赏者平静地经历了整个欣赏过程，那么欣赏者的精神世界就不会受到较大的震动，从而也就很难收到较强的艺术感染效果。

（四）情感表现

情感表现是指将内部情感通过某种形式呈现于外部，以影响和作用于他人。情感表现与情感宣泄既有联系又有区别。从其联系的方面看，二者都是将内在情感表露于外，因此不同程度地都会使内部集聚的情感得到疏导，使紧张得到缓解。从其区别来看，则二者强调的角度不同，使情感宣之于外的动机也不同。情感宣泄所着眼的是对个体本身的生理和心理意义，情感宣之于外的动机主要是为了使个体在生理和心理上取得一种平衡（而且这种动机在很多情况下是无意识的、不自觉的）。因此它可以考虑也可以不考虑情感外现的方式和效果，只要为内在集聚的情感找到一条渠道使之疏泄出来即可。例如极度悲痛时的大声号哭，极度愤怒时的打碎家具，个体在激情的推动下已无法理智地考虑或不愿考虑这些行为的后果，在当时的场合下是否合适，而一任情感不受控制地宣泄出来。情感表现所着眼的则是对他人的影响和意义，情感宣之于外的动机主要是为了影响他人，而不是只求自身的痛快。换句话说，作为一种情感行为，情感宣泄是目的性的，而情感表现则是一种手段。因此它不能像情感宣泄那样不加克制地一发为快，而是要考虑以何种方式将情感外现出来，怎样才能影响对方以取得好的效果。例如，某人对某事愤愤不平，希望得到别人的理解、同情或支持，他就不能采用毁坏家具、高声怒吼等方式来表达他的愤怒，因为这样做固然可以使他的愤怒情感得到宣泄，但却并不能得到他人的理解和同情。而如果他将引发愤怒的前因后果以及他对此的看法和态度绘声绘色地讲给人听，那么就可能引起别人的理解和同情。在这个过程中，他的情感也会得到一定程度的宣泄。

情感表现对艺术活动具有重要的意义。艺术活动虽然具有情感宣泄的功能，但它的目的却不是为了宣泄情感，而是为了表现情感。艺术活动是一种社会交往活动，是人们表现和交流思想感情的手段。真正为了藏之深山或自我欣赏的艺术创作是极少的，绝大多数的创作者都是为了交流而创作的，都希望在思想感情上打动欣赏者，得到欣赏者的理解和共鸣。因此，虽然“感情是诗情天性的最主要的动力之一”（别林斯基语），虽然只有“情动于中”才能“形于言”，但是创作者却不能一任情感无控制地喷发和宣泄，而要考虑怎样将情感表现出来才能真正感动人，才能收到好的效果。美国符号学美学家苏珊·朗格说，一个孩子号啕大哭时的表现，比一个艺术家歌唱时的情感表现不知强烈多少倍，但又有谁愿意花钱到剧院去欣赏一个孩子的号啕呢？之所以如此，除了审美的因素外，主要因为孩子的号啕大哭只是一种自发的情感宣泄，而艺术家的演唱却是一种自觉的情感表现，他要考虑如何在情感上打动和影响听众，而不是像孩子大哭那样只受自发的情感冲动的支配。无论是情感宣泄还是情感表现，只要是内在情感宣之于外，就会有一定的表现方式。这些情感表现方式因内在情感的不同而不同，并为一定的社会群体所通用，表情者依此而表情，识情者据此而识情。许多情感表现方式在各民族中是通用的，例如痛苦时要流泪，高兴时要发笑，忧愁时要皱眉，等等；这些表现方式是人人生而有之、不学即会的。而有些情感表现方式，则是后天习得的，例如在舞蹈中以不同的形体动作表现不同的感情，不同的民族又各有一些不同的表情方式，这都是经过一定的学习才获得的。

达尔文从进化论的观点出发，对各地人类的情感表现方式作了比较研究，最后声称：人类现有的表现情感的方式，乃是由进化而来。开始时，情感表现方式完全服从于一种生物学的目的，到后来，由于这种生物性功能越来越频繁地在一种更为复杂的社会生活圈子中使用，便逐渐成为遗传的了。他举“蔑视”这种情感的外在表现做了说明。他指出，这种情感的通常表现是把鼻子皱起来，上嘴唇呈卷起状态。但有趣的是，这样一种脸部变化在一些生物性反应中也不乏其例，例如当动物或人嗅到一种难闻的气味时，脸部也会发生这种变化。

情感表现方式是受社会文化因素的影响的。保尔·艾克曼提出，任何一种情感表现都是遗传与学习这两种不同活动相互作用的结果。存在一种由先天规则指导的“脸部感情表现程序”，但是这些先天的规则不可避免地要受到特定文化中学习行为的修正或改动。学习行为可以使内在情感按照先天规则表现出来，也可以通过不同的方式将这些自发、直接的表现加以削弱、加强或改变。

情感表现方式不仅由一种发泄本能转变为一种表现手段，而且不断地分化和丰富，变得更加微妙和精巧。例如“笑”这种表情方式，对幼儿来说，不论什么样的刺激，只要感到愉快，就会做出“笑”的反应；而在成人作为手段的笑中，就有了“开怀大笑”“冷冷地笑”“皮笑肉不笑”等等区别。艺术中的情感表现从作为手段这一点来看与生活中的情感表现是一样的，但是从审美活动的角度看又与生活中的情感表现有区别。它是在生活中的情感表现方式的基础上通过种种艺术形式的加工改造使其变得更加美好，从而不仅达到情感表现与交流的目的，而且还给人一种美的享受。

（五）情感的艺术表现

所谓情感的艺术表现是指艺术活动中的情感表现，是经过艺术化处理的情感表现。托尔斯泰说：“人们用语言互相传达自己的思想，而人们用艺术互相传达自己的感情。”“艺术活动是以下面这一事实为基础的：一个用听觉或视觉接受他人所表达的感情的人，能够体验到那个表达自己的感情的人所体验过的同样的感情。”由此可见，艺术中的情感表现是人与人之间进行交流的一种手段，是为了交流的表现，而不是自我宣泄和自我表现。

艺术中的情感表现是从生活中的情感表现发展来的。在远古时代漫长的社会生活中，人类自然形成了种种情感表现的方式，这些情感的自然表现方式往往是粗糙的、模糊的，具有较强的实用性和自我表现性。后来逐步产生了艺术，但是艺术与生活的界限并不是很分明，情感的自然表现与艺术表现及其实用性与审美性也往往交融为一体。例如最初的舞蹈，大都是直接抒发情感的自然动作，或是声嘶力竭地狂喊，或是疯狂地旋转和跳跃，或是激烈地摇摆，其价值取向主要并不是为了欣赏，而是生活情感的抒发宣泄。后来艺术渐渐从生活中独立出来，这样一些自然的情感表现动作，经过专业艺术人员的选择、加工和整理，便逐渐演化成艺术的表现。即使在现实生活中，艺术也要不断从现实生活中汲取情感表现方式的素材而进行艺术的加工整理。但是情感的艺术表现与情感的自然表现毕竟有本质的区别，它不是一般的情感表现，而是艺术创造和审美活动的有机组成，它是通过创造具有审美价值的艺术形象来表现情感的。这具体表现在以下两个方面：

第一，它通过创造艺术形象来表现具有审美价值的情感。情感的艺术表现不像情感的自然表现那样可以随便表现生活中的任何情感，而是要表现那些具有审美价值和社会意义的、能给人以启迪和教益的情感。因此艺术家不能像一般人那样什么样的情感都加以自然表现，一吐为快，他要对自己体验到的种种情感进行整理认识，挖掘和发展其所蕴含的审美价值。滕守尧《审美心理描述》认为："情感的发泄，大都是在失去理智或失去控制的情况下进行的，一个人在极为愤怒的情况下，可以把家具打坏，甚至把仇人杀死，这固然是一种情感的表现，但绝不是艺术的情感表现。情感的自然表现，则是一种生活的手段，大都是预先想到要用某种情感达到某种效果（如引起别人什么样的反应），而艺术的表现却带有创造、发现、整理、组织或探索人类感情之奥妙的性质。因此，它的主要着眼点不是放在情感的发泄上，而是对自我内在情感的形态或本质进行发现、认识……"艺术所要表现的既然不是生活中的自然情感，那么它的表现方式也就不能是自然的。艺术家在认识、整理、加工自己所体验到的某种情感的同时，也要为这种情感创造一个使其得以完美准确表现的感知对象，即艺术形象，从而使欣赏者在感知这一形象的过程中体验到相应的情感。换句话说，情感的自然表现，大都没有一个酝酿、构思、创造的过程，即使是作为手段的表现，也往往是运用现成的方式表现自然形态的情感；而情感的艺术表现，则无论是情感内容还是表现方式都需要加工、创造。就心理过程而言，这种加工创造过程，是遵着认识诱发情感、情感反作用于认识的规律进行的。具体说来，就是表现者通过感知、表象活动、思维等认识活动诱发某种情感并对其进行体验和整理，继而又依据情感的内容及表现的要求对头脑中的认识材料（主要是表象）进行组织和加工，从而形成具有一定情感表现性的艺术形象。例如鲁迅从许多人身上看到了“精神胜利法”的表现，因而产生了“哀其不幸，怒其不争”的情感。为了表现这种情感，他通过对头脑中保存的众多的人物表象的分解与综合，创造了阿Q这一形象。而他之所以要做这样的分解与综合，则是由“哀其不幸，怒其不争”的情感内容和表现要求所决定的。在小说中，他并不是像情感的自然表现那样把“哀其不幸，怒其不争”的情感直接说出来，或将这种情感所由产生的一些现成的生活材料复述出来，而是创造了一个具有典型意义的艺术形象，使广大读者通过对这一艺术形象的感受而体验到相应的情感，这正是情感的艺术表现的特点。

第二，它通过艺术化的处理来表现情感，从而使这种表现具有审美价值和感人力量。情感的艺术表现不仅要把某种情感表现出来，而且要使这种表现具有审美性，能给人以美感和较强的情绪感染。为此，就要对这种表现进行艺术化的处理。情感表现的艺术化处理主要包括两方面内容。其一，将情感表现纳入某种艺术形式系统，即按照特定的艺术形式来表现情感。情感的自然表现没有什么特定的形式要求，表现者的喜怒哀乐可以随意诉诸面部表情、动作、语言等等；情感的艺术表现则必须通过特定的艺术形式来表现。音乐只能通过由乐音、节奏、旋律等因素按照音乐法则所构成的听觉艺术形式来表现情感，绘画只能通过由线条、色彩等因素按照绘画法则所构成的视觉艺术形式来表现情感，其他艺术如舞蹈、雕塑、书法等也都各有其专门的艺术表现形式。即使像戏曲这样的集音乐、舞蹈、美术、文学于一身的综合艺术，其情感表现也不是照搬生活，而是有其特定的形式。例如京剧中青衣的哭泣和小生的笑，就不是像生活中那样哭法笑法；欣赏者对此不但不怪，而且还要求这样的表现。这是因为欣赏者不仅将此看作情感表现的手段，从而了解并体验到表现者的情感，而且将其看作一个审美对象，从对戏剧化动作和声音的感受中获得一种美感。其二，对情感表现进行艺术加工，使其更为准确、深刻、感人，获得更好的表现效果。情感的自然表现虽然有时也注意表现效果，但毕竟是自然形态的表现，因此并不要求对表现手段进行刻意加工。情感的艺术表现却与此大为不同，艺术家往往要运用夸张、对比、渲染、衬托、变形、象征、超现实、典型化等手法对情感表现进行加工，使其收到更为深刻感人的艺术效果。例如日本电视连续剧《命运》中岛崎荣次一角，开始令人感到憎厌，随着剧情的展开却逐渐使人感到同情。电视剧的创作者们对这个角色当然早有同情之感，但他们在表现这种情感时却不愿一上来就向观众“交底”，而是有意要在全剧的情感交流过程中造成一种变化与转折，以便通过心理反差来加深观众对这一人物的情感倾向，取得更好的表现效果。

（六）情感控制

情感控制是指人自觉地克服情感的盲目冲动，使情感活动符合行为目的的要求。我们知道，情感具有调节功能，它可以影响人的心理和行为，并作为一种动力，在一定程度上决定着人的心理和行为的方向与强度。由于情感活动是与有机体内部的生理变化相联系的，因而具有较大的力量。特别是在激情状态下，人们常会感到自己的心理和行为被一种强烈的冲动所驱使而难以自制。情感的这种动力活动如果与行为目的的要求相一致，便可发挥积极的作用，例如在战场上对敌人刻骨仇恨的情感冲动可以激励战士们奋勇杀敌。反之，情感的这种动力活动如果不符合行为目的的要求，则可能对人的心理和行为产生消极的影响，使人做出一些不应该做的事来，例如盛怒之下摔毁器具乃至拳脚相加等。因此人需要按照行为目的的要求对情感活动进行控制。

情感控制对于文艺创作具有重要意义。毫无疑问，文艺创作需要情感驱动和情感表现，但文艺创作中的情感表现是有行为目的的，它是一种交流性的表现，是为了感染他人，而不是自我发泄。因此文艺创作中的情感驱动不能是一种盲目的情感冲动，而必须符合完成创作和表现效果的要求。在创作过程中，创作者一方面要满怀情感地进行创作，另一方面又要按照行为目的的要求对情感活动进行一定的控制，否则就可能导致创作的失败。

文艺创作中的情感控制可以表现为情感类别控制和情感强度控制两个方面。情感类别的控制是指抑制、平息某种不适合创作要求的情感活动而使自己处于一种与创作要求相适应的情感状态之中。例如演员在演出中，要体验和表现角色的情感，如果此时演员内心的情感与角色不一致，他就要控制自己的情感而使自己进入角色，形成演出所要求的情感。又如在小说创作中，如果创作者在某个晚上正处于兴高采烈的情绪之中，而他的作品的某个悲惨阴暗的情节又有待在当晚写出，他也不能不对自己的情感有所控制和调节。情感强度的控制是指抑制住情感的过分冲动，使情感活动的强度保持在可以驾驭的范围之内。在创作活动中，即使情感类别适应创作要求，而情感活动的强度过强甚至失去控制，也会对创作产生不良影响。导演郑君里在《角色的诞生》一书中说："据先辈告诉我们，像这样下意识地创造一个角色全部心灵生活的天才，从来没有见过，而为自己原生情绪的不测性所戏弄的经验，倒是每个演员都有的。一个演员的情绪失去了控制，它汹汹地激荡着他时，反常常被误认为灵感的降临。它像一条断了缰的马，横冲直撞，弄得它的主人甚至没有办法指挥他的手，或转动他的眸子……"处于这种失控的情绪状态之中，显然无法创造出理想的人物形象。因此在创作中必须对情感的冲动进行控制。

对情感活动进行控制的心理因素主要是意志。意志是人自觉地调节心理和行为去克服困难以实现预定目的的心理过程。在创作活动中，意志根据创作的目的和意图，审视并调节内部的心理活动和外部的行为动作；对于情感活动来说，则是要控制其盲目的冲动，使之与整体的创作意图和构思要求相适应。然而意志并不是孤立、直接地对情感活动进行控制和调节，它需要感知、表象、思维等认识活动的配合。例如当演员要克服自己的不良情绪而使自己进入角色的情感状态时，可能会用"我是演员，我现在的任务是演戏"这样的判断（思维活动）提醒自己，也可能在头脑中想象人物形象（表象活动）而使自己从原来的情绪状态转移到剧本要求的情感状态之中。当然，这些认识活动也是在意志的调节下进行的。

（七）情感交流

情感交流是指社会交往中人们情感信息的相互传递和接收，是人们在情感上的相互作用和影响。情感交流离不开情感表现，一个人只有将内在的情感表现出来，才能使别人了解和认识，进而才能影响和感染别人。

情感既是通过表现而实现交流，那么不同的表现方式也就会产生不同的交流效果。人的情感行为大体由两方面因素构成：一是某种情感所由产生的原因和内容，二是这种原因所导致的表情结果和形式。例如“悲痛”这种情感，在失去亲人、家庭破裂、事业失败等情况下都可能产生，这些情况就是“悲痛”这种情感产生的原因和内容。当这种情感产生后，当事者可能失声痛哭，可能顿足捶胸，也可能呼叫“我好悲痛”，这些情感表现都是前述原因产生的表情结果和形式。情感行为构成的两因素可以演化为情感表现的两种方式，这两种方式都可以达到情感交流的目的。一种方式是将诱使某种情感产生的原因、内容展示出来，这可以是某个事件，某种景物，某种环境，乃至某种音响或图案等等，这些事物中都可能蕴含着诱发某种情感的主客体关系。当交流对象了解并接受了这种情感关系后，便可能设身处地地产生相类似的情感体验，从而实现情感的交流。这种方式可以称之为情感内容的表现。另一种方式是将某种情感的表情结果和形式展示出来，例如放声大哭、开怀大笑、横眉立目等等，或者用语言将内在的情感概括地表述出来，例如说“我很难过”“我高兴极了”等等。无论是放声大哭之类的情感的生理表现，还是“我很难过”之类的情感的语言概括，所揭示的都是某种情感行为的结果或外现形式，都可以使交流对象了解到某种情感的类别和强度，并受到一定的感染，从而实现某种情感的交流。这种方式可以称之为情感形式的表现。那么，这两种情感表现方式哪一种的交流效果更好、更深刻呢？显然是前者而不是后者。因为后者只是使人了解到表情者处于什么样的情感状态之中，使人对某种情感的类别和强度有所认知，并不了解这种情感产生的原因和内容，因而很难设身处地地产生相应的情感体验。前者则由于使人了解了表情者处于某种情感状态的原因和内容，因而既能产生相应的情感体验，又能在这种体验中认知这种情感的类别和强度。例如某人放声大哭，别人只能了解他很悲痛；某人高喊“我好痛苦”，别人也只能了解到他很痛苦。因为表情者向他人传达的只是他自身的情感类别和强度的信息，别人很难产生相应的具体体验。而如果他将这种悲痛情感产生的原因展示出来，那么别人就可能设身处地而产生相类似的情感体验，甚至洒下同情的眼泪。

艺术中的情感交流从根本上说也是通过展示情感内容和情感形式这两种方式实现的，例如，看过《窦娥冤》之后，人们会自然产生一种同情窦娥、憎恨赃官的情感体验，这种情感的产生正是作者所预期的。作者内心的这种情感转移给了欣赏者，从而实现了创作与欣赏的情感交流。而欣赏者之所以产生这样的情感，乃是由于作者把这种情感所由产生的原因和内容（窦娥的清白无辜，赃官的草菅人命等等）展示给了欣赏者，使欣赏者通过对这些内容的认识而产生相应的情感体验，实现情感的交流。又如“床前明月光，疑是地上霜。举头望明月，低头思故乡”这首诗所传达的是一种游子思乡的情感，人们在读这首诗后也会产生相应的情感体验。这种情感之所以能够通过这首小诗得到交流，乃是由于作者将这种情感所由产生的环境及其与人之间的情感关系形象地展示了出来，从而使欣赏者可以通过对这种环境和关系的认知而被诱发相应的情感。

以上两个例子都属于通过情感内容的表现而实现的情感交流，至于通过情感形式的表现而实现的情感交流，在艺术活动中也很普遍。例如在各种声乐中，气声和哭腔之类的运用，便是对情感在发声方面的生理反应的艺术表现。在以人物为主体的绘画和雕塑中，在电影、戏剧和舞蹈中，艺术地再现“面部表情”和“身段表情”，更是形象创造和情感表现的重要手段。舞蹈艺术则更重在“身段表情”（当然也有“面部表情”的配合），事实上有些优美而抒情的舞蹈动作是对生理反应所引起的人体动作姿态进行了艺术加工的结果。在小说、诗歌等语言艺术中，则往往运用艺术的语言对情感的生理反应进行从里到外、细致入微的描述，以利于人物形象的创造和情感活动的表现。至于在单体的人像雕塑中，则艺术地再现情感的生理性反应（涉及全身各部位），简直可以说是表现和交流情感的唯一直接手段。这种种情感表现方式，都可以使欣赏者了解到作者所要表现的情感类别和强度，从而达到一定的情感交流。

通过情感形式的表现而实现的情感交流在艺术活动中虽然较为普遍，但只是一种辅助手段，因为它只能表明情感的类别和强度，无法表现情感的具体内容和原因而实现深刻的交流。因而在情感表现中它常常要与情感内容的表现结合在一起。例如戏曲、歌剧中的哭腔，常与剧情的展示结合在一起；歌曲中的气声，也有赖于歌词所提供的具体情感内容。在舞蹈中，也往往通过一些情节揭示某一表情动作的情感内涵。在电影、小说中，具体表情动作的描绘更是与情节所展示的情感内容紧密结合在一起。如果单纯地追求哭哭笑笑等情感的外部生理表现，而不注意挖掘和表现产生这种情感的深刻原因和内涵，那么欣赏者就只能是知其然而不知其所以然，很难受到深刻的感染。那么如何解释许多优秀的雕塑和绘画的艺术效果呢？例如《蒙娜丽莎》和《思想者》，都只是通过刻画人物的情感生理表现（即情感形式的表现）而具有感人的力量。这个问题主要应从创作与欣赏的辩证关系来理解。就创作者一方来说，刻画人物的情感生理表现不是为刻画而刻画，而是着眼于启发和调动欣赏者的积极性，使之通过玩味、思索、联想、想象以至于考证，把眼前的形象与更为丰富的认识内容联系起来，从而更为有力地引发情感活动。从欣赏者一方来说，则要求对作品不能止于表面、直观的认识和理解，而要充分发挥主观能动作用。一是要力求对作品产生的时代背景、作者的生平思想、作品的具体内容有较多的了解，以扩充作品的认识内容，进而诱发情感活动；二是要充分展开联想与想象活动，通过“自己给自己”提供更多的认识内容而产生丰富的情感活动。

无论是情感内容还是情感形式的表现，都是创作者向欣赏者提供的富有特定情感色彩的认识对象。创作者通过对这一对象的创造表现某种情感，欣赏者则通过这一对象而感受到相应的情感，从而实现情感的交流。但是这种交流需要一个条件，这就是创作与欣赏要对这一对象取得某种程度的共识。换句话说，一部作品的情感倾向只有为欣赏者所接受，才能引起他的共鸣。然而人们对事物的认识都受到各种社会因素和心理因素的制约，由于人与人之间在民族传统、阶级利益、生活遭遇、思想观点、个性特征以及特定的心理状态方面会有种种区别，因而情感交流中可能产生种种复杂情况。一种情况是欣赏者对作品的情感倾向与创作者截然相反，可称之为情感交流中的逆反现象。更多的情况是，欣赏者与创作者虽然基本的情感倾向一致，但具体的情感活动却有深浅强弱、纯杂偏正之分，可称之为情感交流中的变异现象。严格来说，由于个体之间的各种差异，任何情感都不可能丝毫不差地从某一个体转移到另一个体，因此情感交流中的变异现象在艺术交流实际中往往是存在的。

（本文系作者对其撰写的相关词条编辑而成。词条刊于金开诚主编《文艺心理学术语详解词典》，北京大学出版社1992年10月出版）

情感机能对文艺创作的意义

（一）情感的信号机能

情感的信号机能是心理学的重要范畴。这一范畴表明，情感是客观事物对人具有某种意义的信号。客观事物反映到人的头脑中，会由于是否符合人的需要而使人产生肯定或否定的情感生理反应，这种反应作为信息返传至大脑，人就体验到某种情感。这种情感体验实际上成为该事物是否符合人的需要的信号，它强化了人对该事物的反映，并与该事物在大脑皮层上建立起神经联系，从而给该事物涂上了一种特定的情感色彩。

情感的信号机能对文艺创作具有重要的意义。文艺创作所反映的虽是客观的社会生活，却是通过主观的情感将生活素材熔铸为作品的。在这个过程中，情感的信号机能发挥着桥梁和中介的作用。

首先，它是主客体之间建立联系的一种桥梁和中介。文艺创作者对客观事物认识并不是纯客观的，而是要受主观的需要、兴趣、意愿、价值观念等因素的制约，这种制约正是通过情感的信号机能实现的。客观世界众多的事物刺激着人的各种感官，人的意识域不可能对这些刺激物都发生条件反射。当某些刺激物由于对人有着某种意义（适应或违反人的某种需要），就会引起人的某种情绪反应。这种情绪反应所产生的内部生理变化会在大脑皮层上形成兴奋，从而强化了该事物的刺激，使人把知觉的方向指向了该事物。显然，主客体之间之所以能建立起这种知觉关系，乃是由于情感信号的作用。例如一位喜欢画菊的画家随意在百花园中游览时，会突然驻足于一株色态特异的菊花面前仔细观察。而这位画家之所以于无意中把知觉突然指向菊花，乃是由于这株菊花特异的色态对他的绘画需要具有意义，并自然引起了他的喜悦之情，这种情感在大脑皮层上的兴奋促使他对这株菊花产生了兴趣。情感的这种信号机能也发生在表象活动和思维活动中。在构思中，创作者往往会感到某一隐约闪现的表象或思绪适应创作的需要而产生一种喜悦之情，这种喜悦之情作为信号放大或强化了该表象或思绪的意义，从而使创作者将该表象或思绪从众多杂乱的表象与思绪中分离出来深入玩味。

其次，它是各种相关信息在大脑皮层上建立联系的一种桥梁和中介。从心理学上看，艺术构思实际上是创作者根据一定的创作意图使头脑中储存的各种相关信息建立起新的联系的过程。这种联系可以表现为各种性质、各种类型的关系，例如由红花想到绿叶是一种接近关系，由弯月想到小船是一种相似关系，由下雨想到地湿是一种因果关系，等等。这些都属于客观事物本身的关系。还有一类属于客观事物对主体的意义的关系，例如可能由慈祥的房东老大妈想到自己的母亲，因为她们对个体在情感上具有相似的意义；又如由“横眉冷对千夫指”会想到“俯首甘为孺子牛”，因为他们对个体在情感上具有对立的意义。而这些事物信息之所以可以在个体的头脑中建立起意义的联系，乃是情感的信号机能所致。情感的信号机能可以为事物涂上一层情感色彩并与该事物一起作为记忆表象保存下来。过后，该事物表象的浮现可以引发与其相应的情感活动，该情感记忆的复苏也可引起该事物表象的活动。这样，当某一事物表象浮现并同时引发了相应的情感记忆后，这种情感就可能引发另一种相类似或相对立（乃至其他各种关系）的情感的表象。由此，两种事物表象就以情感信号为中介建立起联系。

（二）情感的调节机能

彼得罗夫斯基主编的《普通心理学》认为：“情感及其多种多样的体验形式不仅执行着信号机能，而且也执行着调节机能。它们在一定程度上决定着人的行为，成为人的活动和各种动作（以及动作完成的方法）的持久的或短时的动机，从而产生追求所提出的和所想到的目的的意向和欲望。”情感的这种动力调节机能在人的各种活动中普遍存在，而在文艺创作中则表现更为突出。汉《毛诗序》说：“情动于中而形于言，言之不足故嗟叹之，嗟叹之不足故咏歌之，咏歌之不足，不知手之舞之，足之蹈之也。”别林斯基则认为：“感情是诗情天性的最主要的动力之一；没有感情，就没有诗人，也没有诗歌。”由此可见，古今中外的文艺理论家对于情感的动力调节作用都是深有认识的。

从文艺创作的实践来看，可以说任何一部优秀的文艺作品都是在情感的推动调节下创作出来的。但这种调节却不能脱离理性的调节孤立进行。人的任何正常活动都离不开理性的调节，情感是与理性相互配合对人的行为进行调节的，文艺创作活动也不例外。从生理机制上看，理性对人的活动的调节主要是由大脑皮层前额部负责的，它是负责制定行为程序、调节和控制心理活动的机构；而情感活动则是由网状结构、丘脑、下丘脑等皮层下中枢直接发动的，它可以对大脑皮层的活动产生影响。但是“脑的前额——特别是它的内侧部和基底部——具有强大的、与网状结构相联系的上行联系束和下行联系束”，“它既能给予下部的神经组织以激活性作用，也能给予它们以抑制性作用”。[①]这就使皮下中枢所发动的情感活动对大脑皮层活动的调节与人的复杂的自觉意识活动相适应。由此可见，皮层前额部的理性活动既能诱发又能控制皮下中枢的情感活动。但皮下中枢的情感活动也具有相对的独立性，有可能在一定程度上突破皮层前额部的控制而对整个大脑皮层以至人的外部活动产生冲动性影响。因此，实际情况是皮层前额部的理性活动与皮下中枢的情感活动相互配合对人的活动进行调节，只是由于活动的性质和对象不同，二者的结合方式也就不同，从而对活动的调节也就呈现为不同形态。一般来讲，在皮层前额部有效地控制着皮下中枢而使情感活动保持在一定程度内的情况下，人的活动主要受理性调节，情感调节居辅助地位，如科学研究活动就是如此。在皮下中枢过度兴奋（如在激情或应激情况下）而在较大程度上突破皮层前额部控制的情况下，人的行为就为情绪冲动所控制，做出一些失去理智的行动，显然在这种情况下包括文艺创作在内的任何创造活动都无法正常进行。还有一种情况是，皮下中枢兴奋虽然大为加强，但皮层前额部并没有失去对它的控制，此时活动就在皮层前额部与皮下中枢的相互作用下接受理性与情感两方面的调节，呈现为理寓于内、情动于外的形态，文艺创作活动中的多数调节就是如此。因此，情感的调节机能在文艺创作中既大为加强又在不失去理性控制的情况下与理性调节相互配合发挥作用。

（本文系作者对其撰写的相关词条编辑而成。词条刊于金开诚主编《文艺心理学术语详解词典》，北京大学出版社1992年10月出版）

① 鲁利亚：《神经心理学原理》，科学出版社1983年版，第93—110页。

比喻、对比、含蓄手法的心理学分析

（一）比喻

比喻是文学创作中一种重要的表现手法。它通过引导欣赏者对两个在某一点上极其相似而在整体上极不相似的事物的比较，使其把握所要表现的事物的某一方面特征，从而对该事物获得准确深刻的认识。

比喻之所以能使欣赏者产生以上的心理效应，同含蓄和对比手法一样，也是以欣赏者认识事物时大脑神经过程的分化与泛化活动为根据的，只是作用方式有所不同（关于分化与泛化的概念，请参看有关“分化与泛化”的论述）。人对事物的认识都是通过大脑神经过程的分化与泛化活动实现的，但是由于认识对象的情况不同，认识主体大脑神经过程分化与泛化活动的作用也就不同，认识的效应也就不同。事物之间都存在着相似、相通的因素，也存在着对立、差异的因素。人通过神经过程的泛化活动，认识事物相似、相通的因素；又通过神经过程的分化活动，认识事物的对立、差异的因素，从而在把握事物的同中之异和异中之同的过程中准确而全面地认识事物。在文艺创作中，出于对艺术效果的不同考虑而采用不同的表现方式，作品欣赏者神经过程中分化与泛化活动的作用就会不同。含蓄的表现突出事物之间相通、相似、统一、和谐的一面，因而有助于欣赏者神经过程的泛化，在欣赏中侧重于把握事物的“异中之同”；对比的表现突出事物之间的对立和差异的一面，因而有助于欣赏者神经过程的分化，在欣赏中侧重把握事物的“同中之异”。比喻的表现由于要求喻体和本体在一点上极其相似而在整体上极不相似，因此既突出事物之间相似、相通的一面而促进欣赏者神经过程的泛化，又突出事物之间对立、差异的一面而促进欣赏者神经过程的分化。这样，欣赏者既把握事物的“同中之异”，又把握事物的“异中之同”，就能获得鲜明深刻的印象。例如白居易

《暮江吟》中“可怜九月初三夜，露似珍珠月似弓”二句，抓住露水与珍珠在晶莹圆亮上极其相似这一点，促使欣赏者神经兴奋由露水向珍珠泛化，从而把握住二者的“异中之同”，通过珍珠形象支持和强化了露水“晶莹圆亮”的形象特征；而由于露水与珍珠在整体上是完全不同的两类事物，这种差异性又促进了欣赏者神经兴奋的分化，使其把握住二者的“同中之异”，进而使“晶莹圆亮”的形象特征在整体差别的背景中显著突出出来。

从表象活动的角度看，比喻对欣赏者大脑神经过程分化与泛化的影响，实际表现为引导欣赏者在本体表象与喻体表象之间进行相似联想。这种相似联想是以本体表象与喻体表象的相似点为中介的，而这种相似点实际却是需要通过一定的概括而形成。分析起来，这种作为中介的心理因素可以是具象的事物外在特征的概括，也可以是抽象的事物性质或关系的概括，还可以是情感的概括。因此，从心理过程上说，就有三种相似联想的模式：

本体表象—相似点的具象概括—喻体表象
本体表象—相似点的抽象概括—喻体表象
本体表象—相似点的情感概括—喻体表象

例如：露水与珍珠在性质上是全然不同的两个事物，“露似珍珠”的比喻是引导欣赏者对二者外在特征进行具象概括并以之为中介使二者联系起来。曹操《龟虽寿》说“老骥伏枥，志在千里。烈士暮年，壮心不已”，伏枥之老骥与暮年之烈士在外在形态上无任何相似之处，比喻是要引导欣赏者对二者的外部行为进行抽象概括从而获得二者所具有的“一生英烈，老而弥坚，渴望新成就”这种内部实质的相似，并以此使二者建立起相似联想关系（当然老骥本身不可能具有这种人的精神气质，它实际是创作者引导欣赏者进行想象的产物）。再看韩愈《听颖师弹琴》中“划然变轩昂，勇士赴敌场”一句，以“勇士赴敌场”来比喻琴声，这无论从外部形象或内部的性质与联系上看，都是不相似的，但它们使人产生的激昂情绪却有相似性，以这种情绪的概括为中介，本体与喻体同样可以建立起相似联想关系。

比喻引起的相似联想虽然有不同的模式，但由于大脑活动遵循整体性原则，一个具体的认识过程往往是由多种心理功能协同活动的结果，因此一个比喻所引起的相似联想，其相似点的概括并不一定表现为单一的心理形态，也就是说并不像模式所显示的那么单纯。例如以珍珠来比露水，固然可以引起欣赏者对二者在外在形态上相似的认识，也可以引起欣赏者对二者相似的喜爱情感，而这在相似联想的形成中也是有意义的。但是在几种不同心理形态的相似点中，总有一种是主要的，在相似关系上比较突出，因此仍然可以区别种种比喻所引起的相似联想的模式归属。

（二）对比

对比作为一种表现手法，在文艺创作中被广泛运用。它通过突出事物之间的对立和差异，使所要表现的事物特征在比较中得到强化，从而使欣赏者获得鲜明深刻的感受和印象。

任何人在文艺欣赏中都希望对作品的艺术形象及其所蕴含的美学意义获得一个清晰准确的印象。一般来说，艺术表现越鲜明，越有助于欣赏者神经过程的分化活动，从而使其头脑中的印象越清晰准确；艺术表现越模糊，越会促进欣赏者神经过程的泛化活动，从而使其头脑中的印象越朦胧含混。文艺创作要使欣赏者获得清晰准确的印象，就要使创作具有一定的鲜明性。所谓鲜明性，就是指创作者所要表现的特征在作品中得到突出和强化。特征，是一事物与其他事物相区别的征象和标志。突出了所要表现的事物特征，就使该事物在与其他相关事物的比较中变得鲜明起来，从而可以抑制欣赏者神经过程的盲目泛化，促进其准确分化，进而获得较为清晰准确的认识。突出和强化所要表现的事物特征，可以从两方面入手。一是增强事物特征本身的刺激强度，以提高欣赏者感受的绝对值，例如典型化、反复等表现手法就是如此。二是突出事物之间的对立和差异，使所要表现的事物特征在比较中得到强化，以提高欣赏者感受的相对值，对比手法就是如此。人在感知事物时，总是选择其中的某些刺激作为感知对象，另一些刺激作为感知背景。对象与背景的差异越小，神经兴奋模式的重叠部分越大，反映就越容易泛化；差异越大，神经兴奋模式的重叠部分越小，反映就越容易分化。对比正是通过扩大对象与背景之间的差异，来促进欣赏者反映的分化。以“万绿丛中一点红，动人春色不须多”的诗意画一幅画，由于绿与红在视神经上的色素反应重叠很小，因此人们很容易将“一点红”的特征从“嫩绿”的背景中分化出来。如果画的是“万花丛中一点红”，人们就很难将“一点红”的特征从“万花”中分化出来，因为“一点红”在视神经上的色素反应被淹没在紫红、粉红、桃红等等花的相类似的色素反应之中，它们的许多成分在神经细胞上的反应都是重叠的，从而使神经兴奋趋向泛化。对象与背景的关系可以是单向的，也可以是双向的。以上的例子基本是单向的，以“万绿”为背景，“一点红”为对象，通过与“万绿”背景的对比来突出和强化“一点红”的特征。有些对比则是双向的，互为对象和背景。例如鲁迅的“横眉冷对千夫指，俯首甘为孺子牛”，就是对敌人的恨与对人民的爱相互对照，使两种情感表现的特征更其鲜明。

（三）含蓄

含蓄是文艺创作中一种重要的表现手法。它对于作品所要表现的意向和主旨不做直接的揭示和过分的强调，而是采取曲折隐蔽的方式将其藏蕴于作品的深处，让欣赏者寻思求索、玩味无穷，获得丰富深远的审美享受。含蓄的这种心理效应是与艺术欣赏的心理特点分不开的。人的任何认识活动都是通过大脑神经过程的分化与泛化活动实现的，欣赏认识也不例外。一般来说，对象表现越鲜明，越有助于认识者神经过程的分化，促使其获得较为明确的认识；对象表现越含蓄，越有助于认识者神经过程的泛化，促使其神经兴奋扩散，认识朦胧模糊。对于一般的认识活动，特别是科学的认识活动来说，由于认识的目的只是了解对象，对象越清楚明确越有助于主体的把握，因此含蓄的表现似乎有些消极作用。但对于作为审美认识的艺术欣赏来说，由于认识的目的不仅是了解对象，而且是通过认识活动本身获得某种精神上的愉悦，因此含蓄的表现有它自身的积极意义。这主要表现在以下两个方面：

第一，含蓄有助于延长审美认识带来的愉悦。文艺欣赏中的审美愉悦也包括认识活动本身带来的愉悦。对未知事物的认识是人的一种基本的需要，这种需要的满足会给人带来一种精神上的愉快。在欣赏中，欣赏者的整个心理会处于一种积极探索的状态，对美的任何一点新的发现和认识都会给他带来一种心理上的愉悦和满足，继而又会激起他更高的认识积极性。一般来说，对对象认识的要求越强烈，认识中付出的心理努力越大，其所带来的愉悦也越大。含蓄使欣赏者神经过程的泛化活动增强，分化活动减弱，弥散的神经兴奋使其不能一下获得清晰明确的认识，这对于调动欣赏者认识探索的积极性，保持和延长其审美认识带来的愉悦，无疑具有积极意义。达·芬奇的杰作《蒙娜丽莎》中“神秘的微笑”，几个世纪以来吸引着广大欣赏者做出巨大的心理努力去认识探索，并从中获得美的愉悦和享受。如果他在画下明确标出这是一种“美满姻缘带来的喜悦”或别的解释，就不会有这样巨大的魅力。因为它使欣赏者一下子获得了明确的认识，从而使探索玩味所带来的愉悦也就化为乌有了。

第二，含蓄有助于欣赏者联想与想象活动的展开。联想与想象是使欣赏者扩大审美认识内容、增加审美感受的重要心理活动。通过联想与想象，欣赏者可以产生一种审美再创造的愉快。但是，“想象是在情境非常不明确的认识阶段上发挥作用的。情境越是习以为常，越是清楚明确，它为想象力提供的活动场所也越小”[①]。含蓄使作品的情境变得不很明确，从而可以促使欣赏者的神经兴奋在大脑皮层的较为广阔的范围内扩散开来，唤醒与之相似或相通的记忆储存，使联想与想象成为可能。如果创作过于清楚明确，使欣赏者产生迅速准确的分化，就会抑制欣赏者的联想与想象。

含蓄的表现固然要促进欣赏者神经过程的泛化，但却不能因此而使含蓄变成没有任何确定性的含糊，从而过分抑制了欣赏者神经过程的分化，使其杂然而不知所云，茫然而不知所指。因为人对任何事物的认识都是大脑神经过程分化与泛化两种活动协同作用的结果，只有泛化没有分化，神经兴奋就不能集中，人就无法将各种事物区别开来以获得对对象的认识。含蓄表现只是为了延长欣赏认识的愉悦，而不是取消认识。因为如果连起码的认识起点都没有，就谈不到以此为基础的深入认识及其带来的愉悦，含蓄也就失去了自身的意义。因此，任何含蓄的表现都应与某种确定性相联系，都应是寓某种确定性于其中的含蓄。

从心理学上看，含蓄的表现主要是为欣赏者神经过程一定程度的泛化创造条件，这主要表现在以下两个方面：

第一，对所要表现的事物不作直接的描绘，而是通过对与之有一定关系的事物的描绘来间接表现。例如，俄国画家列维坦的风景画《弗拉基米尔

① 彼得罗夫斯基主编：《普通心理学》，人民教育出版社1981年版，第375页。

卡》，画的是沙皇政府遣送千千万万“犯人”到西伯利亚去所必经的一段道路。画面上只有原野、天空和一条伸向远方的路，没有人，但却引导欣赏者通过路与人的关系想象出道路上一队队衣衫褴褛的“犯人”艰难地行走着，进而通过路向远方的延伸把人们的想象越引越远：对这些“犯人”命运的惦念，对俄罗斯苦难现实和今后前途的思索……作者把这些深刻的含义都隐蔽了起来，而通过一定关系的引导，使欣赏者在感知这条路时神经过程产生兴奋的泛化（神经兴奋由刺激对象向与之相通、相似、相关的其他事物的扩散），从而通过联想与想象意会到其中的含义。

第二，减弱所要表现事物的对立与差异而突出其和谐与统一。事物之间存在着对立与差异，也存在着和谐与统一。在艺术表现中，突出前者有利于神经过程的分化，突出后者则有利于神经过程的泛化。例如柳永的《雨霖铃》：“念去去，千里烟波，暮霭沉沉楚天阔。”这句词写了水、暮色、天空三种景物。这三种景物各有特点，各有差异，但诗人却用一种“多情自古伤离别”的情感基调将三者统一起来，从而减弱了欣赏者神经过程的分化，增强了神经过程的泛化，使其不去注意水、暮色、天空各自的特点，而笼罩在一种迷茫凄清的情绪氛围之中。

（本文系作者对其撰写的相关词条编辑而成。词条刊于金开诚主编《文艺心理学术语详解词典》，北京大学出版社1992年10月出版）

辑二

审美欣赏

审美心理类型

艺术作品和其他美的事物都是通过审美者的心理活动实现其社会价值的。审美者在审美过程中的实际心理活动，既遵循某些共同的规律，又各有其不同的特点。这些特点可以概括为一些类型，而不同心理类型的审美又会产生不同的审美效应。由于审美过程是许多复杂心理因素相互结合、交互作用的结果，因此其心理类型的分析也不能是简单的、一维的，而需要从多层次、多维度进行考察。

从审美者对审美对象的认识关系上考察，审美心理可以划分为“客观型”“主观型”和“主客观型”三种类型。任何审美过程都是对象的客观属性与审美者主观心理结构的相互作用与统一，世界上没有脱离对象客观属性的纯主观的审美活动，也没有脱离审美者主观心理结构的纯客观的审美活动。但是在某一个审美者的具体的审美过程中，主观与客观可能因审美个体对自身与对象的认识关系的不同把握而有所侧重，由此形成了以上三种类型。

客观型审美个体把对象作为外在于自身的客观存在物来把握，力求排除种种主观因素的干扰而认识其本来面目。在这种审美中，审美者往往会努力排除自己意识到的各种主观成见、定势、情感倾向、个人意志等心理因素，力求获得一个尽可能客观的印象。

主观型审美个体把对象作为主观心理世界的投射物来把握，从主观的心理经验和心理需要（认识的、情感的、意志的等）出发去感受和认识对象。在这种审美中，审美者往往不关心对象的本来内容是什么，作者所要表现的是什么，而只是根据自己的心理经验去感受和理解对象，或者从一定的心理需要出发通过对象表现自己的认识、情感和意志。例如对于李商隐的“春蚕到死丝方尽，蜡炬成灰泪始干”这两句诗，“客观型”的审美总是侧重于考察作者写此诗的身世与思想背景，诗句语词意义的历史变化，以及此诗与其他无题诗的关系等，以期求索诗句的本意。“主观型”的审美则可能只把它看作某种思想或情感意义的符号，借以抒发审美者对所献身的理想、事业或其他所热爱的事物的始终不渝的忠贞情怀，至于诗句本身究竟表现了什么，则并不关心。

主客观型审美方式则是审美个体既关注对象本身的意义，并尽力克服主观的心理偏见和定势去加以考察；又立足于主观的心理世界，力求获得独特的感受和理解，并在这个过程中表现和抒发了自己的思想感情。一般来说，这种审美方式是最为多见的。

从审美者对审美对象的接受态度上考察，审美心理可以分为“现实型”“欣赏型”和“现实欣赏型”三种类型。任何美的作品都是现实生活的反映，因而都有其现实属性。任何美的作品又都是高于现实的艺术美的创造，因而又有其美的欣赏属性。对此的不同侧重形成了以上所说的三种类型。现实型其接受并不是对艺术之美没有感受，但它所注重的是对象的现实性而忽视其欣赏性，接受者与对象的心理距离过于接近，甚至将艺术创作混同于现实生活。鲁迅的小说《阿Q正传》发表后，一些人对号入座，以为阿Q写的是自己，这便是“现实型”接受态度的突出表现；观看《逍遥津》而要上台杀“曹操”，观看《奥赛罗》而打伤演员的事例，更趋于“现实型”接受的极端。

欣赏型接受所着重注意的是作品的审美属性，而忽视其现实属性，接受者与对象的心理距离比较远，只对作品的动听悦目之处感兴趣，不大注意其思想内容。例如过去北京有的戏迷欣赏京剧，闭着眼睛品味唱腔的韵味；现在有的歌手唱《苏三起解》“流水板”不但眉开眼笑，而且大扭大摆，便都是单纯欣赏的突出表现。

现实欣赏型其接受与对象的心理距离则远近适当，因而既注重作品的现实内容，又注重作品的审美属性。在审美教育中，这种接受态度是应当倡导的。

从审美者接受过程的自觉性程度来考察，审美心理可分为“自发型”“自觉型”和“结合型”三种类型。

自发型审美者的心理活动往往是受动的、不自觉的，为审美对象所左右，缺乏独立的审美意识。他们的感受、理解、联想、想象等心理活动往往是在审美对象的作用下自发产生的，情感活动也往往是因对象的感染而自然形成的，因此较容易对对象产生认同并接受其倾向。缺乏文化素养的审美者较多地属于这种类型。

自觉型审美者的心理活动则大都具有一定的自觉意识和独立意识。他们能够积极地甚至是有目的地对审美对象进行深入的感受和理解，也能够自觉地展开联想与想象以扩大对象的认识内容和自身的审美感受，甚至对对象进行审美再创造或分析评估。所有这些心理活动固然是由作品引发的，却又是审美者自觉而独立进行的。审美者可能接受对象的倾向，也可能不接受对象的倾向，无论怎样，总是力图获得独特的感受和理解作出独立的判断和评估。专业的审美者和评论家都属于这种类型。

结合型审美者心理活动的特点则是“自发型”与“自觉型”的结合。在审美接受中他们的心理状态常常处于有意无意之间，在接受对象的感染和影响的同时伴随着对对象的自觉玩味和思索；无意产生的联想与想象，也可能转化为有意的。一般的审美接受都属于这种类型。

从审美者心理活动的形式特点来考察，审美接受可以分为“感受型”“理解型”和“混合型”三种类型。

感受型审美者长于对审美对象进行感受和体验。他们感觉敏锐，想象活跃，情感丰富，善于捕捉各种由对象引发的细微感受，体验各种复杂细腻的情绪和情感，对对象进行直觉、整体的把握，但是缺乏对对象作出深刻理解和准确判断的能力。

理解型审美者则惯于用理性的解剖刀对对象进行深入的分析，力图寻找对象与时代及作者的联系，以及对象各部分间的内在联系，从而对对象作出合乎逻辑的、有说服力的判断和评估。这种类型的审美者比较缺乏深入细致的感受能力或习惯。

混合型审美者的心理特点是感受与理解的综合，他们在深入感受对象的过程中逐渐形成较深的理解。整个心理过程始终有形象感受、情感体验与理性思索的交织与互促。应该说这是一种比较理想的审美心理类型。

应该指出，心理活动的基本规律决定了任何审美心理过程都是主观与客观、现实与欣赏、自发与自觉、感受与理解的对立与统一。因此，所谓“主观型”与“客观型”、“现实型”与“欣赏型”、“自发型”与“自觉型”、“感受型”与“理解型”的分类都是相对的，只不过概括了不同审美个性的主要倾向，不能把任何对立的一方绝对化。而这四个方面十二种类型的不同组合，则会形成各种综合的审美心理类型（例如“主观感受型”“客观理解型”“感受欣赏型”“自发现实型”等等），由此形成审美心理类型的复杂情况。

（本篇与金开诚教授合作，刊于《百科知识》1991年第3期）

艺术欣赏的个体心理意义

艺术欣赏是一种重要的精神生活。无论什么人，都希望在自己的生活中给艺术安排上一席之地，都希望通过对艺术的欣赏获得某种精神上的享受。艺术欣赏作为一种审美精神活动，对人的心理有重要的意义。

（一）

艺术欣赏的心理意义，首先表现在它有利于人的个性心理的发展。个性又称人格，是现代心理学中一个相当复杂而又颇多争议的概念。苏联心理学家从历史唯物主义的观点出发，认为"个性——这是作为社会成员的人"[①]，"是参与社会关系并成为社会发展的活动者的社会生物"[②]。就个性的实质与形成而言，这些定义无疑是正确的。人降生于世后，要成为区别于动物的、具有稳固心理特质整体的社会的人（即个性），只能通过社会的交往与生活的实践。正是在积极的生活实践与社会交往中，人形成并发展了他的作为人的本质，形成并发展了作为人的心理——区别于动物而又远远高于动物的人的感觉、知觉、理智、情感、性格、能力等等。人的个性心理发展的程度，取决于他生活、实践与社会交往的广度和深度。

但是就任何一个个体而言，受种种主客观条件的限制，其生活实践和社会交往无论在空间和时间上都是有限的，这不能不使其个性心理的发展受到一定的局限。然而个性心理的发展不仅可以通过直接的渠道获得，而且可以通过间接的渠道获得。文学艺术正是这样一种间接的渠道。通过对文艺作品的欣赏，人们可以间接接触到更为广阔的社会生活，获得更丰富的精神财富，这对

① 波果斯洛夫斯基等主编：《普通心理学》，人民教育出版社1979年版，第57页。

② 彼得罗夫斯基主编：《普通心理学》，人民教育出版社1981年版，第104页。

于个性心理的发展无疑有重要意义。

首先，艺术欣赏可以丰富人的精神世界。人的精神世界具有无限丰富发展的潜力，然而现实中狭小的生活天地和单调的生活经历往往使个体没有条件使其得到充分的丰富和发展。一个没有上过战场的人，很难体验到那种浴血沙场、为国捐躯的崇高情感；一个没有经历过政治斗争的人，也很难感受到政治斗争的复杂和严酷。然而艺术却可以为人们提供无限广阔的生活天地。别林斯基说："科学并不羞于宣称，它的目的是理解和说明现实，然后应用它的说明以造福于人；让艺术也不羞于承认，它的目的是在人没有机会享受现实所给予的完全美感快乐的时候，尽力去再现这个珍贵的现实作为补偿，并且去说明它以造福于人吧。"别林斯基认为，艺术可以补偿人们在现实中没有机会享受的美感快乐。其实艺术可以补偿的不仅是美感快乐，还可以在不同程度上补偿现实生活所赋予人的各种精神财富。在艺术欣赏中，欣赏者通过想象使自己置身于艺术家所提供的丰富多彩的虚幻生活之中，感受着他在现实生活中没有条件感受的种种矛盾，体验着他在现实生活中没有条件体验的种种情感。欣赏者通过作品，感性地掌握着现实，他所丰富的不只是自己的理性世界，而且是感性与理性、认识与情感相统一的完整的心理世界。

其次，艺术欣赏可以提高人的精神境界。在生活实践中，人不仅丰富着自己的精神世界，而且使自己的精神世界不断从较低的境界进入较高的境界。如果说，前者体现了人的个性的量的变化，那么后者则体现了人的个性的质的变化。在生活中，人是通过把握现实的种种关系发展和提高自己的精神世界的。但是现实生活中的事物关系往往是零散、驳杂、模糊、隐蔽的，它虽然可以潜移默化地对人产生影响，但影响的深度与强度都有一定的局限。艺术作品将现实生活中的事物关系加以提炼、加工、集中、概括，并按照美的规律将其熔铸于艺术形象之中，从而使其表现力和感染力大大加强。国际共产主义战士季米特洛夫曾叙述过《怎么办？》一书对他思想性格的影响："我还记得，在我少年时代，是文学中的什么东西给了我特别强烈的印象。是什么榜样影响了我的性格？我必须直接地说：这是车尔尼雪夫斯基的书《怎么办？》。我在参加保加利亚工人运动的日子里培养起来的那种坚持力和我在莱比锡法庭上所采取的那种一贯的坚持力、信心和坚定精神——这一切都无疑地同我在少年时期读过的车尔尼雪夫斯基的艺术作品有关系。”[①]

最后，艺术欣赏可以发展人的审美心理能力。发展审美心理能力对于人的个性的完美发展具有重要的意义。完美的个性应该是主体与客体、个体与社会、感性与理性、合规律性与合目的性、个别性与一般性的高度完美的统一，是以上诸因素的有机和谐的整体。但是在现实生活中，受种种主客观因素的限制，这种境界很不容易实现。而在艺术中，这种境界却可以达到。优秀的艺术作品，往往在丰富的感性形态中积淀着深沉的理性，在自由意志的创作中潜藏着社会的价值与规范，在展现独特创作个性的同时又遵循着一般的艺术形式法则，种种对立的因素在这里得到了和谐完美的统一。因为这是一种出于现实而又高于现实的审美的境界，是艺术地把握世界的方式。我们所说的发展人的审美心理能力，不是单指那些专门的艺术反映能力，例如“音乐家的耳朵”“画家的眼睛”，这些当然是重要的，但是更重要的是发展这种以审美的方式把握世界的心理能力，因为这种心理能力是使个性向完美方向发展的基础。发展审美心理能力的最有效途径就是艺术创作与艺术欣赏的实践，对于广大没有条件从事艺术创作的人而言，艺术欣赏是一条更为实际的途径。在艺术欣赏中，面对精美的艺术作品，欣赏者在现实生活中经常被理性思维所压抑的感觉与情感被激活了，他以感性的方式占有着审美对象，而消融于感性形象中的理性精华也潜移默化地注入了他的心灵；他唤醒了沉睡的自我，任凭它在想象的世界中自由翱翔，但并没有脱离作品和现实在一定高度上的规范。正是在这种欣赏实践中，他发展了审美心理能力，从而促进了完美个性的形成和发展。

（二）

艺术欣赏的心理意义的另一个重要表现就是它可以调节人的心理生活，使其处于一种和谐的状态。

人的心理生活的状态决定于人与周围环境的关系。人作为一个高度发达的生命有机系统，是在与周围环境相互作用的活动中存在与发展的。而推动人与周围环境相互作用的动力便是人的需要。“需要是个性的一种状态，它表现

① 《季米特洛夫论文学、艺术与科学》，第9页。

出对具体的生活条件的依赖性。”[1]奥地利心理学家弗洛伊德将人的各种各样的心理动力归结于本能，并将其分为两大类，即生本能与死本能。对生本能的能量形式，他称之为“里比多”。在他的早期著作中，里比多仅指性能，后来，它便成为一切生本能能量的总称。本能的根源就是与其相应的本能需要。弗洛伊德断定，本能需要就是人体的某个组织或器官的兴奋过程，在这一过程中体内储存的能量便释放出来。

但是弗洛伊德基于“人既无异于动物，也不高于动物”的观点的本能需要说有两个致命的弱点。其一，他把人的需要降低为动物的需要，而实际上人的需要比之动物的需要要丰富得多。美国心理学家马斯洛将人的需要分为生理需要、安全需要、归属和爱的需要、尊重需要、自我实现需要五个从低级向高级发展的层级。这种需要层级论虽然将人与动物的需要做了区别，但仍然是一种抽象的个体需要说。实际上，人的需要是一个社会历史的范畴，“具有社会一个人的性质”[2]，因此要比马斯洛所说的还要丰富复杂得多。但是不论多么丰富复杂，只要产生出一定的需要，就必然产生一种以生理为基础并表现在心理上的能量的释放，成为个体追求需要的满足的积极性和动力，从而使心理生活表现出某种不平衡。只有需要得到满足，心理生活才能恢复平衡。其二，弗洛伊德把人的需要的产生与满足看作是一个与动物一样的消极被动的过程。而实际上人是一种具有自觉意识的社会动物，他不是像动物那样通过消极被动地适应环境来满足自身的需要，而是通过积极能动地改造环境来满足自身的需要。因此，人与环境的关系不是一个“需要—满足”的简单循环过程，而是一个“需要—满足—更高的需要—更高的满足”的永无止境的发展过程。换句话说，人的需要是一个不断追求的过程。这决定了人的心理生活不会满足于个体与环境相统一基础上的宁静、和谐与平衡，而总是希望在与环境的相互作用中激发起新的积极性，使心理处于一种紧张活跃的不平衡状态。为什么有些人宁可放弃和平安乐的生活而去搜奇探险？为什么有的人在取得了巨大的成就之后马上又产生了新的创造热情？从心理学上看，恐怕就是人的心理要求不断发展使然。但是人的生理与心理毕竟不能永不间断地处于一种紧张活跃的不平衡状态之中，而希望在个体与环境的相互作用中不断地取得某种统一，使心理处于

① 彼得罗夫斯基主编：《普通心理学》，人民教育出版社1981年版，第113页。

② 彼得罗夫斯基主编：《普通心理学》，人民教育出版社1981年版。

一种相对平衡的状态。由此看来，人的心理生活是一种追求与满足、紧张与松弛、倾斜与平衡等因素交替作用、对立统一的发展过程。因此，人对自己的心理生活就有加以调节的必要。

心理生活是现实生活的反映，因此心理生活的调节离不开个体与环境现实关系的调节。但是现实生活中个体与环境的关系往往受种种主客观因素的制约，有时不是随心所欲就可以调节的。例如一个失恋的人，陷入极度的痛苦之中，但是对方既不会满足他的恋爱要求，他自己的意志又难以克服情感的力量，于是心理生活出现了一种需要与追求得不到满足的不协调。类似的例子在生活中并不少见。但是艺术作品却可以在一定程度上调节这种心理的不协调状况。它可以为欣赏者提供一个“虚幻的现实”“心灵的摹本”，使欣赏者在想象中改变自身与环境的关系，从而使心理生活处于一种较为和谐的状态。下面具体分析艺术欣赏在以上所谈的两个方面对心理生活的调节作用。

第一，激发作用。在现实生活中，人的心理可能处于种种的消极平衡状态。较长地处于这样的心理状态中，对人的心理健康无疑是没有益处的。艺术欣赏可以在一定程度上激发起人的心理积极性，改变消极的心理状态。这种激发作用可以表现在两个层次上。一个层次是低级的情绪性激发。例如富有刺激性的音乐、色彩、造型、场景，离奇曲折的情节，紧张激烈的场面等等。这些艺术现象往往可以直接引起人的情绪性反应和冲动，使神经系统形成某种张力，从而产生某种振奋、好奇、惊讶、追求的心理效果。这种情绪性激发，虽然对改善人的心理状态、激发心理的积极性有一定的作用，但是如果没有充实的认识内容只是单纯的感官与心理刺激，这种积极性就既不能持久，也不能有效地移到生活中来。另一个层次是高级的情感性激发。例如作品中所蕴含的生活哲理对人的启迪，生命力量对人的震动，情感力量对人的感染，美的形象对人的熏陶，等等。这些艺术现象由于蕴含着丰富的社会精神内容，因此可以唤起人高级的精神需要和追求。比之情绪性激发来说，这种激发对人的心理生活的影响和心理状况的改善更深刻、更持久、更充实，也更有力量。

第二，代偿作用。在现实生活中，人的心理可能处于种种不平衡状态。例如理想与追求难以实现，愿望与要求难以满足，情感与情绪无法宣泄，思想与感情无法交流，等等。这种心理状态的共同特征是，内心的需要比较强烈，形成一种张力，要求得到满足，但是现实环境又无法满足或缺乏合适的形式满足，这种需要与环境的矛盾就使得个体心理上产生了一种不平衡。艺术作品可以为个体提供一个适应其需要的虚幻环境或宣泄对象，使其需要在想象中获得一种替代性满足，从而使心理能量获得宣泄或转移，心理的不平衡状态得到改变。它可以表现为以下几种形式：

第一种是象征满足，即通过对艺术作品的欣赏使现实的需要在想象中得到象征性满足。例如一个强烈追求自由爱情生活而在现实生活中无法实现的人，可以在《罗密欧与朱丽叶》《安娜·卡列尼娜》等作品中体验到自由爱情的甜美，从而使炽烈的爱情需要得到哪怕是暂时的心理满足。

第二种是情感宣泄。人在现实生活中会产生各种各样的情感，这些情感无论是肯定的（如幸福、欢愉）还是否定的（如愤怒、哀伤）都会在生理和心理上形成一种张力，要求宣之于外，得到疏散。在这种情况下，个体可能选择一些恰当的方式抒发情感，对艺术作品的欣赏就是其中的一种方式。例如一个人因事业成功或爱情顺利内心充满幸福欢愉之情，他可能通过吟唱一支欢快的乐曲来抒发内心的情感。再如一个人内心充满了思乡之情，也可以通过吟诵李白的《静夜思》、王安石的《泊船瓜州》等诗寄托自己的情思。情感宣泄与象征满足既有所联系又有所区别。象征满足往往也伴随着一定的情感宣泄，例如描写爱情的作品满足了欣赏者追求爱情的需要，也宣泄了他的恋爱之情；而情感宣泄往往也伴随一定的需要满足，因为抒发某种情感的需要在欣赏中得到了满足。但是二者毕竟是有区别的，前者是一种满足需要的方式，而后者则是一种宣泄情感的手段。在情感宣泄中，某种情感所由产生的需要往往并没有得到满足，例如《静夜思》并没有满足思乡的需要，而只是疏导了思乡的情感。

第三种是能量转移。所谓能量转移，就是支持某种需要或情感的生理、心理能量由一个方向转到另一个方向，使前一个方向上不能实现的心理平衡在后一个方向上实现。在象征满足与情感宣泄中，艺术作品与所要满足的需要和所要宣泄的情感在性质上是一致的，《罗密欧与朱丽叶》中自由爱情的情节与欣赏者追求自由爱情的需要是一致的，《静夜思》思乡的情调与欣赏者思乡的情感也是一致的。但是在能量转移中，所欣赏的作品与欣赏者的需要、情感却不必一致。假如一个人内心充满苦闷，可以通过欣赏一些与之无关乃至情调相反的艺术作品，将其由于苦闷而聚集于大脑某个兴奋中心的能量转移到艺术作品的欣赏中去，在这方面求得某种心理平衡。

以上我们从激发作用与代偿作用两方面分析了艺术欣赏对于调节个体心理生活的意义。那么是不是说心理生活处于一种需要与平衡谐调状态时艺术欣赏就没什么意义了呢？并不是这样。因为人的需要是极其丰富的，某一艺术作品可能对激发我们某一方面的需要没有意义，却可能会激发我们另一方面需要，从而使我们受到激励与鼓舞。同样，人的需要的满足（即心理平衡）也是多种多样的，某一作品对我们某一方面需要的满足可能没有意义，却可能会满足另一方面的需要。因此，艺术欣赏对于人的心理生活的调节是有普遍意义的，它使得人们的心理生活更丰富、更充实、更活跃、更美好。

（本篇与金开诚教授合作，刊于《百科知识》1989年第3期）

文艺欣赏的鲜明性与含蓄性

鲜明与含蓄，是艺术家在创作中的普遍追求，也是欣赏者对文艺作品的普遍要求。所以如此，是因为鲜明与含蓄适应了审美认识中神经过程的“泛化”与“分化”规律，对欣赏者获得良好的欣赏效果具有重要的心理学意义。

（一）

文艺欣赏是一种审美的形象认识活动。同一般认识活动一样，其神经过程遵循着“兴奋泛化”和“分化抑制”的规律。所谓“泛化”，就是大脑神经兴奋的扩散，就是对事物相同、相似、相通方面的反映过程；所谓“分化”，就是大脑神经兴奋在抑制过程作用下趋向集中，就是将某一事物或事物的某一方面从其他事物或事物的其他方面中区分出来的过程。

人对客观事物的最初认识总是“泛化”性的，文艺欣赏也是如此。开始欣赏达·芬奇的名画《最后的晚餐》时，我们并不能立即将犹大从耶稣的12个门徒中区别出来，因为他们之间相通或相似的部分使我们的神经兴奋“泛化”了；最初欣赏郑板桥的墨竹，我们也很难看出这竹和别的竹有什么不同，因为神经兴奋的“泛化”引发了我们记忆中储存的竹的一般表象。但是每一个欣赏者都希望对作品中的艺术形象及其所蕴含的美学意义获得一个清晰准确的印象，因此就欣赏者而言，需要通过比较等方法来实现神经过程的“分化”；而创作者，则要努力使创作具有一定的鲜明性，从而促进欣赏者神经过程的“分化”。

所谓鲜明性，就是指创作者所要表现的事物的新异特征在作品中得到突出和强化。突出了所要表现的事物特征，就使该事物在与其他相关事物的比较中变得鲜明起来，从而可以抑制欣赏者神经过程的盲目“泛化”，促进其准确

"分化"。例如，在《最后的晚餐》中，由于达·芬奇赋予了犹大手抓钱袋、身体因惊慌而后倾、将一张充满虚伪和奸诈的面孔藏在阴影处等形象特征，因此能使我们通过一定的比较，很快地将他从耶稣的其他门徒中区别出来。《最后的晚餐》这个取自《圣经》的题材，在达·芬奇之前不少画家都画过，但构思和艺术处理（特别是对犹大的形象）都比较平庸，很难给人留下深刻印象。达·芬奇的艺术构思和处理则是独特、深刻和新异的，因而使人获得了鲜明的印象。为什么新异性特征能够有力地促进欣赏者神经过程的"分化"呢？因为"新异性是引起不随意注意的刺激物的最重要的特点之一"，而"注意是意识对一定客体的集中，以保证对它获得特别清晰的反映"。

突出事物的新异性特征以使作品获得鲜明性，是促进欣赏者神经过程"分化"的根本途径。至于突出和促进的具体方式，则主要有以下两种：（1）增强事物特征本身的刺激强度，以提高欣赏者感受的绝对值。巴甫洛夫认为，在条件反射中，反映的效果与刺激的强度有密切的关系。对象刺激越强，相应的神经细胞的兴奋度越高，周围神经细胞由于负诱导规律所产生的兴奋抑制度越高，神经过程的"分化"就越迅速，对象在皮层上的印象也就越鲜明突出。在这方面，有四种较为常见的方法：一是集中。就是对现实生活中分散、朴素、不明显的事物特征给予提炼、提高和典型化处理。例如，20世纪初人们对国民中普遍存在的"精神胜利法"这种病态意识及其表现并没有引起注意，鲁迅先生通过阿Q这一典型给予了集中表现，使人们一下获得了深刻认识。二是强调。就是对所要表现的事物特征给予强化处理。三是反复。就是通过重复的刺激来突出事物的特征。例如，电影中的主题曲和音乐中的主旋律。四是夸张。夸张的艺术形象由于不符合实际生活的逻辑而在欣赏者头脑中与过去的经验发生了冲突，从而使欣赏者的神经过程能够迅速将被夸张的形象特征从过去的经验中分化出来，在头脑中留下鲜明印象。（2）突出事物之间的对立和差异，使所要表现的事物特征在比较中得到强化，提高欣赏者感受的相对值。这方面主要有反衬和对比这两种常见的方法。前者如"万绿丛中一点红"，就是通过较大的色彩差异使"一点红"的特征在"万绿"的背景中得到强化；后者如"横眉冷对千夫指，俯首甘为孺子牛"，就是用相反的两个事物的对照比较来突出各自的特征，增强各自的刺激强度。

（二）

同世间任何事物都具有两面性一样，鲜明性虽然有助于欣赏者神经过程的“分化”，但过度的鲜明、过快的“分化”，也会对欣赏产生消极的作用。这主要表现在以下两个方面：

第一，过度的鲜明、过快的“分化”会影响欣赏者审美认识的愉悦。心理学认为，对未知事物的认识会给人带来一种精神上的愉悦，审美认识更是如此。一般来说，认识中付出的心理努力越大，其所带来的愉悦也越大。一部作品如果鲜明过度，一览无余，使欣赏者神经过程迅速“分化”，一下子获得明确认识，那么欣赏者由探索玩味所带来的审美认识愉悦也就化为乌有了。

第二，过度的鲜明、过快的“分化”会影响欣赏者的创造想象，从而减弱其欣赏中的审美愉悦。我们知道，创造是人的本质力量的集中体现，人通过创造看到自己的本质力量会产生一种愉悦之感。高水平的欣赏并不满足于对作品的消极接受，而是要展开创造想象的翅膀，扩大审美感受，并享受创造的愉快。但是，“想象是在情境非常不明确的认识阶段上发挥作用的。情境越是习以为常，越是清楚明确，它为想象力提供的活动场所也越小”。因此，如果创作过于清楚明确而使欣赏者产生过快的“分化”，就会影响其创造想象及由此产生的审美愉悦。

那么如何防止欣赏者神经过程的过快“分化”呢？这就需要使创作具有一定的含蓄性，即对作品所要表现的内容和主旨不作直接的揭示和过分的强调，而是采取曲折隐蔽的方法使欣赏者思而得知。这样，就为欣赏者神经过程的一定程度的“泛化”创造了条件，从而促进欣赏者联想、想象等心理活动的展开。至于怎样使作品具有含蓄性，则主要表现在以下两个方面：

第一，对所要表现的事物不作直接的描绘，而是通过对与之有一定关系的事物的描绘来间接地表现。这一点与鲜明性的要求正好相反。例如，俄罗斯著名画家列维坦的风景画《弗拉基米尔卡》，画的是沙皇政府遣送千千万万“犯人”到西伯利亚去所必经的一段道路。画面上只有原野、天空和一条伸向远方的路，没有人，但却引导欣赏者通过路与人的关系想象出道路上一队队衣衫褴褛的“犯人”在艰难地行走，进而引发出对俄罗斯现实与未来的深刻思索。

第二，突出所要表现事物的和谐与统一。任何事物之间都存在着对立与差异，也存在着和谐与统一。鲜明所要突出的是前者，含蓄所要突出的则是后者。渲染是突出事物之间和谐与统一的一种重要方法，在绘画与文学中都有广泛的运用。如柳永的《雨霖铃》："念去去，千里烟波，暮霭沉沉楚天阔。"这句词所写的水、暮气、天空这三种景物本各有特点，但诗人将它们都涂上了一种"多情自古伤离别"的情感色彩，使之形成了一个和谐有机的整体。这样的艺术处理增强了欣赏者神经过程的"泛化"，减弱了其神经过程的"分化"，使欣赏者不去注意水、暮气、天空的各自特点，而笼罩在一种迷茫凄清的情绪氛围之中。

（三）

如前所述，文艺作品的鲜明性，有利于欣赏者神经过程的"分化"，从而促进审美感受的准确；文艺作品的含蓄性，有利于欣赏者神经过程的"泛化"，从而促进审美感受的持久与丰富。但是，在实际的审美认识活动中，神经过程的"泛化"与"分化"并不是相互孤立的，而是相互联系、相互作用的。反映的"泛化"和兴奋的扩散，必然引起反映的"分化"和兴奋的集中；反之，反映的"分化"和兴奋的集中又必然导致反映的"泛化"和兴奋的扩散。二者实际是一种对立统一关系。

这就要求文艺作品中的鲜明性与含蓄性也不能相互割裂，而应该是对立统一。由于"分化"是在一定"泛化"基础上的"分化"，因此鲜明应该是含蓄基础上的鲜明，是寓于含蓄的鲜明；由于"泛化"是一定"分化"影响下的"泛化"，因此含蓄也受到鲜明的制约，是引导鲜明的含蓄。如果把欣赏比作航行，那么鲜明就是海上的航标，含蓄就是海上的迷雾。没有航标，欣赏者就会迷失方向，就无法到达审美认识的彼岸；没有迷雾，欣赏者过于容易地到达彼岸，又有何审美探索的乐趣可言呢？因此，作为创作者，关键要把握住作品中鲜明与含蓄的尺度，使之恰如其分地适合欣赏者神经过程"分化"与"泛化"的规律。

（本篇与金开诚教授合作，刊于《百科知识》1995年第12期）

艺术欣赏中的几个心理学问题

（一）艺术欣赏的心理意义

艺术欣赏作为一种审美精神活动，对人的心理有着重要的意义。这种意义主要表现在以下两个方面：

第一，它有利于人的人格心理的发展。人降生于世后，要成为区别于动物的、具有稳固心理特质整体的社会的人，只能通过社会的交往与生活的实践。“个人交际的范围越是比较广泛，他同生活各方面的联系就越是多样，他深入到社会关系的各个方面也就越深刻，他自己的精神世界也越变得丰富。”[①]但是就任何一个个体而言，因受种种主客观条件的限制，其生活实践和社会交往无论在空间上还是时间上都是有限的。因此人格心理的充分发展还需要通过间接渠道获得。文艺作品的欣赏正是这样一种间接渠道。古今中外各式各样的文艺作品构成了人类几千年来丰富多彩的生活画卷，熔铸着人类几千年形成的光辉灿烂的精神财富。因此，欣赏文艺作品就对人格心理的发展具有重要的意义：

首先，艺术欣赏可以丰富人的精神世界。人的精神世界具有无限丰富发展的潜力，然而现实中狭小的生活天地和单调的生活经历往往使个体没有条件使其得到充分的丰富和发展。然而艺术却可以为人们提供无限广阔的生活天地。在艺术欣赏中，欣赏者通过想象使自己置身于艺术家所提供的丰富多彩的虚幻生活之中，感受着他在现实生活中没有条件感受的种种矛盾，体验着他在现实生活中没有条件体验的种种情感，精神世界日益丰富。

其次，艺术欣赏可以提高人的精神世界。在生活中，人是通过把握现实

① 波果斯洛夫斯基等主编：《普通心理学》，人民教育出版社1979年版，第57页。

的种种关系以发展和提高自己的精神世界的。但是现实生活中的事物关系往往是零散、驳杂、模糊、隐蔽的，它虽然可以潜移默化地对人产生影响，但影响的深度与强度都有一定的局限。艺术作品将现实生活中的事物关系加以提炼、加工、集中、概括，并按照美的规律将其熔铸于艺术形象之中，从而使其表现力和影响力大大加强，因此它对于人格心理的影响在一定情况下有可能比现实生活更为深刻和强烈。

最后，艺术欣赏可以使人格心理得到较为完美的发展。完美的人格心理应该是主体与客体、个体与社会、感性与理性、规律性与目的性、个别性与一般性等因素的高度统一。但是在现实生活中，这种境界很不容易实现。例如，人的理性的发展往往以牺牲其感性为代价，使得现代成人的有些感受性远逊于原始人和儿童，而人们又不能也无法为恢复丰富的感受性而回到原始状态。又如片面强调个性的自由发展往往损害社会共性，而片面强调个性统一于社会又往往扼杀个性的活力。所有这些，都不利于个体形成健康完美的人格。但是优秀的艺术作品，往往在丰富的感性形态中积淀着深沉的理性，在自由意志的创作中潜藏着社会的价值与规范，在展现独特的创作个性的同时又遵循着一般的艺术形式法则，种种对立的因素在这里得到了和谐完美的统一。因此，艺术欣赏可以使欣赏者在现实生活中的人格心理发展得到教益和补充，使之较为和谐与完美。

第二，它可以调节人的心理生活。人的心理生活状态取决于个体与环境的关系。当个体对环境产生某种需要时，他的心理就处于一种不平衡状态；而当环境适合或满足了个体的需要时，他的心理就处于一种平衡的状态；但是人的需要的产生与满足并不像动物那样是一个消极被动的过程。人的需要是一个由低级到高级不断发展的过程，旧的、较低的需要满足之后，人又会产生和追求新的、更高的需要，并通过积极能动地改造环境来满足需要。因此，人与环境的关系不是一个“需要—满足”的简单循环过程，而是一个“需要—满足—更高的需要—更高的满足”的永无止境的发展过程。这就决定了人的心理生活既要求满足需要而使之处于一种宁静和谐的平衡状态，又要求激发需要而使之处于一种紧张活跃的失衡状态，它实际是一种追求与满足、紧张与松弛、失衡与平衡等因素交替作用、对立统一的发展过程。但是一个人的心理生活不可能永远处于这种协调状态，个体与环境的关系可能出现种种的不协调，由此造成心理生活的不协调。例如，一个人由于某种原因对生活心灰意懒，无所追求，于是心理生活就会出现一种缺乏需要与追求积极性的不协调。心理生活的调节从根本上说有赖于个体与环境现实关系的调节，但是在现实生活中个体与环境的关系往往受种种主客观因素的制约，不是随心所欲就可以调节的，而艺术作品却可以为欣赏者提供一个“虚幻的现实”“心灵的摹本”，使欣赏者在想象中改变自身与环境的关系，使心理生活呈现出一种较为和谐的面貌。艺术欣赏对心理生活的这种调节作用主要表现在以下两个方面：

（1）激发作用。当个体由于与环境关系失调而在心理上处于消极、空虚、无聊的状态，缺乏生活的追求与热情时，艺术欣赏可以在一定程度上激发起他的心理积极性，改变消极的心理状态。这可以表现在两个层次上。一个层次是低级的情绪性激发，例如富有刺激性的音乐、色彩、造型、场景，离奇曲折的情节，紧张激烈的场面，等等。这些艺术现象可以刺激欣赏者的神经系统，从而使其产生某种振奋、惊讶、好奇、追求的心理效果。但是这种单纯感官刺激的积极性既不容易持久，也不容易有效地转移到生活中来。另一个层次是高级的情感性激发。例如作品中所蕴含的生活哲理对人的启迪，生命力量对人的震动，情感力量对人的感染，美好形象对人的熏陶，等等。比之情绪性激发来说，这种激发可以唤起人高级的精神需要和追求，对人的心理生活的影响更深刻、更持久、更充实，也更有力量。

（2）代偿作用。当个体内心的需要比较强烈，形成一种张力，要求得到满足，而现实环境又无法满足这种要求时，艺术作品可以为其提供一个适应其需要的虚幻环境或宣泄对象，使其需要在想象中得到一种替代性满足，或使其心理能量获得宣泄、转移，从而改变其不平衡的心理状态。这可以表现为三种形式。第一种是象征满足，即通过对作品的欣赏使现实的需要在想象中得到象征性满足。例如一个强烈追求自由爱情生活而在现实中无法实现的人，可以在《罗密欧与朱丽叶》《安娜·卡列尼娜》等作品中体验到自由爱情的甜美。第二种是情感宣泄，即通过对作品的欣赏使内心积聚的情感宣之于外。例如一个人内心充满了思乡之情，可以通过吟诵李白的《静夜思》、王安石的《泊船瓜州》等诗寄托自己的情思。情感宣泄与象征满足既有联系又有区别。象征满足往往也伴随一定的情感宣泄，例如描写爱情的作品满足了欣赏者追求爱情的需要，也宣泄了他的恋爱之情；而情感宣泄往往也伴随一定的需要满足，因为抒发某种情感的需要在欣赏中得到了满足。但是二者毕竟是有区别的，前者是一种满足需要的方式，后者则是一种宣泄情感的手段。在情感宣泄中，某种情感所由产生的需要往往并没有得到满足，例如《静夜思》并没有满足思乡的需要，而只是疏导了思乡的情感。第三种是能量转移，就是支持某种需要或情感的生理、心理能量由一个方向转到另一个方向，使前一个方向上不能实现的心理平衡在后一个方向上实现。在能量转移中，所欣赏的作品与欣赏者的需要、情感不必像在象征满足和情感宣泄中那样求其一致。例如一个人内心充满苦闷，可以通过欣赏一些与之无关乃至情调相反的艺术作品，将其由于苦闷而聚集于大脑某个兴奋中心的能量转移到艺术作品的欣赏中去，在这方面求得某种心理平衡。

（二）艺术接受心理类型

这是指对艺术接受活动中接受者心理活动特点的分类。任何艺术作品都是通过接受者的心理活动实现其社会价值的。接受者在艺术接受过程中的实际心理活动，既遵循某些共同的规律，又各有其不同特点。这些不同特点可以概括为某些类型，而不同心理类型的接受又会产生不同的接受效应。由于接受过程是许多复杂心理因素相互结合、交互作用的结果，因此其心理类型的分析也不能是简单的、一维的，而需从多层次、多维度进行考察。从接受者对作品的认识关系上考察，接受心理可以划分为客观型、主观型和主客观型三种类型。任何接受过程都是作品的客观属性与接受者主观心理结构的相互作用和统一，没有脱离作品客观属性的纯主观的接受，也没有脱离接受者主观心理结构的纯客观的接受。但是在一个具体的接受过程中，主观与客观可能因接受者对作品与自身认识关系的不同把握而有所侧重。当接受者把作品作为外在于自身的客观存在物来把握，力求排除种种主观因素的干扰而认识其本来的面目时，接受就呈现为客观的心理类型。在这种接受中，接受者往往会努力排除自己意识到的各种主观的偏见、定势、情感倾向、个人意志等心理因素，力求获得一个尽可能客观的印象。当接受者把作品作为主观心理世界的投射对象来把握，从主观的心理经验和心理需要（认识的、情感的、意志的等）出发去认识和感受作品时，接受就表现为主观的心理类型。在这种接受中，接受者往往并不关心作品的本来内容是什么，作者所要表现的是什么，而只是根据自己的心理经验去解释和理解作品，或者从一定心理需要出发借助作品表现自己的认识、情感和意志。例如对于李商隐“春蚕到死丝方尽，蜡炬成灰泪始干”这句诗，客观型的接受者往往侧重于考察作者写此诗的身世与思想背景，此诗语词意义的历史变化，以及此诗与其他无题诗的关系等，以期求索诗句的本意。主观型的接受者则可能只把它看作某种思想或情感意义的符号，抒发自己对所献身的事业鞠躬尽瘁、死而后已的情怀，对友谊忠贞不渝的情感，等等；至于作品到底要表现什么，则并不关心。如果接受者既关注作品本身的意义并尽力克服主观的心理偏见和定势，又立足于主观的心理世界力求获得独特的感受和理解，并在这个过程中表现和抒发了自己的思想感情，这就是一种主客观型的接受。一般来说，艺术接受大部分属于这种心理类型。

从接受者对作品的接受态度上考察，接受心理可以分为现实型、审美型和现实审美型三种类型。任何艺术作品都是现实生活的反映，因而都有其现实属性。任何艺术作品又都是高于现实的审美创造，因而又有其审美属性。现实型的艺术接受往往注重于作品的现实性而忽视其审美性，接受者与作品的心理距离过于接近，甚至将艺术创作混同于现实生活。旧红学派将《红楼梦》作为清代宫廷逸事的烦琐考证，就是现实型艺术接受的极端表现。艺术接受史上所传的看《逍遥津》而要上台杀“曹操”、观《奥赛罗》而打伤演员的逸事，同样也是现实型艺术接受的极端。审美型的艺术接受则较多注意作品的审美属性而忽视其现实性，接受者与作品的心理距离比较远，大多将作品作为纯粹的艺术品来欣赏，对其艺术风韵和美学特性进行品味和评论，而较少注意其现实内容。例如北京的老戏迷欣赏京剧时，常常闭着眼睛品味唱腔的韵味，并不关心戏的内容。至于现实审美型的艺术接受，其与作品的心理距离则远近相当，因而既注重作品的现实内容，又注重作品的审美属性。

从接受者接受过程的自觉性程度来考察，艺术接受可以分为自发型、自觉型和结合型三种类型。自发型接受者的心理活动往往是受动的、不自觉的，为作品所左右，缺乏独立的接受意识。他们的感受、理解、联想、想象等心理活动往往是在作品的作用下自发产生的，情感活动也往往是在作品的感染下自然形成的，因此较容易对作品产生认同并接受作品的倾向。艺术文化素养较低的接受者一般属于这种类型。自觉型接受者的心理活动则大多具有一定的自觉意识和独立意识。他们能够有目的地对作品进行深入的感受和理解，也能够自觉地展开联想与想象以扩大作品的认识内容和自身的审美感受，甚至对作品进行审美再创造或分析评价，而所有这些心理活动固然是由作品引发的，却是接受者独立进行的。接受者可能接受作品的倾向，也可能不接受作品的倾向，对作品力图获得独特的感受和理解，做出独立的判断和评价。职业鉴赏和评论家往往属于这种类型。结合型接受者心理活动的特点则是自发型与自觉型的结合。在艺术接受中他们的心理状态常常处于有意无意之间，在接受作品影响和感染的同时伴随着对作品的探索和思考，无意产生的联想与想象可能转化为有意的、自觉的。一般的艺术接受都属于这种类型。

从接受者心理活动的形式特点来考察，艺术接受可以分为感受型、理解型和混合型三种类型。感受型的接受者长于对作品进行感受和体验，他们情感丰富，想象活跃，善于敏锐地捕捉各种由作品引发的细微感觉，体验各种复杂细腻的情绪和情感，对作品进行直觉、整体的把握，但是却缺乏对作品做出深刻理解和准确判断的能力。理解型的接受者则喜欢用理性的解剖刀对作品进行具体细致的分析和判断，力图寻找作品与时代和作者以及作品各部分间的内在联系，对作品做出合乎逻辑的、有说服力的判断和评价，但却缺乏深入细致地感受和体验作品的能力。混合型接受者的心理特点是感受与理解的综合，他们在感受作品的过程中逐渐形成自己的理解。整个心理过程始终有形象、感受、情感反应和理性思索的交织与统一。应该说这是一种比较理想的接受类型。

任何艺术接受的心理过程都是主观与客观、现实与审美、自发与自觉、感受与理解四方面两两对立因素的统一。所谓主观型与客观型、现实型与审美型、自发型与自觉型、感受型与理解型的分类，都是就其各自的主要倾向而言，并不意味着某一因素的单独作用。而此四方面十二类型的不同组合，则会形成各种综合的接受心理类型，例如主观感受型、客观理解型、审美感受型、现实自发型等等，由此形成接受心理类型的复杂情况。

（三）认同作用

认同作用是一种情感的移入过程，指某人在与他人交际的过程中，使自己被别人同化或使别人被自己同化。从社会心理学的角度看，艺术活动也是一种社会交往活动。创作者通过创作作品而希图影响欣赏者，使欣赏者被自己的思想感情所同化；欣赏者则通过评论、再创作等形式影响创作者，想使创作者被自己的思想感情所同化。在这个过程中，创作与欣赏之间实际存在着相互同化对方而又被对方所同化的活动。因此，这实际是一个相互认同的过程。当然，在创作与欣赏的关系中，创作居主导地位。因此，艺术活动中的认同作用主要表现为欣赏为创作所同化。具体说来，就是创作者总是设法使欣赏者被自己所同化，而欣赏者则往往自觉不自觉地被创作者所同化。

作为交往着的社会的人，人们的思想感情既存在着相同的因素，又存在着相异的因素。而认同作用的产生，则是建立在人们思想感情存在相同因素的基础之上的。认同者总是首先肯定和接受与自己心理结构相一致的东西，然后在认知过程中不同程度地受到对方相异因素的影响，从而自觉不自觉地使自己原有的心理结构产生一定的变化，进而在较大的范围内（深度和广度）达到对对方的认同。因此，要使欣赏者对作品产生认同，创作者首先要为欣赏者提供一个赖以认同的基础，进而通过提高艺术表现力和感染力的方法，征服欣赏者，以使其达到更深更广的认同。例如安娜·卡列尼娜这一形象之所以可以为大多数欣赏者所认同，就因为创作者为欣赏者提供了一个赖以认同的心理基础：人具有追求自由美好爱情的权利。这是能为多数人接受的一种思想感情。至于她离夫弃子，使一个既成的家庭解体，如果孤立地看，则不易为多数人所接受。而作者将二者联系起来，并通过各种艺术手法表现旧的家庭关系对安娜爱情追求的禁锢和摧残，上流社会对安娜的欺骗、诋毁和扼杀，从而激发了欣赏者对安娜的同情（对弱者的同情也是一种较普遍的认同心理基础），达到了更深更广的认同。

欣赏者对作品的认同不仅取决于创作者是否提供了认同基础和较强的艺术感染力量，还取决于欣赏者已有心理结构的性质和稳定程度。如果欣赏者的固有心理结构与创作差距较大且较为稳定，那么就不容易在作品的作用下发生变化，因而也就很难对作品产生认同。因此，有的欣赏者为了体会、理解乃至研究作品，有意破除固有心理结构的稳定性，使自己被作品所同化而达到某种程度的认同。

（四）艺术默契

任何文艺创作都是将客观世界中的种种事物形象统一表现于某种特定的艺术形式之中。例如音乐就将本应由听觉、视觉以至嗅觉、味觉、触觉所感知的事物统一表现于由音响、节奏、旋律组合而成的特定形式，成为专由听觉所感知的艺术形象。绘画则将万事万物统一表现为由线条和色彩组合而成的特定形式，成为专由视觉感知的形象。戏剧、电影、小说等也各有其特定的艺术形式。这些都说明任何文艺创作相对于它所反映的现实生活来说，都已有了或多或少、这样或那样的艺术变形与虚拟。这种变形与虚拟出于创作者之手，而为欣赏者所认同，这就是二者之间在艺术表现上的默契。有了这种默契，才谈得上内容的认识、情感的交流以及艺术价值之被肯定。艺术默契的建立并不直接取决于外在力量的干预，也不直接由社会法规来决定。它是在创作与欣赏相互依存、相互作用的过程中自然形成的。所以虽有变形与虚拟，创作与欣赏双方都感到不言而喻，彼此心照不宣。艺术默契建立以后，就有稳定性，无论创作者或欣赏者都不能单方面违背它、破坏它。但是正像世界上一切事物一样，稳定总是相对的，相对的稳定事实上也处于发展变化之中，这种发展变化又是创作与欣赏双方相互作用、彼此促进的结果。

关于艺术默契的稳定性与变动性，可分别从纵向与横向两个角度来看。“纵向”就是说任何一种艺术的默契，在其历史发展中，必然既有稳定性，又处在逐渐变化之中。例如中国古代诗歌就有四言、五言、七言、长短句等形式，每一种形式都因为创作与欣赏的默契而在一定的历史阶段上具有稳定性，但这默契又不是凝固不变的，所以，在四言诗统领诗坛的时候，也出现了非四言的句式；在五七言诗占主导地位时，也出现了长短句。而且，非主流的句式还逐渐变为主流的形式。再说“横向”，其稳定性就是指各种不同的艺术必有各种不同的默契，互相不得混淆。例如话剧以语言来表意，歌剧以歌唱来表意，舞剧则以舞蹈动作来表意，此三者各有其表现特点，不能相互移用。但此类各不相同的默契也不是凝固不变的，所以各种艺术之间有可能出现这样或那样的借鉴、交流、吸收，以至于融合而成新的艺术品种，形成新的默契。默契之所以会有稳定性与变动性，从创作与欣赏双方的心理上说，乃是因为谅解、定势、求新、求美等诸种因素交互作用的结果。例如电影最初是无声的，当然不够理想，但因为大家心里明白在当时的技术条件下做不到有声，所以便因谅解而对无声的表现形式达成了默契。这种默契还相当牢固，所以当1923年有声电影刚出现时，并未引起观众的多大注意，这就是欣赏中的心理定势在起作用。但有声电影毕竟比无声电影更有表现力和创造性，所以由于创作者和欣赏者共有的求新求美心理而终于形成新的默契。

（本文系作者对其撰写的相关词条编辑而成。词条刊于金开诚主编《文艺心理学术语详解词典》，北京大学出版社1992年10月出版）

艺术欣赏的心理调节功能

艺术欣赏可以调节人的心理生活。

人的心理生活状态决定于人与周围环境的关系。人作为一个高度发达的生命有机系统，是在与周围环境相互作用的活动中存在与发展的。推动人与周围环境相互作用的动力便是人的需要。需要的产生往往使个体在生理和心理两个层次上形成一种追求需要满足的积极性和动力，从而使心理生活表现出某种不平衡。只有需要得到满足，心理生活才能恢复平衡。然而，人与环境的关系不是一个“需要—满足”的简单循环过程，而是一个“需要—满足—更高的需要—更高的满足”的永无止境的发展过程。换句话说，人的需要是一个不断追求的过程。因此，人在经历了一定时间的紧张、不平衡的心理状态后，往往需要在与环境的相互作用中取得某种统一，使心理处于一种相对平衡的状态；另一方面，人在经历了一定时间的与环境相统一基础上的宁静、和谐与平衡后，又需要在与环境的相互作用中激发起新的积极性，使心理处于一种紧张活跃的不平衡状态。由此看来，人的心理生活实际是一种追求与满足、积极与消极、紧张与松弛、失衡与平衡等因素交替作用、对立统一的发展过程。较长时间地处于追求、积极、紧张、失衡的精神状态，会对人的生理和心理产生不良的影响；较长时间地处于满足、消极、松弛、平衡的精神状态，则会使人失去许多人生的乐趣和价值，极端者还会使心理健康受到影响。然而，在现实生活中，由于种种复杂的原因，人们往往自觉不自觉地陷于某种不良的精神状态而不能自拔，这就需要对心理生活加以调节而使其进入良性轨道。

心理生活是现实生活的反映。因此心理生活的调节离不开个体与环境现实关系的调节。但是现实生活中个体与环境的关系往往受种种主客观因素的制约，有时不是随心所欲就可以调节的。例如一个失恋的人，陷入极度的痛苦之中，但是对方既不会满足他的恋爱要求，他自己的意志又难以克服情感的力量，于是心理生活出现了一种需要与追求得不到满足的不协调。类似的例子在生活中并不少见。但是艺术作品却可以在一定程度上调节这种心理的不协调状况。它可以为欣赏者提供一个“虚幻的现实”“心灵的摹本”，使欣赏者在想象中改变自身与环境的关系，从而使心理生活处于一种较为和谐的状态。

首先，艺术欣赏可以改变消极平衡的心理状态。在现实生活中，人的心理可能处于种种消极平衡状态。例如遇到打击而心死，对生活失去信心；遇到挫折而消沉，对事业心灰意懒；自觉生活没有意义和乐趣，内心空虚，得过且过；对他人、对社会态度冷漠，缺乏交往与参与的热情等等。较长时间地处于这样的消极状态中，对人的心理健康无疑是没有益处的。艺术欣赏可以在一定程度上激发人的心理积极性，改变消极的心理状态。这可以表现在两个层次上。一个层次是低级的情绪性激发。例如富有刺激性的音乐、色彩、造型、场景，离奇曲折的情节，紧张激烈的场面，等等。这些艺术现象往往可以直接引起人的情绪性反应和冲动，使神经系统形成某种张力，从而产生某种振奋、好奇、惊讶、追求的心理效果。这种情绪性激发虽然对改善人的心理状态、激发心理的积极性有一定的作用，但是如果没有充实的认识内容而只是单纯的感官与心理刺激，这种积极性就既不能持久，也不能有效地转移到生活中来。另一个层次是高级的情感性激发。例如作品中所蕴含的生活哲理对人的启迪，生命力量对人的震动，情感力量对人的感染，美的形象对人的熏陶，等等。这些艺术现象由于蕴含着丰富的社会精神内容，因此可以唤起人高级的精神需要与追求。比之情绪性激发来说，这种激发对人的心理生活的影响和心理状况的改善更深刻、更持久、更充实，也更有力量。19世纪俄国作家乌斯宾基在其小说《她使我们伸直了腰》中曾叙述了这样一件事：一个穷乡僻壤的教师佳普希金穷困潦倒，对生活失去了信心。有一次，他想起了维纳斯那美丽动人的形象，顿时产生了一种愉悦欣喜的感情。从维纳斯的形象中，他看到了人的美好和力量，认识到通过不屈的斗争一定能够得到幸福。于是他挺起腰投身于生活的激流之中。像这种从艺术作品中汲取生活的勇气和力量，从而改变了消极精神状态的例子是很多的。

其次，艺术欣赏可以使现实生活中无法满足的需要得到某种代偿，从而在一定程度上改变欣赏者紧张失衡的心理状态。在现实生活中，人的心理可能处于种种紧张失衡状态。例如理想与追求难以实现，愿望与要求难以满足，情感与情绪无法宣泄，思想与感情无法交流，等等。这种心理状态的共同特征是，内心的需要比较强烈，形成一种张力，要求得到满足，但是现实环境又无法满足，于是形成了一种心理的不平衡。艺术欣赏可以通过以下几种形式使欣赏者的需要得到一定程度的满足。

第一种是象征满足，即通过对艺术作品的欣赏使现实的需要在想象中得到象征性满足。例如一个强烈追求自由爱情生活而在现实生活中无法实现的人，可以在《罗密欧与朱丽叶》《安娜·卡列尼娜》等作品中体验到自由爱情的甜美，从而使炽烈的爱情需要得到哪怕是暂时的心理满足。第二种是情感宣泄，即通过对艺术作品的欣赏使内心集聚的情感宣之于外。例如一个人因事业成功或爱情顺利内心充满幸福欢愉之情，他可以通过对一首欢乐曲的欣赏来抒发内心的感情；一个人充满思乡之情，也可通过吟诵李白的《静夜思》来寄托自己的情思。情感宣泄与象征满足既有联系又有区别。象征满足往往也伴随着一定的情感宣泄，例如描写爱情的作品满足了欣赏者追求爱情的需要，也宣泄了他的恋爱之情；而情感宣泄往往也伴随一定的需要满足，因为抒发某种情感的需要在欣赏中得到了满足。但是，二者毕竟是有区别的，前者是一种满足需要的方式，后者则是一种宣泄情感的手段。在情感宣泄中，某种情感所由产生的需要往往并没有得到满足，例如《静夜思》并没有满足思乡的需要，而只是疏导了思乡的情感。第三种是能量转移，即通过对艺术作品的欣赏支持某种需要或情感的心理能量由一个方向转到另一个方向。在象征满足与情感宣泄中，艺术作品与所要满足的需要和所要宣泄的情感在性质上是一致的，但是在能量转移中，所欣赏的作品与欣赏者的需要、情感却不必一致。例如一个人内心苦闷，可以通过欣赏一些与之无关乃至情调相反的艺术作品，将其由于苦闷而集聚于大脑某个兴奋中心的能量转移到艺术作品的欣赏中去，在这方面求得某种心理平衡。

（原题目为“艺术欣赏与心理调节”，刊于《火花》1992年第11期）

艺术美育

（一）艺术美育的特征

艺术美育是与自然美育、社会美育相并列的一种审美教育活动。我们知道，如果按存在的领域和特征来划分，美大致可以分为现实美和艺术美两大类。现实美是指现实生活中存在的各种各样的美，主要包括自然美和社会美；而艺术美则是现实美的反映，是人们通过一定的艺术手段创造出来的艺术作品的美，例如莎士比亚的戏剧、贝多芬的乐曲、齐白石的绘画、郑板桥的书法等等，都是艺术家在反映现实生活中美的事物的基础上按照一定的艺术法则创造出来的，它们中所蕴含的美都称为艺术美。艺术美育正是以艺术美为内容对人们进行审美教育的活动。

艺术美育与自然美育、社会美育一样，具有形象性和美的感染性，并且在这些特点的表现上比自然美育和社会美育更为突出、更有代表性。鲁迅曾指出："文艺之所以为文艺，并不贵在教训，若把小说变成修身教科书，还说什么文艺。"又说："文学和学说不同，学说所以启人思，文学所以增人感。"①这些都深刻说明了艺术美育所具有的感染性的特点。周恩来同志说："群众看戏，看电影是要从中得到娱乐和休息，你通过典型化的形象表演，寓教育于其中，寓于娱乐之中。"②这更明确指出了艺术美育的娱乐性特点。数年前，上海戏剧学院教师曾演出过一场反映挽救失足女青年的话剧《救救她》，谢幕之后，虹口区工读学校的40多名女生扑向扮演方老师的演员，放声大哭。这个戏震撼了她们的灵魂，她们从剧中看到了自己失足的过去，也看到了自己的希望和前途。一出戏为什么会有如此巨大的力量？这是因为它不是以枯燥的说教和

① 《鲁迅全集》，第8卷，第331页。

② 《周恩来论文艺》，人民文学出版社1979年版，第92页。

抽象的道理向受教育者灌输，而是以生动感人的艺术形象和跌宕起伏的戏剧情节引导欣赏者自己去感受和体验，进而自然而然地在他们心中引发起情感的波澜，并在艺术的享受中体会到某种生活哲理，从而受到教益。从中可以看出艺术美育所具有的形象性、感染性的鲜明特点及其强烈的审美教育效果。

与自然美育、社会美育相比，艺术美育还具有自身独有的特征。这些特征是：

1. 创造性

自然美育和社会美育都是以现实中客观存在的美来进行美育的。例如从泰山接受自然美育，它就不是人们为了进行美育而造出来的，而是在此之前由于地壳的变迁等原因自然形成的；以雷锋的事迹来进行社会美育，这些事迹也不是为了教育别人而有意做出来的，而是雷锋本人全心全意为人民服务的思想的自然流露。因此，就其教育内容而言，自然美育和社会美育所使用的都是现成的“教材”，不具有创造性。

这里有两点需要说明：第一，经过人们加工、改造过的自然物的美，例如整齐舒展的田垄、蜿蜒雄伟的长城；人们在社会实践中所形成的一些社会事物之美，例如巴黎公社的创举、改革开放的实践，毫无疑问都闪烁着人类智慧的火花，都具有创造性。但是人们创造这些事物的主要目的不是为了进行美育，而是为了现实的功利目的。因此对于美育来讲，它们不具有创造性。第二，自然美育和社会美育的教育过程还是存在创造性的，例如教育者在实践中所形成的一些行之有效的教育方法等等，说它们不具有创造性只是就其教育内容而言。

与自然美育和社会美育不同，艺术美育是以人工创造的美——艺术美为内容来对接受者进行审美教育的。艺术美虽然是现实美的反映，但毕竟不是现实美本身，而是艺术家通过对现实美的加工改造而创造的一种新美。这种创造不是为了满足人们现实的、物质的需要，而是为了满足人们精神的、审美的需要，换句话说，艺术家所创造的艺术品，是专门供人们欣赏的，而不是供人们实用的。艺术家在创作这些艺术作品时，总是要将自己的审美趣味、审美倾向、审美理想熔铸于作品之中，以期影响接受者；接受者在欣赏这些作品时，伴随着审美愉悦，也可能自然而然地接受、认同了作品中流露的审美趣味、审美倾向、审美理想。正是在这个意义上，我们说艺术美育是通过创造新美来向接受者进行审美教育的；艺术美育的教材——艺术作品，不是现实中固有的，而是艺术家创造出来的。因此，艺术美育具有创造性。

艺术美育的创造性特点使得它可以突破自然美育和社会美育所难以避免的种种现实局限，使审美教育能够更充分地发挥自己的社会功能，取得更好的社会效果。例如自然美育往往受空间条件的限制，你要使受美育者感受黄山之美，就必须领他们到黄山看一看；要使他们领略黄河之美，也要领他们到黄河瞧一瞧。然而艺术美育则不必如此，一张画布可选取天下美景，一支画笔可绘出四季风光，人们可以根据审美教育的需要自由创造。又如社会美育往往要受现实情况的限制，它的教育内容必须是现实生活中实际存在的人和事，如果审美教育的要求超出了这个限制，它便无能为力了。但是艺术美育却可以通过作品的创作虚构出审美教育要求的内容，它是现实生活中可能出现的，却不必是实际真有的。因此，在现实生活中，艺术美育往往能比社会美育更自由、更充分地发挥其社会作用。

2. 专业性

艺术美育是以艺术美为内容进行审美教育的，而任何一种艺术美都是通过一定的艺术形式来展示的。例如绘画艺术之美是通过二度空间内色彩、线条、形状等的特定组合来展示的；音乐艺术之美是通过流动的时间内乐音、旋律、节奏等的特定组合来展示的；建筑艺术之美是通过三度空间内特殊物质材料和形体结构结合的造型来展示的，这些都是它们的艺术形式。其他如书法、雕塑、舞蹈、戏曲、小说、诗歌、电影等也都各有其特定的艺术形式。这是艺术美区别于自然美、社会美的又一显著特征。

艺术作品之美包括内容和形式两个方面。艺术内容之美即是艺术家经过艺术加工而在作品中反映的现实美，它是通过特定的艺术形式表现出来的。例如舞剧《天鹅湖》第二幕中王子与天鹅初次相遇时的一大段古典双人舞，细腻地表现了奥杰塔由害怕、提防到放心、信赖，进一步发展到腼腆羞涩、萌发爱情的复杂心理变化过程，而这一切又是通过不同节奏、不同力度、不同形态的舞蹈形体动作，特别是双臂（翅膀）的变化多端的挥动和与之配合的头部转动来表现的。如果欣赏者不懂得舞蹈这种艺术形式，不理解舞蹈的形体动作语言，就无法了解作品的内容与情节，更无法体验其中所蕴含的现实之美。因此，我们说艺术形式是通向艺术内容之美的桥梁。另一方面，艺术形式也有其自身的相对独立之美，例如京剧中一些优美的唱腔，一些诸如“走边”“起霸”之类的程式化动作，即使脱离剧目单独表演，也能给人以美的享受，这正是艺术形式自身的魅力使然。总之，各门艺术都以其特定的艺术形式反映现实，它们所反映的现实可能是相同的，而它们所表现的艺术形式却是迥异的，而且正是这迥异的艺术形式决定了各门艺术独特的审美价值。由于艺术形式是艺术美的一个重要特征和组成部分，因此培养受教育者了解某些特定的艺术形式就成为艺术美育的一项重要工作。这是自然美育、社会美育没有而艺术美育所独有的一项工作。要掌握某一艺术的表现形式就要学习这门艺术的一些专门的知识法则和技巧，例如音乐中的音色、节奏、和声、旋律、配器的知识，律诗中平仄、对仗、押韵的讲究，绘画中构图、设色、透视的法则，等等。为此，中小学开设了音乐、美术等课程，教授这些艺术的专业知识和技能，向青少年进行一般的艺术审美教育，而国家开办的美术、戏剧、音乐、舞蹈等中、高等专业艺术院校，则是系统学习专业艺术知识、技能，培养专业艺术人才的学府。这些都体现了艺术美育的专业性特点。

3. 丰富性

所谓丰富性，是指艺术美育的内容比自然美育和社会美育都更为丰富和全面，这主要表现在以下几个方面：

（1）艺术美育的内容既包含自然美又包含社会美。自然美育的内容只是自然美，社会美育的内容只是社会美。艺术美育的内容是艺术美，而艺术美又是包括自然美和社会美在内的现实美的反映，因此艺术美育的内容必然囊括自然美与社会美。例如国画《江山如此多娇》之美，是现实中祖国壮丽山河这一自然美在绘画艺术中的反映；油画《开国大典》之美，是现实生活中的社会美——中华人民共和国成立这一庄严雄伟的场面的艺术再现；而诸如一些优秀的电影，则既在其外景中反映了现实中的自然美，又通过人物和情节反映了现实中的社会美。

（2）艺术美育的内容既包含内容美又包含形式美。自然美侧重于形式美，诸如内蒙古的莽莽草原，桂林的奇山秀水，或雄浑，或秀美，无不是以其外在的形象使人产生这样的审美感受。至于说牡丹雍容华贵、荷花洁身自好等等，实际都是人们从这些植物的某些自然特征出发产生的对人的某些特征、品质的联想，并不是这些自然事物自身具有这样的精神内容。因此自然美育侧重于培养受教育者感受形式美的能力，它的教育内容侧重于自然形象美。与之相反，社会美侧重于内容美。如果一个人灵魂丑恶，外貌再漂亮，也不能认为是美的；反之，一个人即使其貌不扬，但却有一颗毫不利己、专门利人的金子般的心，同样会受到人们的赞美和爱戴。衡量社会事物美的尺度主要是“善”，社会美实际就是通过感性形式显现出来的、有利于社会进步的“善”。因此，社会美育主要是引导受教育者透过各种社会现象、社会事物认识其中蕴含的进步、美好的社会内容和精神财富，它更侧重于理性的分析和思考。

艺术美既包含内容美又包含形式美，例如欣赏电影《焦裕禄》，我们既会为主人公焦裕禄为了兰考人民摆脱贫困、过上好日子鞠躬尽瘁、死而后已的精神所感动，又会深深叹服影片在人物形象塑造、镜头剪辑、情节设计等艺术形式方面所取得的杰出成绩。因此，艺术美育既重视内容美，又重视形式美，并不偏废任何一方。

（3）艺术美育的内容既包括作为创作客体的现实美，又包括作为创作主体的精神美。我们说艺术美育的内容既包括自然美又包括社会美，并不意味着艺术美只是自然美与社会美的简单相加。对于艺术创作来说，包括自然美和社会美在内的现实美只是创作客体，艺术家在对它们进行加工改造以创造艺术形象时，必然要将自己的审美倾向、审美理想、审美个性等主体精神之美熔铸于其中，使其成为艺术美的一个重要方面，艺术美育的一项重要内容。例如巴金的小说《家》，是中国封建大家庭这种社会现实的艺术反映，如作者自己所说：“书中人物都是我所爱过和我所恨过的。许多场面都是我亲眼见过或者亲身经历过的。”[①]因此，在觉新、梅、瑞珏、觉慧等人物形象身上，无疑包含着社会美的内容。但这些人物形象并不是照搬现实，而是作者根据自己的审美倾向对现实素材进行了加工和改造。这也如作者自己所说：“瑞珏的性格跟我嫂嫂的不同，虽然我祖父死后我嫂嫂被逼着搬到城外茅舍里去生产，可是她并没有像瑞珏那样悲惨地死在那里。我也有过像梅那样的表姐，她当初跟我大哥感情好……后来听说姑母不愿意‘亲上加亲’，因此这一对有情人终不能成为眷属。四五年后我的表姐做了富家的填房少奶奶。”[②]那么作者为什么要以死

① 山东师范学院中文系文艺理论教研室编：《中国现代作家谈创作经验》，山东人民出版社1980年版，第206、209页。

② 山东师范学院中文系文艺理论教研室编：《中国现代作家谈创作经验》，山东人民出版社1980年版，第206、209页。

的结局来改变瑞珏与梅的原形的生活经历呢？显然是为了表现自己，也是为了激起读者对这些不幸女子的同情，对封建大家庭的愤恨。如作者自己所说："我庆幸我把自己的感情放进了我的小说，我代那许多做了不必要的牺牲品的年轻女人叫出了一声'冤枉'！"[①]这种通过作者的艺术处理所表现的审美倾向，是自然美、社会美所没有而为艺术美所独有的。因此在艺术美育中，不仅要使受教育者了解作品所反映的自然美和社会美，还要引导其把握隐藏于作品之中的作者的审美倾向。

艺术创作表现作者审美倾向这一特点，使得它可以把生活中一些丑恶的事物变成可供欣赏的审美对象，从而丰富了艺术美的内容。例如达·芬奇名画《最后的晚餐》中的犹大、歌剧《白毛女》中的恶霸地主黄世仁、莎士比亚戏剧《奥赛罗》中的埃古，他们或是让人愤恨的恶棍，或是令人鄙视的小丑，在现实生活中无论如何不会成为人们的审美对象。但是在艺术作品中，这些丑恶人物经过艺术处理而成为渗透着艺术家否定性情感倾向的艺术形象，其自身的丑恶本质虽然没变，但却从反面肯定了生活中的美。因此在艺术美育中，不仅应该启发受教育者从正面人物身上汲取营养，还应该引导他们从那些渗透着艺术家否定性情感倾向的反面人物身上接受反面的教育。

4. **典型性**

艺术美是一种典型形态的美，是比现实美更高形态的美。包括自然美与社会美在内的现实美，虽然千姿百态，丰富多彩，但却彼此分散、孤立，缺乏内在联系。而艺术美是艺术家按照一定的创作意图，根据一定的艺术法则，通过对现实生活中的美的采集、加工、改造而创造出来的。它虽然不像生活中的美那样生动丰富，但由于它对某一类事物的共同特点有所概括，因而比之这一类的任何个别事物都更集中、更完美；又由于它经过人的加工创造而显示出某种内在的联系和协调，体现出人类的理想和生活的本质，因而比现实生活中的美更深刻。这正如毛泽东同志所说："人类的社会生活虽是文学艺术的唯一源泉，虽是较之后者有不可比拟的生动丰富的内容，但是人民还是不满足于前者而要求后者。这是为什么呢？因为虽然两者都是美，但是文艺作品中反映出来的生活却可以，而且应该比普通的实际生活更高，更强烈，更有集中性，更典

① 山东师范学院中文系文艺理论教研室编：《中国现代作家谈创作经验》，山东人民出版社1980年版，第206、209页。

型，更理想，因此就更带着普遍性。”[①]

艺术美的以上特点，使得艺术美育比自然美育和社会美育都具有更强烈、更普遍的审美教育效果。例如革命回忆录《在烈火中永生》可以被看作是一本社会美育的教材（它因具有形象性、感染性的特点而不同于抽象的政治理论教育，又因是社会史实而不是艺术虚构，因此不属于艺术美育范畴），它曾在50年代、60年代对青年进行的革命传统教育中发挥过重要作用。但是无论在广度上还是深度上，这本回忆录在青年中的影响都远不及与之同一题材、同一作者（罗广斌、杨益言）的长篇小说《红岩》。长篇小说《红岩》中的英雄江雪琴、陈岗、华子良的主要事迹虽来源于生活中的原型江竹筠、陈然、韩子栋，但作者在塑造这些人物形象时集中了更多革命英雄的特点并加以理想化和艺术化的处理，因此小说中的英雄比生活中的原型更生动、更典型、更感动人，因而强烈震撼了广大青年的心，影响了整整一代人。

以上分析了艺术美育的特征，可以看出，艺术美育在审美教育中具有十分重要的意义，处于核心地位。古希腊哲学家柏拉图说：“我们不是应该寻找一些有本领的艺术家，把自然的优美方面描绘出来，使我们的青年们像住在风和日暖的地带一样，四周一切都对健康有益，天天耳濡目染于优美的作品，像从一种清幽境界呼吸一阵清风，来呼吸它们的好影响，使他们不知不觉地从小就培养起对于美的爱好，并且培养起融美于心灵的习惯吗？”[②]这说明早在两千多年以前，人们对艺术美育就已经十分重视了。

（二）艺术美育的功能

任何教育都具有提高人的素质的功能，艺术美育也不例外。艺术美育的功能概括起来有以下四点：一、拓展人的认识领域（即认识功能）；二、陶冶人的思想道德（即教育功能）；三、提高人的审美素质（即审美功能）；四、促进人的全面发展（即发展功能）。下面分别做一些探讨。

1. 拓展人的认识领域

艺术美育虽然具有娱乐性特点，却绝不是一种单纯的娱乐活动。艺术作

① 毛泽东：《在延安文艺座谈会上的讲话》。
② 柏拉图：《文艺对话集》。

为一种社会意识形态，在本质上是社会生活的艺术的反映。因此它不仅具有娱乐价值，更具有认识价值。艺术美育则是使艺术的认识价值得以实现的重要途径。它通过艺术作品在受教育者面前展开了一幅幅色彩斑斓的自然世界与社会生活的画卷，从而大大提高受教育者认识客观世界的广度和深度。人对客观世界了解、认识的广度，取决于他的生活、实践与社会交往的广度。但是就任何一个个体而言，由于受种种主客观条件的限制，其生活、实践和社会交往无论在空间和时间上都是有限的，这不能不使其认识受到一定的局限。然而人的认识不仅可以通过直接渠道获得，而且可以通过种种间接渠道获得。艺术美育正是这样一种间接渠道。它引导受教育者通过艺术作品具体生动的形象，了解自然与社会中各种各样的事物，从而大大丰富受教育者的文化知识和思想认识。

对于艺术作品的这种认识价值，马克思主义的经典作家曾给予高度评价。马克思曾说希腊艺术“是一种规范和高不可及的范本”，因为它使人们看到了“历史上的人类童年时代”。[①]恩格斯则对法国杰出的批判现实主义作家巴尔扎克的作品做过这样的评价：“他在《人间喜剧》里给我们提供了一部法国社会特别是巴黎‘上流社会’的卓越的现实主义历史，他用编年史的方式几乎逐年地把上升的资产阶级在一八一六年至一八四八年这一时期对贵族社会日甚一日的冲击描写出来……我从这里，甚至在经济细节方面（如革命以后动产和不动产的重新分配）所学到的东西，也要比从当时所有职业的历史学家、经济学家和统计学家那里学到的全部东西还要多。”[②]列宁也曾称赞列夫·托尔斯泰的《安娜·卡列尼娜》《复活》等作品忠实地描绘了19世纪中后期俄国社会的现实，是“俄国革命的镜子”。文学的认识价值是显而易见的，其他一切艺术作品也都具有认识价值。例如敦煌莫高窟中的壁画、雕塑和建筑艺术，以其生动逼真的形象反映了我国自十六国到宋元时期的政治、经济、文化、军事、宗教、民族、科技等各方面情况，为我们认识那个时代的社会生活提供了极为宝贵的形象资料。即使偏重于情感表现的音乐艺术，也具有一定的认识价值。例如小提琴协奏曲《梁祝》，虽然并没有具体描写出人物、事件和语言，

---

① 《〈政治经济学批判〉导言》，《马克思恩格斯选集》第2卷，人民出版社1972年版，第114页。

② 恩格斯：《致玛·哈克奈斯》，《马克思恩格斯列宁斯大林文艺论集选讲》，春风文艺出版社1982年版，第304、305页。

但是我们从“草桥结拜”那委婉缠绵的乐曲中分明可以感受到梁山伯与祝英台之间那真挚美好的感情；从“英台抗婚”那铿锵激烈的曲调中则可感受到祝英台为争取自由爱情而进行的坚决抗争，从而在一定程度上了解到中国封建社会男女爱情的不自由和他们的斗争。

古今中外艺术作品浩如烟海，为受教育者提供了取之不尽的认识对象。艺术美育工作者应选择那些最具认识价值、最有代表性的作品，为拓展受教育者的认识广度当好向导。

艺术美育不仅可以拓展受教育者的认识广度，而且可以提高受教育者的认识深度。因为任何一件真正具有美学价值的艺术作品，都不会是对生活表面现象的复写，而是艺术家经过长期观察与深刻思考后对生活进行的形象概括，因而都会在一定程度上反映出生活的某些本质方面。例如鲁迅通过他的小说《狂人日记》揭露了封建礼教的吃人本质，通过《阿Q正传》揭示了辛亥革命的不彻底性和“精神胜利法”等国民劣根性，这是鲁迅对20世纪初叶旧中国社会冷静观察和深刻思考的结果。与鲁迅同时代的人有多少能达到这样的认识深度呢？许多人就是通过阅读鲁迅作品而认识了自己置身于其中的社会的某些本质问题，从而起来反抗那吃人的社会。

因此，在艺术美育中要注意引导受教育者挖掘潜藏在作品形象之中的深刻的思想内容。例如达·芬奇的名画《蒙娜丽莎》，就画面形象而言不过是一位微笑的妇女。然而在这普通妇女的微笑之中却蕴含着深刻的社会思想内容。原来在黑暗的中世纪，封建统治和基督教的禁欲主义剥夺了人们享受幸福生活的权利，情感的自由表现也会被视为触犯上帝的天条，因此中世纪的人物画像，都是那样呆板、僵硬、毫无表情。文艺复兴使人们的思想得到了解放，久已丧失的笑容又回到人间，特别是回到那些获得解放的妇女的脸上。达·芬奇作为一个与时代同呼吸共命运的艺术家，敏锐地感受到了这一点，并在作品中天才地表现了这一点。他一扫过去肖像上那郁郁寡欢的阴影，绘出了自由明朗的笑容。那笑容里充满着新时代、新人物的自信和乐观，洋溢着对未来、对真善美的渴望。他用艺术形象表明，人从禁欲主义下解放出来，不再是没有七情六欲的模具了。如果我们能使受教育者认识到这些，无疑会大大提高他们对文艺复兴时期社会生活的认识深度。

2. 陶冶人的思想道德

艺术美育具有陶冶人的思想道德、提高人的精神境界、美化人的心灵的功能。对于艺术美育的这一功能，早在两千多年前人们就有了深刻的认识。古希腊哲学家柏拉图非常重视艺术对人们思想道德的影响。他曾经激烈地攻击诗歌和悲剧，认为诗和悲剧“逢迎人性中低劣的部分”，所以要“拒绝它进到一个政治修明的国家里来”[①]；他大大赞美音乐，认为“音乐教育比起其他教育都重要得多……如果教育的方式合适，它们就会拿美来浸润心灵……受过这种良好的音乐教育的人可以很敏捷地看出一切艺术作品和自然界事物的丑陋，很正确地加以厌恶；但是一看到美的东西，他就会赞赏它们，很快乐地把它们吸收到心灵里，作为滋养，因此自己性格也变成高尚优美”。[②]柏拉图以艺术门类来划分其对人的影响是积极还是消极的观点虽然并不可取，但他对艺术美育可以陶冶人的思想道德的认识还是值得注意的。其后，亚里士多德在这方面有了更明确的认识，他说：“音乐之所以必须学习，不是只为了一种益处，而是为了许多益处，这就是说：（1）为了教育；（2）为了心灵的‘净化’……（3）为了理智的享受，为了紧张劳动后精神的松弛和修养。”[③]他把音乐的教育功能摆在了头等重要的地位。古希腊思想家们对于艺术、特别是音乐教育功能的认识，与我国古代某些美育理论几乎是不谋而合的。《礼记·乐记》中说：“乐也者，圣人之所乐也，而可以善民心。其感人深，其移风易俗，故先王著其教焉。”[④]这段论述对音乐的移风易俗、道德教化的作用给予了高度评价。其实不只音乐，一切艺术都具有教育功能。

古今中外的许多例子说明，优秀的文艺作品对人的精神世界的影响是十分深刻的。俄国作家车尔尼雪夫斯基在他的长篇小说《怎么办？》中塑造了一个职业革命家拉赫梅托夫的形象。他为了了解俄国社会和人民，磨炼自己的革命意志，跑遍了俄罗斯，当过锯工、石匠、拉纤工、码头工人，吃粗茶淡饭，睡钉子床。这本书曾经对许多无产阶级的革命者产生过积极的影响。国际共产主义战士季米特洛夫在叙述《怎么办？》一书对他的影响时说：“我还记得，

---

① 柏拉图：《理想国》，转引自滕守尧《审美心理描述》，第342页。

② 伍蠡甫、蒋孔阳主编：《西方文论选》（上卷），上海译文出版社1979年版，第29—30页。

③ 亚里士多德：《政治论》，转引自涂途《西方美育史话》，第49页。

④ 郭绍虞主编：《中国历代文论选》（第一册），上海古籍出版社1979年版，第61页。

在我少年时代，是文学中的什么东西给了我特别强烈的印象。是什么榜样影响了我的性格？我必须直接地说：这是车尔尼雪夫斯基的书《怎么办？》。我在参加保加利亚工人运动的日子里培养起来的那种坚持力、信心和坚定精神——这一切都无疑地同我在少年时期读过的车尔尼雪夫斯基的艺术作品有关系。”[①]在我国，50年代，奥斯特洛夫斯基的长篇小说《钢铁是怎样炼成的》曾经在青年中产生过巨大影响。不少青年把这部小说奉为自己的“生活纲领”，把小说主人公保尔·柯察金当作学习的楷模，把保尔在家乡烈士墓前关于人一生应当怎样度过的一段独白当作座右铭，激励着自己为共产主义事业而斗争。

当前，我国人民在中国共产党的领导下，正以经济建设为中心，致力于社会主义现代化建设的宏伟事业。处在这样的历史时期，我们应当如何认识艺术的教育功能呢？有人认为，现代社会的激烈竞争和快速发展使生活的节奏越来越快，人们在紧张的工作之余需要的是松弛和休息，因此艺术的主要功能是娱乐，要求它发挥教育功能是不合时宜的。我们认为，这种意见是值得商榷的。毫无疑问，社会需要艺术发挥其娱乐功能，特别是在生活节奏加快的今天；但是社会更需要艺术发挥其教育功能，因为我们正在进行着一场异常深刻的社会大变革：加快改革开放步伐，建立社会主义市场经济体制，尽快实现社会主义现代化。这场变革必然会引起人们思想观念、精神状态和生活方式的深刻变化。时代需要艺术担负起社会的责任，反映这一变革给我国社会生活带来的深刻变化；表现人民群众在改革开放中大胆探索、不断开拓的创造精神；塑造为社会主义现代化建设奋力拼搏、无私奉献的英雄人物；讴歌爱国主义、集体主义、社会主义的光辉思想；颂扬真诚、善良、美好的事物，抨击虚假、邪恶、丑陋的灵魂；帮助人民认识时代的特征、前进的困难、历史的趋势、光辉的前景；鼓舞人民团结一致，振奋精神，开创祖国无限美好的未来。艺术应该责无旁贷地担负起这一重任。

那么，处于当今的时代，艺术应该如何发挥自己的教育功能呢？我们认为，艺术要发挥其教育功能，首先要博得群众的喜爱，而要做到这一点，就要：

① 《季米特洛夫论文学、艺术与科学》，第9页。

（1）反映时代精神和历史发展的主流。

任何一个时代、一个社会，都有其历史发展的主流和与之相适应的时代精神，都要求艺术对此做出反映。欧洲文艺复兴时期，资本主义开始冲破封建牢笼而登上历史舞台，反对精神禁锢、主张人权和个性解放成为当时的时代精神。于是就有了但丁、薄伽丘、塞万提斯、莎士比亚、达·芬奇、拉斐尔等一大批艺术家创作的反映人文主义精神的作品。中国“五四”时期，反帝、反封建、要民主、要科学成为时代精神，于是就有了鲁迅的小说和郭沫若的诗歌。党的十一届三中全会以来，改革开放、加快社会主义现代化建设成为时代精神，于是表现社会主义现代化进程中的矛盾冲突，塑造新时期社会主义的新人形象，展示人们在新旧机制交错中的各种心态，就成为许多艺术家共同关注的课题。这个时期，产生了一批反映和贴近现实生活的作品，如小说《新星》《苍生》，电影《月亮湾的笑声》《咱们的牛百岁》《喜盈门》《血总是热的》，电视剧《外来妹》《中国商人》等等。诸如此类的作品都因对时代精神有所反映而受到人民群众的喜爱。为什么反映时代精神的作品能够赢得群众的喜爱呢？因为这些作品能帮助他们了解、理解和适应迅速变化的社会生活，使他们能从中获得一些启发和教益，从而能更正确地对待生活。电视剧《新星》曾在群众中引起很大反响，许多人看过后争购原作小说，《文艺报》记者现场采访了一些购书者。当问到“为什么看过电视剧还要买书”时，一位轮胎厂的工人说，作者在思索“中国向何处去”，咱厂工人在思索“轮胎厂向何处去”，两下正对胃口！我们也喜欢有个像李向南这样没有私心、大刀阔斧搞改革的带头人。由此可见，反映时代精神有助于艺术更好地发挥教育功能。

（2）反映人民群众的愿望和要求。

不少从事教育工作的人都有这样的体会：当你和受教育者产生了某些共同语言后，你讲的道理就更容易为他们所接受。艺术美育也是如此，当一部艺术作品反映了群众的愿望和要求，也就是说和他们产生了共同语言后，就会受到他们的欢迎，因而更有助于实现作品的教育目的。电影《焦裕禄》所描写的是一位家喻户晓的人物，影片既没有什么离奇的故事，也没有强烈的感官刺激，它只是以朴实的手法描写了一位为人民的幸福忘我工作、无私奉献、鞠躬尽瘁、死而后已的共产党员、革命干部，却在群众中引起了强烈反响，大家争相观看，许多人被感动得流下了热泪。影片之所以具有如此巨大的魅力，除了其艺术上的成就和演员的出色表演外，很重要的一个原因是它涉及了一个群众关心的重要问题，即党群关系问题。群众对改革开放条件下一些党员、干部经不住考验而脱离群众乃至走向腐败是不满意的，他们在心底呼唤焦裕禄这样的全心全意为人民服务的好干部，因此能与影片产生强烈共鸣。同时，影片主人公焦裕禄所具有的巨大人格力量和高尚精神境界必然会使每一个观众的心灵受到震动，从而使他们在感动之余受到深刻教育。

（3）提高作品的艺术质量。

艺术的教育功能是通过审美享受实现的，即“寓教于乐”。因此作品艺术质量的高低对于其教育效果有重要的作用。缺乏艺术魅力的作品，再强调教育意义也无济于事，因为它吸引不了接受者，从而也就无法实现其教育功能。反之，艺术质量高的作品，即使受到禁毁，也可能以其强大的艺术力量吸引欣赏者而使之私下流传。例如王实甫的《西厢记》，虽多次被禁，却在民间广为流传，小说《红楼梦》中就生动描写了林黛玉被这部作品的艺术力量所征服的情景，宝玉、黛玉反抗封建束缚、追求自由爱情的精神是与《西厢记》的影响分不开的。因此，要发挥艺术的教育功能，必须在提高艺术质量上下功夫。

（4）多层次地发挥艺术的教育功能。

当前，我国还处于社会主义的初级阶段，以社会主义公有制经济为主体多种经济成分并存的国情决定了群众的思想文化不可能是清一色的。因此，艺术教育功能的发挥也不能是单层次的，而应是多层次的。我们既要有闪耀着社会主义乃至共产主义思想光辉的艺术形象，如电影《周恩来》《焦裕禄》《蒋筑英》中的主人公；也要有体现爱国主义精神风貌和思想感情的作品，如电影《甲午风云》《高山下的花环》、歌曲《我的中国心》等；还要有表现清正廉洁、见义勇为、尊老爱幼、尊师敬贤等中华民族传统美德的作品，如电视连续剧《包公》《渴望》、电影《烛光里的微笑》等。即使是那些没有什么深刻思想内容的通俗作品，如果能生动表现善良美好的品性、健康真挚的爱情、扶危解难的豪气、惩恶扬善的宗旨等，也都可以使人们从中得到积极的情绪感染，乃至为人处世的有益启示。我们要把宣传爱国主义、社会主义、集体主义作为艺术美育的主旋律，同时也要注意把主旋律与多样化辩证统一起来，全方位、多层次地发挥艺术的教育功能。

3. 提高人的审美素质

提高人的审美素质，是艺术美育的核心功能。艺术与其他精神活动的一个重要区别，就是它可以给人带来审美愉悦和审美享受。但是并不是随便一个人都可以获得这种审美愉悦和审美享受的，它需要主体具有一定的审美素质。因为如前所说，任何艺术都具有一定的艺术形式和表现方式，不懂得这种艺术形式和表现方式，就无法欣赏它，因而也就无法获得它可能带来的审美享受。艺术美育可以培养和提高人的审美素质，使其成为一个有艺术修养的人。

对于艺术美育的这种功能，前人早有认识。古希腊哲学家亚里士多德曾指出，教儿童以绘画，可以“使他们成为人体美的评判者”。[①]又针对有些人反对儿童学习音乐演奏，亚里士多德指出：“作为一个评判者应该也是一个演奏者，他们应该从小就开始练习，虽然到他们成长以后，也许就可以免去这种操作。由于幼年学会了这种知识，它们就能从中鉴别音乐的美，并从中感到乐趣。”[②]由此可以看出，亚里士多德认为艺术美育有助于儿童掌握绘画、音乐的知识和技巧，从而使他们成为具有一定艺术修养和审美素质的人。艺术美育不仅要从小培养人的审美素质，更要不断提高人的审美素质。谈到提高审美素质，人们有可能联想到近年来我国文艺领域中出现的通俗艺术走俏，而高雅艺术受冷落的现象。有人叹息群众的审美素质在下降，有人为此而愤愤不平。如何认识这种现象呢？我们不妨对这种现象产生的原因做一点分析。

从欣赏对象即艺术作品的角度看，这与改革开放以来艺术创作的丰富和艺术市场的繁荣有关。过去，我国的艺术领域也像经济领域一样，是一种封闭的计划体制，艺术园地里几十年来一直是京剧、电影、话剧、舞蹈等传统艺术形式和严肃题材的领地，发展到“文化大革命”中更只“净化”到只有八个样板戏。改革开放以来，艺术领域由封闭走向开放，并且逐步向着市场化的方向发展。随着港台通俗歌曲、言情和武侠题材的小说、电影、电视剧的大量涌入，内地也开始制作这类艺术产品争夺市场，再加上现代科技手段（彩电、电声乐器、激光唱盘等）的运用，使得通俗艺术日益繁荣，蔚为壮观，从而对传统艺术形式形成了强大的冲击。

再从欣赏主体即欣赏者的角度看，这与改革开放以来社会生活变化带来

① 涂途：《西方美育史话》，红旗出版社1988年版，第52、53页。

② 涂途：《西方美育史话》，红旗出版社1988年版，第52、53页。

的群众审美倾向和审美趣味的变化有关。首先，出于对“文化大革命”中那些充满政治说教的作品的反感，人们对一些严肃题材作品的兴趣有所下降，而对一些轻松平易的通俗艺术作品则感到亲切，发生兴趣。其次，作为发展中国家，我国一般群众的文化素质不是很高，加之“文化大革命”的十年空白，使这种情况更为严重，因此京剧、交响乐、舞蹈、歌剧等高雅艺术很不容易为一般群众所把握，而通俗歌曲、武侠小说之类则因其艺术形式的通俗、易于把握和比较注重娱乐性而受到群众青睐。再次，现代社会激烈的竞争、快节奏的生活使人们常常处于一种紧张的精神状态，因此对艺术的需求更趋向于放松、消遣，而不愿意劳心费神地去思考作品的思想内涵、艺术得失，通俗艺术正好适应了这种需求。最后，改革开放所带来的思想解放和竞争意识，使群众文化生活出现了表现性、自娱性特点，人们已经不满足于像过去那样作为旁观者去看戏听歌，而希望自己去参与、去表现，最突出的例证就是卡拉OK和街头舞场的大量涌现，而通俗歌曲比之高雅音乐显然更易于为一般群众模仿和掌握。

以上分析可能并不全面，但也可以说明，通俗艺术的走俏和高雅艺术的受冷落有其复杂的社会文化原因。需要研究的是，面对这种情况，艺术美育如何发挥提高群众审美素质的功能。我们认为应该从通俗艺术与高雅艺术两方面入手。

（1）通俗艺术争品位。通俗艺术拥有广大的读者、观众、听众，但以什么样的手段来吸引群众，却是一个值得研究的问题。有些通俗艺术工作者并不是凭艺术的魅力，而是凭官能的刺激吸引群众。有的演员在台上卖弄姿质、嗲声嗲气、扭来摆去，所着意的不是歌曲本身，而是力图成为少男少女心目中的青春偶像，煽动起他们内心的迷狂之情。有的小说、电影、电视剧胡编乱造，着力描写挑逗性场面或大肆渲染恐怖气氛，或不断使用粗言秽语，以此来刺激读者、观众的感官。由此造成了一些通俗艺术作品品位低下，不利于群众的审美素质的提高。因此，就提高群众的审美素质来说，通俗艺术所要做的重要工作之一就是提高自己的艺术品位。当然，这并不是说通俗艺术作品的品位都不高，事实上，不少通俗艺术作品的格调是健康的，有些还是高品位的作品。这里要强调的是，由于通俗艺术容易滑向低俗，因此应该自觉地追求高品位。在这方面，著名相声艺术大师侯宝林曾做过不少的努力。相声作为一门通俗艺术，新中国成立前存在着不少低俗的东西。侯宝林先生取其精华，去其糟粕，博采众长，推陈出新，使相声艺术不断向着高品位的方向发展。例如他的相声《大改行》，毫无污言秽语的哗众取宠，却通过稳健的铺垫和精彩的“包袱”，不惟令听众捧腹大笑，而且在大笑之余会在心头隐隐产生一种对旧社会艺人们种种遭遇的同情。

（2）高雅艺术争群众。高雅艺术具有较高的艺术品位，对于提高群众的审美素质有重要意义。歌德曾经说过：“鉴赏力不是靠观赏中等作品而是要靠观赏最好作品才能培育成的。”[①]高雅艺术所面临的问题是曲高和寡，在文化市场中处于明显的劣势地位。因此，在提高群众审美素质的问题上，高雅艺术的主要任务是争取群众。那么高雅艺术能不能争取到群众呢？应该说只要动脑筋努力去做，总是会有成效的。1993年10月9日《人民日报》（海外版）赫然刊登了这样一则报道：《华人音乐经典演出轰动蓉城，各界人士争相购票一睹为快》。报道说：“这场历时五天的二十世纪华人音乐经典演出精选了124首曲目，它们都是二十世纪以来在各个历史时期中华民族精神的体现。每当夜幕降临，锦城艺术宫门口总是人声鼎沸，从白发苍苍的老人到稚气未脱的孩子，都赶来欣赏二十世纪以来华人音乐的经典。一些没有买到票的人更忙着到处‘吊票’，一位个体经营者看完首场演出后，非常感慨，当即拿出15万元，要求订购数百套演出票，转送给中小学的优秀教师。四川大学学生黄明看了演出后激动不已，虽然许多曲目他只是第一次完整地欣赏，但其中巨大的凝聚力却让他振奋。他说上中学的时候我是个‘追星族’，受了高等教育后，感到一味地卿卿我我总像是缺了什么，现在听了《黄河大合唱》《毕业歌》，才觉得中华民族多么伟大。”这种高雅音乐能让个体户、“追星族”如此感动，说明只要我们工作做到家，高雅艺术是可以争取到群众的。这正如四川省文化部门的一位负责人所说：“严肃音乐受到这样的热烈的欢迎，连我们也没有意料到，看来我们从前提供给观众的太少太少了。”

高雅艺术要争取群众，很重要一点就是要使其通俗一点，距离群众近一点。钢琴曲是一种典型的高雅艺术，理查德·克莱德曼创作了《致爱丽丝》等一批轻松浪漫的乐曲，使钢琴曲由高雅的音乐殿堂走到了广大青年之中，在世界各地受到了热烈欢迎。他在首都体育馆的演出倾倒了广大青年观众，获得了

① 《歌德谈话录》，人民文学出版社1952年版，第32页。

极大成功。京剧也是一门高雅艺术，北京京剧三团排演了一出反映现实生活的戏《女税官》，受到各地群众特别是税务部门的热烈欢迎。几个月内，他们带着这出戏南下湖北、湖南、河南、四川、天津，所到之处受到热情接待，演了近百场仍势头不衰。之所以如此，一个重要的原因就是这出戏贴近生活、贴近群众，艺术形式上也更通俗一些。

普及高雅艺术，提高群众的审美素质，是个很重要也很复杂的问题。特别是在走向社会主义市场经济的今天，难度似乎更大。但是我们相信，有国家和社会各界的多方面支持，有广大艺术工作者和美育工作者的努力，这项工作一定会越做越好。

4. 促进人的全面发展

任何教育都应着眼于使受教育者形成完美的个性（又称人格，是心理学的重要概念，指的是作为个体的人所具有的区别于动物而又与他人存在差异的、稳定的心理特质的整体）。而完美的个性（人格）应该是理性与感性、理智与情感、共同性（一致性）与个体性（差异性）等对应因素的高度完美的统一，是以上诸因素的有机和谐的整体。这就要求对人的教育要从整体发育、全面发展着眼；在培育一些能力、素质的同时，要考虑与之对应的另一些能力、素质；要努力使人的各种能力、素质都得到谐调发展。

然而一般的教育往往重视前者（理性、理智、共同性等因素）而忽视后者（感性、情感、个体性等因素）。似乎存在着这样一种认识：后者是生而具有的，前者才是需要通过教育发展的——幼儿不就是以感性的方式把握世界、以本能的情感支配行动、以个体为中心处理与周围事物的关系吗？只有通过不断的教育，才能逐渐变得理性、理智起来，也才能学会从社会的角度考虑问题。这种说法似乎无可非议，但却忽略了这样一个问题：后者作为构成整体的人的另一个方面的能力、素质，也需要伴随着前者不断由低级向高级发展；否则个性的发展就会片面，发育就会失去平衡。而促使个性的感性、情感、个体性等因素伴随着理性、理智、共同性等因素不断由低级向高级发展，从而使人的各种潜能、素质得到全面发展、整体发育的重要手段，便是美育，特别是艺术美育。著名科学家达尔文曾经对这个问题有过深切的体会：

在三十岁左右的时候，我对弥尔顿、格勒、拜伦、华兹华斯、克勒律治、雪莱等人的诗是那样入迷（当然，对莎士比亚的诗，尤其是他的历史剧，从学生时代起，就已经入迷了）。我还敢说，自己对绘画和音乐也很感兴趣，但是现在就大不一样了。这许多年来，我竟没有读完过一首诗，有一度我曾试着去重读莎士比亚的诗，但一拿起来就感到它乏味和厌烦。到现在，我对绘画和音乐的兴趣也开始丧失了……我的思想似乎已经变成了一种机器，它只是机械地从无数事实和原料中剔取出一般规律。我真的不明白为什么对艺术爱好的丧失会引起心灵的一部分能力——能够产生更高级的意识状态的那一部分能力——的衰退。我在想，一个具有比我更高级和更为全面统一的意识的人是断然不会像我现在这样的。假如我能够从头再活一次，我一定要给自己规定这样一个原则：一星期之内一定要抽出一定的时间去读诗和听音乐。只有这样，我现在业已退化的那一部分能力才能在持续不断地使用中保持下来。事实上，失去这种趣味和能力就意味着失去了幸福，而且还能进一步损害理智，甚至可能会因为本性中情感成分的退化而危及道德心。①

达尔文以自己切身的体会说明，对艺术爱好的丧失会引起“能够产生更高级的意识状态的那一部分能力”的衰退，而失去这种能力则会使理智受到损害，情感发生退化。这从反面说明了艺术在促使人全面发展方面所起的作用。那么艺术美育在促进受教育者个性全面发展方面能起哪些作用呢？下面做一些具体分析。

（1）促进理性与感性的谐调发展。

现代心理科学的研究证明，人的大脑是由左、右两个半球组成的。左半球主要负责概念、判断、推理等抽象思维活动、理性心理活动，右半球主要负责直观形象、空间知觉等感性心理活动。左半球所进行的是受语言和逻辑支配的分析思维，右半球所进行的则主要是把所感知的元素联结成某种整体的知

① 转引自滕守尧著《审美心理描述》，中国社会科学出版社1985年版，第351页。

觉。但是左右两半球并不是彻底分割的，而是相互联系、相互作用的。一般来说，左半球影响和制约着右半球的活动，“甚至在感知周围世界的时候，成年人也把自己的印象组织到逻辑系统中去”。[①]另一方面，右半球也对左半球的活动产生着影响和作用。由于在20世纪50年代末首先提出弱力和电磁力统一理论而获得了1979年诺贝尔物理学奖的美国物理学家格拉肖，曾经生动地谈到形象思维对于抽象思维、科学创造的意义：“涉猎多方面的学问可以开阔思路，像抽时间读读小说，逛逛动物园都有好处，可以帮助提高想象力，这同理解力和记忆力一样重要。假如你从来没有见过大象，你能凭空想象出这种奇形怪状的东西吗？我这样讲，有的人听起来可能会感到奇怪。但是在我们研究物理问题的时候，往往会用到现实世界的各种形式。对世界或人类社会的事物形象掌握得越多，越有助于抽象思维。”[②]

一般教育，例如智育中的数学、化学等课程，所着眼的都主要是受教育者理论知识的掌握和理性思维能力的培养。而如果不注意受教育者感性知觉、整体把握能力的培养，必然会使其这部分潜能逐渐退化，影响受教育者的全面发展，甚至影响理性思维能力的充分发挥。艺术美育正可以弥补这方面的不足。当我们把精美的艺术形象展现在受教育者的面前时，他们那被理性思维所压抑的感性心理活动就会复苏。对艺术形象的欣赏使他们的感觉、知觉、联想、想象、体验等感性心理活动逐渐活跃起来，并且正是在这样的活动中，这些感性心理活动的能力不断得到发展和提高。这种发展和提高不是孤立进行的，而是在已经发展和提高了的理性心理活动能力的影响和作用下进行的，并反过来促进理性心理活动能力的进一步发展。因此，艺术美育可以促进受教育者的理性和感性心理活动能力相互作用、谐调发展。

（2）促进理智与情感的谐调发展。

从一定意义上我们可以把理智与情感确定为人对与之发生关系的客观事物的两种心理反应方式。人在世界中生活，一方面自身存在着这样或那样的需要，另一方面又要同周围的环境发生这样或那样的关系。客观信息通过人的各种认识活动作用于个体，个体会由于其是否适合自己的需要而产生一定的态度（如肯定、否定等）。这种态度如果表现为理性的思考、冷静的处理等，就可

① 鲁利亚：《神经心理学原理》，科学出版社1983年版，第102页。

② 周昌忠编译：《创造心理学》，中国青年出版社，第27页。

以说是一种理智的心理反应方式；如果表现为以自身的某种感受为特征的体验，则可以说是一种情感的心理反应方式。

一般教育主要有助于受教育者理智心理反应方式的形成，因为一般教育所灌输的主要是各种道理，所训练的主要是理性思维方式。这对于改变幼儿对周围世界的本能冲动和直接情感反应，使之逐步走向成熟，无疑是十分重要的。然而一个全面发展的、完美的个性不仅应具有充分的理智，而且应具有丰富的情感。情感不仅是人的一种心理反应方式，而且是人的一种心理动力，如列宁所说："没有'人的感情'，就从来没有也不可能有人对于真理的追求。"[①]情感还是人的精神生活必不可少的组成，没有喜怒哀乐，人生将会平淡乏味得多。随着理智的发展，人的情感也应该不断地发展，由简单到复杂，由粗糙到细腻，由贫乏到丰富，由冲动到成熟。

人的情感的发展并不像理智的发展那样简单。理智的发展通过知识、道理的传授大致可以解决，而情感的发展却不可能这样。无论我们内心产生什么样的情感，我们都无法通过知识、道理的传授使对方也产生相应的情感。例如我们在体验着一种愤怒的情感，尽管我们向某人讲述愤怒是怎样的一种情感，以及怎样才能产生这种情感的知识和道理，他仍然不会产生愤怒的情感。因为情感是人们对与之发生关系的客观事物的态度的体验，只有当个体与周围环境发生关系并产生某种态度变化时，他才可能体验到某种情感。因此，情感是与一个人的生活经历与实践密切相关的。一般来说，一个人的生活经历越丰富，情感也就越丰富。

然而现实中狭小的生活天地和单调的生活经历往往使个体没有条件使自己的情感世界得到充分的丰富和发展。一个没有上过战场的人，很难体验到那种浴血沙场、为国捐躯的崇高情感；一个一生生活在城市中的人，也很难体验世代无立锥之地的农民分得土地后的那种热烈喜悦的情感。而艺术却可以为人们提供无限广阔的生活天地。别林斯基说："科学并不羞于宣称，它的目的是理解和说明现实，然后应用它的说明以造福于人；让艺术也不羞于承认，它的目的是在人没有机会享受现实所给予的完全美感快乐的时候，尽力去再现这个珍贵的现实作为补偿，并且去说明它以造福于人吧。"别林斯基认为，艺术可

① 《列宁全集》，第20卷，人民出版社1958年版，第255页。

以补偿人们在现实中没有机会享受的美感快乐。其实艺术可以补偿的不仅是美感，还包括人在现实中没有机会体验的其他情感。在艺术欣赏中，欣赏者通过想象使自己置身于艺术家所提供的丰富多彩的虚幻生活之中，感受着他在现实生活中没有条件感受的种种矛盾，体验着他在现实生活中没有条件体验的种种情感。艺术美育工作者要选择那些具有健康、美好情感倾向的艺术作品，引导受教育者在对这些作品的欣赏中体验其中的情感，陶冶自己的情操，丰富和发展自己的情感世界。从这个意义上说，艺术美育也可以说是一种情感教育。

（3）促进共同性与个体性的谐调发展。

个性是共同性（一致性）与个体性（差异性）的辩证统一。首先，人与人之间存在着共同性，这种共同性既包含自然因素（例如高度发达的大脑、神经的第二信号系统、能制造工具的手等等），又包含社会因素（例如民族性、阶级性等等），两种因素并存，后者则是本质所在。其次，每一个人又具有区别于他人的个体性，即自身所独有的情趣、性格、气质、风度等，从而呈现出不脱离人的共同性的独特的心理特征和精神风貌。个性的全面发展应该是共同性与个体性的谐调发展。即一方面形成和发展全社会、全民族、全阶级（以及其他社会范畴）所共有的世界观、价值观、道德观、风俗习惯、审美趣味乃至思维方式、思想方法等，另一方面形成和发展有自己特点的兴趣、爱好、风格、气质、性格等，并且寓共同性于个体性之中，从而形成既有个体性特点又与社会相统一的个性（人格）。

然而一般教育所着眼的主要是形成和发展受教育者的共同性，即社会对受教育者的一般要求。例如德育中热爱祖国、热爱党、热爱社会主义的观念和尊老爱幼、见义勇为、助人为乐等道德规范；智育中的数学公式、形式逻辑、语言语法等科学法则，都是社会所共同遵守的公德或公理，是社会对每个成员的要求，是大家所具有的共同性。这对个体的社会化来说无疑是十分必要和重要的，但是仅仅如此却是不够的。因为强调共同性而忽略个体性很容易使个体形成易于被同化的性格，造成惯于模仿而缺乏创造性、惯于随波逐流而不敢标新立异等性格缺陷。

艺术美育可以弥补这方面的不足。它通过艺术创造与艺术欣赏活动使受教育者的共同性与个体性得到谐调发展，从而使个性的全面发展得以实现。这主要表现在两个方面：

第一，艺术的精神产品的特点使个性能在一个广阔的领域内得到较为自由的发展。艺术创作是精神产品的生产，艺术欣赏则是精神产品的消费。无论创作还是欣赏，其所直接作用的都是人的精神世界，而不是物质世界。因此，对于个性发展来说，固然创作源于以物质生产为基础的社会生活，欣赏也要受作品物质形态的制约，但艺术创作与欣赏毕竟比物质生产与消费有着更多的自由。例如在现实生活中，飞机的制造与使用要求每一个生产者与消费者都必须严格按照反映客观规律的某些统一的规则办事，个体不能有半点的随心所欲；而在艺术创造与欣赏中，飞机却可以按照创造者与欣赏者的意愿在想象中被赋予种种在现实生活中没有的形态与功能，就像电视上演的“变形金刚”一样，而不必遵循那些统一的规则，也不必担心它们在现实生活中能否实现。因此，在艺术美育中，受教育者通过艺术创作与欣赏，可以使自己的意识、愿望、情感、兴趣、理想、性格、气质、才能等冲破现实的束缚而在想象的世界中得到较为充分的表现，并在这一过程中，使在其他教育中受到一定抑制的个体性得到较为充分的发展。当然，这种个体性的发展并不是脱离共同性而孤立进行的；相反，它是在某种共同性（例如一定社会所通行的公理、公德、意识形态、风俗习惯等）的指导下进行的，只不过这种指导比之现实生活中的活动较为宏观、原则、间接，因此给个体性的发展留下了较为广阔的天地。

第二，艺术形象的表现方式为个性的全面、充分展现提供了有利条件。在一般的教育特别是一般的智育中，由于抽象性比较强，感性的东西往往会由于抽象概括而不断地被淘汰掉，附着于其上的个体性表现当然也会随之一起被淘汰，剩下的只是一些抽象的概念、公式等。但是在艺术美育中，无论是创作还是欣赏，都是以形象直观的方式进行的，因此个体差异性必然会较多地在这种感性实践活动或实践成果中表现出来。所以，假设让受教育者做数学题，其结果可以有对有错，但很难从中反映出他们的个体性特征，而如果让他们来作画，例如画马，情况就不同了。固然他们都会按照画马的一般法则来画，但他们笔下的马却会因各人审美趣味、艺术能力、性格气质的不同而表现为各不相同的神态。这就意味着个体差异性在感性形象中自然地、充分地被表现出来，个性在艺术活动中得到锻炼，也得到全面（共同一致性与个体差异性的统一）谐调的发展。

（三）艺术美育的任务

艺术美育的任务，就是通过对艺术欣赏与艺术创作的引导，使欣赏者、创作者形成正确的艺术审美态度，树立科学的艺术审美标准，养成一定的艺术审美修养。

1. 形成正确的艺术审美态度

所谓艺术审美态度，指的是艺术审美者如何对待艺术审美活动的问题。例如，在艺术审美活动中，是追求感官刺激，还是追求精神享受？是把对象当作科学的或实用的对象，还是当作审美的对象？在诸如此类的问题上，审美者的态度不同，审美活动的质量与效果也就不同。艺术美育应该引导审美者形成正确的艺术审美态度，以取得理想的审美效果。而要做到这一点，就要引导他们处理好以下两方面的关系：

（1）感官娱乐与精神愉悦的关系。任何艺术都是以一定的美的形式，作用于欣赏者的特定感官。这些美的形式由于为欣赏者的特定感官提供了“好听”“好看”的东西，因而能使人产生一种愉快之感。这种由对象的美的形式作用于人们的感官而直接产生的“好听”“好看”之感，叫作感官娱乐。任何艺术都有使人得到感官之娱的美的形式，因而都具有娱乐感官的功能。然而感官娱乐只是以直接的生理反应为基础的一种愉快，因而在艺术审美的整体效应中处于较低的层次。艺术并不是一种娱乐感官的玩意，在它的美的形式中蕴含着丰富的社会内容、人生哲理和人类情感。当欣赏者探寻到其中的真谛，领略到其中的意蕴时，就会体验到一种更高的愉快之情，获得一种不同于感官娱乐的精神愉悦。完美的审美享受应该是感官娱乐与精神愉悦的统一：感官娱乐要向精神愉悦升华，精神愉悦影响和指导感官娱乐。

在艺术审美活动中，在感官娱乐的基础上追求精神愉悦，自觉地由感官娱乐向精神愉悦升华，是一种正确的审美态度。反之，如果单纯沉溺于感官娱乐，甚至刻意去追求某种官能刺激，例如陶醉于一些靡靡之音或强烈刺激，或是一些紧张、惊险、恐怖的场面，乃至一些影视、画册和读物中的色情描写，等等，则是一种不正确的审美态度。这样的审美态度不可能获得美好的审美效果。那么如何形成正确的审美态度呢？

首先，要养成高尚的审美情趣。审美情趣的高尚与低俗，直接影响审美活动中感官娱乐的性质与导向。这个问题在人体美和含有性爱内容的艺术作品的创作与欣赏中表现较为突出。有人认为，创作、欣赏裸体艺术和含有性爱内容的作品，都是审美情趣低俗的表现。这种说法是片面的。艺术是以人作为反映和表现对象的，而人是肉体与精神、自然与社会的统一体。因此，艺术不仅要反映和表现人的精神与社会性，也必然会涉及人的肉体和某些自然属性。早在四五千年以前，古埃及和两河流域就出现了裸体艺术的表现，而古希腊时期形成的光辉灿烂的人体艺术连同其他艺术一起，更被马克思称为“高不可及的范本”，具有“永久的魅力”。至于性爱内容，在古今中外的许多著名的文艺作品中都有不同程度的反映，以两性关系为基础的爱情更被称为文艺作品“永恒的主题”。因此，问题不在于艺术创作与欣赏是否涉及性爱内容与人体美，而在于以什么样的审美情趣（高尚的还是低俗的）来表现和欣赏这些内容。一般来说，凡是追求精神的愉悦与升华、注重作品社会属性的创作与欣赏，其审美情趣就是高尚的；反之，追求官能与情欲刺激、注重人体自然属性的创作与欣赏，其审美情趣就是低俗的。从高尚审美情趣出发的创作与欣赏，总是赋予人的肉体以某种精神内容，赋予人的自然属性以某种社会内容，赋予两性欲望以某种爱情内容。例如，当一个人直观维纳斯雕像的时候，她那典雅美丽的面庞，丰腴饱满的体躯，优美庄重的神态，起伏多变的线条，会对这个人的感官产生一种直接的吸引。此时如果他怀着一种高尚的审美情趣，就能从这优美的人体形象中感受到蓬勃的生命力量和青春活力，感受到人的伟大和美好，从而由感官娱乐导向精神愉悦。反之，如果怀着一种低俗的审美情趣，就可能会像鲁迅曾经讽刺过的一种人那样：“一见短袖子，立刻想到白臂膊，立刻想到全裸体，立刻想到生殖器，立刻想到性交，立刻想到杂交，立刻想到私生子。”这样，就把审美感知导向了一种官能刺激与幻想的满足。

其次，要树立自觉的审美意识。我们知道，感官娱乐是审美者对审美对象的一种直接反应，它往往并不需要意识活动的影响和干预。我们听到一曲优美的音乐所引起的愉快之感是自然而然产生的，并不是通过我们的意识引导出来的。反之，由感官娱乐向精神愉悦的升华却需要意识活动的积极参与。因此，如果没有自觉的审美意识，就可能为声色之美和感官娱乐所陷而难以升到更高的境界。《大众电影》1986年第10期的一篇文章指出了这样一种现象：对电影《日出》获得1986年百花奖的最佳影片奖，观众大多是认可的，然而专家们大多并不满意。为什么呢？作者认为，编导们所寻求的是视觉快感和观赏效果，着意展示陈白露这个摩登女郎的服饰、身腰、姿态、表情、绣床闺房，乃至她所置身的华丽场面和“上流”气氛。这样就使影片的思想意义被降至一个次要地位，以致陈白露的悲剧没有使人感到巨大的震撼力量，反而使人乐于欣赏她那富于生命力的表现。我们不想对这部电影和这篇文章的观点进行评论，只是想以这个例子说明，感官之娱具有一种自发的诱惑力量，如果没有一种自觉意识，很可能陷于其中而难以升华到精神愉悦的层面。

（2）入乎其内与出乎其外的关系。近人王国维在《人间词话》中说：“诗人对宇宙人生，须入乎其内，又须出乎其外。入乎其内，故能写之；出乎其外，故能观之。入乎其内，故有生气；出乎其外，故有高致。”这段话虽是就艺术创作而言，却也适用于艺术欣赏及一切审美活动。在艺术审美活动中，对“入乎其内”与“出乎其外”的关系处理不同，会形成不同的认识态度，取得不同的审美效果。

将“入乎其内”与“出乎其外”有机地结合起来，统一起来，是艺术审美活动中一种正确的认识态度。所谓“入乎其内”，可以理解为审美主体向审美对象的趋同，即在想象中将自身置于对象的情境之中，深入体验。前人曾总结这方面的体会说：“读词之法，取前人名句意境绝佳者，将此意境缔构于吾想望中，然后澄思妙想，以吾身入乎其中而涵泳玩索之，吾性灵相与浃而俱化，乃真实为吾所有而外物不能夺。”[①]这是对“入乎其内”这种认识方式极为生动的注释。“入乎其内”可以使审美者对审美对象获得真切的审美感受和体验。

所谓“出乎其外”，可以理解为审美主体与审美对象在心理上疏远的趋向，即以一种超然的、客观的眼光审视对象，表现出对对象的冷静观察和思考。“出乎其外”可以使审美者对审美对象获得全面的审美认识，做出客观审美评价。在艺术审美活动中，“入乎其内”地感受体验与“出乎其外”地观察思考往往并不表现为泾渭分明的两个阶段，而表现为审美主体与审美对象之间一种既分又合、若即若离的心理关系。这是艺术审美活动中正确的认识态度，

---

① 况周颐：《蕙风词话》。

可以使审美者获得良好的审美效果。

将“入乎其内”与“出乎其外”割裂开来，对立起来，是艺术审美活动中不正确的认识态度。这可以分为两种情况。一种是排除“入乎其内”的体验感受，排除个人愿望、需要、情感等一切主观倾向，对对象进行单纯的理性分析与认识。这种认识态度可以获得比较客观的认识成果，却无法获得令人心旷神怡的审美享受。例如《西厢记》中“碧云天，黄花地，西风紧，北雁南飞。晓来谁染霜林醉？总是离人泪。”这段曲词，将各种易于诱发人离愁别绪的自然景物加以典型化处理，创造了一种令人动情的氛围和情境。当我们借助想象使自己置身于这种环境中，便会自然地产生出一种凄凉、伤感的情绪；而如果联想起自身离别、失恋等生活经历，则更可能潸然泪下，凄然动容。但是，如果我们采取一种与我无关的、科学的认识态度，例如将以上这首曲词作为物候学的资料来研究认识，我们还能获得这样的审美感受吗？显然不能。

另一种情况则相反，即对艺术作品单纯采取“入乎其内”的感受与体验，排除“出乎其外”地进行认识与评价。这种认识态度往往带着主观的愿望、需求、情感色彩去认识对象，在精神上完全将审美对象置于自身的生活之中，或完全将自身置于审美对象的情境之中，乃至混淆艺术世界与现实生活的界限。这种认识态度固然会使审美主体对审美对象获得较为深切的体验，但却会妨碍审美主体对对象做出全面、正确的审美评价，甚至会使审美者溺于其中不能自拔，做出荒唐可笑的事来。清人陈其元在《庸闲斋笔记》中记述了这样一件事：杭州有个女子读《红楼梦》入了迷，“致成瘵疾”，“父母以是书贻祸，投之火，女在床，乃大哭曰：‘奈何烧杀我宝玉！’遂死。”这种在艺术欣赏中为情所溺的现象在现代青年中也并非没有。据载，有个女青年失恋后投湖自杀，当同学们将她救起时，发现她身穿“安娜服”，怀里揣着一本托尔斯泰的《安娜·卡列尼娜》。这位女青年怀着失恋的痛苦阅读《安娜·卡列尼娜》，将自身置于安娜的情境之内不能自拔。这种不正确的审美认识态度使她不能客观地认识安娜自杀的社会历史原因和这部作品的美学价值，反而因效仿安娜的行为险些丧命。

近年来青少年中出现的“追星热”现象，原因很多，其中有一点就是他们对审美对象采取了“入乎其内”而不能自拔这种不正确的审美认识态度，只不过他们所溺的不仅仅是作品，还包括演员本人。据载，有些学生把印有香港所谓“四大天王”头像的画片贴在床头或课桌上，每天流连观看，迷恋得发狂；有些学生不惜东借西凑，花几百元钱购得一张某歌星演唱会的门票，以求一睹心中偶像的风采；有些女学生整夜守候在某歌星所住的饭店楼下，齐声高喊：“××，我爱你！”有些女学生得知某歌星昏迷不醒，哭了好几天，并在家中烧香，为他祈祷。这样的例子不胜枚举。这些正值青春期的少男少女，寻觅着能够满足他们青春情感的歌曲，追寻着能够满足他们崇拜心理的偶像。歌星们的表演令少男少女们如醉如痴，他们把艺术欣赏当作现实生活，将那些被崇拜的歌星移入了自己的精神生活，向他们奉献出自己纯真的感情，于是便有了前面所举的那些痴迷的例子。这是一种单纯从主观的情感与需要出发的审美，他们将自己的审美情感与审美标准投射到对象上，把对象幻想成偶像，寄托以种种的梦想。

对于广大青少年来说，“入乎其内”至溺于欣赏对象而不能自拔，是一种极不正确的审美认识态度。这是由他们的生理和心理特点所决定的。那么如何引导青少年改变这种不正确的审美认识态度和不良的审美倾向呢？

第一，帮助他们认识青春期的生理心理特点，认识艺术与生活、演员与真人的区别，引导他们走出自己构建并深陷其中的精神误区，认清由文化商人包装而成的虚假偶像。在这方面，觉悟了的青年的现身说法往往更容易为他们所接受。有一位青年在劝导“追星族”伙伴时说道：“我觉得作为追星族本身既劳神又悲惨，……当然，也许我离追星族这个称号还远了点，但也做了点追星族们做的事情，当然是床头前摆着偶像的‘大特写’，枕头边放着偶像的‘专辑册’，与他们不同的是，我没有偶像的私人档案，甚至不知道他喜欢什么颜色，喜欢什么季节，更没有打听过他的生日，他心目中的女友的目标……因为这些都无须知道，因为即使你都了解了，那你能完完全全地按照他所需的要求去改变你吗？我们都知道，×××有过极苛刻的择偶条件，那么他的追星族发烧友们真的能做到吗？即使万里挑一真的有那么‘beautiful’的又能怎样呢？是飞往香港自我推荐，还是把××呼到大陆来？”这种从自身感受出发的劝导比一些抽象的大道理会更有教育效果。

第二，引导他们摆脱那种纯出于主观的、情感的审美认识态度，较为客观理智地认识他们所迷恋的作品，所崇拜的明星。有的学校组织学生开展影评歌评活动，由老师引导学生对他们喜爱的影视歌曲作品和演员进行分析、鉴赏、评论，使学生们明白了这些作品与演员好在哪里，不足在何处，从而掀去了罩在“明星”身上的美丽光环。一些学生深有收获地说：“明星也是人，我们应该学其所长，不能样样崇拜和模仿。”还有的学校组织师生恳谈会，请教师中的影迷、歌迷谈他们怎样看待“明星”。有的教师谈到，他从小就迷恋电影，崇拜“明星”。至今，赵丹扮演的林则徐，谢芳扮演的林道静，孙道临扮演的肖涧秋，白杨扮演的祥林嫂，仍活灵活现地生活在他的脑海里。他迷恋他们，崇拜他们，不是因为他们的美好容貌与潇洒风姿，而是因为他们精湛的演技，他们所塑造的令人难以忘怀的艺术形象。这些话使学生们深受启发和教益。

第三，引导他们广泛了解古今中外的文化艺术，拓宽他们的艺术视野，提高他们的艺术修养。例如，有的学校举办音乐专题讲座，使学生们不仅懂得流行音乐，也懂得严肃音乐；不仅知道流行“歌星”，也知道贝多芬、莫扎特、聂耳、冼星海。有的学生说，艺术的天地真广阔，有些流行“歌星”固然可爱，贝多芬、冼星海等也令人尊敬，我们应该广泛吸收各种艺术营养。有的学校开办艺术欣赏专题讲座，使学生们懂得了应该以什么样的态度欣赏艺术，怎样欣赏艺术。

2. 树立科学的艺术审美标准

所谓艺术审美标准，就是艺术创作与艺术欣赏中人们衡量美丑的基本标准。无论是看一场电影还是听一段音乐，人们在欣赏一部艺术作品后往往都会对之评头品足，做出或优或劣、或美或丑的判断和评价。这种判断和评价就依据他的艺术审美标准。人们的艺术审美标准不同，就会对艺术作品的优劣美丑得出完全不同甚至截然对立的看法。例如我们一般认为《水浒》是一部歌颂农民起义的作品，而封建统治者却从封建主义的艺术审美标准出发将其斥为“诲盗”之作，明清两代三令五申严加禁止。再从创作来看，人们的艺术审美标准不同，在作品中表现的审美理想、审美倾向和审美情趣也大相径庭。例如同样是以张君瑞和崔莺莺的爱情故事为题材，元稹出于封建士大夫阶级的审美标准在《莺莺传》中写张生对崔莺莺始乱终弃，并赞许他为“善补过者”；而王实甫的《西厢记》却以同情封建叛逆者的态度，歌颂了莺莺和张生反抗封建势力的斗争，表现了作者“愿天下有情的都成了眷属”的审美理想。由此可见，无论对艺术创作和艺术欣赏来说，具有什么样的艺术审美标准都是十分重要的。

帮助审美者确立科学的正确的艺术审美标准，是艺术美育的一项十分重要的任务。其做法主要是结合对具体艺术作品的鉴赏分析，向审美者进行马克思主义的美学理论和艺术理论的教育。

首先，要使审美者认识什么是科学的艺术审美标准。科学的艺术审美标准就是马克思主义的艺术审美标准。马克思主义认为，社会存在决定社会意识，社会意识反作用于社会存在，“物质生活的生产方式制约着整个社会生活、政治生活和精神生活的过程”。[①]艺术与哲学、宗教、道德一样是一种社会意识形态，必然要受一定社会的经济、政治的制约并反映与之相应的社会生活（虽然这种反映是一种具有个性特点和感性方式的特殊反映）。因此，艺术创作绝不是一种随心所欲的个人行为。作为“一切社会关系之总和”的艺术家，不管他是否意识到，他的作品总要反映他所生存的一定社会的生活，反映他所从属的一定社会集团（阶级的、阶层的、民族的）的意志和情感，受到一定社会的经济、政治、道德、文化的影响和制约并对其产生反作用。马克思主义的艺术审美标准正是建立在这种辩证唯物主义和历史唯物主义基础之上的。恩格斯在就拉萨尔的历史剧《弗兰茨·冯·济金根》写的一封信中说：“我是从美学观点和历史观点，以非常高的，即最高的标准来衡量您的作品的。”这里所说的“历史观点”，就是要求从历史唯物主义的观点出发考察艺术作品是否真实地反映了社会现实，是表现了推动历史前进的进步倾向性还是表现了把历史拖向倒退的反动倾向性，它要解决的是艺术与现实的关系问题；信中所说的“美学观点”，就是要求从艺术创作的自身规律出发，坚持正确的创作方法，以完美的艺术形式充分表现思想内容，达到内容与形式的完美统一，它要解决的是内容与形式的关系问题。这就是马克思主义的艺术审美标准，它的具体内容可以从真、善、美三个方面分别概括为真实性、倾向性、艺术性。

其次，要引导审美者用马克思主义的艺术审美标准分析评价作品，这种分析评价可以从真实性、倾向性、艺术性三个方面来进行。

（1）真实性。所谓真实性，就是要求艺术作品忠实地反映社会生活的本质。艺术史上，凡是真实地反映了社会生活的作品，总是深受人民的欢迎，保持永恒的艺术魅力。反之，那些歪曲社会生活、违背真实性原则的作品，尽

① 《马克思恩格斯选集》，第2卷，第82页。

管可能会热闹一时，但终究经不住历史的考验而为人民所唾弃。看一部作品是否真实，首先要看它所塑造的人物形象、所表现的社会生活是否符合历史与现实的实际情况。影片《大决战》上映后获得了广泛的好评，其中一个重要的原因就是真实地塑造了林彪的形象。林彪是人民解放战争中辽沈战役的直接指挥者，在这场战役中曾发挥过作用。影片没有因他在20多年后阴谋篡党夺权、事败投敌的罪行而否定他在辽沈战役中的业绩，而是真实地描写了他在挥师锦州、塔山阻击、黑山打援、攻克锦州、围困长春、截击逃敌、全歼廖耀湘兵团等一系列战局中所发挥的作用。但影片也如实写出了他在指挥上的失误之处：在战役前，他因对全局形势缺乏正确判断，畏首畏尾，做出了先打长春的决策，久攻不下之后才南下辽西；南下后得知蒋介石亲临葫芦岛调兵遣将，大兵压境，又匆忙决定北撤长春。这样就摘去了曾经罩在林彪头上的“天才指挥家”的光环。影片不仅在史实上是真实的，在人物性格的把握上也是真实的。影片中的林彪沉默寡言、面色严肃、喜怒不形于色，无论是战局险恶还是胜利在握，总是不紧不慢嚼着随身带的一小包黄豆，这种城府极深、居心叵测的性格表现，是与他后来韬光养晦、阴谋夺权的性格行为完全一致的。

考察一部作品的真实性，不仅要看现象，更要看本质。有一些文艺作品，所反映的现象可能是真实的，本质却可能是不真实的。例如19世纪英国女作家哈克奈斯在她的小说《城市姑娘》中，描写了伦敦东头年轻的缝纫女工耐克被资产阶级欺侮压迫却屈从于命运摆布而并不起来抗争的故事。这种事情在当时是有现实根据的，如果脱离当时的历史大环境而单纯从具体现象上看可以说是真实的，所以恩格斯在给哈克奈斯的信中说她作品中的人物“就他们本身而言，是够典型的”。但当时欧洲工人作为阶级登上世界政治舞台已有五十年历史了，他们反对资产阶级和资本主义制度的斗争风起云涌，而这一社会生活的本质方面在哈克奈斯的小说中却没有得到反映，所以恩格斯说“环绕着这些人物并促使他们行动的环境，也许就不是那样典型了”。因此，评价一部作品是否真实，从根本上说要看本质。

还应该指出，有些艺术作品，为了表现生活的某些本质方面，往往采取夸张、变形等手法，从现象上看好像不够真实，实际却更深刻地反映了本质的真实。例如毕加索的名画《格尔尼卡》，将兽性发作的公牛、受伤嘶叫的奔马、肢体断裂的战士、张皇奔跑的妇女、托着死亡婴儿的母亲、以电灯泡做瞳仁的眼睛等经过夸张变形而又互不相干的形象组合在一起，深刻表现了德国法西斯对西班牙小镇格尔尼卡的狂轰滥炸所造成的悲惨情景以及作者对此的强烈愤慨。

（2）倾向性。所谓倾向性，是指艺术作品中所表现的艺术家对生活的主观态度和审美评价、审美理想等。要引导审美者通过对作品的分析，把握创作者的主观态度和倾向，并以历史唯物主义的观点对这种倾向给以进步还是反动、积极还是消极的评价。一些青年读了雨果的《九三年》后，对小说的结尾部分深为感动和赞赏。这部小说的结尾部分是这样的：叛匪头子朗德纳克的部队终于被郭文、西穆尔登领导的共和国军击溃，并被围困在朗德纳克的邸堡中。就在朗德纳克在阿尔马罗的救援下准备从容逃匿之时，突然良心发现，返身进入烈火中的邸堡，救出眼看要被火活活烧死的孩子。朗德纳克这一英雄行为感动了共和国军司令郭文，为了酬答朗德纳克，郭文擅自将其放走，自己甘愿接受军法处置。共和国军政委、公安委员会代表西穆尔登在下令绞死郭文的同时，终因不堪良心的谴责而开枪自杀。如何认识这一情节呢？孤立地看，这一系列“舍生取义”的行为确是令人感动和赞赏的。但是如果以历史唯物主义的观点把它与当时的社会生活实际联系起来，就可能会产生些疑问。小说描写的是1793年法国共和国军征剿旺岱贵族叛乱的故事，这是革命的资产阶级与封建贵族的一场你死我活的斗争。人们很难想象，那个连农民捉了他田庄上一只兔子都要被他处死或打成残疾的朗德纳克，那个对革命刻骨仇恨并为此而血洗尼伯一昂一派若田庄的朗德纳克，如何会在生命攸关之时突然“良心发现”“立地成佛”？而那个发誓要消灭朗德纳克并深知放掉他不啻是放虎归山的郭文，又怎能以牺牲共和国的利益为代价而“舍生取义”？至于西穆尔登对郭文的处决乃是正常的军法从事，又何能因良心谴责而自杀呢？这显然既不符合历史的逻辑又不符合人物性格的逻辑。那么作者为什么要进行这种违背历史逻辑和人物性格逻辑的虚构呢？这就涉及作者的思想倾向问题了。作者雨果认为：在绝对正确的革命之上，还有一个绝对正确的人道主义。显然，在阶级矛盾尖锐的法国资产阶级革命时期，这只能是一种幻想。历史的事实是：轰轰烈烈的革命正是在朗德纳克之流的反攻倒算中归于失败，罗伯斯庇尔等革命家一个个被送上了断头台。通过这样的分析，可以明显看出这部书结尾的反历史倾向，正是作家雨果的思想局限所在。

（3）艺术性。所谓艺术性，是要求艺术作品在艺术形式和表现手法上能充分而完美地表现内容。在分析作品的艺术性时可从两个方面着手：

一个方面是考察作品的内部结构（即题材的各种因素或部分的内部联系和组织）能否与内容相适应，能否鲜明有力地、深刻地和富有独创性地表现内容。以话剧《日出》为例，它在情节上没有像一般话剧那样采用环环相扣的单线结构方式，而是采取一种双线并行的网状结构方式，使剧情围绕着以陈白露和方达生为纽带的两条线索展开：一条线索以交际花陈白露所住的某大旅馆华丽的休息室为场景，展示了上层社会尔虞我诈、纸醉金迷的腐朽生活；另一条线索以三等妓院宝和下处为场景，表现了下层人民受屈辱、被损害的非人生活。作者为什么要采取这样一种情节结构方式呢？曹禺同志曾说，写这个剧本是要“用多少人生的零碎来阐明一个观念”，即揭露这种“损不足以奉有余”的黑暗社会的不合理，希望“平地轰起一声巨雷，把这群盘踞在地面的魑魅魍魉击个糜烂”。正是为了适应这种创作目的和思想内容，作者在艺术上进行了探索，采取了这种“没有绝对的主要动作，也没有绝对的主要人物”的网状的情节结构方式，以一些相互联系而又相对独立的事件展示了“有余者”与“不足者”截然相反的生活以及前者对后者的损害与欺凌，对社会采取了横断面式的解剖。这种独特的结构方式和艺术手法对作品思想内容的表现是深刻的、鲜明的、有力的，这也是这部作品数十年来畅演不衰的一个重要原因。

另一个方面是考察作品的外部形式是否准确、鲜明、生动地表现了形象。这又分两层意思。第一层意思是看作者是否娴熟地以特定的艺术技巧发挥物质材料的特长，使塑造的艺术形象趋于完美。下面举对八大山人水墨画的一则鉴赏评论为例来说明这个问题：

> 再如画家写小鸟，以焦墨写出骨质的嘴、脚，以见其坚挺；以浓墨写出头尾，以见其毛质的紧敛；以淡墨钩画出鸟儿身段的圆锥体，中间的白色，显示出小鸟丰满的形体；特别是以重墨画其身后的羽毛，水墨控制恰当，能使人感受到羽毛的蓬松轻柔。用墨的精审得体，将一只小生灵，写得栩栩如生，惹人爱怜。

在这段鉴赏文字里，作者仔细分析了八大山人在用墨方面的技巧，指出画家发挥水墨画中“水墨”这一物质材料的特点，以焦、浓、淡、重等不同笔墨画出形象的不同部位，从而出色表现了所要描绘的对象。考察作品外部形式的第二层意思是看作品是否符合形式美的法则。形式美不仅有助于表现作品的内容，而且具有相对独立的审美意义；符合准确洗练、对称均衡、节奏韵律、多样统一等形式美法则的形象本身就给人以美感。

3. 养成一定的艺术审美修养

马克思说：“如果你想得到艺术的享受，你本身就必须是一个有艺术修养的人。”艺术美育的又一任务，就是培养审美者成为具有一定的艺术修养和欣赏能力的人。为此，要引导他们从以下几个方面提高自己。

（1）提高艺术审美能力。任何艺术都有其特定的艺术形式和特殊的艺术之美，都要求审美者具有与之相应的审美能力。音乐之美不同于绘画之美，音乐的审美能力也不同于绘画的审美能力。另一方面，各门艺术又存在着审美共性，存在着一些相通的艺术规律和美学法则，也需要审美者学习掌握。那么，如何学习才能获得事半功倍的效果呢？可以分三个层次循序渐进地进行。

第一，深入学习某一专门艺术。英国哲学家休谟认为，在审美能力方面，“人和人之间敏感的程度可以差异很大，要想提高或改善这方面能力的最好办法无过于在一门特定的艺术领域里不断训练，不断观察和鉴赏一种特定类型的美。”[①]这话是很有见地的。因为艺术的审美特性与审美共性是统一的，共性存在于个性之中。学习者在学习某一特定艺术时，在了解这门艺术审美特性的同时，也就或多或少地了解了艺术的某些共性，从而也就为进一步学习其他艺术打下了基础。

学习某一专门艺术，最主要是学习其特殊的艺术形式，掌握该艺术用以表现情感和意义的特定“语言”与手段。例如对绘画这种艺术，就应该掌握各种线条、色彩和构图的情感意味和意义。从线条看，其坚硬柔软、轻重缓急、光滑滞涩、清晰含混等品格，长短、粗细、疏密、干湿、曲直等变化，都可以表现出丰富的情感层次。例如平卧线一般表现宁静之感，上升线一般表现兴奋之感，下降线一般表现抑郁之感。从色彩看，红色令人感到热烈和激昂，绿色

① 休谟：《论趣味的标准》，《古典文艺理论译丛》1962年第5期，第9页。

使人觉得清新与平静，蓝色给人以平和和安宁，黄色向人展示出温暖与喜悦。当线条与色彩组成形状时，不同的构图也会呈现出不同的表情。例如，斜线式构成常包含着运动和力量，锯齿状构成令人感到痛苦和紧张，圆状构成给人以圆满与完美，倒三角构成显示出危机与动摇，等等。只有掌握了这些绘画语言，才能较为准确地识别出一幅绘画作品所要表现的情感和意义。绘画艺术如此，其他艺术也是如此。

第二，在学会欣赏一门艺术的基础上，可扩展至其他艺术的欣赏学习，并通过比较掌握它们之间的美学特性与共性。例如，建筑与音乐都是表现性艺术，与绘画、雕塑、戏剧等再现性艺术迥然相异。著名建筑学家梁思成曾说："建筑虽然也反映生活，却不能再现生活。绘画、雕塑、戏剧、舞蹈能够表达它赞成什么，反对什么。建筑就很难做到这一点。建筑虽然也引起人们的感情反映，但它只能表达一定的气氛，或是庄严雄伟，或是明朗轻快，或是神秘恐怖等等。"[①]对于音乐的美学特征，黑格尔曾指出："音乐的基本任务不在于反映出客观事物而在于反映出最内在的自我。"[②]这些论述说明，建筑与音乐都长于表现而短于再现，并且它们的表现都具有抽象性的特点。这是它们共同的美学特征。因此，人们称建筑是"凝固了的音乐"，而"音乐是流动着的建筑"。但是，建筑与音乐又各有不同特点：建筑是以特殊的物质材料和形体结构体现造型美，因而是一种静态的空间艺术；音乐则是以和谐的乐音以及旋律、节奏、调式、和声等要素的有规律组合来体现声音美，因而是一种动态的时间艺术。这种比较对于学习者识别两种艺术的美学共性与各自特性是很有帮助的。

第三，在精通一门、掌握或了解多门艺术之后，可引导审美者总结、归纳各门艺术之间一些相通的规律和共性，从而在宏观上对艺术进行整体把握。例如使他们识别、把握普遍存在于各门艺术之中的对称、均衡、节奏、比例、齐整、和谐等形式美法则和崇高、优美、奇崛、雄健、浓艳、清秀、淡雅、枯涩等美的形式和风格，以及存在于我们民族艺术之中的形神、虚实、显隐、奇正、张弛等对立统一关系。以虚与实的关系来说，诗歌中的"言有尽而意无穷"，绘画中的"目尽尺幅，神驰千里"，书法中的"黑处是字，白处也是

① 梁思成：《建筑和建筑的艺术特征》，《人民日报》1961年7月26日。

② 黑格尔：《美学》第3卷，上册，商务印书馆1982年版，第331页。

字”，音乐中的“此时无声胜有声”，无不体现了虚实结合、有无相生的艺术辩证法。掌握了这些，艺术审美者就不仅能把握各种艺术的特殊之美，而且能把握表现于各种艺术之中的具有普遍性的艺术美，从而在艺术审美中触类旁通，融会贯通，进入一个高层次的审美境界。唐人王维工诗会画，兼通音律。他以诗意入画，以画法写诗，以情景交融、虚实相生的艺术经验沟通诗画，使二者相得益彰，所以苏轼说：“味摩诘之诗，诗中有画；观摩诘之画，画中有诗。”这里说的是创作，但是这种融会贯通的能力，无疑对欣赏也大有裨益。

提高艺术审美能力当然离不开理论，但更重要的是实践。因为艺术美存在于感性的艺术形象之中，只有通过实际的感受才能产生真正的美感，进而逐步加深对艺术特征的认识。理论固然对实践有指导意义，却不能代替实践。那么，能不能请富有审美实践的专家将他们的感受经验传授给学习者呢？这种传授无疑会对提高学习者的审美能力大有帮助，但仍然无法代替学习者的审美实践。因为感受经验是高度感性的，基本上属于第一信号系统；用属于第二信号系统的语言来表述，无论如何也不可能具体实在、细致入微，也就是说，传授者很难通过语言传述使接受者实际产生前者所经历过的审美体验。所以马克思说“只有音乐才能激起人的音乐感”；除了直接听音乐之外，无论什么样的传述都不能使人产生真正的音乐感。言语的传达当然可以说明音乐之美，但究竟是怎样的美，就必须亲耳听一听，才会有切实具体的感受。一切艺术审美无不如此。

（2）广泛积累知识经验。艺术是生活的反映，不论什么艺术，即使像音乐、书法这类较为抽象的艺术，其最终的源泉也是生活。艺术审美不仅要求审美者掌握某一艺术的表现形式，而且要求审美者具有一定的生活经验和历史文化知识，才能较为深入地理解作品的内容和美学价值。

首先说积累生活经验。在艺术审美活动中，审美者是以自己已有的知识和经验理解作品的。比之各种间接渠道获得的知识，直接的生活经验保存了个体许多实际的感受、体验和情感记忆，因而更容易获得对作品的真切感受。清人方薰在《山静居画论》中记述了这样一件事：

> 及见石谷《清济贯河图》，笔势浩汗（瀚），沙黄日薄，一望弥漫，画水随笔曲折卷去，如闻奔腾澎湃声发纸上。旁观朱

生者，移时色沮，以手指曰："前年舟过，几厄此处。畏途遇人，无那太似。"

朱生因有过河上遇险的经历，欣赏时自然引发了储存在记忆中的遇险的感受经验，因而脸色都变了，其感受当然要比没有这种生活经历的人真切得多。

其次，再说积累各种知识，主要是历史、文化和社会知识。任何艺术作品都既是一定社会历史的产物，又要受前代文化成果的影响。这就要求欣赏者具有一定的历史文化修养，修养越高，欣赏效果就越好。《文史知识》1981年第2期发表过一篇分析唐代孟浩然《过故人庄》的文章。《过故人庄》一诗粗看起来明白如话，然而文章作者在赏析中却深入开掘，指出诗中第一句"鸡黍"化用《论语·微子》荷蓧丈人典；第五句"开轩"用阮籍《咏怀》"开轩临四野，登高望所思"语意；第六句"桑麻"用陶渊明《归园田居》"相见无杂言，但道桑麻长"语意；末二句又用陶渊明在重阳节出宅把菊、酌酒醉归典，从而揭示这首诗在叙事、抒情中还有述志之意，写出了孟浩然原来想学孔子"为了行义而谋仕"，后来又像阮籍那样"从现实政治中有所觉悟"，最后"追慕陶渊明的意向"，"有意要归耕田园"。这一层层自述志趣变化的含义，在诗中蕴藏较深，如果没有较深的历史文化修养，是不可能对此诗做出如此深刻的理解的。因此，丰富自己的文史知识，提高自身的文化修养，对艺术审美是很有意义的。艺术作品中所涉及的文化知识往往是很广泛的，举凡天文地理、物理化学、动物植物等各种科学知识，烟、酒、茶、烹饪、服饰、家具等各种生活知识，各个国家、民族、地区的风俗习惯、风土人情等各种社会知识，都可能在作品中有所反映。如果欣赏者具有较为广泛的知识，在艺术欣赏中就比较易于理解其内容，感受其意味。

（3）掌握艺术审美方法。在艺术审美活动中，要获得良好的审美效果，不仅要求审美者具有艺术审美能力和各种知识经验，还要求其掌握一定的艺术审美方法。

第一，抓住作品的最初感受。最初感受就是审美者接触作品后获得的第一印象和感觉，它之所以可贵，就在于它是作品对于人的感官的一种新鲜刺激，因而最为敏锐。品酒专家指出："人的嗅觉是最容易疲劳和麻痹的，只有最初一二次的闻嗅最灵敏，要抓住一刹那间所嗅到的香气特征。”[①]当然，品酒并不能算是一种艺术审美，但这里所讲的道理，却适用于艺术审美中的感受。在艺术审美中，利用艺术作品给予感官的最初感受和给予大脑的第一印象，敏锐地抓住其中一些深入而细微的东西，进一步加以玩味和思考，会收到良好的审美效果。捕捉艺术作品的最初感受要注意以下几点：其一，必须集中和稳定注意，才能充分发挥尚处于敏锐状态的感觉器官的作用，浮光掠影、草草了事不可能感受到深入细致的东西。其二，捕捉最初感受必须果断，越是隐约的感受越要抓得狠，才不至于轻轻放过那较为含蓄隐蔽的艺术内涵。其三，初感虽然敏锐，却不一定准确和全面，甚至还会有错觉。因此在抓住某种初感之后，不仅要反复玩味，还要结合对整个作品的全面感受，统一进行思考，才能使敏锐而隐约的初感转化为准确而深刻的审美认识。其四，克服势利之心的影响与干扰，从艺术作品本身而不是从名气出发去进行欣赏，以保证最初感受的真实性和准确性。

第二，对作品进行整体评价。任何一部作品都是一个有机的整体，其各个部分都是相互联系地存在于整体之中，受整体性质的制约。因此在艺术欣赏中不能孤立地评价任何一个部分和细节的美丑得失，而要将部分置于整体之中，从各部分的相互关系出发去进行整体认识。下面以人物形象的评价为例说明一下这个问题。

对人物形象，首先要联系其基本特征来认识和评价其具体表现。任何成功的艺术形象都具有许多特征表现，但其中必有一种基本的、决定整个形象性质的特征，它制约着其他特征。因此在对形象的某一具体特征进行评价时，不能脱离其基本特征。有些青年读过《红楼梦》后，对王熙凤的精明能干深为赞赏。在《红楼梦》中，王熙凤确实是个精明能干的人。荣宁二府这么大的家业，上下左右错综复杂的关系，却被她安排得井井有条，处理得得心应手。但是精明能干只是王熙凤的诸多性格特征之一，却不是她的基本特征。她的基本特征是阴险狠毒、狡诈贪婪，正如书中所写，“明是一盆火，暗是一把刀”。从她毒设相思局、弄权铁槛寺、抄检大观园、逼死尤二姐、巧施调包计等种种表现中，确实能看出她的精明能干，但这种精明能干中无不渗透着阴险、狠毒

① 《品酒》，《文汇报》1980年9月27日。

和狡诈。这种精明能干是否值得赞赏呢？显然不值得。由此可见，将形象的某一特征从他的整体特征中分离出来，就不能获得对形象的正确认识和评价。

其次要联系艺术形象的环境对其进行认识评价。在文艺作品中，人物形象与环境是密不可分的整体。人物的思想性格要受一定的环境（主要是社会环境）的制约，并在与周围环境的相互作用中变化发展。因此，一定要联系人物所在的环境、从人物与环境的相互关系中把握形象。如果把人物从环境中分离出来、孤立起来，就不会获得正确的认识。有些人读了《安娜·卡列尼娜》后，对安娜的所作所为很不以为然，认为安娜离夫弃子淫乱私奔，把一个好端端的家庭给破坏了，她的结局也是咎由自取。这就是一种脱离人物环境的认识。应该看到，19世纪70年代以后，俄国资本主义迅速发展，冲击着社会的各个领域，也冲击着封建宗法式的家庭婚姻关系。安娜正是在这种冲击下觉醒而追求资产阶级个性解放的人物。她要冲破与卡列宁没有爱情的婚姻枷锁，追求真正的爱情生活，这无疑具有进步意义。安娜的所作所为当然为虚伪的封建道德所不容，她的自杀实际是被封建势力迫害而死。像这样把人物放在环境中进行整体认识，就不会得出上面的结论了。

第三，深入开掘作品意蕴。艺术审美的核心是把握作品的意义和内涵。但是由于艺术作品都是以形象的方式反映生活，表达作者的思想感情，这种形象的传达往往比语言的传达模糊得多；加之一些创作者为了给欣赏者留下更多的想象空间而采取含蓄的表现，因此对作品意义和内涵的把握往往并不是一目了然的，而需要反复玩味，深入开掘。例如俄国著名风景画家列维坦曾经画过一幅风景画《弗拉基米尔卡》，画的是沙皇政府遣送千千万万“犯人”到西伯利亚去所必经的一段道路，画面上只有原野、天空和一条伸向远方的路。然而我们通过这条路却可以想到路上艰难行走着的一队队衣衫褴褛的“犯人”，想到沙皇政府的黑暗统治和人民的反抗，从而体会到作者对俄罗斯苦难现实和前途命运的思索。这就是深藏于画面之内的意蕴，如果只是走马观花、浅尝辄止看一看，显然不会获得这样的认识。

优秀的文艺作品往往蕴含着丰富的认识内容。这些内容大致可以分为外部形象、内部实质、深层意蕴三个由浅到深的层次。例如刘禹锡的“沉舟侧畔千帆过，病树前头万木春”两句诗，形象鲜明生动，语言明白晓畅。粗略一读，我们便可以想见这两句诗的形象。这是欣赏的第一层次。若再深入一步，联系作者的身世和诗的背景来读，那么我们便可以了解这两句诗的实质内容。刘禹锡因参加“永贞革新”而被贬边地23年，23年后应召回京，经扬州遇到白居易。白赠诗一首，内有“举眼风光长寂寞，满朝官职独蹉跎”，对刘的不幸遭遇深表同情。刘作诗相酬，内有“沉舟”二句便是对上两句的应答。诗人以“沉舟”“病树”自喻，暗示自身遭遇虽然不幸，但却没必要为此而消沉颓唐；一个人一生中可能遭遇种种坎坷和不幸，但整个社会人事却是蓬蓬勃勃向前发展的。这两句诗显示了诗人豁达开朗的胸怀和乐观向上的生活态度。然而欣赏至此是不是就完了呢？没有。如果读者放开眼界深入开掘，将这两句诗从具体的情境中超脱出来，并将其置于更广阔的时间和空间之中，那么读者就可能进入欣赏的更深层次，即认识到无论是自然界还是社会人生，世间一切事物都是在新陈代谢的运动中不断向前发展；作为个体的人生是有限的、短暂的，甚至可能是坎坷的，然而整个自然和社会的新陈代谢却是无限的、永恒的、美好而又充满朝气的。于是读者就可能体味到一种超越特定时空的宇宙感和永恒感，一种开朗向上的情思。这就是作品的深层意蕴及其给予读者的审美感受。如果不是深入开掘，就不会获得这样的意蕴和感受。

第四，拓展作品审美意境。艺术审美毫无疑问是对艺术作品的欣赏，然而一个出色的审美者通过欣赏所获得的审美内容却远不止作品本身。法国大作家巴尔扎克在小说《幻灭》中指出：“真正懂诗的人会把作者诗句中只透露一星半点的东西拿到自己的心目中去发展。”这就是说，一个真正懂得艺术的审美者，不应该满足于作品所给的内容，而应该展开联想与想象的翅膀，拓宽作品的认识内容，扩展作品的审美意境，以获得更为丰富的审美享受。有一篇欣赏摄影作品《小鸟之曲》的短文，从摄影作品上展示的几根平行的电线及立于其上的几只小鸟的画面，联想到自然天成的五线谱，联想到小鸟在歌唱，继而又由小鸟的歌唱想到了春天和描写春天的诗句“春眠不觉晓，处处闻啼鸟。……”最后由小鸟的歌唱和春天想到了各种公害对自然生态的破坏，不禁发出这样的感慨：还我们的鸟儿，还我们美妙的自然乐章。可以看出，欣赏者通过联想和想象扩展了多少认识内容，这无疑会大大提高艺术审美的效果。但扩展作品的审美意境也应注意两点：

一是深深植根于原作的土壤。欣赏者对作品认识内容和审美意境的拓展固然是原作中没有的，却应是植根于原作土壤之中的。欣赏者不能随心所欲地胡思乱想、任意拓展，而必须根据作品给定的条件，即艺术形象所固有的质的规定性去进行生发。例如，欣赏唐人张继的《枫桥夜泊》：“月落乌啼霜满天，江枫渔火对愁眠。姑苏城外寒山寺，夜半钟声到客船。”这首诗描绘了一幅江天秋夜的景色，那悠扬的钟声的余韵触动了一个羁旅客子的缕缕情思。当欣赏者被这诗中的情韵所打动后，就可能引发起种种遐想：有的人可能想到自己半生飘零、一事无成；有的人可能怀念起故乡的父母妻儿、亲朋挚友；还有的人则可能想起失去的恋人，勾起对往事的痛苦回忆……这些新拓展的认识内容和审美意境都是原作中没有的，然而却是从霜天月夜、渔火微茫的诗境中生发出来的，因而都笼罩着统一的情感氛围，即一种深沉悠远的愁思，这正是原诗中固有的质的规定性。

二要大胆进行再创造。再创造是欣赏的最高境界，它要求欣赏者在原作的基础上进行创造，拓展出一个新的审美世界。据说，宋朝时曾以唐人诗句“万绿丛中一点红，动人春色不须多”为题让画工作画。大多数画工都通过花卉的描绘来装点春色，皆不中选。只有一人于危亭缥缈、绿树掩映之处，画一美妇人凭栏而立，于是众人皆服。如果把这个例子作为对这句诗的欣赏来看，那么可以看出，一般画工只是按照诗句所提供的条件把形象再现出来，即使有所补充（例如由“万绿丛中”和“一点红”而想到花卉），也只是量的变化，在意境上没有什么开拓。而那位独树一帜的画工却并不满足于对诗句的表面理解，他将红与绿的关系从一般红花绿叶的模式中突破出来，由物及人。这样，他的生发虽然仍围绕着红与绿的关系展开，却具有了异于原诗的新形象。毫无疑问，这是对原诗句的再创造。这种再创造所拓展出的审美意境，显然会使欣赏者获得更丰富的审美享受。

（四）艺术人才的培养

通过指导审美者进行艺术欣赏与艺术创作，培养他们成为具有较高艺术素养的人，是艺术美育的一般任务。在这个过程中，会有一些人脱颖而出，逐步走上艺术创作的道路，乃至成长为艺术家。这些艺术人才的成长与培养有一些特殊的规律，本节拟对此做一些初步的研讨。

1. 艺术人才的成长条件

艺术人才的成长，既受先天因素的制约，又受后天因素的影响。就前者而言，人的机体上的某些解剖生理学上的特点，特别是大脑的结构与机能上的特点，是养成艺术人才的自然前提。例如，天生耳聋的人不可能成为音乐家，天生失明的人也不可能成为画家。反之，一个先天具有某种艺术素质（例如较强的音感或色觉）的人，再经过后天的环境影响和个人实践，就比较容易形成某种艺术才能。奥地利音乐家莫扎特从小就表现出惊人的音乐才气，被欧洲人称为“神童”。他三岁时就能在钢琴上弹出简单的和弦，五岁开始作曲，八岁创作了第一批奏鸣曲和交响曲，十一岁时竟写出了一部歌剧。这固然与他家庭的影响和主观努力分不开，但也不能排除他的天赋。歌德曾经说过：“值得注意的是，各种才能之中，音乐的才能在很幼小的年龄就露头角。例如莫扎特在五岁，贝多芬在八岁，洪默尔（今译为胡梅尔）在九岁，就以音乐和作曲博得亲邻们的惊赞了。”[①]其实，不仅音乐，各种艺术的才能一般都比其他方面的才能显露得早一些。初唐“四杰”之一的骆宾王，七岁时就能随口吟诵《咏鹅》诗：“鹅，鹅，鹅！曲项向天歌。白毛浮绿水，红掌拨清波。”被人们称为神童。著名小说家和剧作家契诃夫，从小就显露出戏剧才能，善于活灵活现地模仿别人，有一次装扮成破衣烂衫的穷人，居然骗过了他的舅舅。因此，家庭和社会应该重视儿童早期所显露的艺术才能，并因势利导地进行培养教育。莫扎特的父亲在发现他的音乐才气后，就注意对他严格要求，耐心得法地教育。从六岁起，就带他到欧洲各国去演出、旅行，这一方面更加刺激了莫扎特的音乐兴趣和事业心，另一方面也使他开阔了眼界，增长了知识，促进了他的成长。

艺术人才的成长固然有赖于先天的自然生理因素，但起决定作用的却是后天的社会因素。那么对艺术人才成长产生影响的社会因素分别有哪些呢？

（1）家庭因素。家庭是个体降生后第一个微观社会环境，也是与个体关系最为密切、对个体影响最为直接的社会环境，因此对人才的成长有着重要的奠基意义。有人曾经对22名文艺工作者做过一次调查，其中有16名认为对他们影响最大的人是父母亲或其他家庭成员。作家张天民认为，对他走上文学创作道路影响最大的是他的母亲。他说：“她富于形象思维，能用生动的口头语

① 《歌德谈话录》，朱光潜译，人民文学出版社1978年版，第230页。

言描绘各种各样的农村人物，讲述那些十分动听的农村故事。……中学时代，我用母亲教我的语言写了一篇作文，具有远见的向锦江老师表扬了我，认为我一反‘光阴似箭，日月如梭，转瞬之间’如何如何的洋八股，文章作得别开生面。我于是又立志当作家，这一次立志时间较长，一直到今天，矢志不移。当我十七八岁的时候，《光明日报》发表了我的一首诗和两篇小说，其中一篇小说万余字，连载了一周。那小说还是用母亲教我的语言，她给我讲述过的人物形象写成的。至此，我的性格基本定型。”[①]由此可见，家庭实际是艺术人才成长的第一所启蒙学校。此时的孩子处于个性心理发生期，他们的心灵如英国哲学家洛克所说是一块“什么字迹也没有的白板”，因此外界对他们的影响往往是深刻的，甚至是决定性的。特别是各种艺术，其形象性、情感性的特点更容易对还在用直观的、情感的方式认识世界的儿童心理产生重大影响。因此，年轻的父母应该重视对儿童早期的艺术启蒙教育。

（2）学校因素。学校是个体接受正规教育的地方，在这里他们从低到高地、较为系统地接受了语文、美术、音乐等艺术美育课程的教育。这些课程对学生的影响是深刻的、久远的。这个时期也是个体艺术才气开始显露的时期，教师如对那些开始显露才气的学生给予更多的关心、指导和鼓励，将对他们艺术才能的成长产生积极的影响。作家严文井在谈到少年时期对他影响最大的人时说：“小学五年级时期的两位教师，一位叫舒衡蒲，他教给了我审美。他教体育、音乐、美术，总是要给我吃点偏食……我感到画得不好对不起老师的一片苦心，从此爱上了美术，在水彩画上尤其用功。教语文的邓老师，他肯定了我运用文字的能力。他在课堂上经常摇头晃脑地朗诵我的作文，大加赞赏，他对我的作文，总是密圈密点地加以称赞。有一篇作文还被拿到省里去展出，这种‘隆遇’使我难于忘怀。初中一位语文老师我也忘不了他。我写了一篇作文，是悼念一个死去的弟弟的……老师看了之后评价道：该生是未来文坛有希望的人。我虽然当时还不知道文坛是个什么去处，但对我的鼓舞却是很大的。”[②]严文井的成功是和这些老师的培养分不开的。

---

① 郭晨、王大伟编：《你想了解他们吗？——人物性格心理调查》，天津人民出版社1984年版。

② 郭晨、王大伟编：《你想了解他们吗？——人物性格心理调查》，天津人民出版社1984年版，第28、4页。

（3）环境因素。这里是指家庭、学校以外的其他社会生活环境。任何个体都是在与周围环境的相互作用中成长、发展的，艺术人才也是如此。苏联著名文学家高尔基12岁时，为生活所迫到一条轮船上为一个厨师当差。这个厨师有个爱读书的嗜好，常让高尔基给他读书。他们一起读果戈理的小说《塔拉斯·布尔巴》，读完后两人都感动得落泪。就这样，高尔基在洗刷碗盘的空闲中，翻阅了厨师珍藏的满满一箱子书籍，这些书籍启发了他的智慧的心灵，并对他日后走上文学创作的道路产生了深远的影响。环境不仅会对个体走上艺术之路产生影响，而且会对其作品的倾向产生影响。作家孟伟哉有过一个悲惨的童年，他的父亲新中国成立前被反动派杀害，母亲带着他过着半流浪的生活，到处受欺侮、遭歧视，他在谈到这些对他创作的影响时说："我一直觉得我的少年生活中有一种悲剧性色彩，它对我的气质和性格一直有影响，在文学欣赏和个人创作上说，就使我比较偏爱和倾向于那种严肃的、庄严的甚至悲壮的格调。也由于我刚刚迈上人生旅途的这种遭际和经历，我特别注意人们之间的关系，特别憎恶仗势欺人、霸道、阴谋诡计和权术。……我最近将自己二十七年间的中短篇小说选了一本集子，我发现，我在自己的作品中一直谴责着自私。"[①]

艺术人才的成长不仅受客观的社会因素影响，而且受主观的个人因素制约，而且后者往往具有更为重要的作用。因为"外因是变化的条件，内因是变化的根据，外因通过内因来起作用"。[②]对艺术人才成长起作用的主观个人因素有哪些呢？

（1）动力因素。所谓动力因素，是指理想、愿望、情感、性格、意志、兴趣等能起动力作用的心理因素，它是与由感知、记忆、联想、想象、思维等心理活动能力组成的智能因素相对应的概念。任何学习都是智能的提高与增强，而创造则是智能的发挥与运用。但是无论是学习中智能的提高与增强，还是创造中智能的发挥与运用，都需要动力因素给予积极的支持，才能取得预期的效果。因为学习与创造都是艰苦的劳动，没有动力因素的强有力支持，智能因素不可能获得有效的提高与运用。艺术人才的成长过程实际就是一个学习与

① 郭晨、王大伟编：《你想了解他们吗？——人物性格心理调查》，天津人民出版社1984年版，第49页。

② 毛泽东：《矛盾论》。

创造的过程，因此艺术能力的提高与运用，都需要动力因素的支持，都需要个体调动起自身理想、愿望、情感、意志、兴趣等动力因素去克服困难、不懈奋斗、执着追求，以取得出色的成果。

在艺术史上，依靠坚强的精神动力而获得成功的事例不胜枚举。著名京剧表演艺术家梅兰芳就是靠着发愤苦学才登上“环球第一青衣”宝座的。为了练嗓子，他每天除了早晨出外吊嗓子，白天也要对着一只小空酒坛反复练习唱腔和道白；为了挤时间练习《抗金兵》戏中梁红玉擂鼓的动作，他曾用自己的大腿当堂鼓，手里拿着两根木槌反复敲击，以致大腿上被打出了两块铜钱大小的青斑。比起一般技能的学习，艺术的创造是需要付出更多心理努力的活动。因为这是一种创造性劳动。古今中外的许多艺术家，都是以他们对艺术的热爱、对事业的追求为动力，以坚韧不拔的意志和毅力克服困难，呕心沥血地创作出一件件艺术珍品。曹雪芹为了《红楼梦》的问世，披阅十载，增删五次，真所谓“看来字字都是血，十年辛苦不寻常”；贝多芬创作时，常常用棉花蘸上药水塞在患耳疾的耳中，外面缠着纱布，汗流满面地在曲稿上反复涂改，为歌剧《费得里奥》的一个引子，他竟改了十八次。诗人臧克家在《我的诗生活》中的一段话最生动地道出了艺术创作的甘苦，他说：“我好沉思、苦思，整个的心为着诗跳动。走着想，坐着想，醒着想，睡下想，吃着饭想，同别人谈着话也在想。为了八句诗，我曾整整想了一年。有时，思想像枯涸了一样，人也变成了呆子，人家同自己说话，唯唯诺诺，然而说了些什么，我真不知道。想，想，想，一直想得头晕，眼黑，呕吐（尤其是在刚吃过饭的时候）；于是，病倒了，吃救急水，用针‘挑’（直到今天，我身上没断过救命的针），睡过一觉，好了，然而人疲惫得好似生了一场大病。这样，躺在床上，心不由得飞到诗上去了。”这是何等艰苦的劳动！诗人为何如此痴迷于此？因为他把诗看作是他的生命，他认为：“诗，就是我以生命力去倾注的唯一事业。”这就是他的心理动力。一切要在艺术上有所成就的人，首先要建立起如此强有力的心理动力体系。

从艺术人才的成长来分析，其心理动力体系可以分为由低到高三个层次。第一个层次是兴趣。兴趣是人对客体的特殊的认识倾向，这种倾向常常与愉快的情感体验相联系。兴趣是艺术心理动力体系的基础，儿童最初对艺术的喜爱就是从兴趣出发的。当个体对某种艺术产生兴趣后，就会积极投身于这种艺术的实践。但兴趣毕竟是一种由事物直接吸引而产生的动力，存在着一定的不稳定性。当频繁的接触使事物的新奇感淡薄乃至消失后，个体的兴趣就有可能下降或消失；当实践的过程中遇到一定的困难，个体也可能失去原来的兴趣。因此，要保持住对某一艺术对象的积极性，就要在兴趣中加入意志的成分，成为志趣，这就是心理动力体系的第二个层次。意志是人自觉地调节行动去克服困难以实现预定目的的活动的心理过程。有了意志的参与，个体对对象的积极性就不是单纯出于乐趣，而是有了某种理性的要求，因此比过去稳定了。心理动力体系的第三个层次可称之为志向，就是在志趣之中再加入理想这一因素，将眼前的活动同美好的远景联系起来，甚至同一生的事业联系起来，从而增强了心理动力的力度，并使之具有了持久性。被誉为“钢琴之王”的匈牙利音乐家李斯特小时候酷爱音乐，六岁时他面对贝多芬的画像立下志向：“我要像他那样！”这种强有力的动力使他日夜醉心于音乐的学习中，甚至因用功过度得了重病，险些丧命。后来他终于成了世界著名的音乐家。

（2）方法因素。人们的积极性相同，但学习与创造中采取的方法不同，效果也往往不同。正确的方法可以收到事半功倍的效果，不正确的方法则相反，只能产生事倍功半的效果。因此，动力因素之外，方法是影响艺术人才成长的另一个重要因素。

怎样进行艺术学习与创造，可以说方法很多。这里不准备进行一般的讨论，只准备就学习与创造的关系问题做一点探讨。

学习是人较为系统地获得和掌握某一方面的知识和技能的过程，它基本是接收和模仿前人的创造成果。这一点在艺术学习中表现尤为突出，初学艺术者总是从模仿前人开始的。创造是运用已有的知识和技能生产新事物的过程，它要求生产出前人没有生产过的成果，这一点在艺术活动中也很突出，它是人们对艺术创作的基本要求。处理学习与创造的关系，有两种方法：一种是先学习后创造，另一种是边学习边创造。那么哪一种方法更有利于艺术人才的成长呢？答案是后者而不是前者。原因在于：

首先，边学习边创造能够促进艺术人才更快走上创作之路。创造是学习的目的，学习是创造的条件。任何学艺的人都不是为了学习而学习，而是为了创造而学习。然而创造并不是积累了一定的知识和技能就可以自然出现的，它更需要在创造的实践中学会创造。捷克著名教育家夸美纽斯说：“师傅并不用理论去阻留他们的徒弟，他们从早就叫他们去做实际工作。比如，他们从锻炼去学锻炼，从雕刻去学雕刻，从画图去学画图，从跳舞去学跳舞。”[①]这确是至理名言。莎士比亚一生创作了那么多戏剧，巴尔扎克一生写了那么多小说，莫扎特一生创作了那么多乐曲，他们都不是学完了创作的知识技巧才去创作，而是边学习边创作、在创作实践中把创作能力锻炼出来。著名京剧表演艺术家梅兰芳在《舞台生活四十年》中说，他九岁那年学戏（在一起学习的还有朱幼芬和王惠芳），第一次出台是十一岁，又过了三年就正式搭班演出了，但演出的同时仍向老师学戏。“就这样一面学习，一面表演，双管齐下，同时并进，我的演技倒是进步得相当快，这让幼芬、惠芳看了才知道实习的重要，不久也陆续出台了。”当然，梅兰芳十一岁、十四岁时的演出肯定不会有多大的创造，但对他本人来说，演出毕竟有创作实践的意义，因此比只学不演的幼芬、惠芳成长快，并且为日后做出真正的创造奠定了基础。

其次，边学习边创造有利于强化动力系统的功能，从而促使学习和创造取得更好的效果。前面说过，无论学习和创造，都需要动力系统的支持。但是创造的愿望比之学习的愿望所产生的动力要强得多。因为创造是个体自我价值实现的过程，创造成果是人的本质力量对象化的产物，是人的最高需要和追求，因而能促使个体以更高的积极性投身于学习和创造的活动之中。另一方面，创作如果取得了成果，又会对个体的积极性产生激励和鼓舞，进而使兴趣、理想等动力系统进一步强化，继而又会取得新的创造成果，由此形成成果与动力相互促进、交替上升的良性循环。

最后，边学习边创造对学习来说，也有助于提高质量，提高知识与技能的应用性。学习质量主要表现为学到的知识与技能能够有效地应用，即学以致用。为了做到这一点，只有采取边学习边创造的方法最易于见效。下面分别从知识与技能两个方面做一点分析。从知识的学习来说，创造活动能使死的知识变活，因为采取的是“学为基础，想为主导，落实到用”的方法。学习者虽然也是在看、在听（即学习），但同时也围绕着创造的课题和内容在想。在想的过程中，学习者运用了以前的旧知识，又学习着需要的新知识，把这些知识落实到了创造性地使用上，使其成为真正属于自己的、能用的知识。从技能的学

① 《大教学论》第160页。

习来说，创造活动使分散的技能变成了有机的整体。单纯的技能学习，各种技能之间往往分别训练，缺乏内在的联系与配合。边学习边创造，则可以使所学的各种技能统一于创作活动，在创作实践中逐步形成一种适合创作实际和个人能力特点的有机整体，终于达到运用自如乃至出神入化的境界。

2. 艺术人才的素质要求

艺术创作是一种审美创造活动，对人的心理素质有某些特殊的要求。了解并研究这些要求，对艺术人才的发现和培养都具有重要意义。那么艺术人才应该具备哪些心理素质呢？

（1）易于动情、易于驭情的心理素质。

情感在艺术创作中具有极其重要的意义，它不仅是艺术创作的动力，而且是艺术创作所要表现的内容，可以说没有情感就没有艺术。因此，一个艺术家必须要有易于动情的心理素质。如何做到易于动情呢？

首先，要善于与周围的世界建立起情感关系，即把周围的一切与主体的需要、意愿、态度、价值观念等联系起来。这种需要不仅是个人的狭隘需要，而且是在个人的需要中反映了时代的需要和社会的需要。有了这样的需要，主体才能“登山则情满于山，观海则意溢于海”，与周围的事物建立起广泛的情感关系；才能被那些与个体并无直接利害关系的事物激发起普遍的社会情感和人类情感。作家柳青在谈到这个问题时说：“一个对人冷淡无情和对社会事业漠不关心的人，无论他怎样善于观察人，也不可能成为真正的作家。这就是说在生活中或工作中要有热情——热情地喜欢人、帮助人、批评人或反对人……”①

其次，要培养和建立起丰富的情感世界。一个人情感经验的丰富与否对于他的情感的易动与否关系很大。因为人是以已有的经验去认识事物的，一个没有与亲人离别过的人，看到送别的场面很可能体验不到离别的痛苦。因此，有志于艺术的人，应尽可能多地积累情感经验，设身处地地体验他人的情感。这样，在进入创作状态时，才能迅速有效地诱发起内心的情感活动。

最后，要培养并形成活跃的情感品质。要使内心的情感因子高度敏感，情感经验极易激活。外部世界中每一点与创作有关的刺激，都能在心灵上迸出

① 周立波等：《创作经验漫谈》，人民文学出版社1979年版，第314—315页。

情感的火花，并如电波一样向四周扩散，唤醒那些相关的情感经验，使情感很快发动起来。

艺术创作者不仅要善于动情，而且要善于驾驭自己的感情，并按照一定的艺术形式和创作需要将其表现出来。要做到这一点，最重要的是处理好情感活动与理性思维的关系，把情感有效地置于理智的调控之下。

（2）感性地把握事物、直觉事物的心理素质。

艺术创作是一种形象创造，它并不像一般的认识活动那样通过从感性认识上升到抽象思维的过程来达到对事物本质的认识，而往往表现为一种对事物外部形态的感性把握和内部实质的直觉。列夫·托尔斯泰从一丛虽被折断、损伤、被尘土染成黑色但仍顽强地生长着的鞑靼花（牛蒡花）中突然产生出一种认识："把生命坚持到最后一息，虽然整个田野就剩下它孤单单的一个，但它还是坚持住了生命。"①并从中受到启发，成功地塑造了哈泽·穆拉特这个不屈不挠、有着顽强生命力的英雄形象。这就是对事物感性的、直觉的把握。要成为一个艺术家，必须养成这种感性、直观地认识事物的方式和习惯。

（3）独立创新的心理素质。

任何创造活动都要求创造者具有独立创新的心理素质，艺术创作也是如此。真正的艺术都是独创的。文艺创作者在习艺初期的模仿是不可避免的，但单纯的模仿却是没有出路的，模仿的目的应是为了创新。画家齐白石曾送给他的学生胡佩衡八个字："学我者生，似我者死"，生动地指出了模仿与创新的关系。模仿可以引导习艺者进入艺术的殿堂，但同时也可能束缚他的创作灵性。习艺者如果能养成独立创新的心理素质，就能在模仿中取他人之精华而成自己的事业，在创作上走出一条自己的路来。传说郑板桥初习书法时临摹前人作品十分刻苦，晚上躺在床上用手画字时不知怎么画到妻子身上，妻子说道："人有人一体，你体还你体，你这是干什么？"郑板桥猛然醒悟不能停留于临摹他人字体，于是创造了独树一帜的"板桥体"。这对于学艺者是很有启发的。

3. 艺术人才的能力培养

这里所说的能力，指的是艺术创造的能力。艺术创造的能力可分为特殊

---

① 康·洛穆诺夫：《托尔斯泰传》，李桅译，天津人民出版社1981年版。

能力与一般能力。特殊能力是指各专门艺术所需的专业能力，如绘画的色彩感知能力、舞蹈的动作表现能力等等。一般能力是指各门艺术都需要的能力，例如感受生活的能力、构思形象的能力、艺术外化的能力等等。此处要讨论的是一般能力的培养。

（1）感受生活能力的培养。艺术是生活的反映，因此从事艺术创作首先要有感受生活的能力。有人认为，感受生活不就是通过感官去感知周围的事物吗？这是人人都会的，何必专门培养训练？其实不然。任何创造性的感知都不是一种简单的认知，而是对事物的某种特征的探索和发现；作为艺术创造的一部分，创作者对生活的感受当然也要如此。而要探索和发现事物的特征，就需要一定的培养和训练。福楼拜曾经指导莫泊桑说："当你走过一位坐在他门口的杂货商面前，一位吸着烟斗的守门人的面前，一个马车站的面前的时候，请你给我画出这杂货商和守门人的姿态，用形象化手法描绘出他们包藏着道德本性的身体外貌，要使得我不会把他们和其他杂货商、其他守门人混同起来，还请你只用一句话就让我知道马车站有一匹马和它前前后后五十来匹是不一样的。"①这就是比较的方法，即通过确定事物之间的同和异认识事物特征的方法。福楼拜要求莫泊桑把他看到的杂货商或看门人同其他杂货商或看门人比较，从而舍其同而求其异，找出前者的特点加以表现，以给读者留下鲜明深刻的印象。但是仅仅如此还不够，因为通过这种初次比较所得到的事物特征还可能是别人发现并表现过的，因此，福楼拜又说："对你所要表现的东西，要长时间很注意去观察它，以便能发现别人没有发现和没有写过的特点。"显然，感受者还要将初次比较所获得的事物特征与他人所发现的该事物的特征进行比较，以求获得别人没有发现过的该事物的新特征。应该说，福楼拜所传授的这种观察事物的方法，对于训练学艺者感受客观事物新特征的能力，是有普遍意义的。

艺术创造活动对生活的感受与其他创造性活动对对象的感知在抓事物特征方面基本是相同的。但二者也有相异之处。其他创造性活动的感知所要获得的只是客观对象的特征，而艺术创作中的感受则除此之外还要获得由客观对象所引起的主观情绪感受方面的特征。因此，学艺者不仅要训练自己具有探索和

① 莫泊桑：《小说》，载《西方古典作家谈艺术创作》，春风文艺出版社，第612—613页。

发现客观事物特征的能力，还要训练自己形成独特感受的能力。例如唐代诗人岑参有这样几句诗：“北风卷地白草折，胡天八月即飞雪。忽如一夜春风来，千树万树梨花开。”一般来说，风雪呼啸的恶劣天气往往使人产生抑郁低沉的情绪感受，而岑参却形成了如春风送暖、梨花盛开一样的热情洋溢的感受，这就是一种不同一般的独特感受。如何形成这种独特感受呢？

首先，要善于开启心灵的大门去迎接客观事物的信息。艺术家的独特感受，是主客观相互作用的产物。只有敞开自己心灵的大门，让客观事物信息激活自己的整个个性世界，进而以自己的切身经验（而不是抽象的概念）、内心的真实情感（而不是“为赋新词强说愁”式的矫揉）和个性的独特方式（而不是一般的模式）去感受客观事物，才能在知觉客观事物特征的过程中形成自己的独特感受。

其次，要克服一般的感受经验的影响。在感受之前，个体头脑中可能早已形成并储存着关于对象的感受经验，它们可能是生活中一般的、流行的印象，也可能是前人在作品中多次表现过的，例如“悲落叶于劲秋，喜柔条于芳春”之类的感受经验。这些传统的感受经验会形成一种习惯定势，使个体在刚一知觉对象时便自然而然地产生反应。因此，只有自觉克服头脑中的习惯定势，揭去那些传统感受经验的重压，才能形成自己独特的感受。

除了以上所谈，还要训练学艺者具有同感能力和内省能力。所谓同感能力，就是设身处地体验他人心理活动的能力。巴尔扎克说：“当我观察一个人的时候，我能够使自己处于他的地位，过着他的生活……他们的欲望，他们的需求，这一切都深入我的心灵，我的心灵和他们的心灵已经溶而为一了。”[①]这就是同感能力。具有同感能力的关键就是通过想象使自己处于对象的境地，并产生在那种主客观关系中的心理活动。所谓内省能力，就是创作者省视自身心理活动（包括感觉、知觉、情感等）的能力。因为创作者自身的心理活动（包括他体验他人的心理活动）往往是创作者所要表现的内容之一，而只有清晰地感知它才能准确地表现它。要训练这方面的能力，就要注意在感受生活时，一方面将自身置于感知情境之中，在与对象的心物交融中形成自己的感受；另一方面又要跳出感知情境，细心地审视自己内心感受的消长起伏，发展

① 巴尔扎克：《法齐诺·加奈》前言，转引自科瓦廖夫《文艺创作心理学》，福建人民出版社1983年版，第82页。

变化。

（2）构思形象能力的培养。构思形象的能力，亦即进行自觉表象运动的能力。表象就是客观事物反映在人的大脑中而形成的记忆印象；自觉表象运动即是对这种印象有意进行加工改造，以形成新的形象。自觉表象运动的能力有多种表现，此处重点说一说表象概括与表象分化、表象分解与表象综合的能力。

表象概括能力是指通过在众多相类表象中寻求异中之同而形成反映它们共同特点的形象的能力。例如我们要塑造一个革命军人的形象，就要在头脑中储存的千姿百态的军人表象中寻求他们的共同特点而形成一个最能体现革命军人精神风貌的概括性形象，这就是表象概括。表象概括是创造艺术典型形象所不可少的一种能力，是使艺术形象具有普遍性和代表性的重要手段之一。在训练表象概括能力时要注意：表象概括是一种具象的概括，因此不能脱离事物的形象、风貌、情调等感性因素而形成某种抽象概念，然后再由概念演绎成形象，那样做必然导致概念化与公式化。表象概括是一种出于个别形象又高于个别形象而并不脱离感性因素的概括。

表象分化能力是指在保持表象的基本形态和主要特征的同时构想种种类似新表象的能力。如果说表象概括是由多到一、由个别到一般的寻求异中之同的过程，那么表象分化则是由一到多、由一般到个别的寻求同中之异的过程。例如舞蹈演员可以从一些基本功动作化出极其丰富多彩的具体舞蹈动作，音乐工作者可以从主题曲中分化出种种变奏。给受教育者一个基本的视觉形象或听觉形象，然后要求他们在此基础上构想出种种变形或变奏，是训练表象分化能力的基本方法。

表象分解是把记忆中的有关表象拆散或碾碎，表象综合则是将这些经过分解的表象重新结合成一个新的表象。鲁迅说：“人物的模特儿也一样，没有专用一个人，往往嘴在浙江，脸在北京，衣服在山西，是一个拼凑起来的角色。”（《南腔北调集·我怎么做起小说来》）从心理活动上分析，当鲁迅把人物的嘴、脸、衣服等从它们各自所属的表象中提取出来的时候，就是在进行表象分解；当把它们“拼凑”起来的时候，就是在进行表象综合。表象分解与表象综合是塑造典型艺术形象的最重要的心理活动过程。在训练表象分解与表象综合能力时应当注意：表象的分解，不应是生硬的割裂，而应是精细的分化；表象的综合，不应是简单的捏合、凑合，而应是有机的融合、化合。托尔斯泰在谈创造《战争与和平》中娜塔莎的形象时说：“我拿过达尼亚来，把她同苏尼雅一同捣碎，于是就出现了娜塔莎。”歌德谈他创造《少年维特之烦恼》中的主人公夏绿蒂，是“把许多美女们的容姿和特性合在一炉而冶之，铸成那主人公绿蒂”。一个“捣碎”，足见表象分解之精细；一个“冶之”“铸成”，足见表象综合之浑然天成。只有这样，创造出的艺术形象才能完整谐调。

（3）艺术外化能力的培养。艺术外化是指按照一定的艺术形式、运用一定的艺术技能，把头脑中构思的艺术形象展现于特定的物质材料的过程。这并不是一件简单的事情，它要求从事创作的人长期经受极其艰苦的工艺训练，才可望养成准确的外化技能。艺术外化能力的培养主要应把握以下几点：

第一，艺术外化能力主要是一些实践性、动作性极强的技能，例如钢琴、胡琴等的指法，书法、绘画等的笔法，京剧、舞蹈中的基本功，等等。这些技能的培养主要不是通过理论的讲解，而是通过实际经验的传授；而要掌握这些技能，则需要学习者进行长期的、反复的实际操作训练。“师傅领进门，修行在个人”这句话对于艺术外化技能的学习比对其他方面的学习都更为切要。

第二，艺术外化技能的训练要从“有意”阶段逐步进到“自动化”阶段。技能的初步训练是“有意”的，即根据一定的目的和要求有意识地控制动作的起止、快慢、强弱。例如草书的写作，最初的学习是伴随大量的指令性内部言语的，它指示初学者认识原来的楷书变成草体后是什么模样，这一笔如何与另一笔相连，以及根据传统的经验应当如何运笔落墨等等。经过反复的练习，大脑皮层对各种动作的联系形成了较为巩固的模型，于是内部言语的指令越来越少，整个动作逐步进入了一种“自动化”状态。音乐、舞蹈、绘画、戏曲等外化技能的训练也是如此。就艺术创作来说，只有在外化技能动作达到“自动化”境界的情况下，才谈得上实现真正的艺术创造。因为只有这样，“人在完成某种动作时，就不必更多地集中注意于动作过程本身，不必把完整的动作系统划分为各个局部的动作，也不必考虑应该怎样去完成这些动作。因而整个动作就变得灵活而省力，人就有可能集中注意去考虑如何创造性地完成动作，选择更有效的途径与方法，发挥最大的效率，进一步提高动作的质量。”[①]当然，要达到这种炉火纯青、出神入化的境界，需要学艺者以顽强的意志，克服困难，付出巨大的努力，进行艰苦的训练。

第三，进行艺术外化的实践。艺术外化技能训练到一定程度，就要与艺术的构思配合，共同进行艺术创造。艺术构思与艺术外化是辩证统一的关系。艺术构思指导艺术外化，艺术外化要表现构思成果。而要使构思成果得到准确的表现，学艺者就要通过外化实践使各种外化技能有机配合，达到得心应手。另一方面，艺术外化又反作用于艺术构思，学艺者从外化的成果上发现构思的不妥当、不完善之处，从而对构思做出修改补充，使艺术创作更臻完美。

（本文系作者撰写的《现代美育教程》第四章，该书由金开诚、龙协涛主编，江苏教育出版社1994年11月出版）

① 曹日昌主编：《普通心理学》（下册），人民教育出版社1980年版，第105页。

“情景交融”刍议

在我国古典诗词中，写景抒情之作占有相当的比例。在这些作品中，诗人或借景抒情，或以情写景，景与情相辅相成，相得益彰。而在一些优秀的诗作中，诗人常能使自己的主观情意与客观物景有机地统一在一起，形成一种水乳交融的艺术境界，读之常令人有临景入情、流连忘我之感，这就是所谓的“情景交融”。清人王夫之言：“情景名为二，而实不可离。神于诗者，妙合无垠。”①这是对古典诗词中情景关系的绝好注释。

清人王国维在《人间词话》中曾将景物之描写分为“有我之境”与“无我之境”。他说：“‘泪眼问花花不语，乱红飞过秋千去’，‘可堪孤馆闭春寒，杜鹃声里斜阳暮’，有我之境也。‘采菊东篱下，悠然见南山’，‘寒波澹澹起，白鸟悠悠下’，无我之境也。有我之境，以我观物，故物皆着我之色彩；无我之境，以物观物，故不知何者为我，何者为物。”其实，任何诗词都是主客观的统一，因此不可能有“无我之境”，即没有主观情感色彩的纯客观景物。即以“采菊东篱下，悠然见南山”两句诗来说，虽然并无喜怒哀乐等词语，只是写了东篱采菊，远望南山；但“采”与“悠然”二词，却将陶渊明退隐归耕后那种悠然自得、恬淡自适的内心感情真切地表现了出来。因此，这两句诗并不是“以物观物”，而是“以我观物”，只是其中的主观色彩较淡罢了。古典诗词里情与景的交融大致有三种不同的形式。

其一是绘景抒情。这样的诗一般是既写景又写情，先写景后抒情。诗人选择那些最能表现自己主观情感的客观景物，加以渲染描绘，烘托出所要表达的情志，情与景于和谐中得到统一。如李白的《静夜思》。

① 王夫之：《夕堂永日绪论》（内编），引自《中国古代文论选》第三册，第301页。

床前明月光，疑是地上霜。
举头望明月，低头思故乡。

诗人首先为我们勾画出一幅皎月当空、万籁俱寂的夜景。皎洁的月光自窗上射入室内，洒在床前的地面上，地面仿佛铺了一层薄薄的白霜。床上，客居的游子辗转反侧，难以入睡。在中国古典诗词中，月亮往往被视为引发思念家乡与亲友感情的一种景物。曹植曾有“明月照高楼，流光正徘徊。上有愁思妇，悲叹有余哀”之句，苏轼也有“但愿人长久，千里共婵娟”。李白在此诗中，以“床前明月光”奠定了全诗思乡念旧的基调，又以“疑是地上霜”创造了一种清冷孤寂的气氛，接下两句游子望月思乡之情的引发就令读者感到十分自然亲切，仿佛身临其境一般。在这种诗里，景是情所由产生的环境与根据，情是景所要表现的内容与主旨。写景为了抒情，抒情依赖于写景，情景相生，相辅相成。

其二是寓情于景。诗人在诗中只写景不写情，然景出其外，情蕴其内，情与景于内外联系上求得统一。试看李白的《早发白帝城》：

朝辞白帝彩云间，千里江陵一日还。
两岸猿声啼不住，轻舟已过万重山。

唐肃宗乾元二年，李白因参加永王李璘幕府而受牵累被流放夜郎，行至白帝城，接到赦免令，甚喜，遂乘舟东下。此诗写的就是这一情景。诗中写他朝辞白帝，夜傍江陵，一日千里，一叶轻舟穿峡过山顺流而下，在阵阵猿声中把崇山峻岭抛向身后。诗中无一情语，但字里行间却跳跃着诗人获赦后喜悦、兴奋、急切的心情。

其三是移情入景。这种写景抒情带有强烈的主观色彩。诗人内心积聚了强烈的感情，把这感情移入客观景物，甚至改变了客观景物的色彩与情调，高兴时看一切景物都高兴，悲哀时看一切景物都悲哀，即所谓“以我观物，故物皆着我之色彩”（王国维《人间词话》）。以杜甫“感时花溅泪，恨别鸟惊心”一联而论，鸟语花香，赏心悦目，原是令人欣喜愉快之景。但其时正遭“安史之乱”，杜甫全家流离失所，国破家亡之情郁积于内，以此着物，高兴之景变为悲哀之景，故诗人看花溅泪，闻鸟惊心。诗中情与景感情色彩相反，然移情入景，相反相成，更能打动人心。

大致说来，情景交融的三种形式中，第一种主客观并重，第二种偏重客观，第三种偏重主观。但这只是依外部形式的大致而言，不可拘泥过细。从本质上看，诗者皆为抒情言志，故景语中不能不含情；另一方面，诗又不能抽象议论，故情语中又不能不有景。以杜甫《登岳阳楼》看，“吴楚东南坼，乾坤日夜浮”写洞庭湖的浩渺无边，其中也隐含了自己漂泊之感；“亲朋无一字，老病有孤舟”，写投老无归之情，里面又含有孤舟漂泊的景物。因此，欣赏古典诗词，对其中的情与景，既不可囫囵不分，又不能生硬割裂，总须细细品味体会才好。

（刊于《民主与科学》1992年第6期）

“入乎其内”与“出乎其外”

近人王国维在《人间词话》中说：“诗人对宇宙人生，须入乎其内，又须出乎其外。入乎其内，故能写之；出乎其外，故能观之。入乎其内，故有生气；出乎其外，故有高致。”这虽是就创作而言，但对欣赏也颇有意义。汉代哲学家桓谭在《新论·琴道篇》中曾讲过一个“孟尝遭雍门而泣”的故事。说的是齐国的孟尝君有一次问当时著名的乐师雍门周：“先生弹琴能使我悲伤吗？”雍门周答：“我能叫他悲伤的是这样的人：先前富贵荣华而今贫困潦倒；品性高雅而不能见信于人；至亲好友被迫分离；孤儿寡母无依无靠……像这种人，听见鸟叫风鸣都会伤心；听我弹琴，没有不落泪的。至于你，养尊处优，无忧无虑，再会弹琴也不能感动你。”孟尝君听了觉得很有道理。但雍门周接着又说：“不过依我看你也有你的悲哀。你抗秦伐楚，得罪了两个大国，而今天下大事非秦必楚，你只拥有一个区区薛地，别人要收拾你如同拿斧头砍蘑菇一样容易。等你一死，祖宗无人祭祀，你的坟头长满荆棘，狐兔出没，牧童在坟上嬉戏，人们见了就会说：‘孟尝君曾经那样尊贵显赫，到头来不过如此啊！’”孟尝君听了这番话深有所动，此时雍门周一弹琴，他不禁唏嘘啼哭了起来，说：“我一听先生弹琴，就感到自己好像是亡国之人了。”

这个故事告诉我们，在艺术欣赏中，要想获得真切的感受，必须将自身置于作品的情境之中，以自身的经验“入乎其内”地体验，而不能采取一种与我无关、冷眼旁观的态度。雍门周之所以一开始断言孟尝君不会被他的琴声感动，是因为他觉得孟尝君缺乏与琴声的情感基调相应的生活经验，因此不可能自然地进入作品的情境之中并产生相应的感受。而后来雍门周的琴声之所以又感动了孟尝君，则是因为他启发孟尝君认识到自己今后可能发生的不幸，并引导孟尝君通过想象进入到与琴声的情感基调相一致的情境之中。由此看来，只有将自我融入作品之中才能获得真切的感受。前人曾总结这方面的体会说："读词之法，取前人名句意境绝佳者，将此意境缔构于吾想望中，然后澄思渺虑，以吾身入乎其中而涵泳玩索之，吾性灵相与浃而俱化，乃真实为吾所有而外物不能夺。"（况周颐《蕙风词话》）这确是有道理的。一般来说，如果欣赏者有着与作品内容相类似或相一致的生活经验，往往能够自然地"入乎其内"，自发地与作品产生某种共鸣，从而获得深切的感受和体验。《红楼梦》第二十三回"牡丹亭艳曲警芳心"中，描写了林黛玉听了《牡丹亭》中杜丽娘的"如花美眷，似水流年""你在幽闺自怜"等唱词后，自然地产生了强烈的感受，始则"如醉如痴，站立不住"，继而"心痛神驰，眼中落泪"。之所以如此，就是因为林黛玉和杜丽娘的生活境遇、思想感情颇为一致，故而能感同身受、一触即发；如若换成薛宝钗，恐怕就未必会自发地产生这样真切的感受。然而，古今中外的文艺作品浩如烟海，其所反映的生活内容也是极其丰富复杂的，一个欣赏个体的生活经历再丰富，也不可能与所有文艺作品都建立起如林黛玉之于《牡丹亭》那样的感受关系。因此，一个欣赏者不能把获得真切感受的希望寄托在与作品相类似的生活经历上，寄托在自发形成的感同身受上；而应该充分发挥主观能动作用，自觉地将自身置于作品规定的情境之中，充分调动自己的有关生活经验，通过想象去体验自己在相应情境中的感受。前面所谈"孟尝遭雍门而泣"的故事中，孟尝君也并没有贫困潦倒的实际生活经历，而是通过设身处地的想象获得对作品的真切感受的。不过孟尝君是在雍门周的启发诱导下想象的，而对于广大欣赏者来说，则应该自觉地这样做。

艺术欣赏需要"入乎其内"的体验，但过分的"入乎其内"却可能适得其反。特别是当作品的内容、基调与欣赏者的生活经历、思想感情相一致时，往往会使一些人不自觉地陷于其中而不能自拔，甚至会引出某些不良后果。这种现象在青年中尤为突出。据清人陈其元在《庸闲斋笔记》中谈，杭州有个女子读《红楼梦》入了迷，"致成瘵疾"，"父母以是书贻祸，投之火，女在床，乃大哭曰：'奈何烧杀我宝玉！'遂死。"歌德的《少年维特之烦恼》出版后，曾经在欧洲引起一阵"维特热"，有些热恋中的青年将自己想象成维特，按照维特的衣着打扮、心理行为去生活和恋爱，甚至在失恋后模仿维特而自杀。这种情况在现代青年中也不乏其例。近年来青少年中出现的"追星族"现象，原因很多，其中有一点就是他们对审美对象的欣赏达到了"入乎其内"而不能自拔的程度，只不过他们所溺的不仅仅是作品，还包括演员本人。据报载，有些学生把印有香港所谓“四大天王”头像的画片贴在床头或课桌上，每天流连观看，迷恋得发狂；有些学生整夜守候在某歌星所住的饭店楼下，齐声高喊：“××，我爱你！”这些正值青春期的少男少女，寻觅着能够满足他们青春情感的歌曲，追寻着能够满足他们崇拜心理的偶像。他们把艺术欣赏当作现实生活，将被崇拜的歌星移入自己的精神生活，“入乎其内”至溺于欣赏对象而不能自拔，这显然不能说是正确的艺术欣赏。正确的艺术欣赏不仅要对作品进行“入乎其内”的体验以获得真切的感受，而且要“出乎其外”地对其进行分析以做出理性的评价。一部作品究竟反映了什么生活内容？有哪些艺术特色？说它好好在哪里？说它不好又不好在何处？在欣赏完一部作品后，欣赏者总该对这些问题有一点理性的判断与评价。而要做到这一点，欣赏者就不能一味地沉溺于作品的情境之中，而应该自觉地与作品保持一定的距离，“出乎其外”地对其进行理性的观察与思考。苏轼在《题西林壁》这首诗中写道：“横看成岭侧成峰，远近高低各不同。不识庐山真面目，只缘身在此山中。”艺术欣赏也是如此，如果钻到作品中出不来，就可能一叶障目，看不到作品的全貌；更严重的，还可能由于情感冲动而丧失欣赏意识，做出类似前面所说的那些失去理智的蠢事来。

“入乎其内”与“出乎其外”是艺术欣赏活动中相互区别而又相互联系的两个方面，它们是对立的，又是统一的。作为欣赏者，应该将二者有机结合起来，在二者的相互作用中与作品保持一种不近不远、若即若离的关系，从而获得一种既有真切丰富的感受又有准确客观的认识的理想的欣赏效果。

（刊于《火花》1995年第11—12期）

感官愉悦与精神陶冶

——文艺欣赏漫谈之一

青年朋友大都喜欢欣赏文艺作品。然而，要把艺术欣赏变作自觉的审美活动，却还是有一些讲究的。我曾经问一位青年为什么喜欢听音乐、看电影，他回答说："这有什么好问的？音乐好听，电影好看，就这么回事。"他虽是随便一说，却也道出了欣赏中的一个普遍情况。任何艺术都是以一定的美的形式，作用于欣赏者的特定感官。这些艺术形式由于为欣赏者的特定感官提供了"好听""好看"的东西，因而能使人产生一种愉悦之感。这种由对象的美的形式作用于我们的感官而直接产生的"好听""好看"之感，叫作感官愉悦。任何艺术都有使人得到感官之娱的美的形式，因而都具有愉悦感官的功能。

然而，感官愉悦到底是以直接的生理反应为基础的一种愉快，因而在文艺欣赏审美愉悦的整体效应中处于较低的层次。文艺绝不是一种单纯愉悦耳目的小玩意儿，在它的美的形式中蕴含着丰富的社会内容、人生哲理和人类感情。当欣赏者探寻到其中的真谛、领略到其中的意蕴时，就会体验到一种更高的愉悦之情，获得一种不同于感官愉悦的精神享受。例如欣赏贝多芬的《命运交响曲》，如果我们从感官的直接感受上升到对作品主题的情感体验和理性思考，那么我们就能从第一主题与第二主题相互作用和错综复杂的音乐表现中，体会到其中的蕴藉：人民不甘于命运的摆布，起而同黑暗势力进行斗争，最后战胜了命运，赢得了光明和胜利。于是我们就能从中观照和体验到人的本质力量，那种为了美好的未来不屈不挠进行斗争的精神，从而受到鼓舞和激励，精神上得到陶冶和升华。

文艺欣赏是离不开感官愉悦的，却又不能仅止于此。感官的愉悦要向精神上的陶冶升华，精神陶冶又指导和影响感官的愉悦。当我们直观维纳斯雕像的时候，她那典雅美丽的面庞、丰腴饱满的体躯、优美庄重的神态、起伏多变的线条，会直接地使我们产生一种愉悦的感觉。此时如果我们怀着一种高尚的欣赏趣味和精神需求，就能从这优美的人体形象中感受到蓬勃的生命力量和青春活力，感受到人的伟大和美好。于是感官的愉悦就导向精神的愉悦。这样，欣赏者便取得了一种完整的审美效果。

怎样才能获得这样的效果呢？

首先，要自觉养成高尚的欣赏趣味。欣赏趣味的高尚与否，直接影响欣赏感知中感官愉悦的性质和导向。鲁迅曾经讽刺过一种人："一见短袖子，立刻想到白臂膊，立刻想到全裸体，立刻想到生殖器，立刻想到性交，立刻想到杂交，立刻想到私生子。"见到短袖子是一种感知，感知可能经过联想和想象而导向别处；而鲁迅笔下的这类人就是由于低级趣味的制约，把联想和想象导向极其庸俗的地步。

其次，要有自觉的欣赏意识。我们知道，感官愉悦是欣赏者对作品信息的一种直接反应，它往往并不需要意识活动的影响和干预。我们听到一曲优美的音乐所引起的愉悦之感是自然而然产生的，并不是通过我们的意识引导出来的。反之，以感官愉悦向精神陶冶的升华却需要意识活动的积极参与。因此，如果没有自觉的欣赏意识，我们就可能为声色之美和感官愉悦所陷而难以升到更高的境界。《大众电影》1986年第10期的一篇文章中指出了这样一种现象：对电影《日出》获得1986年百花奖的最佳影片奖和方舒获得最佳女演员奖，观众大都是认可的，然而专家们大都并不满意。为什么会出现这种现象呢？作者认为，编导者所寻求的是银幕视觉快感和观赏效果，着意展示陈白露这个摩登女郎的服饰、身腰、姿态、表情、绣床闺房，乃至她所置身的华丽场面和"上流"气氛。这样就使影片的思想含义被降至一个次要地位，以至陈白露的悲剧没有使人感到巨大的震撼力量，反而使人乐于欣赏她那富于生命力的形体表现。我们不想对这部电影和这篇文章的观点进行评论，只是想以这个例子说明，感官的愉悦具有一种自发的诱惑力量；如果没有一种自觉意识，很可能陷于感官愉悦而上升不到较高的境界。

最后，要具有一定的知识修养。有些青年说，他们也是带着高尚的欣赏趣味和自觉的欣赏意识去欣赏的，但为什么还是没有获得丰富的精神享受？这就涉及与艺术有关的知识修养问题。马克思说："如果你想欣赏艺术，你就必须成为一个在艺术上有修养的人。”一个对京剧中的程式化动作不了解的外国人，固然能从这些优美的动作中直接得到某种愉快感觉，但却并不了解这些动作的微妙变化及其内在含义，因而不能对京剧的表演艺术有更深的理解和感受。实际上一切艺术作品的欣赏都是如此。

（本篇与金开诚教授合作，刊于《中国青年》1987年第2期）

浅尝辄止与玩味无穷

——文艺欣赏漫谈之二

中国画史上有这样一个故事：唐代画家阎立本有一次在荆州看到梁朝大画家张僧繇的一幅画，粗粗一看，很觉平常，因此认为张僧繇是徒有虚名。第二天又去看，就发现了作品的妙处，觉得张还可算个“近代佳手”。第三天再去，对作品的认识更深了，不禁发出了“名下无虚士”的赞叹，乃至“坐卧观之，留宿其下，十余日不能去”。这个故事说明，对于优秀艺术作品的欣赏，浅尝辄止是不行的，只有反复玩味、细致认识，才能获得深刻的审美感受和理解。

我们不妨从欣赏对象和欣赏主体两方面对此作些分析。

从欣赏对象方面来说，应该看到文艺作品在表现方式上的特点。我们知道，文艺作品都是以形象的方式反映生活，表现作者对生活的感受和理解的。创作者将自己对生活的感受和认识熔铸于作品的形象之中，欣赏者则从自己的经验出发感受和认识作品中的形象及其内涵；艺术活动中进行思想感情交流的艺术形象，具有不同程度的模糊性和不确定性。例如，一位画家用一幅百花盛开、万木争春的图画来表现他的思想感情，我们可以从中得到什么样的认识呢？可以理解为这象征着祖国建设的欣欣向荣，也可以理解为这象征着科学文化“百花齐放，百家争鸣”的繁荣景象，还可以理解为象征着人们生活美好，心情舒畅……显然，艺术形象的表现内容比语言要模糊得多，也要丰富得多。如果不是反复玩味而是浅尝辄止，怎能获得准确、丰富的感受和认识呢？

再从欣赏主体方面来说，文艺欣赏既是一种认识活动，但又不是一般的认识活动，而是审美的认识活动。因此，它不仅取决于作品提供了真正具有美学意义的创造，也取决于审美活动本身。有个成语叫“对牛弹琴”，意思是无论弹琴者提供了多么优美的音乐，但因为牛是不能进行审美活动的，所以“对牛弹琴”是白费力气。对人弹琴情况就不同了，因为人是能够审美的，但人在审美活动中也要多多用心，既要力求感受和理解的深入，也要发挥联想和想象。在欣赏中付出的心理努力越大，其所带来的愉悦也越大。例如，对达·芬奇的杰作《蒙娜丽莎》中的“神秘的微笑”，为什么几个世纪以来千千万万的欣赏者要做出巨大的心理努力去认识和探索？这一方面是由于作品本身的巨大魅力，另一方面则是由于这种认识和探索能给欣赏者带来精神上的愉悦和满足。如果只是浅尝辄止，而不是反复玩味，显然不能获得这样的精神享受。

优秀的文艺作品往往蕴含着丰富的认识内容。这些内容大致可以分为外部形象、内部实质、深层意蕴三个由浅到深的层次。例如刘禹锡“沉舟侧畔千帆过，病树前头万木春”这两句诗，形象鲜明生动，语言明白晓畅。粗略一读，我们便可想见这两句诗的形象。这是欣赏的第一层次。若再深入一步，联系作者的身世和此诗的背景来读，那么我们便可以了解这两句诗的实质内容。刘禹锡因参加“永贞革新”而被贬边地23年，23年后应召回京，经扬州遇到白居易。白赠诗一首，内有“举眼风光长寂寞，满朝官职独蹉跎”，对刘的不幸遭遇深表同情。刘作诗相酬，内有“沉舟”二句便是对上两句的应答。诗人以“沉舟”“病树”自喻，暗示自身遭遇虽然不幸，但却没必要为此而消沉颓唐；一个人一生中可能遭遇种种坎坷和不幸，但整个社会人事却是蓬蓬勃勃向前发展的。这两句诗显示了诗人豁达开朗的胸怀和乐观向上的生活态度。然而欣赏至此是不是就完了呢？没有。如果读者放开眼界深入开掘，将这两句诗从具体的情境中超脱出来，并将其置于更广阔的时间和空间之中，那么读者就可能进入欣赏的更深层次，即认识到无论自然界还是社会人生，世间一切事物都是在新陈代谢的运动中不断向前发展；作为个体的人生是有限的、短暂的，甚至可能是坎坷的，然而整个自然和社会的新陈代谢却是无限的、永恒的、美好而又充满朝气的。于是读者就可能体味到一种超越特定时空的宇宙感和永恒感，一种开朗向上的情思。这就是作品的深层意蕴及其可能挖掘而得的审美享受。如果不是深入体味，就显然不能获得如此深刻的感受。

（本篇与金开诚教授合作，刊于《中国青年》1987年第5期）

囫囵吞枣与精细分析

——文艺欣赏漫谈之三

有些青年朋友说，常常看到一些评论文章对作品分析得头头是道、准确细致，而自己在读完一部作品后却往往印象模糊，说不出个所以然。这究竟是什么原因？其实，这没有什么神秘之处。除了欣赏水平的原因之外，恐怕有一个是否发挥了主观能动作用、对作品进行精细分析的问题。文艺欣赏并不是消极被动地接受，而是积极主动地认识。对艺术形象要获得鲜明的印象和准确的认识，需要欣赏者付出巨大的心理努力。青年朋友和评论家欣赏时的区别往往在这里。

对作品进行精细分析，以获得准确鲜明的认识，很重要的一点是探寻作品的特征，特别是艺术形象的特征。特征是一事物区别于其他事物的特别显著的征象、标志。任何艺术形象虽然都是来源于生活，但是真正的艺术家总是千方百计探寻别人没有发现的客观事物特征或主观感受特征，并通过艺术形象给予独特的表现。正如法国作家福楼拜所说："对你所要表现的东西，要长时间很注意去观察它，以便能发现别人没有发现和没有写过的特点。"艺术家通过创造艺术形象表现自己所发现的事物特征，欣赏者则是通过把握对象的特征认识和理解艺术家所创造的形象。因此，抓住了艺术形象的特征，就等于找到了打开艺术形象奥秘的钥匙，就可以使我们获得较为准确深刻的认识。那么如何分析认识艺术形象的特征呢？可以从外部特征和内部特征两方面来分析。外部特征是艺术形象外在表现的特点，内部特征是艺术形象内在实质的特点。一般来说，对这两方面特征的分析是循着由外至内的顺序进行的。例如欣赏鲁迅小说《孔乙己》，读过几遍，我们头脑中会自然浮现出孔乙己的外部形象和行为的以下一些特点：他"是站着喝酒而穿长衫的唯一的人"，"青白脸色"，长衫“又脏又破”，“满口之乎者也”，但又好吃懒做，日子越过越穷，偷书被打断腿却自称是“跌断”的，等等。这样我们就抓住了艺术形象的外部特征。通过对外在表现的分析认识，我们便会逐步深入到艺术形象的内质：孔乙己是一个受封建制度毒害并最终被毁灭的，有着迂腐、懒散等性格特征的封建读书人形象。于是我们就抓住了艺术形象的内部特征。通过对外部特征和内部特征的分析，我们对艺术形象获得了一个统一完整的认识，留下了准确鲜明的印象。

在一些优秀的文艺作品中，艺术形象的特征往往并不是简单直露的，而是复杂含蓄的。艺术家一方面为欣赏者探寻形象特征提供条条线索，另一方面又为形象特征罩上层层面纱，以取得意蕴深长的艺术效果。同时，一个血肉丰满的艺术形象往往具有多方面、多层次的特征，有些细微隐蔽的特征很不容易被识别和发现。因此，欣赏者要准确细致地把握形象特征，就要付出巨大的心理努力。

首先，要有稳定注意。所谓注意，就是把感受、思考、联想、想象等心理活动指向并集中于某一特定的对象。注意可以分为不随意注意和随意注意。不随意注意是由对象的刺激及主观兴趣等因素引起的。在文艺欣赏中，富有刺激性的色彩、形态、音响、动作，新颖的形象与手法，紧张的情节与场面，以及欣赏者的某种趣味和倾向，都可能引发不随意注意。但是这种注意是一种被动的注意，它可能把欣赏者引向形象的特征，也可能把欣赏者引向别处，从而影响欣赏者对形象特征的探寻和开掘。因此欣赏者要善于将不随意注意转化为随意注意。随意注意是一种意志控制下的注意，它服从于人向自己提出的目的和任务。欣赏者只有从探寻形象特征的目的出发来调节自己的注意，才能把注意牢牢集中在形象特征的探索上。

其次，要讲究注意的转移。稳定注意是一种经过有意地努力而出现的心理状态，欣赏艺术必须在稳定注意的心态中，准确地进行注意的转移。例如欣赏一幅画，首先映入眼帘的很可能是画的完整形象，但接着就要转移注意于画的各个局部与细节，然后又回到整体的形象。这种转移还可能要往复多次，才可能有较深的感受并利于特征的发现。

最后，要进行比较。俗话说“不怕不识货，就怕货比货”，比较历来就是认识客观事物的有效方法。所谓比较，就是辨别两种或两种以上事物的异同或高下。在文艺欣赏中，通过比较，可以发现形象之间的细微差异，从而更准确地把握形象的特征。《红楼梦》中描写了不少性别相同，年龄和性格又十分相近的人物。如果囫囵吞枣地阅读，我们很难细致地分清他们的性格特征。如果对他们加以精细地分析和比较，我们就能发现：平儿和袭人虽然都具有温顺的性格，但平儿的温顺中透露出善良，袭人的温顺中表现出世故；凤姐与探春都很泼辣，但凤姐的泼辣中暗藏着狡诈，探春的泼辣中体现着严正。由此看出，比较确实是识别形象特征的一个好方法。

（本篇与金开诚教授合作，刊于《中国青年》1987年第7期）

诗中有乐

苏轼称道王维“诗中有画”，是说读王维的诗能使人产生欣赏绘画时的艺术感受。其实，诗中不仅可以有画，也可以有乐。近来读唐人几首描写音乐的诗，虽无真乐在耳，却仿佛感受到忽而高亢激昂、忽而悠扬婉转的乐声，令人不能不惊叹诗人出色的艺术表现技巧。

音乐是一门听觉艺术，诗歌则是语言艺术。用语言再现音乐的听觉形象，使欣赏者间接获得音乐的艺术感受，确实不是件容易的事。在唐人描写音乐的诗中，主要是通过心理感觉的类比来达到这一目的的。这可以分为两类，一类是同类型感觉的类比，另一类是不同类型感觉的类比。

同类型感觉的类比，是将音乐的听觉感受比喻成与之类似的其他一些听觉感受，以唤起欣赏者的这些听觉感受经验，进而通过联想间接获得音乐的艺术感受。白居易的《琵琶行》在描写琵琶女的演奏时有这样几句：

大弦嘈嘈如急雨，小弦切切如私语。
嘈嘈切切错杂弹，大珠小珠落玉盘。

诗人将琵琶大弦急促激烈的音响听觉比喻成“急雨”的听觉，引导欣赏者通过疾风骤雨的声响去体会音乐的形象；将小弦轻柔缓慢的音响听觉比喻成窃窃私语的听觉，使欣赏者通过那轻微细碎的声感去品味音响的特征。而对于二者的交错演奏，作者则用“大珠小珠落玉盘”来唤起欣赏者相应的听觉经验，通过清脆圆亮、忽大忽小的珠玉碰撞之声诱导欣赏者把握乐曲的特点。当欣赏者把这些音响特点与头脑中储存的琵琶乐声的经验联系在一起时，就能体会出那忽而高亢激昂、忽而舒缓平和的旋律和忽而清脆活泼、忽而圆润柔和的乐声。

不同类型的感觉类比，是将音乐的听觉感受比喻成与之有着某些类似之处的视觉、味觉、触觉（包括肤觉）、动觉、机体觉等的感受，通过诱发欣赏者的这些感觉经验引导欣赏者去把握音乐形象，获得相应的艺术感受。例如韩愈《听颖师弹琴》中的一段描写：

昵昵儿女语，恩怨相尔汝。
划然变轩昂，勇士赴敌场。
浮云柳絮无根蒂，天地阔远随飞扬。
喧啾百鸟鸣，忽见孤凤凰。
跻攀分寸不可上，失势一落千丈强。

头一句是听觉类比，第二句将气势昂扬的曲调比作雄赳赳气昂昂的勇士奔赴杀敌战场的场面，则是听觉感受比之于视觉感受。气势昂扬的乐曲和“勇士赴敌场”的场面虽作用于人的不同感觉，但都能使人获得一种热血沸腾、激昂向上的情绪感受。以这种感受为中介，欣赏者就能够将“勇士赴敌场”的视觉感受转化为对乐曲高亢雄壮旋律的艺术感受。第三句以浮云柳絮随风飘扬来比喻乐曲的悠扬飘逸、邈远轻长，同样是以视觉感受来比喻听觉感受。而第五句将乐曲音调渐进升高而后突然急速下降比作一个登攀者“跻攀分寸不可上，失势一落千丈强”，则不仅有视觉感受的类比，而且有动觉、机体觉感受的类比。当欣赏者设身处地将自己想象为即将临顶的攀登者、于筋疲力尽寸步难移之际而突然失足落向无底深渊时，就会产生一种筋肉的紧张感和身体的失落感，而这正是作者所要表现的乐曲给人的那种感受特征。

以上是听觉感受与视觉、动觉、机体觉感受的类比，至于与触觉、味觉感受的类比，则可以白居易《琵琶行》中“冰泉冷涩弦凝绝，凝绝不通声暂歇”一句为例。诗人将渐缓渐弱乃至最后停歇的音行过程，比作泉水因寒冷结冰、流淌不畅而渐渐凝滞，从而通过冷的触觉感受和涩的味觉感受使欣赏者体味到乐曲听觉的相应感受。

此外，李颀《听董大弹胡笳声兼寄语弄房给事》中“空中百鸟散还合，万里浮云阴且晴”句，以百鸟散合、浮云阴晴来描绘胡笳乐曲高低强弱的起伏变化，是视觉感受与听觉感受的相通。李贺《李凭箜篌引》中“昆山玉碎凤凰叫，芙蓉泣露香兰笑。十二门前融冷光，二十三丝动紫皇”等句，前两句以玉碎凤鸣、芙蓉泣露香兰笑来类比箜篌曲清脆优美的音色，是不同内容听觉感受的相通；而下一句言乐曲能融化温暖全城的寒光冷气，则是听觉感受与肤觉感受的相通。在此就不一一枚举了。

（刊于《红专》1987年第1期）

马烽小说的幽默风格

马烽是在全国有影响的一位作家。他的作品朴实无华、平易亲切，特别是在那字里行间跳跃着的充满农民情趣和乐观向上精神的幽默，使他的作品具有一种特殊的艺术魅力。可以说，幽默是马烽小说艺术风格的重要内容。

美国著名作家马克·吐温，善于运用极度夸张的手法，像一面面哈哈镜，把事物的丑恶之点放大，以闹剧式的滑稽手法，从对社会现实的讽刺和嘲弄中表现出幽默的风格；王蒙的《说客盈门》则通过对生活中司空见惯的事物进行高度的概括和集中，组织成典型的故事情节，以轻松诙谐的语言寓幽默于舒缓自然的叙述之中。马烽却与他们迥然不同，他的幽默总是同作品中的人物性格有机地融合在一起，渗透于人物的血肉之中，成为人物性格中不可分割的一部分。随着情节的发展，人物性格的展示，幽默也就于人物的活动中自然而然地流露出来。这可以说是马烽小说幽默风格的第一个特点。如《饲养员赵大叔》中那个对社会主义无限热爱、性格开朗乐观，连喂牲口时也要和牲口说几句俏皮话的赵大叔；《三年早知道》中那个好显示自己的小聪明结果却办了不少令人啼笑皆非的“聪明事”的赵满屯；还有《结婚现场会》中那个脾气死犟而内心耿直、掏茅粪时溅身上几滴粪汤索性使劲晃动茅勺让它溅个痛快的老牛筋；等等。在这些作品中，幽默既不是通过游离于情节之外的插科打诨之言，也不是通过作者在故事叙述中诙谐的语气来表现的，而是通过人物自身的行动显示出来的。因此它就不仅起到了渲染气氛引人发笑的作用，而且成为塑造人物性格的一种有力手段。

首先，它使人物具有了极其鲜明的个性特征。前面所举各例就很能说明这个问题。无论是赵大叔还是赵满屯、老牛筋，当我们伴随着笑声读完作品后，他们的形象就会生动地在我们的脑海中活动起来，使我们久久不忘，多年以后读起，还会不自觉地发出笑声。为了进一步突出人物个性特征，作者还常常喜欢给他们冠以生动幽默的绰号，这样就更增强了其艺术效果。诸如“三年早知道”“老社员”“五二四十五”这样的称号，常常被群众戏谑地命为生活中某一类人的代号而广泛流传。

其次，人物性格中的幽默特点在展示人物心灵美中也发挥着重要的作用。小说《我的第一个上级》中的老田就是一个生动的例子。小说一开头对老田有这样一段描写：

> 天气这么热，而他却披着件夹衣，下身穿着黑棉裤，裤脚却还是扎住的，头上又戴了顶大草帽。这不知是嫌热还是怕冷？他低着头，驼着背，倒背着手，迈着八字步朝我走过来。

看到这里，我们会被老田这个“怪人”的“怪貌”引得笑起来。老田那滑稽幽默的外在性格特征给了我们深刻的印象，以致在笑过之后，我们会同作品中的“我”一起对他产生一种不满：这个人也太古怪疲沓了。然而，当我们在小说的结尾再一次看到他“驼着背，低着头，倒背着手，迈着八字步”时，我们不但不会发笑，反而会感到眼睛湿润了。因为我们在作品中看到了他奋不顾身与洪水搏斗的事迹，了解了他那驼背、八字步及他那因严重关节炎而在炎热的盛夏也需要穿棉裤的两条弯弓似的腿，正是多年来与洪水搏斗的结果。至此，作者让人物的崇高的心灵美冲破了滑稽可笑的性格外衣而表现出来，强烈地打动了我们的心。如果没有这种寓人物性格的内在美于外在的滑稽之中，寓悲壮于幽默之中的表现手法，是绝不会收到这样的相辅相成、相得益彰的艺术效果的。

朴实晓畅，清新明快，充满农民情趣，应该说是马烽小说幽默风格的第二个特点。幽默作为一种艺术风格，是与作家的个人气质、社会经历、文学修养、社会环境等因素密切相关的。鲁迅是幽默讽刺的大师。鲁迅的幽默常寓讽刺于其中，辛辣而又深沉，尖刻而又含蕴，风趣而又雍容，他没有丝毫的油滑与哗众取宠，而是格调高雅，寓意深长，耐人寻味。例如《阿Q正传》中“优胜记略”“大团圆”等章，阿Q的精神胜利法，他的临被杀以前还要认认真真地把圆画得圆一些，确实让我们感到风趣可笑，然而这却是一种含着泪水的沉重的笑，是哀其不幸怒其不争的笑，令人笑过之后不能不掩卷沉思。鲁迅在他的另一些杂文中则是更多地表现了辛辣尖刻、雍容高雅的幽默特点。这些特点都是与他深刻的思想、疾恶如仇的气质、广博的知识、深厚的文化修养与险恶的政治环境分不开的。而马烽，作为一个出身于农村，长在解放区，在党的培养下成长起来的、长期与农民接触并为他们服务的新中国的作家，他的幽默当然有着与鲁迅截然不同的特点。马烽的幽默是典型的农民的幽默。他的幽默中充满了我国农民所具有的纯朴、爽直、聪明、乐观的气质，充满了农民的生活情趣和农村的乡土气息。因此他的幽默既没有含蕴幽深，也没有油滑纤巧，而是质朴粗犷，晓畅明朗，天然而成，绝少雕饰。读着他的作品，我们犹如与农民围坐一起，嬉笑谈天，其欢声笑语，跃然纸上。例如小说《沈大妈》中有这样一段：保育员沈大妈从县里学习回来，一路上不停嘴地问一点不懂家务事的二贵：“小宝出疹子好了没有？”“你嫂子生下这孩子奶够不够吃？”二贵被问得答不上来，只好说：“好我的大妈哩，俗话说‘隔行如隔山’呀！你要问我哪头骡子不踢人，哪条牛力气大，我可以给你说个一清二楚，问小孩子的事，这可难了。究竟小孩子是树上结的还是地里长的，咱也弄不清楚。”二贵的话把沈大妈逗笑了，我们也会情不自禁地跟着笑起来。从二贵那诙谐的口气里，我们仿佛看到他被问得张口结舌的窘态，感受到这个青年农民的憨厚可爱。这种幽默令人感到真实、自然、健康、亲切。

马烽小说幽默的第三个特点是热情向上，活泼乐观的基调。凡具有幽默特色的作家，大部分是通过他们的作品对黑暗的不合理的社会进行揭露、讽刺和批判，对被欺侮与被损害者寄以怜悯与同情，因此他们作品中的幽默或辛辣尖刻，或哀婉深沉，从吴敬梓的《儒林外史》到鲁迅的《阿Q正传》《孔乙己》，从马克·吐温的《竞选州长》到张天翼的《华威先生》，可以说都不同程度地具有这个特点。而马烽的幽默却与他们迥然相异。他作品中的内容绝大部分是对新人、新事、新生活的歌颂，是社会主义的颂歌。因此，读过他的小说后，我们不仅会从幽默的笑声中受到教育，而且会感到一种鼓舞和力量，会激起对新生活的热爱，对未来的信心。在小说《饲养员赵大叔》中，从赵大叔去太原看儿子夜里要给牲口添草料的笑话里、从他与牲口的亲切谈话中，从他那乐观开朗而又充满风趣的性格内，我们分明感到一种热情和力量，使我们不能不对这位一心扑在集体事业上的老人感到由衷的爱戴。马烽幽默中这种乐观向上的基调是贯穿于他的全部作品中的。

综上所述，马烽小说的幽默，是一种与人物性格有机结合在一起，充满着农民情趣、乐观向上、朴实明快的幽默。

（刊于《语文教学通讯》1982年第2期）

试析《鸿门宴》的艺术特色

《鸿门宴》是《史记·项羽本纪》中一个精彩篇章。司马迁以他杰出的艺术才能，为我们展示了刘项两个军事集团在鸿门宴上的一场剑拔弩张的激烈斗争，刻画了项羽、刘邦、樊哙等一系列有血有肉的人物形象，读之如临其境，如见其人。司马迁叙述故事、刻画人物的高度艺术技巧得到了全面而充分的表现。这是体现《史记》文学成就的一篇有代表性的作品。《鸿门宴》的艺术特色首先表现在情节结构的设计和安排上。

第一，冲突尖锐，而矛盾集中；纵横交错，却主次分明。文章是以刘邦、项羽两个军事集团的斗争为主要线索展开矛盾推动情节的。刘邦以十万兵马攻下咸阳后，还军霸上；项羽率四十万大军破关而入，听说“沛公欲王关中”，当即下令进攻刘邦。刘邦势单力薄，以屈求伸，上门求和。鸿门宴上这场动人心魄的斗争，关系到谁王天下的大问题；它不仅存在于刘项两大集团之间，而且存在于各个集团内部，真可谓敌中有我，我中有敌。如何安排这错综复杂的矛盾冲突呢？作者并没有单写刘项之争，也没有在各种矛盾中平分笔墨，而是以刘项之争为主要矛盾贯穿始终，将各集团内部的矛盾与主要矛盾联系起来，受主要矛盾的制约，又影响主要矛盾的发展。如文章的开头就以曹无伤告密点燃了刘项之争的导火索，刘邦集团的内部矛盾造成了刘项之间的外部冲突。接下的项伯泄密以及鸿门宴上拔剑与项庄对舞而“以身翼蔽沛公”，又是项羽集团内部矛盾对刘项矛盾的影响。文章就是这样紧紧扣住刘项之争，同时将主次矛盾、内外矛盾有机地结合在一起，使得线索清晰，且妙趣横生。

第二，波澜起伏，张弛相间，引人入胜。为了达到摄人心魄的艺术效果，司马迁采取了抑扬交替、张弛相间的写法。开头写项羽听信曹无伤，下令“旦日飨士卒，为击破沛公军！”接着写双方悬殊的力量对比和范增火上浇油：“急击勿失！”于是，一场大战前的紧张气氛把读者的心提了起来。然而，接下来作者笔锋一转，以项伯夜告张良，刘邦求项伯通融的情节使紧张气氛稍见松弛。项伯泄密，出人意料，又在情理之中：它正是项羽在治军上任人唯亲、骄横粗率、讲义图名的必然结果。刘邦谢罪，项羽留宴，使矛盾得到了暂时缓和。但是，由于范增的作用，又突然出现了项庄舞剑，意在沛公的紧急场面，而在项伯对舞使冲突稍稍缓和之后，樊哙闯宴，项王“按剑而跽”，一下子又把矛盾推向了高潮，这剑拔弩张的气氛使人预感到一场恶战即将爆发。却不料樊哙义正词严、刚柔相济的一番话折服了项王，使他“未有以应”，紧张的气氛顿时松弛下来。本来人们感到樊哙这一武夫的上场只会加速这恶战的到来，不曾想反而平息了紧张气氛。这个意料之外，勾勒出樊哙勇中有谋、粗中有细的性格特点和项羽骄横自诩、沽名钓誉的心理发展逻辑。刘邦的不辞而别虽使他暂离虎穴，仍有可能触怒项羽而使大战爆发。直到张良谢宴范增认输才使矛盾得到了解决。在故事发展过程中．读者的心始终随着情节的跌宕起伏而忽紧忽松，直到矛盾最后解决才如释重负。作者在情节安排上的技巧令人惊叹！

第三，结构谨严，铺垫灵活自然。作者在事件的叙述上基本按照时间顺序，并注意首尾呼应。全文以曹无伤告密，范增说项始，以范增计败，曹无伤被诛终，结构严密。为了不损害情节的紧张与连贯，对于一些需要铺垫和说明的内容，作者并没有进行大段插叙，而是在情节的发展中通过人物的对话表现出来。如项伯夜告张良一节，其时张良以什么身份在沛公军？与项伯又是什么关系？作者并未从旁介绍，而是借张良与项伯的话点出他“为韩王送沛公”的身份，借与刘邦对话点出他与项伯有故。这样灵活自然的铺垫照应，不但保持了情节紧凑，而且也展示了张良为人忠义、沉稳的性格，可谓一举两得。

《鸿门宴》的艺术特色还表现在对人物性格的刻画和表现上。

第一，作者善于将人物性格的鲜明性和丰富性统一起来，从而给我们刻画了一系列有个性特征而又血肉丰满的人物形象。司马迁并不是根据历史资料平板地、概念地记叙这些人物，而是抓住人物独具的个性、气质和风度，依靠丰富的生活经验和想象力，来揣摩人物在各个特定环境中的思想感情、言语行动。一方面努力突出人物性格的主要特征，另一方面又注意人物性格的其他侧面，使人物笃厚饱满，有血有肉。例如樊哙的主要性格特征是豪勇，司马迁对此做了生动的描绘。然而他并未满足于此，而是通过人物言行又为我们展示了人物性格的其他方面。例如说项羽一段，虽然义正词严，然而却对项羽以“大王”相称，且口气完全是以秦亡的教训告诫项羽的好大喜功、沽名钓誉的思想。因此非但没有激怒项羽，反而使剑拔弩张的场面得以平息。樊哙这一大段刚中有柔、亢中有卑的慷慨陈词，充分表现了他勇中有谋、粗中有细的特点。

第二，作者善于通过人物自身的言语行动展示人物的性格特征。例如，当刘邦知道张良与项伯的关系后，立即说：“君为我呼入，我得兄事之。”见项伯后又“邦奉酒为寿，约为婚姻”。这些充分表现了他的机敏、狡诈、善钻空子，为达目的不择手段的性格特征。又如，刘邦见项羽谢罪说：“臣与将军戮力而攻秦……不自意能先入关破秦……今者有小人之言，令将军与臣有郤。”短短数言，既迎合了项羽的居功自矜，又表示了自己的忠心不贰。将责任推于“小人之言”，既开脱了自己，又平息了项羽的怒气。刘邦能言善辩，玩弄权术，随机应变的特点就十分深刻而明朗了。

第三，作者善于通过典型的细节准确生动地表现出特定环境中人物思想性格的细微处。例如鸿门宴上，范增为了杀害刘邦“数目项王，举所佩玉玦以示者三”。而当项王“默然不应”后，“范增起，出，召项庄”。这一段细节描写生动而细腻地刻画了范增的急躁性格和坐立不安的心理。又如樊哙闯宴一节，当樊哙“带剑拥盾”入军门而遭到卫士阻挡时，他“侧其盾以撞”。这“侧”的细节，准确而又逼真地表现了樊哙心急如火，却勇而不莽，粗中有细的性格。

第四，善于运用对比衬托的手法，以性格相反的人物对比，以地位、特点相似的人物衬托，使人物各自的性格特征更加鲜明，收到相反相成、交相辉映的艺术效果。刘邦的狡诈、伪善、善用权术与项羽的简单幼稚、沽名重义形成鲜明对比，互为增辉。又如范增与张良，虽然都是足智多谋，对各自主公忠心耿耿，但张良宽厚、稳重、沉静，才不外露，以此衬托，就更显出了范增的心胸狭窄、脾气急躁。同是出外叫人，张良是“至军门，见樊哙”，范增却是“起，出，召项庄”。前者的沉稳自如与后者的急不可待迥然相异，相得益彰。

第五，作者善于通过紧张的情节和典型的场面来表现人物的性格。如项羽要进攻刘邦，张良得知后，想到的不是自身安危，而是刘邦的大计。他不但“具告沛公”，而且在刘邦惊慌之时，冷静地给他分析情况，出谋划策，要刘邦“往请项伯，言沛公不敢背项王也”，从而奠定了刘邦处理他与项羽矛盾的策略原则。张良的忠贞不贰，沉着冷静，以及分析判断事物准确果决的性格特点就鲜明生动地表现了出来。在横向的空间范畴里，作者则善于安排典型的场面和环境，让各个人物在其中充分表现，演出一场威武雄壮的话剧，从而给人以深刻的立体感和形象感。最能说明这一点的是设宴一段。作者首先交代了各个人物的位置，明确而具体地安排了这一场景。此后范增谋害，项庄舞剑，樊哙闯宴，张良谢宴，亚父击斗等情节使每个人物都在这些场面中充分表现了自己。

（刊于《中文自学考试辅导》1985年第4—5期）

文艺欣赏心理趣谈（七则）

（一）

从“诗中有画”谈起

——文学欣赏中形象感受的特点

宋代大诗人苏轼称道王维的诗是“诗中有画”，这不但抓住了王维诗的艺术特色，而且对于我们认识文学欣赏中形象感受的特点也是不无启发的。让我们来欣赏一首王维的名篇《山居秋暝》：

空山新雨后，
天气晚来秋。
明月松间照，
清泉石上流。
竹喧归浣女，
莲动下渔舟。
随意春芳歇，
王孙自可留。

反复吟咏，闭目凝思，我们的脑海里会浮现出这样一番景象：雨后初晴的秋夜，一轮皓月当空，远近的山冈都沐浴在银色的月光里；清风徐来，山下平静的湖面波光闪烁，令人感到阵阵寒意。月光透过松枝洒下，照着青石上徐徐流淌的清冽的泉水。山下湖边，竹叶沙沙，浣纱的姑娘们一路欢歌笑语，穿过竹林；湖上莲叶动处，一叶渔舟静静地荡出莲塘，轻盈地向前滑去……

这难道不是一幅清新优美的图画吗？岂止是画，这上面有音响、有动态，简直就是一幕电影。有人可能会说，这都是想出来的，不是画出来的。对，这话道出了文学欣赏中形象感受的特点。文学形象不像绘画那样直接作用于人的眼睛，产生视觉形象，而是间接地通过语言在欣赏者大脑中唤起相应的记忆表象，再通过想象形成艺术形象。苏轼说王维“诗中有画”，实际是说他诗中的语言具有很强的形象表现力，很容易诱发欣赏者的想象，在头脑中形成鲜明生动的形象。因此，这里的“画”，恰恰是想象中的画。文学既然是通过语言去“造画”，那么欣赏中首先就要吃透作品中的语词。假如我们对词意理解得不对，就不能产生相应的形象。这一点在欣赏古典文学作品中尤其重要。《诗经》中有一首诗《狡童》：“彼狡童兮，不与我言兮，维子之故，使我不能餐兮。”“狡”在当时与“佼”“姣”相通，是“美好”“漂亮”的意思，“童”是指小伙子。这句诗的意思是：“那个漂亮的小伙子，不理我了，因为这个原因，使我吃不下饭去。”这首诗表现了一个少女在爱情遇到挫折后的苦恼心情。如果我们按照现在的意思把“狡”理解成“狡猾”，“童”理解成“儿童”，那我们头脑中就会形成“狡猾的小孩”的形象，这与原诗所表现的形象就大相悖忤了。

（二）

国歌与纪念碑浮雕

——视觉形象与听觉形象的感受特点

让我们做这样一个审美心理实验：先倾听一遍我们的国歌《义勇军进行曲》，再观赏一番天安门广场人民英雄纪念碑底座四周的浮雕：这两部伟大的艺术作品主题相近，都是歌颂人民英雄可歌可泣的斗争业绩，但给人的具体形象感受却不一样。《义勇军进行曲》那雄壮有力的旋律、铿锵顿挫的节奏、昂扬振奋的音调，会迅速激起我们内心感情的波涛，一种崇高与献身的感情在我们心中升起，使我们感到周身的热血在沸腾、在燃烧。同时，我们的脑海中也可能显现出千百万中华儿女高举红旗、前仆后继地冲向敌人的场面，但形象却是模糊的、朦胧的，看不见摸不着。相反，当我们观赏纪念碑浮雕时，那一组形象，不论是禁烟运动、五四运动，还是“百万雄师下江南”都令我们感到真切具体，如果我们凝神注视，简直会产生置身其中之感，此时，我们会油然产生一种对革命先烈缅怀而崇敬的感情，继而又会转化成一种继承先烈事业、为共产主义奋斗到底的崇高思想感情。我们如果细心地体会比较一下就会发现，我们此时的感情与听国歌时的感情相比，在性质上是相似的，但却没有前者来得直接，来得迅速，来得强烈。从这个实验中我们不难看出：视觉形象明确具体，但只能间接地诱发欣赏者的感情；听觉形象朦胧模糊，却可以直接激起欣赏者的感情。

在电影、戏曲等艺术中，视觉形象与听觉形象常常水乳交融地结合在一起，给人以更丰富的审美享受。让我们回忆一下电影《城南旧事》里小英子与宋妈告别的那一场戏：萧瑟的秋风中，小英子与母亲、弟弟坐在马车上与宋妈告别。她趴在马车后座上，眼里含着晶莹的泪珠，遥望着又一个离她远去的人。此时，响起了《送别》这支歌的变奏旋律，它是用箫和双簧管交替奏出的。沉闷、低回的音乐，伴着叮当的马铃声，好像在诉说这沉重的马车“载不动许多愁”。伴着乐声，马车迎着夕阳的余晖，消失在火红的枫林深处……这里，视觉形象与听觉形象和谐一致地形成了一个统一的银幕形象，宛如涓涓的细流，注入人们的心田，使人们沉浸在作者那依稀往事，缱绻愁思的情感之中。

（三）

阎立本观画的启示

——谈文学观赏中的注意问题

据宋朝郭若虚《图画见闻志》记载：唐代画家阎立本有一天看到了前代著名画家张僧繇的一幅画。粗略一观，觉得不过徒具虚名，没什么精妙之处。第二天又去看了看，有所收益，感到作者还算得上个高手。第三天又去画前仔细品味，不禁脱口赞叹作者确实名不虚传，于是坐卧起立，从不同的角度仔细观赏，在画前住了十余天舍不得离开。这个故事可能有些夸张的成分，但它却说明了一个深刻的道理：艺术欣赏包括文学欣赏不能漫不经心，走马观花，而要保持注意力的稳定，细心体味品评，只有这样才能挖掘出其中的美来。

注意是人的心理活动的一种特征。欣赏中注意稳定性的保持，当然有赖于作者用高水平的艺术抓住读者，但也不能完全否定欣赏者的主观能动作用。欣赏不是消极地接受，而是积极地体验与思考。文学史上的名篇佳句，看似平易，但不细心地玩研，就不能体察出作者的匠心，感到内中蕴含的美。宋朝诗人王安石《泊船瓜州》诗中有一句“春风又绿江南岸”，历来被人们传为名句。此句通俗明白，粗看并不易引起人们的注意。但仔细推敲，其用词确实妙不可言，特别是其中的“绿”字。据宋《诗话》言，“绿”字最初写的是“到”字，写后反复琢磨，改为“过”字，还是不满意，又改为“满”，还觉得不尽意，最后才定为“绿”。这个“绿”用得好！好在何处？前四个字虽内涵不尽相同，但都是动词，都只表现了春风吹到江南的动态。“绿”是形容词，作者在此作动词用，不仅表现了春风的到来，而且表现了春风吹后的效果：万木复苏，一派生机勃勃；不仅写出了动态，而且写出了色彩。到了这时我们深切感受到了作者对江南怀念向往的美好感情。

我们再看小说欣赏。《水浒传》在描写鲁智深打店小二时写道：“鲁达大怒，揸开五指，去那店小二脸上只一掌……”如果单纯地受情节吸引，我们可能对里面的“揸”字并不注意。而如果我们积极地琢磨体验一下，就会发现，将“揸”字改成“张”字、“伸”字都觉得别扭。唯这个“揸”字，能把鲁智深那种豪勇、粗莽、疾恶如仇、见义勇为的性格恰如其分地凸显出来，使人感到形象逼真。

能不能得出这样的结论：文学欣赏中，深刻的艺术感受并非轻松随便地可以获得的，它需要欣赏者主观的积极努力，而审美乐趣也就在这种努力之中。

（四）

松下公司的广告牌为什么引人注目？

——谈文艺形象的动态美

当你穿过东单十字路口的时候，一定会被立于西南角的一块画有孙悟空形象的广告牌所吸引。广告牌是由一个个悬挂的小金属片组成的，微风吹过，整个画面熠熠闪动，令人感到孙悟空仿佛要从画面上一跃而出。为什么这块松下电器公司的广告牌这样引人注目？因为它的画面是动态的。

动态的形象最容易被感知，这是心理学揭示的一个奥秘。只有运动着的形象最逼真，最充满生气，最能给人以美的感染。因此，古今中外的艺术家们往往都在表现艺术形象的动态美上下功夫。音乐、电影、戏曲自不必说，即是绘画、雕塑这样的造型艺术也总是千方百计表现形象的动态。如果你凝神欣赏著名雕塑家罗丹的《步行的人》，你就会感到那石刻的形象确乎在走动，仿佛要姗姗而去了。为什么雕刻能表现这种动象？罗丹自己说："我们要先确定'动'是以一个现状转变到第二个现状。画家与雕刻家之表现'动象'就在能表现出这个现状中间的过程……使我们观者能在这作品中，同时看见第一现状过去的痕迹和第二现状初生的影子，然后'动象'就俨然在我们的眼前了。"我国古代文学家很注意表现形象的动态美。宋诗人宋祁在诗中写过一句"红杏枝头春意闹"，被王国维誉为"著一'闹'字而境界全出"。一个"闹"字何以有这么大的力量？就在于它写出了红杏枝头争妍斗艳的动态，写出了春天大自然的盎然生机。如果换成"春意浓"，则兴味索然了。不仅诗词，小说也是如此。中国古典小说注重通过对人物自身行动的准确传神的描绘来展示人物的性格和内心，而不像西方那样对人物的性格和心理做烦琐冗长的静态描写。《红楼梦》第二十三回在宝玉被迫去见贾政一段写道：

宝玉只得前去，一步挪不了三寸，蹭到这边来。……

这短短一段文字，特别是其中的几个动词，准确生动地把宝玉怕见贾政而又不得不去的复杂心理活动勾画了出来，给读者留下了难以磨灭的印象。

（五）

这双手太突出了

——谈艺术欣赏中抓形象特征

罗丹是法国著名的雕塑家。一天深夜，他完成了巴尔扎克的雕像，兴奋得连夜叫醒了他的学生来欣赏。学生先是惊奇，随后目光渐渐集在雕像胸前那双叠合的手上，并说：“好极了！老师，我从来没有见过这样一双奇妙的手啊！”罗丹脸上的笑容慢慢消失了。突然，他抡起一把大斧，冲向雕像，砍掉了那双手。这时，人们看到的是一个披着睡衣的魁梧的身躯，他那高昂的头部深深吸引了人们的注意：那蒙眬的睡眼、紧闭的嘴唇、蓬松的头发，使人感到这位伟大的作家好像正沉浸在他创作幻象的世界里，又好像被紧张创作活动后的失眠折磨得无可奈何。

罗丹为什么要砍掉雕像的双手？用他自己的话来说就是“这双手太突出了”。心理学告诉我们，文艺欣赏中的审美注意并不是分散的，而是首先集中于对象中最吸引人的部分。因此高明的文艺家总是尽可能简洁地把最能显示形象特征的部分加以突出，以引起欣赏者注意。罗丹砍掉巴尔扎克雕像的双手就是为了使欣赏者把注意力集中于最能表现人物性格特征的部分——那充满智慧和富有创造力的面部表情。

读过鲁迅先生的小说《故乡》的人都不会忘记作品中“豆腐西施”杨二嫂的形象。作者并没有从头到脚烦琐地描写人物的服饰容貌，而是集中笔墨写了她“凸颧骨，薄嘴唇……两手搭在髀间，没有系裙，张着两脚，正像一个画图仪器里细脚伶仃的圆规”的外形，写了她尖刻泼辣的语言和边往外走边顺手将一副手套塞在怀里的行动。抓住这些形象特征深入体会，很容易理解到杨二嫂是一个尖嘴薄舌、能说会道、泼辣放肆、爱占小便宜的旧式农村妇女的形象。

特征是一事物区别于其他事物的标志，欣赏中抓住了形象特征，就好像抓住了感受和理解形象的钥匙，会收到举重明轻的效果。

（六）

目尽尺福　神驰千里

——谈文学欣赏中的联想与想象

宋太祖赵匡胤开国以后，曾采用命题考画的方法取仕。有一次，考官出了“深山藏古寺”这样一个题目，不少人画的是密林之中，露出了寺庙的一角或一檐、一隅，这都不是上品。有一个考生，根本没画寺庙，只是画了一个和尚到绿丛掩映的溪边挑水，结果却得了第一。这幅画妙就妙在虽然没画寺庙，但那挑水的和尚却能引起人们丰富的联想，使欣赏者沿着和尚的足迹在头脑中想象出绿树映衬的深山古寺的形象来。这正体现了我国绘画艺术中“目尽尺幅，神驰千里”的美学原则。

其实，一切艺术都追求在有限的形象内给读者留下更多的联想与想象的天地。我国古代诗论中强调诗歌要有“象外之象，景外之景”，要“状难写之景如在目前，含不尽之意见于言外”，就是如此。一切审美活动总需要有所发现，有所增添，才能产生新鲜愉快的感受；如果作品一露无余，读者在欣赏中还有什么兴味可言呢？宋代诗人梅尧臣提出“作者得于心，览者会以意”，就是要求作者要把自己内心的感受通过艺术形象含蓄地展现出来，帮助读者在形象的启发下展开联想与想象的翅膀，从形象中感受到远为丰富的内容。唐诗人刘禹锡有两句广为人们传诵的诗：“沉舟侧畔千帆过，病树前头万木春。”就其表面形象而言，只不过写了自然界一些平凡的现象。但是当我们把这些平凡的现象与我们自身的直接间接的生活经验联系起来时，就会想到许多内容，这些内容一千多年前的刘禹锡自然不会想到，但是他的诗句中却蕴含了“世间一切事物都是在新陈代谢中不断向前发展”这一耐人寻味的哲理，只不过作者并没有直说出来，而是通过形象启发读者自己去联想。

诗歌是一种特别能启发人联想和想象的艺术，但联想和想象并不仅仅出现在诗歌欣赏之中？在其他的艺术形式中，同样存在着联想和想象。鲁迅说：“高尔基很惊服巴尔扎克小说里写的对话的巧妙，以为并不描写人物的模样，却能使读者看了对话，便好像目睹了说话的那些人。”出现这种效果自然因为小说作者手段高，但同时不也说明读者也在运用联想与想象吗？

（七）

从香菱赏诗的“一想”说起

——谈文艺欣赏中的审美体验

《红楼梦》第四十八回中描写了香菱谈赏诗的体会：

香菱笑道：“据我看来，诗的好处，有口里说不出来的意思，想去却是逼真的。”黛玉笑道：“这话有了些意思！——但不知你从何处见得？”香菱笑道：“我看他《塞上》一首，内一联云：‘大漠孤烟直，长河落日圆。’想来烟如何直？日自然是圆的。这‘直’似无理，‘圆’字似太俗。合上书一想，倒像是见了这景的。要说再找两个字换这两个，竟再也找不出两个字来……”香菱所说的是唐人王维《使至塞上》诗中的一联，烟是飘散的，太阳是圆的，这谁不知道呢？难怪香菱直观上去觉得没什么美可言。但当她“合上书一想”，也就是想象体验诗的意境时，就仿佛亲眼看到了塞外这一奇情异景了：浩瀚的沙漠无边无际，天广地阔，一股边塞烽烟升腾而上，远远望去，犹如拔地而起的一根立柱；落日余晖中，黄河好像一条明亮修长的飘带，而那又大又红的太阳则像一面铜盘悬在漠天之际，在大漠长河的衬托下，显得更加鲜亮浑圆……这是一幅多么壮美的图画！香菱这“一想”，使她沉浸在了美的享受之中，但是要她把这种美说出来，却又觉得有许多“口里说不出来的意思”。这是为什么？原来人们在艺术体验时大脑里所进行的主要是表象的活动，即人的记忆中保持的客观事物的形象再现。而语言是抽象思维的产物，很难赶得上形象感受的丰富细致。我们常说的“百闻不如一见”，道理也就在此。因此，欣赏中的审美感受有些是难以言传的，是需要自身体验的。

（此七则短文先后刊于1986年的《北京青年报》，
作者为避零散将其辑为一篇）

辑三

人物风采

科技泰斗　学者楷模

——记著名科学家周培源

1902年8月28日，周培源先生出生于水清山幽、钟灵毓秀的江苏省宜兴县芳桥乡后村。三岁半时就被送进私塾读书。从小学到中学，因家庭迁徙等原因，他更换了好几所学校。在圣约翰大学附中读书时，他因参加震惊中外的“五四”运动而被开除了学籍；然而不久，他却考上了清华学校作插班生。

1924年，周先生以优异的成绩从清华大学毕业，旋即赴美国芝加哥大学物理系就读，后又入加州理工学院攻读博士。在短短的三年半时间内，他以超人的勤奋先后获得了别人需六年时间才可获得的学士、硕士、博士学位，毕业论文获得最高荣誉奖。1929年，周先生学成归国，任教清华，成为当时清华大学物理系最年轻的教授。

作为一位杰出的物理学家，周先生一生致力于广义相对论和流体力学湍流理论的研究，并取得了举世瞩目的成就。

周先生年轻时曾在爱因斯坦身边学习和工作过一年，深为爱因斯坦相对论那奇妙而深奥的思想所吸引。他经过艰苦的研究探索，在引入各向同性的条件下，求得了静止场的不同类型的严格解，充实了爱因斯坦的引力论；他还证实，在均匀性（或各向同性）的条件下，引力场方程本身即可给出宇宙的各向同性（或均匀性）和“弗里德曼”宇宙的度规张量，将广义相对论的宇宙论的研究向前推进了一步。晚年，他提出严格的谐和条件作为一个物理条件引入引力论中，以补充引力方程，从而在求解爱因斯坦引力方程方面取得了相当的进展。

湍流理论是流体力学中的一个难题。周先生早在三四十年代即提出从湍流脉动方程求出剪应力和三元速度关联函数满足动力学方程的方法来建立普通湍流理论，在国际上产生了重大影响并获得高度评价，他由此被公推为湍流模式理论的奠基人。70年代中期，他提出引入准相拟性条件，从而统一了均匀各向同性湍流早期至晚期衰变的解，使用逐级逼进求解普遍湍流解的方法达到几乎完美的地步。80年代末期，他提出以逐级迭代法代替逐级逼近法，彻底解决了湍流求解问题。经过半个世纪的努力，他终于建立起了自己独特的湍流理论体系。

半个多世纪以来，周先生在科学的高峰上锲而不舍地奋力攀登。已至耄耋之年的他，现仍在带研究生、亲手演算，仍在物理学两个极困难的领域中不停地有新思想、新发展、新贡献。

周先生曾任清华大学教授、教务长、教务委员会主任，北京大学教授、教务长、副校长、校长。他为这两所中国第一流的名牌大学的发展呕心沥血，做出了不可磨灭的贡献。“文化大革命”中，高等教育受到严重摧残，周先生对此痛心疾首。在全国高教工作会议上，他慷慨陈词，呼吁加强理科教育和基础理论研究；给周总理写信，提出加强基础理论研究的具体建议，受到周总理重视；应《人民日报》记者之约，写了《对综合大学理科教育革命的一些看法》一文。这在极“左”思潮肆虐的年代，犹如空谷足音，不同凡响。姚文元等人以为他的文章是周总理授意写的，因此横加阻挠，不准在《人民日报》发表。《光明日报》不知详情而刊发于该报头版。该文的发表，对于抵制当时教育界的极“左”思潮发挥了重要作用。

周先生在几十年的教学生涯中，为国家培养了一大批高级科研人才。著名科学家钱三强、钱伟长、王竹溪、马大猷、彭桓武和著名美籍华人物理学家杨振宁、林家翘等都曾师从于先生，亲沐其教泽。

周先生不仅是享誉中外的科学家、教育家，而且是著名的社会活动家。他曾任第一、二、三、四届全国人大代表，第五届全国人大常委；第三、四届全国政协常委，第五、六、七届全国政协副主席；九三学社中央副主席，主席；中国科学院学部委员、副院长；中国科学技术协会副主席、代主席、主席；中国人民外交学会副会长；中国国际会议中心理事长；中国人民争取和平与裁军协会会长。现任八届全国政协副主席，九三学社中央名誉主席，中国科学技术协会名誉主席，中科院学部委员。

周培源先生为中国科技教育事业的发展和社会进步做出了卓越贡献，著名科学家卢嘉锡在他九十诞辰之际曾题词致贺：引力理论湍流理论科研教学六十年桃李满园硕果流芳师诚科技泰斗，领导工作科协工作奉献业绩半世纪老而弥笃志且益坚公实学者楷模——这是对周先生一生的极好概括。

（原载于《神州画报》1993年第4期）

桔生南国　受命不迁

——记周培源几次拒绝留美

编者按： 我国各民主党派、工商联和党外民主人士富有爱国主义的光荣传统。在新的历史条件下，要完成建设有中国特色社会主义的伟大事业，要实现祖国的繁荣富强和统一，必须高举爱国主义的大旗，增强民族自尊心和民族凝聚力，振奋民族精神，巩固和发展最广泛的爱国统一战线。为贯彻落实《爱国主义教育实施纲要》，我们从本期开始设立《爱我中华》专栏，从历史到现实，从人物到事件，从国内到海外，从各种视角反映党外知识分子的爱国活动。

已故八届全国政协副主席、九三学社中央名誉主席周培源教授，是一位对祖国有着深挚感情的伟大科学家。他一生赴国外从事科学活动不计其数，以他的学术成就和威望，随时可以定居于任何一个发达国家。但他所萦萦在怀的始终是如何取他人之长发展祖国的科学事业，丝毫不为发达国家的优裕条件所动。其中尤以40年代几次拒留美国的事最令人感动。

抗日战争时期，出于以自己的科学知识为抗战服务的爱国热情，周先生毅然中断了已取得重大进展的相对论研究，转而探索对军事具有较大应用价值的湍流理论。1943年9月，他携夫人及三个女儿，赴美国加州理工学院作访问学者，从事这方面的研究。他们刚安顿下来没几天，就接到美国移民局的通知，称可以为他和全家办理永久居住证（绿卡）。当时正处于第二次世界大战期间，美国政府为了延揽人才，对具有教授等身份的外国公民，移民局可以给予办理绿卡。对此周先生淡然一笑，他去美国只是为了科学研究，更好地服务于祖国。永居美国，他连想都没想过。

在美国，周先生积极参加了为世界反法西斯战争服务的科研活动，承担了鱼雷空投入水的科研项目。第二次世界大战结束，美国海军部成立了海军军工试验站接续这项工作，力邀周先生在该站继续做研究工作，待遇相当优厚。但在那里任职便成为美国政府的公务员，外籍人员要加入美国籍才行。周先生当即向美方提出参加海军军工试验站工作的三个条件：第一，不加入美国国籍；第二，只能承担临时性的研究任务；第三，随时可以离去。后来，周先生只在试验站工作了半年多，就离开了。1946年底，周先生结束了在美国的研究工作，准备回国。当时国内内战爆发，国家前途未卜。他在英国的一些朋友都劝他不要回国，国内的一些亲友也纷纷致函，劝他们留在美国。美国，有优越的工作条件和优裕的生活条件；祖国，贫穷落后又处于战火之中。他又处在一个人生的十字路口。“桔生南国，受命不迁”，他不能把自己的生命之树移植在异国他乡，他永远属于祖国。1947年2月，周先生毅然携妻子和孩子一起离开美国，回到了魂牵梦萦的祖国。

在北京，他迎来了新中国的曙光。

（原载于《光明日报》1994年10月19日）

名医一世　报国一生

——记全国人大副委员长、著名医学家吴阶平

在当今中国的医学界，吴阶平无疑是一颗璀璨的明星。几十年来，他以超人的勤奋和智慧，在中国建立了泌尿外科这座杏林大厦，为中国医学事业的发展倾注了毕生心血，被美国当今最负盛名的泌尿科研究专家柯非称为“中国医学界第一位的人物”“世界上最好的泌尿科医生”。

（一）

1917年1月22日，吴阶平生于江苏常州。父亲吴敬仪是位思想开明、精明能干、处世务实的实业家，力主后辈以医为业，报国为民。这对吴阶平等后辈人产生了重要影响。以姐夫陈舜名、长兄吴瑞萍为先，吴阶平和两弟吴蔚然、吴安然随后，吴门三代及近亲中有30余人投身医学事业，成为当今中国少见的医学世家。

吴阶平于1933年毕业于天津汇文中学，旋即被保送入北平燕京大学医预科，并于3年后考入当时中国最高医学殿堂协和医学院，从此走上一生从医的道路。协和8年，硕果累累，吴阶平当过优秀学生，担任过学生会主席，并因成绩优异被选为毕业仪式的“学生司仪”，名字镌刻在协和“荣誉金牌”之上。1942年，吴阶平获得医学博士学位，随后定向于泌尿外科专业，成为当时我国泌尿外科专家谢元甫教授刻意栽培的高足。

在燕京大学求学期间，正值日寇铁蹄践踏中华国土，吴阶平与当时的青年学子们一起愤然参加了轰轰烈烈的“一二·九”运动。敌寇入侵，国土沦丧，深深刺痛了吴阶平的心。他反复思索：为什么日本人敢来欺负我们？就因

为我们贫弱！他曾经非常羡慕日本的明治维新，出了个伊藤博文，把日本变成了强国。中国什么时候能够强盛起来呢？一种强烈的向往和追求，在他的心底翻滚、涌动。

1947年，吴阶平赴美国芝加哥大学，在C. B. 哈金斯教授指导下进修泌尿外科。次年正赶上美国大选，他看到芝加哥日报上天天在骂竞选总统的杜鲁门。几天后他发现这家报纸不骂了，又过几天这家报纸反而转向对杜鲁门大加赞美。他很疑惑，问周围人怎么回事。周围人告诉他，这家报纸被杜鲁门买走了。这使得曾经对美国民主很感兴趣的吴阶平颇为失望：民主怎么可以用钱来买呢？然而泌尿外科的进修却并没让他失望。哈金斯，这位后来诺贝尔医学奖的获得者，使他在专业上获益匪浅。而吴阶平敏锐的思维、熟练的手术、流利的外语，又颇得哈金斯的赏识，哈金斯诚恳地希望他能留在美国。先进的科研条件，优厚的物质待遇，一切是那么有诱惑力，然而吴阶平却仿佛听到了祖国的召唤。他隐约感觉到，祖国即将要发生一场巨大的变化，他所憧憬的中国的强盛将有可能成为现实。“我是中国人，我要为祖国的强盛贡献出自己的微薄之力。”一种神圣的使命感和强烈的赤子情涌上他的心头，他婉言谢绝了导师的一片真情。1948年11月，他连行李都没带，便毅然乘飞机返回祖国。在北京，他迎来了新中国的曙光。

（二）

新中国的成立，为吴阶平从医报国的美好愿望提供了广阔的天地。40多年来，他在泌尿外科这块中国医学的处女地上辛勤耕耘，结下了丰硕的成果。

吴阶平青年时期，结核病流行并成为重要的死亡原因，自己也曾患过结核病。在他自己的学术领域内，肾结核极为常见。50年代初期，患肾结核的病人如果双肾功能都发生了病变，通常被诊断为双侧肾结核。而这在当时条件下等于被判了死刑。吴阶平通过临床实践和大量资料研究发现，在被诊断为双侧肾结核的患者中，约有15%实际是可以治疗的一侧肾结核，对侧肾只是由于膀胱结核性挛缩或输尿管下端狭窄引起输尿管积水和肾积水而丧失功能。他就此提出“肾结核对侧肾积水”这一概念，并创立了一整套科学的鉴别、诊断和治疗方案。他的这一创见是泌尿外科学一项突破性进展。1954年初发表后，迅速得到重视和广泛应用，使成千上万的危重病人获得了救治的希望，被国内外医学家公认为“在临床上有极重大的意义”。1956年，吴阶平针对输精管结扎前通过的精子有可能在结扎后使女方受孕的问题，采取在手术切断输精管后先向远段精道注入少量杀灭精子的药物再行结扎的方法，使之得以解决。这一简便可靠的方法在全国广泛推广使用，有利于计划生育工作的推行。以上两项科研成果均获得1978年全国科学大会奖。

1959年，吴阶平设计了利用回盲肠进行膀胱扩大术，应用于膀胱挛缩患者，消除由于膀胱挛缩而引起的输尿管积水或肾积水，十几年之后欧美医学书刊上还把这项手术作为“最新”方法介绍给医学界。

在临床医学中，能确定一种疾病的存在，是一个医生的重大贡献。1960年，吴阶平遇到一例临床诊断为“嗜铬细胞瘤”，而手术表明并无肿瘤，只发现髓质增生。这引起了吴阶平的注意，他查阅了大量文献，都不承认这种病的存在。为了证实这种病的存在，他用了16年时间收集了17个病例，并于1977年把自己的实验研究和临床验证写成医学报告发表，提出“肾上腺髓质增生”是一个独立的疾病。这一论文被收入1979年《美国泌尿外科年鉴》，后来国际上也予以承认，他也因此获得卫生部颁发的科技成果甲等奖。

70年代，吴阶平设计了特殊的导管应用于前列腺增生的手术，使经膀胱进行的前列腺增生切除术后，不必留置尿道导管，减少了术后出血量和病人的负担。这种导管被称为“吴氏导管”。

80年代，他对肾切除后留存肾代偿性增长研究的不断深入已经引起国际上重视。

为了发展中国的泌尿外科事业，吴阶平经过几十年锲而不舍的努力，先后创建了泌尿外科研究所、泌尿外科学会，出版了中华泌尿外科杂志，实现了自己的夙愿。

在几十年的医学生涯中，仅临床科研一个方面，吴阶平就曾7次荣获全国科学技术奖。1984年，他获得巴黎红宝石荣誉奖章，1987年又获得巴黎红宝石最高荣誉奖，最近被选为第三世界科学院院士。他著作浩繁，先后撰写中、英、俄文医学论文130余篇，担任主编或副主编的巨帙医学书籍12部，参加编著的10余部。

（三）

作为一代名医，吴阶平一生以其高尚的医德、精湛的医术，为国建功，为民解难，享誉九州，蜚声世界。

1951年，他率领北京抗美援朝志愿手术队奔赴长春，在后方医院抢救重伤员，成绩卓著，荣立大功。

1962年，他受周总理委托，率医疗组为印尼总统苏加诺治病，使之已丧失了的肾功能得到了恢复。苏加诺对他精湛的医术赞叹不已，后来连伤风感冒也非请吴阶平不可；为此，他曾先后5次赴印尼，并于1965年1月2日被苏加诺授予“伟大公民”二级勋章。受周总理重托，吴阶平先后为4个国家的元首治病，都出色地完成了任务，为祖国争得了荣誉。

在吴阶平的眼里，无论是国家元首，还是普通老百姓，都是他的病人，他都满腔热情、一丝不苟地为他们解除病痛。1982年9月11日《人民日报》刊登了武汉市雷江滨来信，自述从小多病，先天性的生理缺陷使许多医生束手无策。9岁时来京求医，吴阶平为她做了手术，术后病愈。20多年后，她旧病复发，屡治无效，万不得已，再一次写信给吴阶平，想不到吴阶平还记得她的姓名和病情，当她来京后，又亲自给她做了手术。她在信中抒发了自己感激涕零之情，颂扬了吴阶平对普通患者关心爱护、认真负责的精神。

吴阶平不仅是一位优秀的临床医生，而且是一位杰出的医学教育家。积几十年的教学经验，他认为一个好教员讲课要具备以下三要素：科学的内容、逻辑的展现、艺术的表达。他用这样的方式培养了一批又一批的人才，其中许多人现已成为学有所长的教授、副教授，如现已退休的北京医科大学泌尿外科研究所所长顾方六教授，就是他50年代培养的第一个博士研究生。1987年6月13日，北京医科大学向吴阶平颁发了首届“伯乐奖”荣誉证书和闪烁的铭鼎。

作为中国医学界的代表性人物，吴阶平为我国的国际医学交流工作做出了重要贡献。新中国成立以来他出国讲学访问，为外国元首治疗，参加国际学术会议，先后达70余次之多，行踪遍及世界五大洲。他曾被选为国际外科学会第30届大会副主席、世界卫生组织人类生殖专门项目科学技术顾问组成员，现担任国际计划生育联合会中央副主席。

吴阶平在医学上的卓越成就和对祖国人民的杰出贡献，使他赢得了广泛的荣誉。他现在是中国医学科学院一级教授、名誉院长，中国科学院学部主席团成员、生物学部院士，中国协和医科大学名誉校长，北京医科大学泌尿外科研究所名誉所长，中华医学会名誉会长，国务院学位委员会委员，中国科协副主席，九三学社中央主席，中国计划生育协会副会长，中国大百科全书总编委会副主任。在去年举行的八届全国人大一次会议上，吴阶平又光荣当选为八届全国人大副委员长。

名医一世，报国一生。年逾古稀的吴阶平教授，将以新的姿态为伟大的社会主义祖国增添更加绚丽的光彩。

（原载于《中国时代》1994年1—2期）

一代名医——吴阶平

在当今中国医学界，吴阶平无疑是一颗璀璨的明星。几十年来，他以超人的勤奋和智慧，为中国医学事业的发展做出了卓越贡献，被美国当今最负盛名的泌尿科研究专家柯非称为“中国医学界第一位的人物”。

（一）

吴阶平1917年1月22日生于江苏常州。父亲吴敬仪力主后辈以医为业，报国为民，因此吴门三代及近亲中有30余人投身医学事业，成为当今中国少见的医学世家。

吴阶平的中学生活是在天津汇文中学度过的。1933年中学毕业被保送入北平燕京大学医预科，并于三年后考入当时中国最高医学殿堂协和医学院，从此，走上一生从医的道路。在协和，吴阶平当过优秀学生、学生会主席，并因成绩优异被选为毕业仪式的“学生司仪”，名字镌刻在协和“荣誉金牌”之上。1942年，吴阶平获得医学博士学位，随后从谢元甫教授专攻泌尿外科专业。

1947年，吴阶平赴美国芝加哥大学，在后来曾获诺贝尔医学奖的哈金斯教授指导下进修泌尿外科。哈金斯教授对吴阶平敏锐的思维、熟练的手术、流利的外语十分欣赏，诚恳希望他能留在美国。然而一种要为祖国医学事业的发展奉献自己一生的赤子之情在他的胸中涌动，他婉言谢绝了导师的一片真情，于1948年11月毅然乘飞机返回祖国。在北京，他迎来了新中国的曙光。

（二）

新中国成立四十多年来，吴阶平在泌尿外科这块中国医学的处女地上辛勤耕耘，结下了丰硕的成果。

50年代，他通过临床实践和大量资料的研究之后，提出“肾结核对侧肾积水”这一概念，并创立了一整套科学的鉴别、诊断和治疗方案。这一创见使成千上万被诊断为双侧肾结核的患者（这在当时条件下等于被判了死刑）获得了救治的希望。

吴阶平采取在手术切断输精管后先向远段精道注入少量杀灭精子的药物再行结扎的方法，解决了输精管结扎前通过的精子有可能在结扎后使女方受孕的问题。这一简便可靠的方法在全国广泛推广使用，促进了计划生育工作。

以上两项科研成果均获得1978年全国科学大会奖。

在临床医学中，能确定一种疾病的存在，是一个医生的重大贡献。吴阶平用16年时间收集了17个病例，通过实验研究和临床验证，提出了“肾上腺髓质增生”是一个独立的疾病，并得到国际上承认。他因此获得卫生部颁发的科技成果甲等奖。

吴阶平还设计了利用回盲肠进行膀胱扩大术的新手术方法和应用于前列腺增生手术的特殊导管（被称为“吴氏导管”），得到了国内外医学界的充分肯定。近年来，他对肾切除后留存肾代偿性增长的研究不断深入，已经引起国际上的重视。

为了发展中国的泌尿外科事业，吴阶平经过几十年锲而不舍的努力，先后创建了泌尿外科研究所、泌尿外科学会，出版了《中华泌尿外科杂志》。

吴阶平曾7次荣获全国科学技术奖，分别荣获巴黎红宝石荣誉奖和最高荣誉奖，并被选为第三世界科学院院士。他著作浩繁，计有中、英、俄文医学论文130余篇，担任主编或副主编的巨帙医学书籍12部，参加编著的10余部。

（三）

作为中国医学界的代表性人物，吴阶平为我国的国际医学交流工作做出了重要贡献。新中国成立以来，他出国讲学访问，为外国元首治病（他曾因成功地为印尼总统苏加诺治病而被其授予“伟大公民”二级勋章），参加国际学术会议，先后达70余次之多，行踪遍及世界五大洲。他曾被选为国际外科学会第30届大会副主席，世界卫生组织人类生殖专门项目科学技术顾问组成员，现担任国际计划生育联合会中央副主席。

吴阶平在医学上的卓越成就和对祖国人民的杰出贡献，使他赢得了广泛的荣誉。他现任八届全国人大常委会副委员长，九三学社中央主席，国务院学位委员会委员，中国计划生育协会副会长，中国科学院学部主席团成员，生物学部委员，中国科协副主席，中国大百科全书总编委会副主任，中国医学科学院一级教授、名誉院长，中国协和医科大学名誉校长，中华医学会名誉会长，北京医科大学泌尿外科研究所名誉所长。

（原载于《神州》1994年第1期）

中国近代桥梁之父茅以升

1994年11月，由“茅以升科技教育基金”管委会和香港有关方面联合举办的茅以升生平事迹展览在港展出，使人们对茅以升——这位中国近代桥梁工程的奠基人，享誉中外的著名科学家，获得了更深的认识，产生了更多的崇敬。

茅以升先生1896年1月9日出生于江苏镇江。早年毕业于唐山工业专门学校，1916年赴美留学，获美国康奈尔大学桥梁专业硕士、卡利基—梅隆理工学院工学博士学位。他的博士论文《桥梁桁架之次应力》在科学上的创见，被称为“茅氏定律”，获康奈尔研究奖章。

茅以升先生对祖国和人民的最大贡献，是于30年代在钱塘江上建成了由中国人自己设计并主持建造的第一座铁路、公路两用大桥——钱塘江桥。在此之前，中国江河上的铁路大桥都是由外国人修建的。茅以升决心在造桥上为中国人争口气。他设计的方案比美国专家设计的方案既快又省，因而夺魁。钱塘江江面辽阔，江潮浩荡，江底覆盖着厚达41米的流沙，要在江上造桥，谈何容易！一些外国人预言他一定要失败。茅以升毫不动摇，他深入工地，调查研究，创造性地采用了“射水法”，克服了在厚硬的流沙上难以打桩的困难；采用“沉箱法”，克服了水流湍急难以施工的困难；采用“浮运法”，利用江潮的涨落巧妙地在桥墩上架设了钢梁，终于建起了这座长1453米、高71米的大桥。后来，他又为建造武汉长江大桥和北京人民大会堂做出了杰出的贡献。茅以升先生还是一位杰出的教育家。他曾先后担任唐山交通大学、北洋大学、东南大学、河海大学、北方交通大学教授、校长等职务，为祖国培养了一批批科技人才，可谓桃李满天下。世界著名桥梁专家、美籍华人林同炎先生就曾师从于茅先生名下。

茅以升先生曾担任过上海市科联主席、铁道部科学研究院院长、北京市科协主席、中国科学院学部委员暨技术科学部副主任、中国土木工程学会理事长、中国科协名誉主席、欧美同学会会长、九三学社中央名誉主席、六届全国政协副主席等职务。他是国际桥梁及结构工程协会个人会员，美国国家工程科学院外籍院士，加拿大土木工程学会荣誉会员。

茅以升先生逝世后，他生前工作或担任过职务的单位为了纪念他的业绩，弘扬他的精神，捐资设立了“茅以升科技教育基金”，以支持有关科技教育活动，奖励在科技教育事业上取得突出成就的有关人员，促进中国科技教育事业的发展。

（原载于《神州》1994年第4期）

茅以升与中国桥梁梦

每个人都有自己的梦想与追求。中国现代桥梁工程的奠基人，著名的科学家、教育家和社会活动家茅以升先生毕生的梦想与追求，就是为祖国、为人民造好桥、造大桥。他以祖国富强、民族振兴为己任，以自己的人生托起了一座座雄伟壮美的有形之桥与无形之桥，最后化作一道彩虹永留人间。

少年立志

茅以升先生字唐臣，出生于1896年1月9日。那是一个中华民族被列强欺辱、宰割，充满屈辱的年代。1894年中日甲午海战，北洋舰队全军覆没。腐败无能的清政府与日本签订了割地赔款、丧权辱国的《马关条约》。消息传来，举国激愤。1895年，康有为、梁启超联合全国各地进京会试的新老举人1300多人，联名上书，反对签订《马关条约》，以变法图强为号召，掀起维新运动。茅以升先生的祖父茅谦即是上书人之一。为此，茅以升出生后，茅谦给自己的孙子取名“以升”，意即希望国家强盛，国运升平；取字“唐臣”，意为盛唐之后，中华之民。唐朝乃中国历史上的强盛时期，从中可以看出茅老先生对国家强盛、民族振兴之期望。

国家的积贫积弱，清政府的腐败无能，对茅以升的幼小心灵产生了深刻影响。他后来写道：“我的青少年时代，是在本世纪初、中国近现代史上充满耻辱的岁月里度过的。从我懂事起，就接连不断地听到腐败无能的清政府同外国人签订不平等条约、割地、赔款等等令人丧气的消息。祖国任人宰割，山河破碎，在我幼小的心灵里总是充满着对祖国的忧虑。”茅以升的祖父和父亲思想都很进步，对腐败的清政府痛恨至极，赞成改革政治、经济和教育，希望祖国能够独立强盛起来。他的父亲还因为写了触及时弊的文章而险遭逮捕。由于祖父和父亲的影响，茅以升少年时就萌发了反帝反封建的思想，并且逐步形成了振兴中华的志向。

辛亥革命前夜，茅以升的父亲参加了由革命党人控制的新军，哥哥加入了由孙中山领导的同盟会。社会和家庭的影响在少年茅以升的脑海里掀起了革命的思潮。1907年，同盟会的秋瑾和徐锡麟起义失败，壮烈牺牲。当时在江南中华商业学堂读书的茅以升听到这个消息之后义愤填膺，拉着学友裴荣站上了讲台，发表了慷慨激昂的演说，怒斥清王朝的无道，呼吁同学们支持同盟会的反清斗争，建立民国，振兴中华。不久，慈禧太后和光绪皇帝相继死去，清王朝下令全国举丧。学堂命令各班学生去祭堂“举丧”。茅以升和裴荣在祭堂中鼓动大家出怪声，搞得祭堂乱哄哄。后来茅以升和裴荣还当众剪掉了辫子，以示反抗。事后学校给茅以升和裴荣各记大过一次，并警告他们再闹事就送官府查办。茅以升毫不畏惧。

1911年，茅以升考取了当时国内著名的工科大学——唐山路矿学堂，选择了桥梁专业。当年，辛亥革命爆发。茅以升热血沸腾，想投笔从戎，参加革命军。母亲坚决不同意，对他说：“你应当先学好本领再去革命。”茅以升陷入到深深的苦闷之中。正在这时，孙中山先生到唐山路矿学堂视察，并向全校师生发表演讲。他说：“国民革命需要两路大军：一路进行武装斗争，建立平等自由的中国；一路学习世界科学技术，改变祖国贫穷落后的面貌。”孙中山说：“开发资源，办工厂，实行大机器生产。发展实业，繁荣市场，扩大贸易……凡此种种，都离不开交通运输。我们需要修筑十万英里铁路，一百万英里公路。希望寄托在在座诸君身上。”孙中山先生的讲话，使茅以升豁然开朗。他想：修铁路，筑公路，都离不开桥梁，桥梁专业大有作为。从此，“为祖国建设现代化桥梁，让铁路、公路畅通无阻地跨过大江大河”的愿望，成了茅以升矢志不渝的奋斗目标。

其实，茅以升的桥梁梦并非始自此时，而是始自他7岁时南京秦淮河上的一次塌桥事故。那一年端午节，几个小朋友约茅以升去秦淮河看龙舟比赛。可不巧他那天肚子疼得厉害，母亲就没让他去。正当他心里想着赛龙舟的盛况时，几个去的小伙伴却慌慌张张跑回来对他说：“不好了，看赛龙舟的人太多，把文德桥挤塌了，有几个同学掉水里淹死了，幸亏你没去。”这些话在茅以升心里激起了波浪。他请求父亲一同到秦淮河畔，目睹了倒塌的文德桥。他心里想：桥能让人过河，但造的不好倒塌了，反而引起灾难。将来我长大了要造桥，造好桥。从此，茅以升对桥产生了兴趣，只要见了桥总是看个不停，不肯离去。读书时遇到有桥的句子，也随手抄在本子上。

当然，这只是茅以升先生的少年桥梁梦。到了青年时期，他的桥梁梦又有了升华。他在后来的一篇文章中写道："一千多年前造的中国石拱桥至今蜚声全球，可是到了铁路运输产生后却远远落后了。国内仅有的几座像点样的铁路大桥都是外国人修的，这是我们学工程的人的最大耻辱。"他在江南中华商业学堂的日记中曾写道："我上小学时立志造桥，那时只想在家乡建造一座横跨秦淮河的千年不朽的大石桥。升入中学，得知中国杰出的爱国工程师詹天佑，在北京到张家口的悬崖绝壁上建成了第一条完全由中国工程技术人员设计、施工的铁路——京张铁路。于是，思想升华，目光致远：以詹天佑为楷模，出洋留学深造，掌握尖端技术，立志为国建造新型大桥。"

为了实现自己的梦想，茅以升勤奋学习。唐山路矿学堂的老师都是用英语讲课，而且学校没有正式的课本，需要学生自己翻译参考书，记录并整理笔记。学校里的考试相当频繁，月考、学期考、学年考，特别是临时考从不预告，有时一上午四门课都要考。有的同学乱了阵脚，顾听顾不上记，顾整理笔记顾不上复习，搞得疲惫不堪。茅以升却制订了一套行之有效的学习计划和时间安排表，有条不紊。他上课专心听讲，简明扼要记下老师讲的重点、难点，下课后再参考外文书，整理出当天的笔记，记错的改正，漏记的补上，记乱的重抄，并进行复习，然后预习第二天要上的新课。他的笔记有章有节，条理分明，就像一本教科书。5年里，他整理了200本笔记，近1000万字，摞起来足有一人多高。在唐山路矿学堂的5年里，茅以升经历了无数次考试，每次都是第一名。在毕业考试时，他不但把规定必答的题目答对了，而且把只要求选做的题也答对了。老师破例给了他120分。这张卷子一直保留在学校里，唐山交通大学庆祝建校五十周年时，还展出过这份考卷。

有人说茅以升学习优秀是因为"天分高"，有"惊人的记忆力"。茅以升却并不赞同这种说法。他认为，一个人的天资再好，没有勤奋，也将一事无成；反之，勤能补拙。他的记忆力好，其实也是练出来的。茅以升小的时候背古文，开始时几天背一篇。后来祖父给他讲了王勃幼年读书读到嘴角生疮，写字写到手指出茧，才成就了成年后的《滕王阁序》，教导他读书要下苦功。还对他说：“读书务求其通，光会背不行，还要会讲会写。”从此，他每日清晨到河边背诵古诗文，并且逐字剖析，深入理解。有一次他手捧书边走边读，不小心撞在一棵大树上，还以为别人打了他，搞的路人捧腹大笑。背诵理解之后，他还要把古诗文抄三四遍。为了练劲，他常在手腕上挂一串铜钱。由于刻苦训练，方法得当，他的学习能力日益长进。有一次，祖父用毛笔把《北山移文》《阿房宫赋》这样长的文章抄在一张纸上，叫茅以升站在旁边看，边抄边讲解意思。等他抄完了，茅以升已经把全文背出来了。茅以升17岁时，读到一篇介绍圆周率的文章，把π小数点后面100位都写出来了。为了锻炼记忆力，他决定把它们背出来。开始只能背到32位，后来下了苦功夫，不断重复背诵，终于把100位数字背得滚瓜烂熟。直到90岁那年，茅以升还能像学生时代那样把圆周率小数点后的100位数准确无误地背诵出来。

宝剑锋从磨砺出，梅花香自苦寒来。1916年，茅以升以第一名的成绩，考取了清华学堂留美官费研究生。是年9月，茅以升告别了祖国，告别了亲人，横渡太平洋来到美国，开始了海外求学的生涯。茅以升被分配到纽约州的康奈尔大学。这是一所世界知名的高等学府。但当茅以升拿着唐山路矿学堂的介绍信到注册处报道时，报到处主任却露出了疑惑的神色。他说他从来没有听说过唐山路矿学堂这所学校，不知毕业生水平如何，因此必须先经过考试，合格才能注册。茅以升当即要求马上就考。考试结果，茅以升的成绩比美国最优秀的学生还好，这使学校的教授们大为惊讶。校报到处主任满面笑容，对茅以升大为称赞，同意茅以升注册为桥梁专业的研究生。茅以升为唐山路矿学堂在康奈尔大学建立了信誉，后来“唐校”学生到康奈尔大学当研究生再也不用考了。

经过9个月的紧张学习，茅以升的几门基础课和专业课考试都通过了。茅以升的导师是康奈尔大学桥梁系主任贾柯贝教授，在美国桥梁界很有名气。由于茅以升硕士论文的容量非常大，几乎包容了两篇论文所要求的内容，因此贾柯贝教授对他非常器重，将其所著书籍送给茅以升阅读并亲自讲解。茅以升顺利完成了学业，获得了硕士学位。

由于茅以升在攻读硕士学位期间成绩出色，康奈尔大学愿意聘他在校任教，经过两三年，便可考博士学位，晋升教授。这是当时很多留学生求之不得的美差。但是，贾柯贝教授却对他说：“你搞桥梁，光靠理论不行。一定要有实际经验。”贾教授的话使茅以升陷入了深思。他想，我不远万里来到美国深造的目的是什么？不就是为了实现孙中山先生的期望，回国后为祖国建造大桥吗？光有理论，光会“纸上画桥”怎么行呢？一定要学会实际造桥的本领。于是他欣然决定放弃舒适的大学教师生活，到桥梁工厂去实习。

贾柯贝教授介绍茅以升进了匹兹堡一家有名的桥梁公司。在这里，茅以升先生在绘图室绘制桥梁构件图；然后到工厂里学做“模板”，切削钢件，打铆钉，油漆桥梁，等等；最后才到设计部当设计师。每天他同工人一样，早上7点钟上班，下午5点钟下班，路上来回还要花费两个小时。有些活相当沉重，比如一桶油漆有五六十斤重，一天要拎十来桶。繁重的劳动磨砺了茅以升的意志；实践的经验，不仅使他对理论有了更深入的理解，更使他的思想升华到一个更高的境界：工程教育必须理论联系实际。这成了他在工程教育方面毕生倡导并予以实践的思想理念。

在实习中，茅以升感到还需要进一步学习桥梁力学等方面的理论知识。他了解到匹兹堡有个加里基理工大学，其中土木工程系设有夜校，修满学分后与日校一样可以考取博士学位。茅以升动心了。他想，何不白天做工，晚上读书，一举攻下博士学位？主意拿定，他选择了“桥梁”为主科，又按学校要求选了“高等数学”为第一副科，“科学管理”为第二副科，法文为第二外语。就这样，紧张的半工半读生活开始了。每天早上4点，闹钟准时把熟睡的茅以升叫醒。他匆忙吃完早饭，跑步去车站乘火车赶往桥梁公司。火车成了他学习外语的课堂，他口念、眼看、手写、心记，专心致志地记诵着外语。在工地上，休息的钟声一响，他便放下锤子，从口袋里掏出本子和钢笔，开始做夜校的功课。吃饭时，他一改右手拿勺为左手拿勺，以便腾出右手拿笔，随时记录想好的夜校习题。深夜，他躺在床上，嘴里却常嘟嘟囔囔，还经常翻身而起，拿起放在床头的纸和笔，写下头脑里闪现的数字、公式和符号。他把一片片纸贴在墙上，需要解决哪个问题时就拿下来瞧瞧。房东太太打扫房间时看到满墙的纸片惊得目瞪口呆，茅以升赶紧说：“房东太太，您以后地上都可以打扫，千万别动墙上的纸条，它们有大用处呢。”在整整一年半的时间里，茅以升白天实习、工作，晚上去学校上课，星期天几乎都是在埋头伏案中度过的。他以超乎常人的毅力和勤奋争分夺秒，坚持了500个日日夜夜，终于完成了各科学分，比学校规定的学习时间整整提前了一年。

完成了各科学分，茅以升开始撰写博士论文，选题是“桥梁第二应力问题”。这是当时桥梁力学理论方面一个比较尖端的题目。为了集中精力写好论文，茅以升不得不辞去桥梁公司的工作。这使他的生计出了问题。因为官费留学期满，政府不再发给他学习和生活费用了，他只能靠在桥梁公司实习挣的一点钱维持生活。辞职意味着他没有了生活来源，必须节衣缩食。他外出办事常常不吃午饭，饿着肚子回到住所。他的双颊渐渐地瘦下去了。善良的房东太太看到后心里很难过，有几次把茅以升交来的食宿费又悄悄放了回去。但是生活的困窘并没有磨灭这个年轻人的意志，反而使他更为发愤。在他的房间里，书桌上、床上、椅子上到处摊满了书。读书、读书，直读到头昏眼花，他才到水龙头前用冷水冲冲头。为了查资料，他常常要去图书馆。有一次，他躲在书库的一角，看书看得入了神，闭馆钟声响了他也没有听见，也没被人发现，竟被管理员锁在了屋子里。

茅以升喜欢钻研问题。早在孩提时期，他就常常一个人坐在院子里，看蚂蚁怎样搬家，看柳树怎样发芽；思索着月亮为什么有时候变成了铜盘形，有时候变成了小船形？有一年元宵节，父亲带他去看灯。他被走马灯深深地吸引了。那灯中间有一个轴，连接着能旋转的小轮子，轴心插上红通通的蜡烛，轮子四周插上绿色的纸人纸马。蜡烛点燃后，轮子就带动彩色的纸人纸马旋转起来。“纸人纸马怎么会转呢？”“为什么有时候快，有时候慢？”茅以升眨着双眼不停地提问。父亲告诉他，是蜡烛的热气熏的。听了父亲的话，小以升还不满足，又去买了一只走马灯，反复吹灭和点亮里边的蜡烛，以探究竟。这种穷追到底、如醉如痴的探索精神一直伴随着茅以升学习成长，在他撰写博士论文中表现得更为突出和生动。有一天，外面下着倾盆大雨，茅以升苦思冥想一个桥梁力学问题而不得其解，他不顾一切地把自己写的手稿揣在怀里夺门而出，直奔桥梁系教授麦克里家里。麦克里教授惊奇地望着这个年轻人，他的头发、衣服全湿透了，但怀里的手稿却没有一点雨水的痕迹。教授被深深地感动了，他找来了一身衣服给茅以升换上，又耐心地给他讲解了疑难问题。

茅以升专心致志地撰写论文，但也并不是“两耳不闻窗外事，一心只读ABC”的书生。作为一个热血青年，他时刻关注着大洋彼岸的祖国。1919年春，美英法等国在第一次世界大战后的巴黎和会上，拒绝战胜国中国要求取消袁世凯与日本政府签订的二十一条的合理要求，硬要把战败国德国在中国山东的权益转给日本。消息传来，留美的中国学生无不义愤填膺。茅以升代表匹兹堡中国留学生会（他是匹兹堡中国留学生会的副会长）在报纸上连续发表文章提出抗议。4月30日晚上，匹兹堡中国留学生会又在加里基音乐厅组织了一次规模盛大的“中国夜”宣传大会，邀请1000多名中外人士参加。茅以升作为会议主席致了开幕词，一些中国教授发表了抗议美、英、法、日的演说，不少美国朋友发言声援中国。会上散发了由茅以升编写的小册子，还演出了茅以升编写的京剧。第二天，匹兹堡各大报都刊载了有关“中国夜”晚会的详细报道，并发表同情中国的评论。四天之后，国内便爆发了震惊世界的“五四”运动。

1919年11月，茅以升成功地通过了博士论文答辩，成为加里基理工大学第一个工科博士。这在该校的历史上是一件大事，匹兹堡各家报纸都刊登了这条新闻。贾柯贝教授把这篇优秀论文推荐给康奈尔大学，康奈尔大学决定发给茅以升“斐蒂士”金质奖章。这种奖章全校每年只发一枚，奖给康奈尔大学研究生中的最优秀者。茅以升先生在这篇论文中的杰出创见，后来被公认为“茅氏定律”。

茅以升的成功使他成为一个引人注目的人物。加里基理工大学和康奈尔大学都邀请他任教，好几家桥梁公司也聘请他去工作。一些好心人劝他留在美国工作，说：“科学无祖国，你这样年轻，在美国搞科学研究条件好得多，更可以施展你的才能，前程无量。再说，你对科学做出的贡献也是属于全人类的啊！”这些话入了茅以升的耳，却没有入了他的心。他脑子里又浮现出孙中山先生的形象。他忘不了孙中山先生振兴中华的宏伟理想和对青年学子的殷切期望；他忘不了仅仅因为他是中国人，而在美国饭馆里被老板无端逐出的耻辱；他忘不了祖国的壮丽山河和日夜盼望他归来的亲人。他想：我是中华民族的子孙。中国，是生我养我的母亲。而今她还那样贫穷、虚弱，任人欺凌，做子女的更有责任照料她，使她早日强壮起来。我怎能忍心抛弃她呢？想到此，他坚定地对好心人说：“纵然科学没有祖国，科学家是有祖国的。我是中国人，我的祖国更需要我！”

茅以升归心似箭，决定不等颁发博士文凭的仪式。1919年12月14日，茅以升告别了留学三年半的美国，踏上了归途。在轮船上，他遥望祖国，心潮澎湃，要为祖国桥梁事业一展宏图的愿望，使他激动得难以自已。他在心中默默地说：亲爱的祖国，我回来了，我要在您的江河上架起长虹，把全部的知识和才能都贡献给您。

为国建桥

怀揣着中国桥梁梦的美好憧憬，茅以升回到了魂牵梦萦的祖国。但是茅以升桥梁梦的实现并不是一帆风顺的。当时的旧中国，军阀混战，民不聊生，茅以升为祖国造大桥的愿望一直未能实现。为此，他把报国之路转向了工程教育特别是培养桥梁工程人才上来。他应邀先后担任了唐山工业专门学校教授兼副主任，国立东南大学教授兼工科主任，河海工科大学教授兼校长，北洋大学教授兼院长，国立交通大学唐山工程学院教授兼院长，北方交通大学校长等职务，为祖国培养了一批批工程技术人才。

茅以升先生讲课深入浅出，循循善诱，简明扼要。学生们都认为，听他讲课是最大的享受。课上他耐心地解答学生提出的问题，又告诉大家下节课的内容以便预习，深受学生欢迎。他每次讲课，教室里都挤得水泄不通。很多听过别的老师讲这门课的高年级学生也都争先恐后、自带板凳来听他讲课。

茅以升先生认为，中国科学技术落后，原因之一就是传统的灌输式教学方法导致学生读死书，缺乏想象力和创造精神。为此，他发明了一种学生考老师的教学方法。每节课的前10分钟，先指定一名学生就前次学习的课程提出一个疑难问题让老师回答。从学生提出问题的深浅，得知他是否做过深入思考与研究。学生提出的问题深就多给分，提出的问题浅就少给分。如果提出的问题老师都回答不出来就给满分。如此大大调动了学生的积极性，往往提出的问题越来越深，越来越有意义，教学效果大大提高。有些特别疑难而又有意义的问题，就作为以后的研究课题。这样的教学方法不仅促进了学生钻研，也促进了老师认真备课，如此达到了“教学相长”。著名教育家陶行知先生曾带教育科学生来听茅以升先生的课，并感慨地说：“这的确是个崭新的教学革命，是开创了我国教育的一个先例，值得我们推广。”

茅以升先生深知，实现自己的桥梁梦需要大批人才，这些人才不能只是“纸上谈兵”，而应具有较强的实践与动手能力。为此，他非常强调实践在工程教育中的地位和作用，主张工程教育要理论联系实际。他认为，当时的工科教学，将各种基础理论课置于专门学科课之前，具体到各科目的教学也是理论先于实验，这种课程安排是有悖于人类求知规律的。因为人们的求知是出自实践的需要。先讲理论而不讲它们的用处，不但会降低学生的兴趣，而且也不利于对理论的深入理解。更重要的是，这样培养出来的人才，虽然能设计，能写论文，但多半是“纸上谈兵”，难当实际大任。为此他要转变这种“学而后行”“学而时习之”的教学模式为“习而后学，边习边学”，即先教工程科目，再学基础理论。例如，桥梁专业新生，一年级先去桥梁工地实习，同时学习与桥梁直接相关的课程；二年级学习设计，同时到工地当助理技师；三年级学习基础理论，如工程力学等，同时到工地担任助理工务员等较为负责的工作；四年级学习基础科学，如微积分、物理化学等，并在实验室做科学实验，毕业后可做桥梁工务员，并按实际能力晋升为工程师。

茅以升先生不仅提出了工程教育改革的主张，而且身体力行，把后来他主持的钱塘江大桥建设工地作为践行这一主张的场地。他先后吸收了29位刚从大学工科毕业的学生到建桥工地，让他们一面在室内学习绘图设计，一面在室外学习勘测施工。同时，建桥期间每年从国内各工科大学选80名学生来桥梁工地实习，每天除上课外，还学习各种施工技术。钱塘江大桥工地成了培养我国桥梁工程师的摇篮，从中成长出了武汉长江大桥总工程师汪菊潜、南京长江大桥总工程师梅旸春、江西南昌赣江大桥总工程师戴尔滨、郑州黄河大桥总工程师赵燧章、云南长虹大桥总工程师赵宇恒等一批新中国杰出桥梁工程师。

在回到祖国14年后，茅以升终于等到了实现自己中国桥梁梦的机会。1933年3月，正在天津北洋工学院教书的茅以升接到杭州浙赣铁路局局长、唐山路矿学堂同学杜镇远的电函，邀他前往杭州共商筹建钱塘江大桥事宜。原来，浙江建设厅厅长曾养甫想推动各方，在钱塘江上兴建大桥，拟将此重任寄之于茅以升。茅以升异常兴奋。他想，我们中华民族有着桥梁建造的辉煌历史，1300年前隋朝工匠李春建造的赵州桥，在石拱桥的建造史上比欧洲早了900多年，至今仍巍然屹立。但是自鸦片战争以来，中国被列强瓜分，桥梁的建造权也被列强把持，留下了一项项痛心的记录：济南黄河大桥是德国人建的，郑州黄河大桥是法国人与比利时人建的，蚌埠淮河大桥是英国人建的，哈尔滨松花江大桥是俄国人建的，沈阳浑河大桥是日本人建的，广东珠江大桥是美国人建的……我要为国人争气，让祖国的江河上矗立起中国人自己建造的钢铁大桥。于是他毅然前往杭州商讨建造钱塘江大桥事宜。

钱塘江发源于安徽休宁，上游名新安江，至杭州名钱塘江，江面宽达3公里，由此入海，形成杭州湾。钱塘江在上游山水爆发时，江流汹涌，在下游的海潮涌入时，波涛险恶；如果上下同时并发，翻腾激荡，更是势不可当。此外，如遇台风，江面辽阔，浊浪排空，风波更为凶险。钱塘江底，堆积着40多米的泥沙，随江流冲刷而不断迁移，变幻莫测，故杭州民间有“钱塘江无底”的传说。在杭州民间流行的谚语中，有一句叫作“钱塘江造桥”，用来形容一件不可能成功的事。可见，在钱塘江上建桥，确实不是一件容易的事。

茅以升要建造钱塘江桥的消息传开后，遭到了一些外国工程师的冷言冷语。有人说：“他们没有建这样大桥的经验和本领。”也有人说：“他们是白费力气，一定要失败的。”友人找到茅以升，要他赶快打退堂鼓，不要逞能，以免贻笑大方。

茅以升没有被钱塘江险恶的造桥条件吓倒，也没有被外国同行的冷言冷语所动摇，他决心迎接挑战，为国争气。他废寝忘食，仔细研究钱塘江的水文地质资料，又对钱塘江进行了实地勘察。一天，他邀美国康奈尔大学桥梁专业的同学、老朋友罗英登上钱塘江北岸月轮山上的六和塔，面对汹涌澎湃的钱塘江，慷慨激昂地陈述了自己的勘察成果和造桥设想。罗英兴奋地说：“想不到以升兄这么快就形成了钱塘江桥的方案设想。”不久，茅以升在集思广益、深思熟虑的基础上，做出了“钱塘江桥设计书”。这一设计方案比美国工程师华德尔的方案既好又经济（茅以升设计的是双层桥，造价510万银元；华德尔的设计是单层桥，造价是758万银元）。曾养甫拿着两份设计书进行对比，高兴地说：“你们超过了华德尔博士。”由此，茅以升争得了钱塘江桥的建设任务。

1934年，钱塘江桥工程处成立，茅以升任处长，邀请罗英担任总工程师。此时，中华民族正处于生死存亡时期。“九一八”事变后，日本军队占领了东北三省，虎视眈眈，时刻妄图并吞整个中国。全国人民掀起一波又一波抗日救亡浪潮。当此之时，钱塘江桥早一天建成，则可使沪宁铁路与浙赣铁路早一日相通。这不仅对江浙经济发展，更对抗日救亡意义重大。茅以升决定大桥两年半建成。在条件险恶的钱塘江上两年半建起大桥，意味着必须打破先做基础、再做桥墩、最后做桥梁的建桥常规。茅以升与罗英商量，决定采用“上下并进，一气呵成”的新方法，基础、桥墩、钢梁三个主要工程同时动工，确保大桥如期建成。

1935年4月，大桥正式开工。尽管茅以升早有思想准备，但接踵而来的技术难题仍然压得他寝食难安，考验着他的意志和智慧。最先遇到的难题是打桩。按照设计，大桥主桥桥墩是以木桩为基础的。因此需要用气锤击打木桩，使其穿透厚硬的泥沙层，立足于下面的石层。每个桥墩下面需要打160根木桩。但是下面的泥沙太硬了，第一根桩打了两个小时一点也没打进去。换个大点的气锤，“咔嚓”一声桩又断了。工人们忙了一昼夜，只打进一根桩。茅以升心急如焚：9个桥墩总共需要打1440根桩，照这样的速度，打桩就要花4年时间，如何按期建成？

出师不利，社会上传出了风言风语：钱塘江上造桥就是办不到么。有的银行闻讯，意欲停止建桥贷款，这意味着钱塘江大桥可能功亏一篑。曾养甫听说后非常着急，他对茅以升说：“如果桥造不成功，你得跳钱塘江，我也跟你后头跳。”茅以升承受着巨大的压力，忧心忡忡，寝食皆废。母亲了解情况后，开导他说：“唐僧取经经历八十一难，唐臣造桥也要经历八十一难。有了孙悟空和他那如意金箍棒，就能渡过难关。”母亲的话使茅以升提振了精神，但是如意金箍棒在哪呢？茅以升踱步思考着。陡然，一个场景映入了他的眼帘：一个小男孩手拿一把水壶正在浇花，一条水龙从壶嘴冲出，把花坛的泥土冲出了一个小洞口。像一颗火种，一下点燃了他智慧的火焰：水龙把泥土冲了个洞，能不能把厚硬的泥沙也冲个洞呢？他赶紧跑到工地，把这个想法告诉了技术人员和工人们，大家都认为可行。于是他和大家一起研究出了“射水法”：将一钢管垂直立于打桩处，抽江水入钢管并加压，使水龙在江底冲出一深孔，再拔出钢管而将木桩顺孔打入。实行这一方法，一昼夜最多能打30根桩，终于渡过了难关。茅以升从这件事悟出：母亲说的“孙悟空”，就是施工队伍的集体智慧；而“金箍棒”，则是科学里的一条法则，即利用自然力来克服自然界的障碍。此后在施工中遇到困难，茅以升总是广泛听取技术人员和工人们的意见，集思广益。至于“利用自然力”，更是广泛用于施工环节中。例如，在桥墩上架设钢梁，就是利用潮水上涨的力量将钢梁提起，下落时则顺潮水回落之势放置于桥墩之上。

大桥施工遇到的又一个难题是安置沉箱。所谓沉箱，就是一个重600吨的钢筋混凝土六面体箱型结构，上无盖下无底，中间有一隔板将箱分为两半。由于上面无盖口朝天，沉箱就能浮在水上像条船；由于下面无底口朝地，沉箱下落到江底就能形成一个房间，以高压空气打入将水赶走，工人就可以在里面作业。安置沉箱就是将沉箱浮运到木桩上方，以6个3吨重的铁锚将其沉到江底。通过在下面工作间挖沙而使沉箱逐步下沉，直至与木桩相接；同时在上面做桥墩。这说起来容易，做起来却很难。有一个沉箱，被两条轮船拖着刚浮运到桥址，恰逢海水落潮，江水与海潮同时给力冲击沉箱，6个铁锚全被拔起，沉箱顺着水势漂浮而下，一直漂到下游闸口电灯厂。工人们赶紧把沉箱拖回来，正使它下沉时，又遇涨潮，潮头两三米高，一下把铁锚的锁链冲断，沉箱又被潮水顶到了上游的长江大学，并在退潮后陷到了泥沙中，费了好大劲才拖回桥址。不料刚装上设备准备下沉，又遇到暴风雨，沉箱竟拖着铁锚向下游冲去，一直冲到4公里以外的南星桥，把一个渡船码头撞得粉碎。当时江上的汽轮齐来协助，用了24只汽轮才把沉箱拖回到桥址。不久又遇到大潮，捆箱缆索松断，沉箱又浮起向上游漂去，一直漂到4公里以外的文家堰，落潮后深陷泥沙中，用了好多办法才把它拖回桥址。4个月内，沉箱如脱缰野马，上下乱窜4处之多。此事引起了一些社会议论，有人说钱塘江不能造桥是天意，人怎么能跟老天爷顶；还有人说这是鬼神作怪，劝他们给河神烧香。茅以升没有被这些流言蜚语吓倒，他带领工程技术人员、工人认真总结经验教训，特别是细致研究分析了江潮、海潮涨落的规律。根据工人们的建议，他把3吨重的铁锚改成了10吨重的混凝土锚，并在海水涨潮时把沉箱送入水中，落潮时放置就位，顺利地安置了一个又一个沉箱。

在钱塘江大桥建设的日日夜夜里，茅以升寝馈于斯，全身心投入到工程中去。严谨的科学精神和强烈的责任意识，使他不放过任何一个工程细节，以至亲自下到沉箱中查看其是否能和160根木桩准确对接。在水下30多米的沉箱底，他伸手在泥沙里不停地摸索着。有时他觉得头晕、口渴、满身虚汗，意识到这是对水下高温高压不适应的反应，时间长了会有生命危险，就慢慢爬上去休息一会儿，待身体稍加恢复，又下到箱底继续工作。

1937年7月7日，日本侵略者在卢沟桥向中国军队发起了进攻；8月13日，又将侵略的火焰烧到了上海。8月14日，日本飞机轰炸了上海、杭州，并轰炸了钱塘江大桥。茅以升当时正在6号桥墩的沉箱里，和工程师们研究问题，忽然电灯全灭了，四周一片黑暗。猝不及防，有人以为断电了，担心高压空气会停止，江水立即会涌进，不禁恐慌起来。幸好高压空气与照明是两条线路，等了几分钟水没有涌进，大家才安静下来。半小时后电灯亮了，茅以升爬到上面了解到：半小时前传来空袭警报，命令把电灯全关掉。之后3架日本飞机在大桥上方扔了不少炸弹，所幸没炸到桥，全掉到了江里。如果不是管闸门的工人临危不惧坚守岗位，他们真有可能葬身江底了。

自此之后，日本飞机经常来骚扰和轰炸，钱塘江大桥工地笼罩在战争气氛中。茅以升和建桥员工们义愤填膺，同仇敌忾，大家纷纷表示要抢时抢工，加班加点，早日建成大桥，支援淞沪抗战。此时大桥还有一个桥墩没有完成，两孔钢梁未安装。茅以升亲自下到沉箱解决桥墩下面的技术难题，大大加快了桥墩建造的进程。桥墩建成后，只用3天时间，就将两孔钢梁都安装上了。1937年9月26日，伴随着汽笛的长鸣，一列火车呼啸着驶过钱塘江大桥。钱塘江大桥历时两年半终于建成通车了。望着桥上奔驰的列车，茅以升心潮涌动，泪水模糊了双眼。是啊，在900多个日日夜夜里，茅以升和他的同事们承受了多少压力，克服了多少困难。现在这座用汗水和热血浇铸的钱塘江大桥终于建成了，这怎能不叫人激动。此时，茅以升想到了赵州桥、卢沟桥这些凝聚了中国古代先贤聪明才智的壮美桥梁，也想到了祖国江河上一座座记录了近代以来屈辱历史的钢铁大桥。是啊，中国桥梁的历史从今将翻开新的一页。钱塘江大桥是一座历史的丰碑，她向世人宣告：中国的工程技术人员能够自己设计和建造现代钢铁大桥，中华民族有自立于世界民族之林的能力。

钱塘江大桥诞生于抗日烽火之中，为支援抗战发挥了不可替代的作用。大桥通车三个月，每天运送军队、弹药、物资的列车日夜不停地从桥上通过，撤退百姓熙熙攘攘，川流不息。最多的一天，过桥机车达300多辆，客货车2000多辆，人流达10多万之众。

但是随着战事的推进，钱塘江大桥却面临着一场灾难。1937年11月16日，茅以升接到南京方面的命令，为了阻断逼近杭州的日军，立即炸毁钱塘江大桥。尽管茅以升对这一点早有思想准备，并且在2号桥墩内预先做好了一个可以放置炸药的空洞，但是当这一天真的到来时，还是像有无数把尖刀戳着他的心。他压抑住内心的痛，缓步走到钱塘江畔，深情地望着他呕心沥血两年半亲手建造的大桥。此时，满载着撤退物资和人员的车辆正源源不断从桥上通过。是啊，在这危急的时刻，我们的部队和百姓多么需要这座桥啊！一个想法突然在他的脑海中浮现：既然不得不炸，何不待敌人兵临城下再炸，让大桥尽可能多地为抗战出力？他把这一想法告诉了负责执行炸桥任务的南京工兵学校的丁教官。丁教官说，埋药布线等工作需要时间，待敌人兵临城下恐来不及。茅以升沉思片刻，决然地说："我们先把炸药放好，线布好，待兵临城下，再接通雷管最后点火。"丁教官同意了茅以升的意见，并向他提出拟就的炸断5孔钢梁的方案。茅以升说，只炸断钢梁，敌人很快就可以修复，必须炸断一个桥墩，才能彻底破坏。他向丁教官建议炸毁最难修复的、预先已留有放炸药之洞的南2号桥墩，并将钱塘江大桥的相关致命点一一给丁教官标出。在建造大桥时就在谋划着如何炸毁大桥，建也为国，炸也为国，面前这位中国工程师炽热的爱国情怀与民族大义使丁教官深深地震撼了，一种崇敬的感情在他心中油然而生，他紧紧握住了茅以升的手。按照茅以升的部署，丁教官和他的士兵们在桥上埋放了炸药，连接了100多根引线。第二天，钱塘江大桥的过往车辆和行人照常在桥上通过，但是没有人想到，他们的脚下竟装有足以炸毁整座桥的炸药。新建的钱塘江大桥就是如此承载着民族的苦难，决绝地履行着最后的抗战职责。

1937年12月23日，悲壮的一刻到了。下午5点，当最后一批难民涌过桥后，已隐约可见有敌骑来到对岸桥头。茅以升知道，最后的时刻到了。望着这座凝聚着自己的梦想与追求、智慧与汗水的大桥，茅以升内心的悲愤难以言表。就像一个母亲不得不亲手杀掉自己的孩子，茅以升如五内俱焚，万箭穿心。对岸的敌骑越来越多，再也不能耽误了。茅以升眼一闭，手一挥，断然下达了起爆的命令。"轰"然一声巨响，横跨钱塘江的巨龙断裂了，江上腾起了一团巨大的烟雾。泪水顺着茅以升的眼角淌了下来。他转过身来到桌前，愤然挥笔写下了八个大字：抗战必胜，此桥必复。陡然，茅以升想到了罗英在建桥时出的一副对联的上联：钱塘江桥，五行缺火。（钱塘江桥四个字的偏旁分别是金、土、水、木，按照五行说独缺"火"字）如今"火"来了，没想到却是断送钱塘江桥的战火。想至此，他挥笔写下一首诗：斗地风云突变色，炸桥挥泪断通途。"五行缺火"真来火，不复原桥不丈夫。

钱塘江桥被炸后，茅以升带领桥工处的同事将建桥的图纸、电影胶片等各种资料进行整理，装了14箱。此后茅以升带着这14箱资料辗转数省，像保护生命一样保护着它们。有一次他住的地方遭到敌机的轰炸，他家附近的房屋中弹起火。茅以升带着工作人员冲入火海，抢出了那14箱资料。敌人的战火毁掉了他的钱塘江桥，却毁不掉他心中的桥梁梦。他坚信，钱塘江大桥总有一天能修复，这14箱资料一定能派上用场。这一天终于等来了。1946年春天，茅以升带领桥工处的工作人员和精心保护下来的14箱资料，回到了战后的杭州，开始了钱塘江桥的修复工作。修修停停，时断时续，钱塘江大桥终于在1953年6月完全修复。这座经过战火考验的大桥又以壮美的雄姿矗立在钱塘江上，为新中国的建设贡献着自己的力量。今天，经历了76年风风雨雨的钱塘江大桥，依然忠诚地履行着她的使命。在桥畔，一座茅以升铜像屹立于苍翠之中，像座上镌刻着江泽民主席手书的“茅以升先生像”6个大字。人民永远不会忘记这位大桥建造者的历史功绩。

兴建武汉长江大桥，是茅以升多年萦绕在脑中的梦想。早在钱塘江桥开工不久，他就几次到武汉同湖北省政府商议建桥之事。他曾抽调不少人力，花了一年时间，进行勘察设计，做出了建桥计划书。又曾派一个钻探队，在武昌、汉阳之间，按照计划书中桥墩的位置，进行多次钻探，查明了江底地质情况，为大桥设计做了充分准备。后来他又奔走于武汉与南京之间，落实经费。1937年春，项目有了眉目，准备当年10月开工典礼。但是由于抗日战争爆发，建桥的事只能作罢。抗战胜利后，茅以升又旧梦重温。1946年，他将原有设计进行了修改，作出了“武汉长江大桥设计草案”，送到湖北省政府和粤汉铁路局。他们组织了一个建桥筹备委员会，让茅以升任总工程师。其后便杳无音信了。

新中国成立后，人民政府决定建造武汉长江大桥。有一次，政务院开会研究铁道部提出的武汉长江大桥筹建方案，周恩来总理亲自主持会议，特别邀请茅以升出席。那一天周恩来总理站在会场门口，看到茅以升就伸出手臂微笑地向他走来，边走边高兴地说：“茅老，你好。早就盼望你来啊！”周总理紧紧握住茅以升的手说：“武汉长江大桥是新中国成立后修建的第一座长江大桥，意义重大，全世界都在看着我们。我们坚信一定能造出一座高质量、高水平的大桥来。你有造钱塘江大桥的经验，希望你对这座大桥多多出力。”一股暖流涌入茅以升心中，他深为周总理对他的信任和器重而感动，而鼓舞。其后，茅以升担任了武汉长江大桥技术顾问委员会主任委员，他全身心地投入到武汉长江大桥的建设工作中。自1950年起，茅以升就对建造武汉长江大桥的几个方案做了精确测量和深入研究，经反复比较，于1955年确立下“大桥设计施工方案”。本来大桥的桥基建造准备要用建钱塘江大桥时的“气压沉箱法”，并已请苏联专家做了鉴定。但是茅以升根据进一步的地质钻探资料，认为采用沉箱作基础有巨大困难，因而将“气压沉箱法”改为“大型管柱钻孔法”。其后，茅以升用半年时间对这一方法进行了试验，证明切实可行。铁道部和国务院很快批准了这个方案，1955年9月大桥正式动工了。“大型管柱钻孔法”的采用使大桥的工期缩短了两年。大桥施工期间，茅以升主持的技术顾问委员会解决了建桥中的14个技术难题。毛主席有一次在杭州接见茅以升时高兴地对他说：“你的钱塘江大桥我已经走过八遍了，你为人民做了件大好事。现在又在主持修建武汉长江大桥，希望你再立新功。”

1957年10月15日武汉长江大桥建成通车。新中国第一座长江大桥的建成震惊了世界，茅以升为此欢欣鼓舞。他深切感受到社会主义集中力量办大事的优越性。为此，他借出国访问和进行学术交流的机会，大力宣传新中国的第一座现代化桥梁。他先后在日本、英国、法国、意大利等国就武汉长江大桥作学术演讲，又在世界桥梁会议上作了“关于武汉长江大桥施工方法的报告”，受到各国科学家的称赞。他的著作《武汉长江大桥》被译为日、法、英等多国文字在世界流传。

茅以升为新中国做的又一重要贡献是为北京人民大会堂的结构安全提供技术保证。位于天安门广场的人民大会堂，规模宏伟，气势恢宏。尤其令人惊叹的是，可容纳万人的世界最大的礼堂，竟没有一根立柱。1959年，周总理指示北京市人民委员会组织国内专家对在建的人民大会堂进行审查鉴定，并特意提名茅以升担任结构组组长。茅以升经过调查研究，发现大会堂在结构设计上尚有欠妥之处，特别是在宴会厅及大会堂吊台等处。在结构组的会议上，茅以升和各位专家正在各抒己见，周总理走了进来。他静静地听了每个人的发言，然后对茅以升说：“茅老，你对结构力学造诣很深，还是请你反复核算，确保安全。”周总理的一番话，令茅以升感到肩上沉甸甸的。他对所有构件及其布置，一一做了复查，对原设计不妥之处进行了修改和补充。那段时间，他的头脑里日夜闪动着图纸、数据，把全身心都投入到对设计蓝图的复核与计算中。一天夜里，茅以升正在凝神核算，电话铃响了。他拿起电话听筒，里面传来周总理的声音：“茅老，还没睡？多注意身体呀！茅老，我想告诉你，考虑安全问题，一定要把地震的因素考虑进去，万人礼堂屋顶空间跨度极大，如不能抗震，后果不堪设想……”听着那亲切的声音，茅以升深为周总理日理万机、为民操劳的精神所感动，更感到肩上责任的重大。经过反复检查，多次修改，茅以升把审查报告呈报给周总理。周总理认真地审阅了报告，最后说：“请茅以升组长签字保证。”茅以升郑重地签上了自己的名字。

经过10个月的艰苦奋战，人民大会堂终于建成了。一天，周总理带领专家们视察，对大家说：“咱们给她起个什么名字好呢？”大家纷纷进言，有说叫人民宫的，有说叫共和宫的。茅以升斟酌良久，说：“总理，我建议叫人民大会堂。”周总理眼睛一亮，兴奋地说：“人民大会堂，这个名字取得好。”后来，周总理又向毛主席作了汇报，毛主席说：“人民大会堂，这个名字很好，可用。”

茅以升先生不仅是杰出的桥梁工程专家，而且是出色的中国古代桥梁史专家。他对中国几千年璀璨的桥梁工程和桥梁文化颇为敬佩，深感自豪，曾翻阅大量历史文献资料对中国古代桥梁进行研究，参观游览了许多名胜古桥，写下了大量研究中国古代桥梁的文章。他写的《五桥颂》系统介绍了列入第一批全国重点文物保护单位的五座桥：泸定桥、卢沟桥、安平桥、赵州桥和永通桥，考证了它们的建造年代，分析了它们的技术成就和历史地位，给人以启迪。他写的《中国的古桥和新桥》，系统介绍了从古代的赵州桥到新中国成立后所建的武汉长江大桥、南京长江大桥等各类型桥梁，不仅在国内发行，还被译成日、法、德、西班牙等多国文字在世界传播。他根据研究指出：我国近代桥梁的主要型式，几乎都是批判地继承古代桥梁遗产的新成就。他认为一些保留至今的古代桥梁，如赵州桥，之所以具有强大的生命力，是因为它们在桥梁结构上很合乎现代科学原理。

1964年第二届全国人民代表大会上，茅以升和著名的建筑学家梁思成联名提出提案，建议编写《中国古桥技术史》。但因十年动乱，这件事被搁置下来。粉碎“四人帮”后，这件事被提上议事日程。1978年，《中国古桥技术史》编写组成立，茅以升任主编。1986年《中国古桥技术史》出版，全书30万字，插图400余幅，填补了中国桥梁史的空白。

茅以升先生自幼随祖父习文，涉猎广泛，国学功底深厚。他后来所写有关桥梁的文章，常引用古代诗文典故以增文采。“文化大革命”中，茅以升被剥夺了科研与工作的权利，但并没有束缚住他研究中国古桥的热情。他与老友夏承栋、陆师善集三年时间，翻阅了大量古籍文献，搜集了大量有关桥梁的诗文典故，并加以考证与注释，然后用工整小楷抄录在稿纸上。茅以升亲手装订，设计封面，日积月累，居然形成了厚厚一摞文稿，分桥典、桥景、桥文、桥名四方面内容。早在1965年，茅以升在《〈桥话〉编写旨趣》一文中，就提出了"桥文化"的概念，主张以桥记、桥志、桥史、桥工、桥典、桥景、桥名、桥文八方面研究和阐述古代桥梁在我国各方面的成就和作用。前四方面内容体现在《中国古桥技术史》中，后四方面内容则体现在这厚厚的手抄本中。由于种种原因，这部中国桥文化的开山之作茅老生前一直未及出版，直到1997年方由茅以升科技教育基金会整理出版。

彩虹人生

茅以升先生认为，桥有有形的，也有无形的；有物质的，也有精神的。他毕生为祖国和人民架桥，不仅架设有形的物质的桥，而且架设了一座座无形的、精神的桥。这一座座各具特色的物质的、精神的桥，形成了他光辉灿烂的彩虹人生。

茅以升先生认为："科学属于人民"，"科普是一座通向'四化'的桥梁"。为此，他毕生致力于在科学与人民之间架设知识之桥。新中国成立前他曾在上海科学公司出版的《科学画报》上连续发表了一系列介绍钱塘江桥建造的科普文章，深受读者欢迎。新中国成立后，他被选为全国科普副主席，以他的影响力鼓励和推动广大科技工作者积极开展科普工作，"在急流险滩上架起一座科普之桥"，"更好地为提高全民族的科学文化水平和加快社会主义现代化建设服务"。茅以升先生亲自动笔，写下了大量的科普作品。他写的科普作品，充满了丰富的想象力和科学的预见性。他在《明天的火车和铁路》中想象未来的火车每小时能跑200千米以上，从上海到北京的列车只要六七个钟头就能到达，车中有无线电传真电话设备，可以同全国各地通话。今天，我们的高速铁路不是验证了他的预言吗？他在《桥梁远景图》中预言，在亚洲和北美洲相隔85千米的白令海峡上，将能架设起一座桥，人们可以坐汽车跨越两大洲。虽然白令海峡大桥目前还只是个提案，但我国已于2008年建成的杭州湾跨海大桥，全长36千米，不啻为未来可能出现的白令海峡大桥的先驱和实验。茅以升先生的科普文章，不仅道理深刻、通俗易懂，而且语言形象生动。他在《人民日报》上连载的《桥话》，堪称是科学与文学结合的典范。有一次毛主席见到他说："你写的《桥话》我都看了，写得很好，你不但是科学家，还是文学家呢！"他写的《中国的石拱桥》，被收入中学课本，作为中学生必读的范文；他写的《没有不能造的桥》，获得1981年全国新长征优秀科普作品一等奖。

茅以升先生非常重视在少年儿童中开展科普工作。他说："爱孩子，就是爱祖国的明天。""要培养儿童热爱科学，使他们从小得到启发，为祖国建设立新功。"他至80多岁高龄还经常到学校和少年宫为孩子们作科普报告，听众累计达数万人。有一次，北京96中请茅以升来校作科学报告，不巧他生病进了医院，学校只好取消了原来的安排。没想到过了几天学校接到茅以升电话，他主动要求给学生去作报告。学校怕他身体支持不住，要他讲几分钟就行了，可是他却给同学们讲了一个半小时。茅以升家的客厅也是科普的场所。他经常在这里接待来访的老师和孩子们。有一次，几位中学教师在讲《中国的石拱桥》这篇课文时，遇到一些疑难问题，便写信向茅以升请教。他们原以为茅老年事已高，工作又忙，可能不会为这点事给他们回信。没想到茅以升不但很快回了信，还邀请他们到家里来做客，并且把门牌号码、乘车路线都写得一清二楚。当老师们来到茅老家后，茅老热情地给大家讲了中国的石拱桥和桥梁史，还把自己精心积累的三大本剪贴资料借给大家参阅。茅以升家的客厅经常聚集着一批又一批的少先队员，孩子们亲切地称呼他"我们的茅爷爷"。1979年4月11日，《中国少年报》刊登了一篇文章，报道了北京三里河第三小学少先队员访问茅老的事情，并配发了一幅照片。照片上，孩子们簇拥在白发苍苍的茅爷爷身边，茅以升正在亲切地和孩子们交谈。

茅以升经常给孩子们讲自己童年的故事，启发和引导孩子们健康成长。有一年"六一"儿童节，他在上海少年宫给孩子们讲自己童年的故事，发现孩子们特别爱听。于是他连夜写了一篇题为《从小得到的启发》的文章，发表在《儿童时代》杂志上。在文章中，他讲述了自己看到文德桥倒塌而立志造桥，为了锻炼记忆力而背圆周率到小数点后100位等等。北京育民小学三年级小学生樊晓晖深受启发，决心学习茅爷爷背诵圆周率，锻炼记忆力。一天，他和几名少先队员到茅爷爷家过科学队日，提出要和茅爷爷比赛谁先写完圆周率小数点后100位。茅老欣然允诺。樊晓晖少年机敏，竟然比茅老快了几秒钟。可是当他拿到茅爷爷写的圆周率时，却发现写的是101位。他瞪着天真的双眼诧异地望着茅爷爷，不解其中含义。茅老亲切地把他搂到怀里笑着说："圆周率小数点后面的数字是无穷无尽的，科学发展的道路也是无穷无尽的。我们不能满足现状，要不断前进啊！"这番寓意深长的话打动了在场的每个孩子的心。樊晓晖手捧茅爷爷的答卷说："茅爷爷，把它留给我做个纪念吧，我要牢记您的话。"在茅老的启迪、教育下，樊晓晖进步很快，还荣获了全国青少年发明奖。

茅以升先生曾担任第六届全国政协副主席，九三学社中央副主席、名誉主席，中国科协副主席、名誉主席，欧美同学会会长等职务。作为一位卓越的社会活动家，他以自己高尚的人格魅力和广泛的社会影响，团结海内外知识分子特别是科技界人士为祖国现代化建设和祖国统一大业作贡献，架设了一座座沟通、理解与友谊的桥梁。

茅以升先生十分重视科技工作者的思想道德建设。早在20世纪50年代，他就提出了"社会主义精神文明建设"问题，强调"科学是为人民服务的"。1982年5月，针对当时科技工作者中存在的问题，茅以升联合首都103位科学家签名，发出了"关于制定《首都科技工作者科学道德规范》的倡议书"，提出了"热爱祖国，忠于人民"，"严谨治学，实事求是"，"报告成果时准确无虚假""评定成果时公正无私"等七条标准，得到全国广大科技工作者的热烈响应。这些条款直到现在仍具有现实意义。

茅以升先生致力于在海外华人与祖国之间架设桥梁。1956年周恩来总理在北京发起、组织了一个"留美学生亲属联谊会"，茅以升被推选为会长。1957年5月10日，联谊会在北京饭店举行晚会，历年留美回国的同学和当时留美学生的亲属1000余人出席晚会。周总理和各位副总理、各部部长都莅临晚会。晚会由茅以升主持。周总理在会上发表了热情洋溢的讲话，号召在美国的中国专家学者回祖国服务，提出了"来去自由、不分先后""爱国一家""爱国不分先后"的政策精神。讲话后，周总理又与茅以升作了长时间的谈话。这次大会后，茅以升领导联谊会做了大量工作，有四五十位在美留学的中国专家学者回到了祖国。茅以升觉得人数还不够多。1960年苏联撕毁合同，撤回专家，茅以升又向周总理建议：苏联专家走了，我们中国专家在美国的很多，我们可以请他们回来，他们可以比苏联专家做得更好。周总理听了很赞成，叫他和科学院张劲夫副院长讨论提个计划出来。后来计划做出来了，但“文化大革命”爆发了，只好停了下来。

党的十一届三中全会后，科学迎来了春天。1979年，茅以升率中国科协代表团出访美国。在美国匹兹堡华人协会欢迎会上，茅以升充满感情地回顾了中国古代科学技术的辉煌，介绍了国内四个现代化建设的形势，呼吁在美国的科学界的同人为祖国的四化建设贡献力量。他说：“我们准备架起一座桥梁，一头是中国的科学技术界，一头是美国科学技术界的中国同胞，我们愿意搭这样一座桥梁，让各位在桥上走过。”茅以升的讲话在美国华人科技同人中产生了积极影响。他的好友、美籍华人教授赵曾珏说：“我对祖国前途充满信心，今后一定多去祖国讲学，共同振兴中华。”曾荣获美国“国家科学奖”，被誉为“美国预应力的功勋人”的林同炎教授，曾在茅以升担任校长的唐山交通大学学习，在桥梁及结构力学方面深受茅以升影响。此次访美，茅以升应邀到林同炎家中做客。林同炎念念不忘培育自己成才的祖国和唐山交大。茅以升对他说：“你的名字为‘同棪’，何不改为‘同炎’？你现身在美国，而心向祖国，炎黄子孙饮水思源，‘同炎’二字可以表达你的心，岂不更妙？”林同炎欣然接受，当即改名。后来，林同炎多次回国访问、讲学。他关心祖国建设，曾提议开发上海浦东，将浦东浦西打成一片，吸引外资，发展工商企业、先进科技，使上海成为太平洋西岸最大的经济、贸易中心，现代化的世界一流城市。茅以升深表赞赏，大加鼓励。在茅以升的支持下，林同炎前后写就开发浦东各项计划建议书七次之多。这些建议书对国家开发浦东的决策产生了积极的作用。茅以升逝世后不久，中央决定开发开放浦东。林同炎在纪念茅老的文章中说：“茅老在天之灵，闻此大好讯息，定然欣慰欢乐也。”

为祖国统一“大桥”的建设尽绵薄之力，一直是茅以升先生魂牵梦萦的一桩心事。1948年，他作为中国工程师协会会长，曾在台湾主持年会。其后为解决台湾人才短缺的问题又介绍了一些专业人士去台湾。两岸隔断数十年，他一直希望在有生之年能亲访台湾，以自己的影响为架设祖国统一的大桥作出贡献。1981年，中国共产党向台湾当局发出了祖国统一的号召，茅以升深受鼓舞。他在《人民日报》上呼吁在祖国和平统一大桥动工之前，海峡两岸的科技工作者可以先修一座引桥，促进祖国统一的大桥早日建成，在海内外产生了积极的影响。有一年在九三学社中央举行的中秋茶话会上，他望着一轮明月感慨地说："明年要到台湾去过中秋节。"但是由于种种原因，他的这一美好愿望一直未能实现。但可以告慰他老人家的是，茅以升科技教育基金会正在实现着他的遗愿。自2000年以来，基金会与台湾有关方面开展了海峡两岸土木工程合作交流活动，每年组团互访，兢兢业业地为祖国统一大桥架设着引桥。

茅以升先生一生为祖国江河架桥，为科技与人民架桥，为海内外科技人员架桥，为祖国统一架桥，也为自己架设了一座由爱国主义者通向共产主义者的人生之桥。

茅以升先生是一位忠诚的爱国主义者。青年时代他受家庭和社会影响，曾想投笔从戎参加革命军。后听了孙中山先生关于"中国需要革命和建设两支大军"的演讲，才决心学习西方科学技术以救国救民、振兴国家。但是他的这一美好理想在旧中国黑暗的现实中逐渐破灭了。他后来回忆自己的思想历程时说："我的前半生，自诩'无党派''超政治'，是一个崇尚'科学救国''工业救国'的民主主义者。抗日战争胜利后，我目睹国民党反动派发动内战，摧残民主，投靠帝国主义，开始认识到只有共产党领导人民大众起来革命，才能救中国。"从那以后，他积极投身于中国共产党领导的人民革命事业之中。

1947年，上海爆发了"反饥饿，反内战，反迫害"示威游行，工人和学生掀起了罢工和罢课斗争。上海交通大学学生运动也风起云涌。国民党教育部想把交大解散。为此，交大校友会推荐茅以升为代表，到南京交涉。教育部要他当校长，解决"学潮"，他没有答应。教育部要开除90多名学生，茅以升和校友们据理力争，最后仅12名学生被停学一学期，没开除一名学生。

1949年春天，解放军在胜利解放南京之后以排山倒海之势直逼上海。当时担任上海市长的陈良希望找一位有威望的人担任秘书长，以稳定上海的局势，于是他的妻子李佩娣向他推荐了茅以升。李佩娣1917年在美国与茅以升相识，回国后两人多年没有交往。5月2日，在茅以升一无所知的情况下，上海报纸发表了陈良委任茅以升为上海市秘书长的消息。茅以升看后十分气愤。第二天李佩娣登门造访，敦促茅以升就任，茅以升当即予以拒绝。不久，陈良亲自出面劝说，也同样是败兴而归。为了躲避纠缠，茅以升当夜称病住进了同济大学中美医院。不久，蒋介石派人将茅以升请到了他的住所，直截了当地向茅以升提出出任秘书长的事。茅以升处险不惊，面露病态，缓缓地说：“我最近患胃病已住进医院，遵照医嘱需要长期治疗。”蒋介石听后十分不悦，无可奈何地起身送客。

在此之前，茅以升参加了一个进步组织——中国科学工作者协会。协会的负责人听说茅以升住了院，特地来看望他，并向他传达了中共地下党的指示，希望他利用秘书长一职里应外合，为解放上海、保护上海做两件紧急工作：一是阻止汤恩伯在灭亡之前炸毁工厂，二是设法营救关在龙华监狱中的300多名进步学生。在此之前，茅以升曾与赵祖康、侯德榜等人一起代表工程界向李宗仁、何应钦等提出要求，要求国民党军队退出上海时不要破坏工矿、交通、公用事业。现在听到党的指示，茅以升内心很是激动，欣然接受了这项任务。第二天茅以升就出了医院，并迅速找到李佩娣做工作。从李佩娣口中他了解到，陈良也为自己的后路着想，只是拧不过汤恩伯。茅以升当即把地下党的两点意见提了出来，并根据汤恩伯害怕外国人的特点，想出了一个制服他的办法。李佩娣点头应允，表示要劝说陈良尽力而为。

两天之后，李佩娣按商量的办法，通知茅以升以上海市政府秘书长的身份，去瑞士驻沪领事馆出席领事团会议。会上，茅以升抓住时机，说服外国领事团起草一份照会，禁止汤恩伯破坏外国在沪开设的工厂。会后，领事团迅速递交照会，措辞相当强硬。汤恩伯大吃一惊，害怕炸毁国人工厂时误炸了洋人工厂而引起国际纠纷，只得放弃了原来的破坏计划。至于龙华监狱中的300多名进步学生，陈良已密令警察严加监管，听候处理。5月25日，解放军开进上海。上海的工厂无一被炸，龙华监狱中的学生无一被害。茅以升在欢迎解放军入城后，立即找到了解放军军管会，向他们报告了龙华监狱中学生的情况，使被监禁的300多名进步学生随即获得了解放。这些进步学生，后来大多成了国家的各级领导干部。有一次茅以升参加国庆宴会，同座的一位卫生部副部长亲切地对他说：“我就是当年关在龙华监狱中的300多名学生中的一个，多谢您协助党救出我们。”6月15日，陈毅市长邀请茅以升、吴有训、竺可桢、陈望道等耆老座谈。茅以升刚刚进入会议厅，陈毅市长就迎上去紧紧握住他的手说：“茅先生，上海解放您立了两大功劳，我代表党和人民感谢您！”

上海解放后，几十个科学团体联合成立了“上海市科学技术团体联合会”，茅以升被选为执行主席。在一次大会上，茅以升代表科技界发自肺腑地讲道：“我的前半生是在黑暗的旧社会里度过的，但后半生却能荣幸地见到光明的新中国。中国共产党是建设新中国的总工程师。我们在总工程师的领导下，将会共同开创繁荣昌盛、无比辉煌的新天地。”茅以升是这样讲的，也是这样做的。在以后的十几年里，他发表了30多篇文章、讲话，结合切身经历，论述知识分子要学习马克思列宁主义，接受共产党领导，坚持社会主义道路，在知识分子中产生了很好的影响。

茅以升很早就萌发了加入中国共产党的愿望。1958年，李四光等同志入党以后，茅以升激动不已，他多么希望自己也能成为一名共产党员啊。1962年，在参加全国科学规划会议休息时，茅以升与几位科学家在树荫下谈论入党问题。这时周恩来总理走了过来，他们便问总理说：“我们能申请入党吗？”周总理笑着说：“当然可以。”稍停片刻，周总理指着茅以升说：“每个人的具体情况不同，像茅老这样的同志，是入党好，还是留在党外更便利工作，应该慎重考虑。”茅以升反复思索，领悟了其中的道理。他认识到，这是总理从党和国家的总体利益和长远利益出发，劝一些同志留在党外工作。这是党组织对自己的信任和提出的更高要求。他为此而兴奋，觉得自己与党更亲了，心贴的更近了。在此后20多年里，他没有再提入党要求，而是牢记并践行周总理的话，以共产党员标准严格要求自己。至90岁高龄，茅以升考虑到自己的身体状况，于是写出了入党申请书。他在申请书中写道：“我已年逾九十，能为党工作之日日短，而要求入党之殷切期望与日俱增”，“我是继续在党外，还是加入党，怎样对党有利，对国家和人民有利，我就应当怎样做，这是大局。而为共产主义奋斗终生，这是我终生志愿。”1987年10月12日，茅以升先生面对鲜红的党旗，高举右手宣誓，实现了数十年来的夙愿。

1989年11月12日，茅以升先生在北京逝世。一颗科学巨星陨落了，但是却在天空留下了一道绚丽的彩虹。茅以升先生曾说过一段充满哲理的人生格言：人生一征途尔，其长百年，我已走过十之七八，回首前尘，历历在目，崎岖多于平坦，忽深谷，忽洪涛，幸赖桥梁以渡，桥何名欤？曰奋斗。茅以升先生正是以自己奋斗的一生，实现着中国的桥梁梦。他的光辉业绩和崇高精神也将激励我们每一个人，为实现中国梦而毕生奋斗。

（刊于《民主与科学》杂志2015年第6期，2016年第1期、第2期）

茅以升的桥梁人生

谈到茅以升，人们往往会想到桥。确实，这位中国现代桥梁工程的奠基人，著名的科学家、教育家和社会活动家，一生钟情于桥，致力于桥，以他的奉献与奋斗，绘就了一幅色彩斑斓的桥梁人生。

茅以升的桥梁情结

茅以升的桥梁情结源自于他9岁时南京秦淮河上的一次塌桥事件。那一年端午节，很多人到秦淮河上的文德桥看龙舟比赛。由于人太多，文德桥被压塌了，好几个人掉到河里淹死了。这件事深深刺激了童年的茅以升，他望着倒塌的文德桥，心中想：我长大了要造桥，造好桥。

青年时期，茅以升的桥梁情结又有了升华。他看到祖国江河上的钢铁大桥都为列强把持，深为痛心，决心为国争光，让祖国江河上矗立起中国人自己建造的钢铁大桥。为此他赴美求学，专攻桥梁，获加里基理工大学第一个工学博士。旋即回国。

1933年，茅以升以优秀的设计方案战胜了美国工程师华德尔，承接了钱塘江大桥的建造重任。钱塘江江面宽达3公里，上游山洪暴发时江流汹涌，下游海涛涌入时波涛险恶，如遇上下同时并发，翻腾激荡，浊浪排空，势不可当。为此，杭州民间流传着“钱塘江上造桥——办不到”的谚语。茅以升率领同仁克服种种困难，终于在性情暴戾的钱塘江上架起了一座公路铁路两用双层钢铁大桥，开创了中国现代桥梁的新纪元。

建桥后期，抗日战争全面爆发。日本飞机多次飞临钱塘江轰炸大桥。有一次险些使在沉箱内检查施工的茅以升葬身江底。大桥甫一建成即承担了抗战的重任：运送支援淞沪抗战的列车日夜不停从桥上通过，撤退的百姓熙熙攘攘，川流不息。

大桥建成不久，茅以升接到了为阻敌军而炸毁大桥的命令。尽管他早有思想准备，并且在2号桥墩内预先做好了一个放置炸药的洞穴，但当这一天真的到来时，仍像一个母亲不得不亲手杀掉自己的孩子一样，茅以升五内俱焚，万箭穿心。当横跨钱塘江的巨龙伴随一声巨响瞬间断裂时，泪水顺着茅以升的眼角淌了下来。他愤然挥笔写下一诗：斗地风云突变色，炸桥挥泪断通途。“五行缺火”（“钱塘江桥”四字偏旁分别为“金、土、水、木”，“五行”独缺“火”）真来火，不复原桥不丈夫。

斯言诚矣。抗战胜利，茅以升率领建桥同仁回到钱塘江，修复了大桥。建桥、炸桥、复桥，这一幕幕悲壮的历史画面展示了茅以升先生赤诚的爱国情怀。

桥梁之于茅以升，不仅是工程

桥梁之于茅以升，不仅是工程，还是科学。早在留学时期，他在博士论文《桥梁桁架结构之次应力》中的杰出创见，就被公认为“茅氏定律”。在钱塘江大桥的建造中他创造性地发明了“射水法”，解决了在江底厚硬沙层中难以打桩的难题；创造了“沉箱法”，克服了在波涛汹涌的江流中架设桥墩的困难；创造了“浮运法”，巧妙利用江潮涨落的力量把钢梁安置于桥墩之上。在武汉长江大桥的建设中，茅以升先生作为技术顾问委员会主任委员，解决了建桥中的14个技术难题。人们可能想不到，位于天安门广场的人民大会堂虽然不是桥，却也凝聚着茅以升先生科学智慧的光辉：这座可容纳万人的世界最大的礼堂竟然没有一根立柱，而其安全性则是茅以升先生经过反复计算核校而签字保证的。

桥梁之于茅以升，还是教育。茅以升先生深知，实现自己的中国桥梁梦，需要大批人才。为此，他先后担任唐山交通大学、国立东南大学、河海工大学、北洋工学院、北方交通大学等5所大学的校长、院长、教授，为国家培养了一批批土木工程特别是桥梁工程的技术人才。他非常强调实践在工程教育中的作用，主张“先习后学，边习边学”，理论联系实际。他把钱塘江大桥作为学校，先后吸收了数十位工科毕业生来工地实践；同时每年从各工科大学选

80名学生来工地实习。钱塘江大桥工地成了培养我国桥梁工程师的摇篮，从中成长出了武汉长江大桥总工程师汪菊潜、南京长江大桥总工程师梅旸春、南昌赣江大桥总工程师戴尔滨、郑州黄河大桥总工程师赵燧章、云南长虹大桥总工程师赵守恒等一批新中国杰出的桥梁工程师。

桥梁之于茅以升，又是文化。早在1965年，茅以升就提出了“桥文化”的概念。他对中国几千年璀璨的桥梁工程与桥梁文化颇为敬佩与自豪，在广泛涉猎、潜心研究的基础上，主编了《中国古桥技术史》，写下了《中国石拱桥》《五桥颂》《中国的古桥和新桥》等大量研究介绍中国古代桥梁的文章。“文化大革命”中，茅以升先生被剥夺了工作的权利，他便致力于中国古桥文化的研究。他与两位老友集3年时间，翻阅大量古籍文献，搜集桥梁诗文典故，并加以考证与注释，然后用工整的小楷抄在稿纸上。茅老亲自装订，又用家人制衣剩下来的丝绸布料做成庄重典雅的封面，集成九册大书。由于种种原因，这部中国桥文化的开山之作，在茅老生前一直未及面世，直到1997年方由茅以升科技教育基金会整理出版。

他也架设了一座座无形的、精神的桥

茅以升先生认为，桥有有形的，也有无形的；有物质的，也有精神的。他一生为祖国架桥，不仅架设有形的、物质的桥，也架设了一座座无形的、精神的桥。茅以升先生致力于在科学与人民之间架设知识之桥。他说：“我是学桥梁的，大半辈子都和桥打交道，过去架设连接江河两岸的桥梁，现在看来，更重要的还是架起科学与人民之间的桥梁。”他亲自动笔，写下了200余篇科普文章。他的科普作品充满了丰富的想象力和科学的预见性。他在《明天的火车和铁路》中想象未来的火车时速可达200公里以上，今天我们的高铁不是验证了他的预言吗？茅以升先生非常重视在少年儿童中开展科普工作。他在80多岁高龄时还经常到学校和少年宫为孩子们作科普报告，听众累计达数万人。

茅以升还致力于在海外华人与祖国之间架桥。1956年周恩来总理发起成立了一个“留美学生亲属联谊会”，茅以升被推选为会长。在一次联谊会组织的晚会上，周总理号召在美国的中国专家学者回祖国服务。他还就此项工作与茅以升作了长谈。会后，茅以升做了大量工作，有四五十位在美中国学者先后回到了祖国。但这项工作后来因“文化大革命”而停了下来。党的十一届三中全会后，科学迎来了春天。1979年茅以升率中国科协代表团出访美国，在匹兹堡华人协会欢迎会上发表了热情洋溢的讲话，呼吁在美国的科技界同仁为祖国四化建设贡献力量。他说：“我们准备架起这样一座桥梁，一头是中国的科学技术界，一头是美国科学技术界的中国同胞。我们愿意搭这样一座桥梁，让各位在桥上走过。”他的话在美国华人科技同仁中产生了积极影响。茅老学生、曾获美国国家科学奖的林同炎教授多次回国访问、讲学，还在茅老支持鼓励下7次上书，向国家提出开发上海浦东的建议，对国家开发浦东的决策产生了积极作用。

为祖国统一大业“架桥”一直是茅以升先生晚年魂牵梦萦的一桩心事。新中国成立前，他作为中国工程师协会会长，曾在台湾主持过年会。其后为解决台湾光复后人才短缺问题，又介绍了一些专业人士去台湾。两岸隔断数十年，他一直希望亲访台湾，为架设祖国统一的大桥尽绵薄之力。1981年，中国共产党向台湾当局发出了祖国统一的号召，茅以升深受鼓舞。他在《人民日报》上呼吁在祖国和平统一大桥动工之前，海峡两岸的科技工作者可以先修一座引桥，促进祖国统一大桥早日建成，在海内外产生了积极的影响。遗憾的是，他的这一美好愿望生前未能实现。但可以告慰他老人家的是，茅以升科技教育基金会正在实现着他的遗愿。自2000年以来，基金会与台湾有关方面开展了海峡两岸土木工程合作交流活动，每年组团互访，兢兢业业为祖国统一大桥架设着引桥。

茅以升先生曾说过一段充满哲理的人生格言：“人生一征途尔，其长百年，我已走过十之七八，回首前尘，历历在目，崎岖多于平坦，忽深谷，忽洪涛，幸赖桥梁以渡，桥何名欤？曰奋斗。”茅以升先生以奋斗的一生，为祖国架设了一座座有形与无形的桥，他自己则化作一道绚丽的彩虹永留人间。

（原载于《人民政协报》2014年4月14日）

茅以升的科技贡献与科普情怀

今年是我国现代桥梁工程的奠基人，著名的科学家和科普大师茅以升先生诞辰120周年。当此之时，我们纪念他对中国科技和科普事业所做出的杰出贡献，心情十分激动。

（一）

茅以升先生堪称中国桥梁工程和技术科学的大师。20世纪30年代他主持建造的钱塘江大桥开创了中国桥梁工程的新纪元。这不仅因为它是中国人自己设计和施工的第一座现代钢铁大桥，更因为它杰出的设计方案与施工技术代表了当时中国桥梁工程科学的最高成就。钱塘江江面辽阔，水文条件恶劣：上游山水暴发时，江流汹涌；下游海潮涌入时，波涛险恶；如果上下并发，翻腾激荡，更是势不可当。茅以升没有被钱塘江险恶的造桥条件吓倒，他在仔细研究钱塘江水文地质资料和反复实地勘查的基础上做出了钱塘江大桥的设计方案，比美国工程师华德尔的方案既好又经济，因而赢得了钱塘江大桥的建设任务。在施工中，他以超强的学识功底和实践能力解决了许多技术难题。他创造性地采用了“射水法”，克服了在厚硬的流沙上难以打桩的困难；采用“沉箱法”，克服了水流湍急难以施工的难题；采用“浮运法”，利用江潮的涨落巧妙地在桥墩上架设了钢梁；采用“上下并进，一气呵成”的方案，基础、桥墩、钢梁三个主要工程同时动工，大大缩短了工期。他以优秀的设计方案和精湛的施工技术确保了钱塘江大桥经历近80年的风风雨雨，至今仍傲然跨越在钱塘江上。

钱塘江大桥建成于抗战烽火之中，为支援淞沪抗战和疏导百姓撤退发挥了重要作用，避免了杭州成为第二个南京屠城。后为阻断敌兵，茅以升受命毅然炸断亲手建造的大桥。抗战胜利，他又组织力量修复了大桥。建桥、炸桥、复桥，茅以升先生始终其事，克尽厥责。值得一提的是，在建桥时茅以升先生不仅收集和保存了包括工程报告、竣工图表在内的所有工程技术资料，而且拍摄了一部胶片长达2500米的电影片，记录了工程的整个过程和施工细节。这套资料不仅在后来大桥的修复中发挥了重要作用，而且成为我国工程技术档案中的宝贵财富。1941年，茅以升先生因建造钱塘江大桥而被中国工程师学会授予荣誉奖章。

茅以升先生在桥梁工程和技术科学方面的成就是多方面的。他早年的博士论文《桥梁桁架结构之次应力》以世界水平的创见被称为“茅氏定律”，他也因此而被美国康奈尔大学授予“斐蒂士”研究奖章。他曾担任武汉长江大桥顾问委员会主任委员，在深入研究地质钻探气压的基础上将苏联专家审定的“气压沉箱”设计方案改为“管柱基础”，先后解决了大桥建设中的14个技术难题，保证了武汉长江大桥成功建成。他曾担任人民大会堂结构审查组组长，为大跨度钢结构的安全提供了技术保障。他主持修撰的《中国古桥技术史》填补了中国古桥技术的研究空白，并荣获中华图书荣誉奖。他编撰了融古代桥梁知识、典故、史料、诗词于一体的《桥话》，开创了中国桥文化研究之先河。他长期担任铁道科学研究院院长，领导中国铁道科技事业不断发展，创意并主持建造的环型实验铁路在今天的高铁研发中仍发挥着重要作用。

茅以升先生对中国科技事业的另一大贡献是推动中国土力学的研究和学科建设。在钱塘江桥施工时期，他对土力学发生了兴趣，先后在《工程》杂志上发表文章并在唐山工程学院开课讲授。那时土力学在中国还是一门新兴学科。1948年，他在上海市发起成立了中国土力学及基础工程学会。新中国成立后，为适应全国基本建设蓬勃发展的需求，茅以升先生在中国土木工程学会下成立了土力学小组。1957年他主持成立了土力学及基础工程学术委员会，并赴伦敦参加了第四届国际土力学及基础工程学术会议。此后，茅以升先生两次组织了全国土力学及基础工程学术会议。1979年，他在中国土木工程学会内成立了土力学及基础工程分科学会。在茅老的推动下，中国土力学及基础工程学科逐步形成并不断发展，不少理论研究和科研成果不逊于发达国家；特别是许多产业部门，如建设部、铁道部、水电部、交通部、冶金部等都成立了专门研究机构，使土力学及基础工程学科在国家建设中发挥了积极的、重要的作用。

茅以升先生对中国科技事业的贡献还表现在为国家培养了大批土木工程科技人才。他曾担任唐山交通大学、国立东南大学、河海大学、北洋工学院、北方交通大学等5所大学的校长、院长、教授，可谓“桃李满天下”。主持武汉长江大桥、南京长江大桥等许多桥梁建设的总工程师，都曾师从于他的门下。茅以升先生非常强调实践在工程教育中的作用，主张“先习而后学，边习边学”。他不仅发表了大量文章，而且身体力行，把钱塘江大桥工地作为实验学校吸收工科毕业生实习或工作。

茅以升先生热爱并积极推动中国科技学会工作。早在1917年他就参加了中国工程学会并做过三次年会筹备主任。1948年他被选为中国工程师学会会长。新中国成立后，他参与创立中国土木工程学会并先后担任第一、二、三届理事会理事长，第四、五届理事会名誉理事长。他长期担任中国科协副主席、名誉主席等职务。在这些岗位上，他发挥学会跨部门、多学科的特点和优势，开展学术交流活动，促进我国科学技术水平的提高，团结广大科技工作者为建设社会主义现代化国家做贡献，发挥了重要作用。

茅以升先生在桥梁工程及技术科学方面的杰出成就奠定了他在科技界的重要地位。他曾被推选为中央研究院院士，中国科学院学部委员（院士）、技术科学部副主任。他还被选为国际桥梁及结构工程学会会员，国际土力学及基础工程学会会员，美国国家工程科学院外籍院士，加拿大土木工程学会荣誉会员。

（二）

作为科学大师，茅以升先生有着一般人少有的深挚的科普情怀。他认为“科学属于人民”，“科普是一座通向四化的桥梁”。为此他毕生致力于在科学和人民之间架设知识之桥。新中国成立前他曾在上海科学公司出版的《科学画报》连续发表了一系列介绍钱塘江桥建造的科普文章，深受读者欢迎。新中国成立后，他被选为全国科普协会副主席，以更大的热情投入到科普工作中。他曾发表了《把科学技术普及到群众中去》《科学教育电影与科学普及工作》《进一步开展职工科普工作，迎接新的生产高潮》《谈谈如何办好科技报》等一批文章和讲话，在全社会大力推动科普工作。他还写下了大量的科普作品。

这些科普作品，充满了丰富的想象力和科学的预见性。他在《明天的火车和铁路》中想象未来的火车每小时能跑200公里以上，从上海到北京的列车只要六七个钟头就能到达，这已被今天的高速铁路所验证。茅以升先生的科普文章不仅道理深刻、通俗易懂，而且语言形象生动。他写的《桥话》受到毛泽东主席的称赞；《中国石拱桥》被收入中学课本至今，影响了一代又一代青少年；《没有不能造的桥》荣获1981年新长征优秀科普作品一等奖。茅以升先生一生写下了200余篇科普作品和与科普相关的文章，在人民中播撒了一粒粒科学的种子。

茅以升先生曾担任北京市科协第一和第二届主席，第三届名誉主席，为北京市的科普工作做出了重要贡献。他推动在北京市成立了全国第一个科普创作协会，并担任理事长。这个协会编写了科普图书近200种。茅以升先生重视科普对生产的促进作用，他曾组织有关学会百多名科技工作者下乡，向群众传播先进技术，使小麦在灾年喜获丰收。茅以升先生重视继续教育，推动成立了北京科技进修学院，并自任院长。他领衔主编的《现代工程师手册》，被中央电视大学用作基本教材，举办工程技术人员继续教育专修班，在全国培养了163万人。

茅以升先生非常重视在少年儿童中开展科普工作。他说："要培养儿童热爱科学，使他们从小得到启发，为祖国建设立新功。"他在80多岁高龄还经常到学校和少年宫为孩子们做科普报告，听众累计达数万人。茅以升先生家里经常聚集着一批又一批的少先队员。茅以升先生给他们讲自己童年的故事，启发和引导孩子们健康成长，孩子们亲切地称呼他"我们的茅爷爷"。茅以升先生倡导在北京市建立了全国第一个青少年科学基金会，并自任会长。该会成立以后，表彰了不少科技园丁和少年科技奖获得者，开展了知识竞赛、科技作品展、地质旅行、生物夏令营、天象观测等适合青少年的科技活动。

茅以升先生认为，科技馆是开展科学技术社会教育的一种有效的形式。为此他数十年不懈努力，推动创建了中国科技馆。1958年茅以升作为中国科学技术协会副主席，曾积极投入筹建科技馆工作。然而由于首都十大工程特别是人民大会堂施工建材供应不足，中国科技馆被迫下马。1978年党中央召开了全国科学大会，以茅以升为首的科学家们在会上倡议重建中国科技馆，并于1979年获国家建委批准。时任中国科协副主席的茅以升作为中国科技馆筹建委员会主任，开始中国科技馆的重建工作。可是到了1981年，北京市由于征地等困难，又一次将中国科技馆改为缓建项目。茅以升先生以中国科技馆筹委会主任身份组织金善宝、沈鸿、贝时璋、张维、刘东生、武衡、师昌绪、白介夫等67名科学家和知名人士，在全国人大五届一次会议上提出建议：将中国科技馆列入国家重点建设项目。茅老当时目疾严重，只有光感，但还是用颤抖的手，亲自给胡耀邦总书记写信，力陈科技馆对培养人才的重要意义，终于使中国科技馆筹建工作得到落实。茅以升先生异常兴奋，他亲自参与了规划设计和馆址选定等筹建工作，并以80多岁高龄率中国科协代表团赴美国、瑞士、日本等国，考察访问了28个科技馆。他还通过时任全国政协副主席、中央统战部部长的杨静仁请邓小平同志为中国科技馆题写了馆名——“中国科学技术馆”。在茅以升先生和其他同志的努力下，中国科技馆终于在1988年建成。

茅以升先生对科技事业的杰出贡献使他赢得了全中国、全世界的尊敬。2006年1月9日，中国科学院国家天文台在茅老诞辰110周年之际宣布，国际天文学联合会小行星中心将18550号小行星永久命名为“茅以升星”。从此，当人们仰望苍穹，永远会看到和铭记那颗以茅以升名字命名的、闪烁着科学光芒的明星。

茅以升与钱塘江大桥

——纪念钱塘江大桥通车 65 周年

9月26日，是钱塘江大桥建成通车65周年纪念日。65年前的今天，以茅以升先生为首的我国现代桥梁工程先驱在钱塘江上建成了中国人自己设计和施工的第一座现代钢铁大桥，在中国桥梁工程史上树立了一座不朽的丰碑。

钱塘江大桥开工于1934年。当时，浙赣铁路正在兴建，要与沪杭铁路衔接，需在钱塘江上架设一座大桥。钱塘江乃著名险恶之江，水文地质条件极为复杂。其水势不仅受上游山洪暴发之影响，还受下游海潮涨落的制约，若遇台风袭击，江面常呈汹涌翻腾之势。钱塘江底的流沙厚达41米，变迁莫测，素有“钱塘江无底”之说。因此，民间有“钱塘江上架桥——办不到”的谚语，工程技术界也认为在钱塘江上架桥是一件十分困难的事情。茅以升先生少年立志于桥梁事业，后又负笈美国，于康奈尔大学和卡里基理工学院专攻桥梁专业并获博士学位。他看到祖国江河上的钢铁大桥均为外国人所建，颇为痛心，决心为中国人争气，架设中国人自己的大桥。于是迎难而上，慨然受命，自任桥工处处长，请同学罗英任总工程师，寝馈于斯，志在必得。

建桥遇到的第一个困难是打桩。为了使桥基稳固，需要穿越41米厚的泥沙在9个桥墩位置打入1440根木桩，木桩立于石层之上。沙层又厚又硬，打轻了下不去，打重了断桩。茅以升从浇花壶水把土冲出小洞中受到启发，采用抽江水在厚硬泥沙上冲出深洞再打桩的“射水法”，使原来一昼夜只打1根桁，提高到可以打30根桩，大大加快了工程进度。建桥遇到的第二个困难是水流湍急，难以施工。茅以升发明了“沉箱法”，将钢筋混凝土做成的箱子口朝下沉入水中罩在江底，再用高压气挤走箱里的水，工人在箱里挖沙作业，使沉箱与木桩逐步结为一体。沉箱上再筑桥墩。放置沉箱很不容易，开始时，一只沉箱，一会儿被江水冲向下游，一会儿被潮水顶到上游，上下乱窜。后来把3吨重的铁锚改为10吨重，沉箱问题才得以解决。第三个困难是架设钢梁。茅以升采用了巧妙利用自然力的“浮运法”，潮涨时用船将钢梁运至两墩之间，潮落时钢梁便落在两墩之上，省工省时，进度大大加快。

钱塘江大桥是一座经受了抗日战火洗礼的桥，建桥末期，淞沪抗战正紧，日军飞机经常来轰炸。有一次，茅以升正在6号桥墩的沉箱里和几个工程师及监工员商量问题，忽然沉箱里电灯全灭。原来因日军飞机轰炸，工地关闭了所有的电灯。钱塘江桥冒着敌人的轰炸，终于于1937年9月26日建成通车。

钱塘江大桥建成后，为抗日战争做出了杰出贡献。建桥纪念碑的碑文记录了这段悲壮的史实：“时值抗日战争爆发，在敌机轰炸下昼夜赶工，铁路公路相继通车。支援淞沪抗战、抢运撤退物资车辆无算，候渡百姓，安全过江，数以数十万计。当施工后期，知战局不利，因在最难修复之桥墩上预留空孔，连同五孔钢梁埋放炸药，直至杭州不守，敌骑将临，始断然引爆，时一九三七年十二月二十三日。当时先生留下‘不复原桥不丈夫’之誓言，自携图纸资料，辗转后方。”为了阻断敌人，茅以升受命炸断了亲手建造的大桥，这是何等悲壮的义举。抗战胜利后，茅以升实践誓言，又主持修复了大桥。建桥、炸桥、复桥，茅以升先生始终其事，克尽厥责。

钱塘江大桥建成于抗日烽火之中，再生于和平建设之世。她不仅在中华民族抗击外来侵略者的斗争中书写了可歌可泣的一页，而且在国家经济建设中发挥了重要作用。她使沪杭与浙赣两条铁路相连接，使钱塘江两岸由天堑变通途。通车65年以来，她为我国交通事业的发展和当地经济的繁荣建立了不朽的功勋。钱塘江大桥既是我国桥梁建筑史上的一座里程碑，又是我国桥梁工程师的摇篮。茅以升先生把工地办成学校，吸收大批土木工程专业的学生参加工程实践，为国家培养了一批桥梁工程人才。我国一些重要桥梁工程，如武汉长江大桥、南京长江大桥的一些负责人都曾经历过钱塘江大桥建设的洗礼。

钱塘江大桥向全世界展示了中国科技工作者的聪明才智，展示了中华民族有自立于世界民族之林的能力。以茅以升先生为首的我国桥梁工程界的先驱在钱塘江大桥建设中所显示出的伟大的爱国主义精神，敢为人先的科技创新精神，排除一切艰难险阻、勇往直前的奋斗精神，永远是鼓舞我们为祖国的繁荣富强不懈奋斗的宝贵精神财富。

（原载于《光明日报》2002年8月22日）

茅以升留下的精神财富

今年是茅以升先生诞辰105周年。作为享誉中外的桥梁科学家，他不仅给我们留下了钱塘江大桥这样的物质财富，而且留下了巨大的精神财富。

对祖国忠贞不渝是先生精神财富的核心。少年时期，先生因不满清政府的腐朽统治而准备弃学从军，参加国民革命。后因听孙中山先生讲，中国革命需要武装斗争与建设两支大军，先生才下决心走“科学救国”之路。

1920年，茅以升获美国卡里基理工学院博士学位后回国，期以所学救国。他先后担任了唐山交大等6所大学的校长、教授，为国家培养了一批又一批工程技术人才。

看到中国江河上钢铁大桥的修建权都被外国列强把持，先生深感痛心。他提出承建钱塘江大桥，并以建桥方案胜美国专家一筹而夺魁。钱塘江江潮浩荡，江底流沙厚达41米。先生以两年半时间在江上架起长1453米高71米的公铁两用大桥，显示了中国人民有自立于世界民族之林的能力。

新中国成立后，先生积极投身于武汉长江大桥、人民大会堂等重大项目的建设，还以自己的亲身经历向海外华侨华人中的科技工作者发出“报国有门”的呼唤。1981年国庆节前夕，中国共产党向台湾当局发出祖国和平统一的号召。先生认为这座和平统一“大桥”正式动工之前，海峡两岸的科技工作者可以各修一座“引桥”。为此，他提出海峡两岸科技工作者进行学术交流和访问的一系列建议。

追求革命和进步，追随共产党及其领导的人民革命和社会主义事业，是茅以升先生精神财富的重要内容。

先生曾说过这样一段话：“我的前半生，自诩‘无党派’‘超政治’，是一个一贯崇尚‘科学救国’‘工程救国’的民主主义者。抗日战争胜利后，我目睹国民党反动派发动内战，摧残民主，投靠帝国主义，开始认识到只有共产党领导人民大众起来革命，才能救中国。”

上海解放前夕，先生拒绝去台湾。他根据中共地下组织的指示，利用自己的联系和影响，保护了关押在龙华监狱中的300余名进步学生和一批工厂，为上海解放做出了贡献。

新中国成立后，先生明确提出“中国共产党是建设新中国的总工程师”。从此，他坚定不移跟党走，即使身处逆境也毫不动摇。

先生对科技教育的发展有很多想法，但是在旧中国，根本没人听取他的意见建议。新中国成立后，他多次参加毛主席、周总理等党和国家领导人召集的会议。这使他有很多机会向党和政府提出意见建议。如他提出的《建设一个为社会主义服务的教育制度》的建议，受到周总理的赞扬。

先生认为，旧脑筋里的东西，要随着时代的前进而用新的尺度衡量。因此，新中国成立后，他积极思考，除旧纳新，自觉用马克思主义、毛泽东思想指导自己的思想和行动。

早在50年代，先生就提出了“社会主义精神文明建设”问题，强调“科学是为人民服务的”。他一方面身体力行，数十年如一日为祖国的科技教育事业无私奉献；另一方面在科技工作者中大力提倡科学道德。1982年，他倡导并联合首都103位科学家发出“关于制订《首都科技工作者科学道德规范》的倡议书”，提出了“热爱祖国、忠于人民、坚持四项基本原则、为社会主义物质文明和精神文明建设服务”等七条标准，得到全国广大科技工作者的热烈响应，对科技界的社会主义精神文明建设产生了重要的影响和作用。

作为一名科学家，茅以升先生的科学精神有两个特点，一是创新，二是普及。

钱塘江大桥就是体现先生创新精神的杰作。在施工中，他创造性地发明了“射水法”，克服了在厚硬的流沙上难以打桩的困难；采用了“沉箱法”，克服了水流湍急难以施工的困难；创造了“浮运法”，利用江潮的涨落巧妙地在桥墩上架设了钢梁。在教育上，他主张工科教学要“先习后学，边习边学”，并倡导科研、教学、生产要相互结合，交叉进行，还尝试了“学生考老师”的教学法。他的这些创新主张和做法在教育教学实践中取得了良好的效果。

先生认为，科学属于人民，没有广大群众对科学的理解，就没有国家科学水平的提高。为此，他不遗余力地从事科普活动。他写下了《桥话》等一大批深受群众喜爱的科普著作，还经常到群众中去做科普演讲。

（原载于《光明日报》2001年1月9日）

中国桥魂——茅以升

在中国，茅以升的名字是与桥梁联系在一起的。他一生为祖国江河架桥，为科技与人民架桥，为党和知识分子架桥，为祖国统一架桥，也为自己架设了一座由爱国主义者通向共产主义者的人生之桥。

一

1896年1月9日，茅以升出生于江苏镇江。他九岁那年，秦淮河上的文德桥因看赛龙舟的人太多而垮塌，造成了桥毁人亡的惨剧。这件事在茅以升幼小的心灵中产生了巨大的震撼。他立志长大了要造桥，造好桥。

1911年，茅以升考入唐山路矿学堂，选修桥梁专业。1916年，他远渡重洋赴美国求学，成为卡内基—梅隆工业大学首位工学博士。现在，卡内基—梅隆工业大学在其校园内建造了由温家宝亲笔题名的茅以升塑像，以表彰他对科学的贡献。

在旧中国，江河上的钢铁大桥都是由外国人建造的。学成归国的茅以升对此深感痛心，决心为祖国造桥，为国人争气。1933年8月，他以优秀的设计方案战胜了美国桥梁专家，承接了建造钱塘江大桥的任务。钱塘江江面辽阔，江潮汹涌，江底沉积着厚达41米的厚黑硬流沙。一些外国工程师说："他们没有建这种大桥的经验和本领，一定要失败的。"这些压力丝毫没有动摇茅以升为祖国造桥的决心。他寝馈于施工现场，调查研究，创造性地采用了"射水法"，克服了在厚硬的流沙上难于打桩的困难；采用"沉箱法"，克服了水流湍急难于施工的困难；采用"浮运法"，利用江潮的涨落巧妙地在桥墩上架设钢梁。1937年9月，钱塘江大桥在抗日烽火中诞生，为支援淞沪抗战和疏导百姓撤退发挥了重要作用。后杭州不守，为阻敌军，茅以升满怀悲愤心情毅然炸断了亲手建造的大桥。至抗战胜利，他又主持修复了大桥。

茅以升对中国桥梁工程事业的贡献是多方面的。他曾任武汉长江大桥顾问委员会委员，解决了大桥建设中的14个难题。他曾担任人民大会堂结构审查组组长，为大跨度钢结构的安全承担了技术保障。他主持修撰了《中国古桥技术史》，对我国古桥建造从技术上作了总结。尤为难能可贵的是，他在“文革”受冲击的艰难岁月里，编撰了融中国古代桥梁知识、典故、史料、诗词于一体的《桥话》，开创了中国桥梁文化研究之先河。

二

茅以升认为，桥有有形的，也有无形的；有物质的，也有精神的。为此，他毕生致力于在科学与公众之间架设知识之桥。

茅以升曾担任唐山路矿学堂（现西南交大）、南京东南大学、河海大学、北洋工学院（现天津大学）、北方交大（现北京交大）等5所院校的校长、院长、教授，为国家培养了一批批土木工程技术人才。许多主持武汉长江大桥、南京长江大桥等桥梁建设的工程师，都曾师从于他的门下。茅以升主张教育改革，反对传统的灌输式教学方法，并创立了以注重启发、以学生为主体的“茅以升教学法”。他非常强调工科教学的实践性，主张工程教育要“习而后学、边习边学”。他曾把钱塘江大桥工地当作一所桥梁工程学校，让一些大中专学校安排学生来参加造桥实践，并结合实际给他们讲课。

茅以升认为，“科学属于人民”，“科普是一座通向‘四化’的桥梁”。为此，他不遗余力地从事科普工作，写下了大量的科普著作。他写的《桥话》曾受到毛主席的称赞；《中国石拱桥》被收入中学课本，影响了一代青少年。中共十一届三中全会后，茅以升深感科学春天的来临，不辞辛苦地到各中小学、少年宫作科普报告，三年内听众达三万多人。

三

茅以升不仅架设物质之桥、知识之桥，而且架设社会之桥。作为一位卓越的社会活动家，他以自己高尚的人格魅力和广泛的社会影响，团结海内外知识分子特别是科技界人士为祖国现代化建设和统一大业作贡献，架设了一座座沟通、理解与友谊的桥梁。

茅以升十分重视科技工作者的思想道德建设，早在20世纪50年代，他就提出了“社会主义精神文明建设”问题，强调“科学是为人民服务的”。1982年5月，针对当时科技工作者中存在的问题，他联合首都103位科学家签名发出了“关于制定《首都科技工作者科学道德规范》的倡议书”，提出了“严谨治学、实事求是、报告成果时准确无虚假、评定成果时公正无私”等七条标准，得到了全国广大科技工作者的热烈响应。直到现在，其中的一些条款仍具有现实意义。

茅以升积极致力于国际交流与合作，努力架设与各国人民沟通理解的桥梁。他曾率中国科技代表团访问美国、英国、法国、日本、苏联等许多国家，促进了中国与这些国家的科技交流和人民的友好往来。针对很多海外赤子“楚才晋用，报国无门”的忧虑，他提出，可以通过中国科协同美籍华人加强联系，在太平洋上建设起一座“引桥”，把他们先进的科技成果引进祖国，打开他们报效祖国的大门。他积极支持著名美籍桥梁专家林同炎关于“开发浦东”的创意，并鼓励林同炎同中共上海市委研讨，前后拟就开发浦东各项计划建议书七项之多。这些建议对中共中央开发浦东的决策产生了积极的作用。

为祖国和平统一“大桥”的建设尽绵薄之力，一直是茅以升魂牵梦萦的一桩心事。1948年，他作为中国工程师协会会长曾在台湾主持年会。其后，为解决台湾光复后人才短缺的问题，他又介绍了一些专业人士去台湾。1981年，中国共产党向台湾当局发出了祖国和平统一的号召，茅以升深受鼓舞。他在《人民日报》上呼吁海峡两岸的科技工作者通过学术交流各架设一座“引桥”，促进祖国统一大桥早日建成，在海内外产生了广泛的影响。

四

茅以升在为祖国和人民辛勤架设各种有形与无形之桥的同时，也为自己勾画了一道从爱国主义者走向共产主义者的人生彩虹。

青年时代的茅以升是一位忠诚的爱国主义者。在参加辛亥革命江浙联军的父亲和参加革命军的同学杨杏佛等人的影响下，他也曾想投笔从戎。后来听了孙中山先生的演讲，说中国需要革命和建设两支大军，于是决心学习西方先进科学技术以救国救民、振兴国家。但是，他的这一美好理想在旧中国黑暗的现实中逐渐破灭了。他在回忆自己的思想历程时说：“我的前半生，自诩‘无党派’‘超政治’，是一个一贯崇尚‘科学救国’‘工业救国’的民主主义者。抗日战争胜利后，我目睹国民党反动派发动内战，摧残民主，投靠帝国主义，开始认识到只有共产党领导人民大众起来革命，才能救中国。”从那以后，他毅然投身于党所领导的人民革命事业。上海解放前夕，他毅然拒绝了蒋介石要他去台湾的要求。后来，按照中共地下党的指示，他利用自己的身份和社会影响，救出了被国民党反动派关押在龙华监狱中的数百名进步学生，保护了一批工厂。

新中国的诞生使茅以升看到了祖国的前途和希望。他认定“中国共产党是建设新中国的总工程师”。他始终坚定不移地跟党走，用自己的行动实践着自己的信念。

茅以升有一句名言：“人生一征途耳，其长百年，我已走过十之七八，回首前尘，历历在目，崎岖多于平坦，忽深谷，忽洪涛，幸赖桥梁以渡，桥何名欤，曰奋斗。”茅以升正是以自己奋斗的一生，为祖国和人民架桥，也为自己架设了一座由爱国主义者走向共产主义者的人生之桥。

（原载于《民主与科学》2006年第6期）

茅以升曾为上海解放建立功勋

曾任全国政协第六届全国委员会副主席、九三学社中央名誉主席、我国已故著名桥梁专家茅以升先生，在上海解放前夕，运用他的智慧和影响，保护了一批工厂和龙华监狱中的300多名进步学生，为上海解放建立了功勋。

1949年春季，中国人民解放军在胜利解放南京之后，以排山倒海之势直逼上海。对国民党反动派的黑暗统治早已厌恶之至的茅以升内心充满欣喜。当时的上海处于风雨飘摇之中，继吴国桢之后担任市长的陈良希望找一位有威望的人担任秘书长，以稳定上海的局势，于是，他的妻子李佩娣向他推荐了茅以升。李佩娣1917年在美国与茅以升相识，回国后两人多年没有来往。5月2日，在茅以升事先一无所知的情况下，上海报纸发表了陈良委任茅以升为上海市秘书长的消息。茅以升看后十分气愤，第二天，李佩娣登门造访，敦促茅以升就任，茅以升当即予以拒绝。不久陈良亲自出面游说，也同样是败兴而归。为了躲避纠缠，茅以升当夜称疾住进同济大学中美医院。

不久，蒋介石派人把茅以升请到了他的住所，直截了当地向茅以升提出出任秘书长的事。茅以升处险不惊，面露病态，缓缓地说："我最近患胃病已住进医院，遵照医嘱需长期治疗。"蒋介石听后十分不悦，无可奈何地起身送客。

在此之前，茅以升参加了一个进步组织——中国科学工作者协会。协会的负责人听说茅以升住了院，特地来看望他，并向他传达了中共地下党的指示，希望他利用秘书长一职里应外合，为解放上海、保卫上海做两件紧急工作：一是阻止汤恩伯在灭亡之前炸毁工厂，二是设法营救关在龙华监狱中的300多名进步学生。在此之前，茅以升曾与赵祖康、侯德榜等人一起代表上海工程界向李宗仁、何应钦等提出要求，要求国民党军队退出上海时不要破坏工矿、交通、公用事业。现在听到党的指示，内心很是激动，欣然接受了这一任务。

第二天茅以升就出了医院，并迅速找到李佩娣做工作。从李佩娣口中他了解到，陈良也在为自己的后路着想，只是拧不过汤恩伯。茅以升当即把地下党的两点意见提了出来，并根据汤恩伯害怕外国人的特点，想一个制服他的办法。李佩娣点头应允，表示要劝说陈良尽力而为。

两天之后，李佩娣按商量好的办法，通知茅以升以上海市政府秘书长的身份，去瑞士驻沪领事馆出席领事团会议。会上，茅以升抓住时机，说服外国领事团起草一份照会，禁止汤恩伯破坏外国在沪开设的工厂。会后，领事团迅速递交照会，措辞相当强硬。汤恩伯大吃一惊，害怕炸毁国人工厂时误炸了洋人工厂而引起国际纠纷，只得放弃了原来的破坏计划。至于龙华监狱中的300多名进步学生，陈良已密令警察严加监管，听候处理。

5月25日，解放军开进上海。上海的工厂无一被毁，龙华监狱中的学生无一被害。茅以升在欢迎解放军入城后，立即找到解放军军管会，向他们报告了龙华监狱中学生的情况，使被监禁的300多名进步学生随即获得了解放。这些进步学生，后来大多成了国家的各级领导干部。有一次茅以升参加国庆宴会，同座的一位卫生部副部长亲热地对他说："我就是当年关在龙华监狱中的300多名学生中的一个，多谢您协助党救出我们！"

（原载于《人民政协报》1997年8月25日）

迎接新的跨越

——访新任最高人民检察院副检察长王文元

北京的三月，乍暖还寒。在新世纪饭店，笔者采访了刚刚被任命为最高人民检察院副检察长的全国政协常委、九三学社中央副主席王文元。

王文元的名字，人们并不陌生。四年多以前，当辽宁省人民代表大会选举他担任副省长时，有些人心里或许曾产生过这样的疑虑：这位长期从事高等教育工作而从未涉足过政界的经济学教授，能适应这一工作吗？四年过去了，王文元以他出色的政绩对这个问题做出了肯定的回答：他所分管的文教卫生等方面的工作，在全国都居于前列。在教育工作中，采取许多措施，加强了薄弱中小学的工作，把办学思想从注重升学转移到注重提高学生素质的轨道上来，还调整市属高校，发展了社会所需要的职业技术教育，并千方百计解决教职工的住房困难。在卫生经费使用上，“向农村倾斜、向贫困地区倾斜、向预防保健倾斜”，使农村医疗卫生网的建设取得了新的进展，广大农村缺医少药的局面有了改善。通过打井改水等措施使严重危害人民健康的地方病得到了控制，通过建立计划生育中心户和实施防止劣生条例而使人口增长速度下降、有缺陷的新生儿减少……

对于王文元来说，从一位学者到政府官员，跨度是很大的。他成功地实现了这一跨越。

现在，他又面临着从政府官员到人民检察官的新的跨越。他说：“我对经济比较熟悉，对法律只是一般的了解。”可以想见，这一转变的跨度也是不小的。然而，他对实现这一新的跨越充满信心。

他曾经把在辽宁工作的成绩归功于“天时”（党的十一届三中全会以来的路线、方针、政策）、“地利”（辽宁省文教卫生工作的基础比较好）、

“人和”（中共辽宁省委和广大干部群众对他的支持、爱护和帮助）。

他相信，这些有利的客观条件在新的工作岗位上仍会存在。

谈到他所担任的新职务，他说：“任命一位民主党派人士担任最高人民检察院副检察长，是党对民主党派的信任和重视，说明中国共产党领导的多党合作和政治协商制度的贯彻落实正在深化，也体现了中国共产党在肃贪倡廉、推进改革开放、加强民主与法制建设等方面的坚强决心。我觉得自己肩上的担子很重。要当好一个国家公务员，必须树立公仆意识，以勤政、廉政、勤学为座右铭，为人民服务，对人民负责。在新的岗位上，我将更严格地要求自己，虚心学习，努力工作，不辜负党和人民的信任和重托。”

（原载于1992年3月27日《人民政协报》）

回忆王文元领导的九三学社中央参政议政工作

1998年至2002年，王公文元先生担任九三学社中央常务副主席，亲自抓参政议政工作，社中央的参政议政工作呈现出一种新局面。那时我先后担任社中央专门委员会办公室副主任、主任，在王公领导下从事参政议政工作，颇有一些感受。

（一）

抓好选题，是参政议政工作的关键。王公领导期间，社中央参政议政的选题范围比以前有了很大的拓展。此前社中央的参政议政选题多是在科技、教育、农业、扶贫等领域。王公曾担任辽宁大学经济学院院长，他发挥自身优势，将参政议政选题扩展到经济领域。他先后提出并主持了“国有企业改革”“长江沿岸城市经济发展”“发展内河航运”“促进民营科技企业发展”等一批经济方面的调研课题。2000年7月，王公主持召开了“21世纪中国内河航运发展高级研讨会”，提出了“振兴内河航运，满足国民经济发展需要”的建议。2000年10月，九三学社中央在湖南岳阳举行了“长江沿岸城市经济发展研讨会”，王公以“十五规划”制定为背景，以长江流域所具有的区位、资源、经济等优势为依据，提出了“建设面向21世纪的长江经济带”的战略设想和实施建议。建议中特别提出了“长江经济带建设要重视环境保护”。这两次研讨会的成果形成了社中央在政协九届四次大会的发言和提案，产生了积极影响。如今长江经济带发展已上升为国家战略，国务院2014年出台了《关于依托黄金水道推动长江经济带发展的指导意见》，习近平总书记在年初召开的“推动长江经济带发展座谈会”上，又提出了长江经济带发展必须走“生态优先，绿色发展”之路。回头来看，使我更深切体会到王公所提出和主持的这两个参政议政课题具有的战略眼光和深远意义。

“围绕中心，服务大局”是遴选参政议政选题的重要指导原则。王公在以这个原则确定参政议政选题时有自己的特点。例如，中共十五大确立了建立社会主义市场经济的方针和任务。王公围绕这个中心确定参政议政选题时采取了从个别到一般和从一般到个别两个思路。就前者而言，他通过“国有企业改革”这一课题就国有企业作为社会主义市场经济主体提出改革建议；通过“深化体制改革，转变政府职能”这一课题就政府的“越位”和“缺位”问题提出建议；通过“培育与发展社会中介组织”这一课题，就社会中介组织在社会主义市场经济中的地位与作用，不足与发展提出了意见建议。这样就从构成社会经济活动三要素的企业、政府和社会三方面系统提出了建立社会主义市场经济的建议。就后者来说，他将社会主义市场经济的理念融入了其他专题调研，提出对策建议，例如，在“防范和减少东南亚金融危机对我国的影响”课题中，他提出“建立完善的市场经济体制，防范和化解金融风险”；在“实施西部大开发”的课题调研中，他提出“西部大开发要有社会主义市场经济的新思路”；在“加强环境保护”课题中，他提出“推动环境保护与社会主义市场经济相适应”；等等。这样就把“建立社会主义市场经济”这一中心任务在各相关领域推展开去。“围绕中心，服务大局”的选题思路使参政议政成果受到了有关方面的重视。例如社中央提出的“关于环保产业市场化的建议案”被评为九届全国政协优秀提案。

王公在参政议政选题中善于从大处着眼，小处着手，选择那些尚未引起人们关注但却具有重要意义的课题切入，因而往往能言别人所未言，收到事半功倍的效果。“水资源”是社中央长期关注的课题，王公曾代表社中央在全国政协九届一次会议上作题为“树立水资源危机意识，合理开发，反对浪费”的大会口头发言，引起了社会的关注。但是在解决水资源短缺问题的思路上，当时考虑的不外是“节水”“防治水污染”“控制地下水开采”“调水”等人所共知的办法。能不能有新思路？王公提出了“海水淡化”。我记得他曾兴致勃勃地和我谈起他的思路：“天上水，地表水，地下水是一体的，虽循环往复变化但总是相对恒定的。因此蓄水、调水、开采地下水等方式，只是实现了水资源的时空位移，并没有增加其总量。而海水淡化是向取之不尽的海洋要淡水，实际上等于把水资源的蛋糕做大。这对于长远解决我国水资源短缺问题具有战略意义。”他的这番话使我豁然开朗。在他的主持下，社中央就海水淡化课题进行了深入调研，在全国政协十届一次会议上提出了提案。这件提案对有关部门制定海水利用专项规划产生了重要的影响和作用。

（二）

调查研究是参政议政一项重要工作。王公对参政议政调研非常重视，五年中领导主持的调研活动达17个，形成了一批高质量的政协大会发言和提案。为了克服调研经费、地方接待等方面的困难，王公常吸收社中央相关人员随他参加全国政协及有关社会组织开展的调研活动，由此形成社中央的参政议政成果，我将其称为“借势”。我曾四次参加由他率领的全国政协调研考察活动，就“西部文化资源的保护与利用”“闽台经贸合作与交流”等课题进行调研。在参加他率领的全国政协“民办高等教育发展”考察调研活动后，我根据王公的指示写出了题为“大力发展和规范民办高等教育”的参政议政文稿，作为社中央名义的发言和提案提交全国政协，被选为大会口头发言，由当时的社中央常委、社陕西省委主委姜信真代表发言。我还随王公参加了由中国城市发展研究会组织的“城市政府职能转变研讨会”和有关方面组织的“环境保护市场化暨环保设施运营企业管理高级研讨会”，并根据王公的讲话精神形成了“深化体制改革，转变政府职能”“认清国情，加强环保”等一批政协发言和提案。

王公在调研活动中深入细致、认真负责的作风给我留下了深刻印象。到下面调研，省市相关单位都会准备系统、完善的汇报材料，安排相关的参观点介绍情况。如果只是走马观花听汇报，虽也能完成任务，但很难发现表象下的问题。为此，王公每到一处总是与介绍情况的人深入交流讨论，因而常能获得意想不到的收获。例如，1999年10月我随王公参加了中央统战部和国土资源部组织的“保护、合理利用国土资源”调研活动。在秦皇岛市考察一个解决“城中村”、实行“平改楼”的项目中，在听了地方政府和开发商眉飞色舞地介绍并进行了实地考察后，大家对这个项目评价都很高。王公却向介绍情况的干部和开发商仔细询问土地转化的每一个环节。开发商支支吾吾，躲躲闪闪，但最后不得不承认土地转化的方式是“协议转让”。王公当即指出：解决“城中村”，实行“平改楼”过程中，原来不值钱的土地增值了，级差地租显化。

级差地租应由原土地上的居民、居民所在集体和国家三方面分享。这才符合马克思级差地租原理。而这个项目中的级差地租国家应得的并没有收归财政，而是落入了开发商之手，这是不合理的。后来王公在河北省、国土资源部举行的调研座谈会上又多次提出这个问题，并严肃指出，造成这一问题的原因是土地使用权的出让价格没有通过公开招投标等市场方式形成，而是凭关系一对一协商，“暗箱操作”，弊端太多，搞不好是产生腐败的又一黑洞。为此他建议，在国有土地出让上实行招投标、拍卖等方式，让市场在土地资源配置中发挥更大作用，防止国有资产流失，减少土地出让中的种种弊端。后来土地转让方式的发展变化表明，王公当时的看法与建议是多么的准确与正确。

（三）

王公不仅抓参政议政的选题和调研，在参政议政的机制、队伍建设方面也做了很多工作。社“六大”以后，社中央为加强参政议政工作，成立了“科技经济”“教育卫生”“农林”“法制”等专门委员会，下设专门委员会办公室，作为社中央在参政议政方面的职能部门和各专委会的办事机构。专门委员会在参政议政方面发挥了重要作用，但由于领导薄弱、队伍松散、制度不健全等原因，还不能适应社中央日益繁重的参政议政任务。

王公担任社中央常务副主席后，加强了专门委员会的组织建设和制度建设。承担参政议政任务的专门委员会由原来的4个增加至6个，并且大部分专委会主任由副主席兼任，如王选副主席兼科技委员会主任，洪绂曾副主席兼农林委员会主任，赵伟之副主席兼社会与法制委员会主任，金开诚副主席兼教育文化委员会主任，加强了对专委会的领导。在十届二次中常委会议上，通过了《九三学社中央专门委员会组织通则》，为专委会工作在组织制度上提供了保证。王公注意学习借鉴全国政协专门委员会工作的经验，经常把这方面的材料批转给我。他在一次对专委会工作的批示中写道：“今年我社的专委会工作，要进一步加强与政协的联系。除了选题上的衔接外，还要重视学习他们开展工作的经验，如召开专委会主任联席会，沟通情况，定期总结，向常委会报告工作等，均值得借鉴。”按照王公的指示精神，我们通过多种形式加强了专委会之间的联系与协调，使社中央的参政议政工作形成了合力。例如在2002年9月社中央举办了参政议政培训研讨班，请社中央各专委会负责人与各省级组织参政议政部门负责人交流。专委会同志介绍了国家经济与社会发展的宏观情况，提出了本专委会参政议政的选题思路；地方组织的同志汇报了拟报送社中央的提案选题情况，专委会同志进行了分析点评。通过这种上下互动，左右协调，形成了一批有价值的社中央参政议政选题。

为了适应日益繁重的、高标准的参政议政任务要求，加强社中央对参政议政工作的领导，王公感到需要建立一支社中央直接领导的，由社内外相关人士组成的综合性的参政议政研究队伍。在他的倡导下，2000年3月15日社中央成立了参政议政工作研究中心。研究中心的组成人员以专委会的骨干为主，也有专委会以外的专家；以社内人员为主，也聘请了一部分社外专业人士。王公在成立大会上向各位研究员颁发了聘书。参政议政研究中心的成立提高了社中央参政议政的综合决策和快速反应能力，使社中央领导在参政议政方面有了一个直接的抓手。王公经常召集中心的研究员们研究参政议政问题，特别是一些宏观的综合性问题。例如“西部大开发”课题，王公不仅召集研究中心人员开会研究，还吸收一些研究员参加了中央统战部组织的“西部大开发”赴云南贵州调研活动和社中央在西安召开的全社西部大开发研讨会。研究中心的参与拓展了“西部大开发”课题的广度和深度，为社中央领导参加高层协商会和政协常委会的参政议政活动提供了有价值的思想资料。例如，有研究员提出的“借鉴国外开发欠发达地区经验，促进我国西部大开发战略顺利实施”的建议，从一个特殊的视角为西部大开发建言献策，被选为社中央名义的政协常委会发言，受到关注和好评。

王公重视参政议政成果的总结和文献整理工作。他提出将《中共中央关于坚持和完善中国共产党领导的多党合作和政治协商制度的意见》发表后九三学社中央参政议政的成果编辑成书，以展示九三学社作为参政党在国家政治生活中发挥的作用，并责成我具体负责此项工作。我和专委办的几个同志历时数月，搜集整理了自1989年至2001年社中央领导向中共中央提出的建议、考察调研报告和在中共中央召开的座谈会研讨会上的发言；在全国政协大会、常委会上以九三学社中央和九三界别名义提出的发言和提案；社中央组织的重要参政议政专题调研论文，共78.9万字。王公对此书十分重视，对全书的内容和体例提出了要求，并亲自审阅了全书的文稿，认真修改了我为他起草的序。此书由学苑出版社出版；吴阶平主席为此书题写了书名《九三学社中央国是建言集萃》。此书检阅了九三学社中央在中共中央〔1989〕14号文件发表后12年中的参政议政成果，受到社内外的好评。

在王公的领导下，九三学社中央的参政议政工作取得了长足的发展，我也从中学到了很多东西。他开阔的思想视野、缜密的思维方式、睿智的选题技巧、务实的工作作风，对我产生了深刻的影响和作用，使我在后来的工作中受益良多。因此，此文不仅是对王公领导九三学社中央参政议政工作那段历史的回顾，也寄托了我对王公文元先生深切的缅怀之情和纪念之意。

（原载于《社史研究通讯》2016年第1期）

农业泰斗金善宝

我国著名的农学家和农业教育家、年逾百岁的金善宝教授，被人们誉为“农业泰斗”“东方神农”。他毕生为中国的农业科技、教育事业的发展而不懈奋斗，功在国家，誉满科苑。

1895年7月2日，金善宝教授出生于浙江诸暨一位普通农民的家庭。他从小目睹广大农民的饥饿与贫困，立志“兴农救国”。中学毕业后，他毅然报考了南京高等师范农业专修科，并于1930年赴美国康奈尔大学农学院学习深造，从此走上农业科研、教育之路。

金善宝教授是我国小麦科学的奠基人，特别在培育小麦新品种方面成绩卓著。从20年代起，他就致力于我国小麦品种资源的搜集和整理工作。他以顽强的毅力，克服种种困难，从全国790多个县搜集到一批小麦地方品种，然后通过认真的整理和严格的鉴定，从中选择出“江东门”“南京赤壳”等一批优良品种，在生产上推广应用，起到了增产作用。后来，他和助手们又经过不懈的努力，采用系统选育方法，从3000多份国外小麦品种中成功地选育出适合我国长江中下游地区栽培的“南大2419”和“中大2509”两个小麦优良品种。这两个品种在全国得到了广泛的推广应用，其中“南大2419”增产幅度达30%左右，种植面积最大的年份达7000多万亩，几乎占当时全国小麦种植总面积的五分之一。

自1957年开始，金善宝教授先后担任中国农科院副院长、院长、名誉院长。他亲自主持中国农科院春小麦的育种工作。为了缩短选育优良品种的时间，金善宝教授带领助手们经过艰苦试验，先后在井冈山和庐山获得春小麦高山夏季繁殖的成功。其后，他们经过广泛的实地考察，又在广东湛江、海南省和云南元谋县等地获得春小麦冬季繁殖的成功。这样，利用我国的自然地理条件，春小麦一年即可繁殖两三代，从而使新品种的选育时间由七八年缩短为三四年。

金善宝教授是我国小麦分类和品种资源科学研究的开创者。他组织了中国小麦分类研究组，对全国2000多个县的5544份小麦种质资源进行分类研究，把我国小麦分类为普通小麦、密穗小麦、圆锥小麦、硬粒小麦和波兰小麦等5个品种126个变种，并在研究中首先发现我国特有小麦新种——“云南小麦”，为中国和世界小麦的起源、进化以及区域分布提供了重要的科学依据。

金善宝教授把小麦科学研究的成果上升为理论，写下了百余部（篇）专著和论文。他于1928年发表的《中国小麦分类之初步》是我国第一篇小麦分类学文献；1934年出版的《实用小麦论》是我国小麦史上第一部专著；1961年主编的《中国小麦栽培学》和1964年主编的《中国小麦品种志》，是我国同类著作中的代表作；1983年主编的《中国小麦品种及其系谱》，填补了我国小麦品种系谱研究方面的空白，并获得1984年全国优秀科技图书一等奖和农业部科技进步一等奖。直到1991年，这位将届百岁的老人还主编出版了《中国小麦生态学》。金善宝教授从事农业教育达27年之久，先后在杭州劳农学院、浙江大学农学院、中央大学农学院、江南大学农艺系、南京大学农学院、南京农学院等院校担任教授、院长等职，为国家培养了大批农业科技人才，可谓桃李满天下。这些人现在我国农业的各个领域担负着重要的科研、教学任务或领导职务，是我国农业战线上的一支中坚力量。

金善宝教授在中国农业科学、教育事业上的卓越成就为他赢得了荣誉。他先后担任第一至六届全国人大代表；九三学社第六、七届中央副主席，第八、九届中央名誉主席；中国科协副主席，荣誉委员；中国作物学会第一、二届理事长；中国农学会第一、二、三届副理事长、名誉会长；中国科学院生物学部委员（院士）；国务院学位委员会委员。他曾于1957年获得全苏列宁农业科学院通讯院士称号，1986年被授予美国农业基金会永久荣誉会员金牌。

（原载于《中国时代》1996年第2期）

郝诒纯

——中国地质学界的巾帼英雄

她曾经冲破世俗对女性的偏见，克服重重的艰难险阻，把自己的一生献给了祖国的地质事业；她曾经首次在中国开设了微体古生物学的课程，并与他人一起创立了中国第一个地层古生物专业；她曾经通过微体古生物学的研究，对包括大庆在内的中国石油勘探事业作出了杰出贡献；她曾经独自或与他人合作完成学术专著8部、论文数十篇，为中国地质学特别是古生物学的发展建立了不朽功勋。她就是中国地质学界的巾帼英雄，著名地质学家郝诒纯。

1920年9月1日，郝诒纯出生于湖北武昌。她的父亲郝绳祖曾参加过推翻清朝统治的同盟会，北伐革命时期作为国民党左派，与董必武、李汉俊等共产党人过从甚密。这些对幼小的郝诒纯产生了重要影响，她在上中学时，就以满腔爱国热情参加了“一二·九”学生运动等抗日救亡活动。1938年，郝诒纯进入西南联大。先在历史系学习，后受袁复礼教授的影响，怀着“自己开发矿产，不让外人掠夺”的壮志毅然改学地质。在当时，女性从事地质事业则要面临着工作艰险、生活困难和世俗偏见的双重挑战。毕业实习时，她曾和同行的男生遭到过绑架，也曾被拒于矿洞之外（理由是女人下矿井会带来灾难）。地质系6个女生，有5个没有坚持到毕业，而她不但没有退缩，而且以优异的成绩获得了全国每年仅有一个名额的“马以思奖学金”。1946年郝诒纯进入北京大学任助教。1952年院系调整，她被调到新组建的北京地质学院（后改建为中国地质大学），先后任讲师、副教授、教授。新中国圆了郝诒纯的地质梦，40多年来她把自己的命运同祖国的地质事业紧紧地连在了一起。

50年代，新中国的建设事业需要石油。古植物中的轮藻、硅藻、孢子花粉和古动物中的有孔虫、介形虫等微体生物化石，对石油地质的研究具有重要意义。郝诒纯开始研究微体古生物学，并受国家派遣前往苏联进修。在苏联，她坚持通过野外实地考察，搜集第一手资料，再进行室内研究，在野外工作时，她常和男同行们一样，攀附在陡峭的悬崖上，观察、描述岩层特性和采集样品。回国后，她与杨遵仪教授合作创建了地层古生物专业，同时，开设了“微体古生物学”一课，编写了国内第一部微体古生物学教材，为国家培养了一批地层古生物学特别是微体古生物学方面的专门人才。

60年代初，郝诒纯带领一批青年地质工作者和学生参加了大庆找油会战。她顶风冒雪奔走在大庆的荒原上，沉迷于实验室中，通过对陆相介形虫化石和其他微体古生物的研究，为解决一些促进油气找矿勘探的基础地层问题作出了贡献。1963年至1965年，她受国家派遣，前往古巴帮助解决寻找地下水并附带找油的区域地质测量及生物地层学问题，出色地完成了任务。

十年动乱时期，“四人帮”的横行并没有摧垮郝诒纯为祖国地质事业作贡献的决心。她曾经顶着“钻研业务，搞科学研究就是犯罪”的压力，冒着风险去新疆塔里木盆地野外考察，还和大港油田合作开展科研。这一时期，她先后带领几位青年同行完成了《黄骅凹陷第三纪的岩相、古地理及生、储油条件》《松辽平原白垩——第三纪介形虫化石》两个课题的研究。这两项成果研究对我国石油的形成条件和油气预测的找矿勘探都具有重要意义，在1978年均获得了全国科技大会奖。

粉碎“四人帮”后，郝诒纯迎来了科学的春天。70年代末，她着手进行钙质超微化石的研究和人才的培养，以适应我国油气勘探开发向海洋发展的需要，80年代初，她又毅然承担起微体古生物微型计算机辅助研究系统开发项目。经过4年艰苦努力，通过地质矿产部部级鉴定，被认为是“填补了国内空白、代表了国际80年代的先进水平”。与此同时，她所领导的科研组在塔里木盆地调查研究后形成的两部专著以及研究我国白垩系的成果也获得了部级奖励。

郝诒纯在地质学上的杰出成就为她赢得了广泛的社会尊敬与荣誉。她于1980年当选为中国科学院学部委员（院士），并曾当选为中国古生物学会理事长、中国微体古生物学会理事长，国际地科联白垩纪分会委员。

郝诒纯不仅是杰出的科学家，而且是著名的社会活动家。她现在担任八届全国人大常委、九三学社中央副主席、北京市委会主委、全国妇联副主席、北京市人大常委会副主任等职务。她在这些领域内广泛联系群众，积极参政议政，为中国的社会主义民主政治建设和社会文明进步作出了重要的贡献。

（原载于《中国时代》1996年第2期）

学人幸会更无前

——著名地质学家黄汲清教授台湾之行散记

夏末秋初的台湾，风光明媚，气候宜人。1992年9月10日至17日，我国著名地质学家黄汲清教授，应台湾著名物理学家吴大猷教授邀请，在中国地质科学院地质所研究员任纪舜先生和女儿黄洁生女士陪同下，与著名原子核物理学家赵忠尧教授、著名植物生理生化学家汤佩松教授、著名生理学家和神经生物学家冯德培教授及其陪同人员一起，赴台湾进行了为期8天的访问。此行使这位曾踏遍祖国大陆山山水水寻找矿藏的年过八旬的老地质学家，终于在祖国宝岛台湾的土地上留下了自己的足迹。

一

黄汲清教授一行是9月8日由中科院外事局台办杨建国等同志陪送至香港的，新华社香港分社朱旨诚秘书长亲自到机场迎接。9月9日，新华社香港分社社长周南举行宴会对四位老科学家表示欢迎并为他们访问台湾饯行。党和政府对他们此行的关怀和重视使黄汲清教授深为感动。9月10日，黄汲清教授一行自香港乘飞机前往台北。生平首次访问台湾的黄汲清教授对与大陆分隔了40多年的台湾，并不熟悉。然而，从他走下飞机，踏上台湾的土地，就时时处处感到台湾与大陆有着相同的语言、文化，特别是那温暖人心的同胞之情。

到达当天，他们受到主人的热情欢迎。当他们刚刚步入机场大门，专程迎接并等候多时的吴大猷、李崇道、郧宏潘教授等立刻迎上前去，一一与他们紧紧握手，并连声询问："累不累？累不累？"考虑到他们都是年过八旬的老人，主人特意为他们准备了轮椅。在机场，黄汲清、赵忠尧、汤佩松三教授坐轮椅于前，冯德培、吴大猷二教授立于后，分别了四十多年的学界老友留下了一张珍贵的照片。此后几日的参观访问活动，黄汲清教授等一直以轮椅代步，节省了许多体力。

为了照顾他们的身体，主人特地在他们的住所配备了医务人员。每天早上和晚上，医务人员都要给他们测心跳、量血压、检查身体，白天则随行活动，嘘寒问暖，无微不至。这热情的服务常使他们内心泛起阵阵暖流。

二

这是一次中国科学界元老级的幸会。来访的四位科学家都是近乎与世纪同龄的老人。黄汲清教授88岁，赵忠尧教授90岁，汤佩松教授89岁，冯德培教授85岁；而邀请他们来访的吴大猷教授也已届85岁高龄。他们都是中国科学界德高望重的老前辈，是各自所在学科领域的开拓者和奠基人。因此，台湾科学界对这次访问极为重视，给予了高规格的接待。到达的当天晚上，举行了丰盛的欢迎宴会。出席宴会的有台湾著名的科学家和知名人士蒋彦士、李国鼎、罗铜壁、孙震等。宴会上，宾主频频举杯，祝贺两岸科学家的这次聚会，祝愿台湾和大陆的学术交流和科技合作今后进一步发展，气氛十分热烈。

此次访台，黄汲清教授见到了一些几十年未曾谋面的老友，深感欣慰。年届92岁高龄的金开英老先生，解放前曾任玉门油田炼油厂厂长。黄汲清教授自1928年起就与他交往，情谊甚笃。物转星移，世事沧桑。分别40多年的老友再次相会，激动之情难于言表。金开英先生特设宴招待黄汲清教授一行。席间，他们追忆往事，畅叙别情，备感亲切。在台期间，黄汲清教授还会见了台湾大学教授阮维周先生、台湾地质所前所长毕庆昌先生、地质专家李庆远先生及张锡龄、徐铁良、王超翔、林振国诸先生，他们都是黄汲清教授过去在地质界的同人好友。访台期间，黄汲清教授还结识了一些新朋友。如台湾大学教授王源、台湾石油公司探采所所长翁丰源、石油公司副总经理黄锦滢、台湾地质调查所所长黄敦友等。

到达台湾的第二天，正值中秋佳节。汤佩松、冯德培二教授前往亲友家团聚，吴大猷教授特设赏月晚会招待黄汲清、赵忠尧二教授一行人员。是夜，皓月当空，万家灯火。两岸老科学家坐在一起，观赏明月，叙谈友情，期望两岸科技界团结合作共兴中华科技大业，企盼伟大祖国早日统一。

三

促进海峡两岸科技界的交流与合作，是黄汲清教授此行的主要目的。在台期间，他参观了台湾大学、台湾清华大学、新竹工业园区等高等学校和科研机构。给他的印象是，台湾对科技、教育还是比较重视的，科研设备、教学条件都比较好，科研人员的年轻化程度也比较高。但是台湾年轻的科技人员大多数比较喜欢能够较快地实现商品化的应用科学的研究，而不大喜欢基础科学的研究，这对于其科技的整体水平和长远发展，无疑会产生不良影响。吴大猷教授对此曾表示过深切忧虑。至于地质方面的研究，台湾因受地理条件限制，在地质类型的丰富性上远逊于大陆。因此，如果双方合作，对台湾地质人才的培养是大有好处的。

9月15日上午，黄汲清教授应邀在位于台湾大学校园内的地球科学研究所作了题为“中国石油地质简介”的学术演讲。那一天来听讲的人很多，不少人是慕名专程从台北以外赶来听讲的，不大的会议室里满满地坐了100多人。这是黄汲清教授第一次在台湾发表学术演讲，他显得很兴奋。为了照顾他的身体，有关方面原准备只请他讲五六分钟，结果他一口气讲了40多分钟，而且思路非常清楚，连数字都记得很准确。是啊，他搞了一辈子石油地质，中国的大油田几乎都是他参与开发建设的，他怎么能不熟悉呢？演讲赢得了热烈的掌声，获得了圆满的成功。

黄汲清教授此行有一个良好的愿望，就是为海峡两岸合作开采石油、天然气铺路架桥。他在与金开英先生会晤时曾详细谈了自己的想法，在学术演讲中又做了具体的阐述。他认为，东海油田、南海油田及新疆油田，是海峡两岸最可以合作开采石油的地区。中国大陆目前在浙江沿海约100公里长、水深100多米的地区发现蕴藏量丰富的油气田，两岸如能合作开发，对国家、民族是一件大好事。在场聆听演讲的台湾石油公司有关负责人士表示，他深信大陆采油资讯及技术相当精确，但能否合作，主要看当局的政策。这件事虽然没有取得结果，但是我们想，随着海峡两岸交流的发展，黄汲清教授的美好愿望最后一定会实现的。

四

祖国宝岛台湾风景十分秀丽。在主人的盛情安排下，黄汲清教授游览了台湾著名风景区阳明山、龙山寺。是日，风和日丽，游人如云。黄汲清教授以88岁高龄安步当车，兴致盎然。给他的印象是，台湾的绿化和水土保持工作搞得很好，漫山遍野一片郁郁葱葱，没有大的断裂与沟壑。

台湾城乡建设搞得也很好，公路连接城乡，四通八达，十分方便。台北市汽车很多，商店也不少，车水马龙，很是热闹。由于车多，交通拥挤的现象也比较严重。

给黄汲清先生印象最深的是台北的故宫博物院。这里保存着很多稀世国宝，使几位年逾古稀的老科学家眼界大开。台北“故宫”博物院的院长秦孝仪亲自接待了他们，请人用轮椅推着四位老科学家参观鉴赏，还特别请他们观看了从不对外开放的、中国目前保存最好的一套四库全书。这些珍贵文物保存之精美完好，令老科学家们赞叹不已。黄汲清先生想，海峡两岸的故宫博物院各有所长，但都汇聚了我们中华民族悠久历史文化之精华，如果有一天能联袂展出，携手弘扬伟大祖国的灿烂文化，那将多么好啊！他盼望着这一天能早日到来。

1992年9月17日，黄汲清教授一行圆满结束了在台湾的访问，满载台湾同行和台湾人民的深情厚谊，乘飞机经香港返回北京。此次访台在海峡两岸双向交流的历史上留下了宝贵的一页，也在黄汲清教授的心里留下了美好的回忆。

（原载于《民主与科学》1993年第5期）

情系大西南

——记九三学社为振兴大西南献计出力

大西南，幅员辽阔，美丽富饶，是一片资源十分丰富而人民又相对贫困的地方。近年来，九三学社为使这片土地脱贫致富、经济振兴倾注了满腔心血……

一

早在几年前，当人们纷纷涌向经济发展条件优越的东南沿海地区时，九三学社就把眼光投向了大西南这块土地。自1988年以来，在周培源主席的关心和指示下，现任九三学社中央常务副主席的徐采栋多次组织专家赴西南地区考察。他们不畏艰辛，足迹踏遍大西南的山山水水。在考察中，一些地区的贫困现状引起了他们的深切关注。以长江上游地区来说，这里的贫困人口占全国的1/3，经济发展水平与东南沿海地区乃至全国相比差距日益拉大。在贵州毕节地区的马街乡，他们看到当地彝族群众缺衣少食，一家人靠吃土豆充饥，围坐火塘边过夜的境况，心情十分沉重。

“要帮助西南人民尽早摆脱贫困，走上富裕的道路。”九三学社的领导们决定把大西南作为他们智力支边、科技扶贫的重点地区。他们先后组织各方面专家学者参与了“毕节地区开发扶贫生态建设试验区发展规划”的论证和四川省政府组织的三江水电资源开发的论证，两次派30多名专家赴贵州省黔西南州为推动“星火计划”的实施而完成了农业、林业、蔗糖、蚕桑、果树等五项论证。据不完全统计，近年来他们共组织260余名专家学者赴西南各省区支边扶贫，完成各种类型项目21个，赢得了西南人民的赞誉和好评。九三云南省委的对应扶贫县是泸水县，他们在了解到该县大兴地乡自基村的傈僳族同胞至今仍用松明火把照明、用人力畜力碾粮的情况后，立即无偿为该村提供了一台5.5千瓦的微型水轮发电机和一台碾米机，并由秘书长刘荣熙带队深入村寨安装。经过十天奋战，山寨灯火通明，全村老少又唱又跳，激动得热泪盈眶。村党支部书记拉着刘荣熙的手说：“感谢你们把党的温暖带到我们傈僳山寨！”

二

在支边和考察中九三学社的专家们发现，西南一些地区虽然贫困，却蕴藏着丰富的自然资源。以长江上游地区来说，这里是我国水能资源的最大富矿，总装机可达8200万千瓦。这里的铁、钒、钛、铝、锌、硫、磷、盐、煤、天然气储量在全国也名列前茅。守着如此富足的宝藏却要靠国家的支边扶贫款过日子，当地人把这种现象戏称为“捧着金碗要饭”。这些资源至今仅开发了3%—5%，相反，这一地区的生态环境却因乱砍滥伐而不断恶化，水土流失面积已占上游地区总面积的58%。面对这种状况，九三学社的领导们陷入了深深的思索。他们想，要改变整个西南地区“捧着金碗要饭”和生态环境不断恶化的状况，使之尽快脱贫致富，单靠具体的技术性支援显然是不够的。于是，他们与开发大西南战略研究协作中心合作，在组织数百名自然科学和社会科学工作者进行了充分的考察论证后，由周培源主席致函江泽民总书记，向中共中央提出了《关于建立长江上游生态保护和资源开发区的建议》。《建议》以优化我国产业结构与区域合理分工，提高经济效益、社会效益、生态效益的目标和振兴西南基础产业，增强我国发展后劲，实现东西部各展所长，优势互补，各民族共同繁荣为指导思想，提出了加强长江上游地区生物资源、水能资源、矿产资源的综合开发利用和生态环境治理等一系列建议和措施，受到中共中央和国务院的重视。受国务院委托，国家计委专门组织力量对《建议》进行了研究，认为《建议》提出的是一个战略性问题，值得重视，并要求冶金部等13个国务院下属部门和云南、贵州、四川三省计委在制定“八五”计划时予以考虑。

三

开发与脱贫，是大西南面临的两个相互关联的课题。在针对前一个课题提出自己的政策性建议后，九三学社又把注意转向了后一个课题。

西南岩溶地区是集老、少、边、贫、山于一体的特困地区，这里聚居着我国少数民族的1/2，全国97个特困县中有49个集中分布在这一地区。新中国成立41年来，这一地区虽然发生了很大变化，但由于自然条件恶化和政策方面的原因，贫困落后的面貌并没有从根本上改观。九三学社决定继长江上游生态保护和资源开发问题之后，把岩溶地区脱贫问题作为振兴大西南的又一重要工作。他们在与开发大西南战略研究协作中心合作对岩溶地区状况进行深入调查研究的基础上，于今年2月组织各方面专家进行研讨，形成了一系列促进岩溶地区尽快脱贫致富的措施和建议，并将其作为今年人大、政协会议上参政议政的一项议题：在人大会上，徐采栋、郝诒纯、安振东副主席和其他91位人大代表就西南岩溶地区脱贫问题提出了议案；在政协会上，九三学社中央以组织的名义就这一问题分别做了大会发言和提出了提案。在发言和提案、议案中，他们建议党和政府把西南岩溶地区作为90年代全国重点脱贫开发区，进行综合考察，给予优惠政策，并提出了加强基础设施建设、依靠科技进步，发展教育等一系列脱贫致富的具体措施。这些受到有关方面的高度重视。5月4日，全国政协提案委员会专门派员来九三中央答复关于岩溶地区脱贫的提案已送国务院扶贫办研究处理，并被正式列入今年政协提案委员会的工作之中。

在振兴大西南的道路上，九三学社留下了自己饱含深情的足迹。他们还将继续走下去。

（原载于《人民政协报》1991年7月22日）

我国著名速记学专家唐亚伟

唐亚伟这个名字，在我国老一辈知识分子中并不陌生。他在20世纪30年代创立的“亚伟式速记法”曾经风行全国，产生过重大影响。他终生为之奋斗，不仅是我国速记事业的先驱，也是一位爱国民主战士。他一生以开启民智，振兴中华为己任，50年奋斗不息。他的速记事业是与爱国主义精神紧密相连的。

一

1915年，唐亚伟出生在湖北宜昌一个工人家庭。由于家境贫寒，少年时便不得不到商店去当学徒，只断断续续读了些书。但他发愤苦读，不但学业优良，而且练得一手好字。有一次，他家乡天主教会的会长看到了唐亚伟写给母亲的信，对他那清秀有力的字体甚为赞赏，便介绍他去南昌，给江西省“安息日会”会长当了书记。这一偶然的生活变化对唐亚伟的一生产生了重大影响。在南昌的旧书摊上，他看到一本我国最早的关于速记的书——《传音快字》。书记的职业使他对这本书产生了浓厚兴趣。

由于工作出色，唐亚伟先后被保送到教会办的三育中学和三育大学学习，并且一直被推荐给校长当书记。在这时期，他又读了两本有关速记的英文书籍，对速记知识有了较为全面系统的了解。

给校长当书记很不易。校长刘彭年博士每天口述公文书信既多且快，唐亚伟在记录时常常感到很吃力。于是他就尝试着用一些速记符号来代替文字；果然书写速度快了许多。经过一段时间的实践，他感到《传音快字》中的速记符号不但繁杂，而且不适应书写习惯。于是他潜心钻研，采用国外最新速记体系的优点，结合我国的音韵学、语法学和词汇学原理，于1934年创造出“流线体中文速记音符总表”和“略符略法表”草案。主要特点是：用两个椭圆形和斜米字形分解出一些简单线条作为基本符号，可以拼写出全部现代汉语音节，做到结构简单，形体流利美观，突破了过去在速记学界占统治地位的正圆体系。“亚伟式速记法”就这样诞生了。1958年，他正式出版了《规格化亚伟中文速记学》一书。

二

在我国，速记方式不下200种，正式推行的也有二三十种。为什么“亚伟式速记法”流传最广，影响最大呢？除了它具有科学、简易、实用等优点外，还因为唐亚伟不是把速记只当作一种专门技术面向少数人，而是把它作为开启民智的一项社会教育事业。

1937年，唐亚伟大学毕业了。凭着优异的成绩和速记学上的成就，他完全可以在政府机关或高等学府中谋得一个待遇丰厚的“铁饭碗”，安安稳稳地度过自己的一生。但是面对日寇进犯、国势日危的局面，他热血沸腾，觉得中国之受欺侮，乃是由于贫弱落后，而要改变这种状况，就必须推行教育，开启民智。推行教育，首在扫盲。但汉字繁难，不易学写。唐亚伟于是想到速记可以对推广汉字起到一定的辅助作用，甚至能在一定程度上促进汉字向拼音方向改革。他了解到速记在欧美极为普及，对欧美科技文化的发展起着重要的推动作用，因此，他希望通过推广速记来推进国家科技文化的发展。

1938年，唐亚伟来到重庆，决心筹建一所速记学校。他人地两生，身无分文，创办学校谈何容易。白天他四处奔走，筹措款项和校舍；晚上则伏案编写讲义，或提上浆糊桶，上街去张贴招生广告。1939年春，“亚伟中文速记学社”终于在极艰苦的条件下成立。教室是向一所小学校借的，讲义是草纸石版刻印的，在进行面授的同时还开展函授教学。

到“亚伟中文速记学社”来学习的人越来越多，唐亚伟便继续扩大学校规模。当时，重庆荟萃了不少忧国忧民的知名人士，唐亚伟到处登门造访，力陈推广速记的意义，求得他们的支持。精诚所至，金石为开。1942年春，在有关人士的支持帮助下，“亚伟速记学社”改名为“亚伟速记学校”，同时兴建校舍，成立校董会，聘冯玉祥为董事长，陶行知、李公朴、刘定五、孟宪章、顾执中、潘震亚等人为校董。学校开办了专修科，招收住读学员，并设立函授部面向社会推广。学校门前悬挂着一条“人人识字，人人速记”的横幅，唐亚伟要求学生“即学即用，即知即传”，把速记作为扫盲和文字改革运动的一部分来推行。从此，速记这一专门技术成了广大群众的应用工具，在当时我国的民智开发中发挥了积极作用。

三

在国民党反动派统治下的旧中国，社会政治问题不解决，教育救国只是一种梦想。唐亚伟在实践中慢慢明白了这个道理，于是他积极参加了蒋管区的爱国民主运动。

在创办亚伟速记学校的过程中，唐亚伟结识了包括反蒋爱国的冯玉祥先生，以及陶行知、李公朴、黄炎培、刘定五、潘震亚、顾执中、孟宪章等人在内的社会进步人士，他们忧虑国家前途，不满蒋介石的黑暗统治，组成“利他社”，在冯玉祥的领导下经常一起讨论时局、针砭时弊、评论时政。年轻的唐亚伟也有幸跻身其中，并担任秘书，做了许多组织和联络工作。有一次，他和秘书处的同志奉冯玉祥先生之命去曾家岩请王若飞同志给大家讲话。这是他第一次接触共产党的领导人。座谈会上，他倾听了王若飞同志对时局的精辟分析，了解了许多解放区的情况，朦胧地感到中国的前途在共产党、在解放区。分手的时候，他向王若飞提出打算到解放区去办速记教育，王若飞表示十分欢迎。遗憾的是，由于种种原因，他的这一愿望后来一直未能实现。

抗战胜利以后，亚伟速记学校迁至上海。唐亚伟除了办学以外，还担任复旦大学副教授，暨南大学教授和民治新闻专科学校教授等职，与一些进步人士过从甚密。1947年夏季，鉴于美国企图扶植日本军国主义的行径，九三学社的褚辅成、孟宪章、吴藻溪、笪移今诸先生在党的影响下，在上海发起成立了一个“对日问题座谈会”，经常邀请上海各民主党派及社会各界进步人士，讨论反对美国扶植日本的问题。在1947年至1948年的一年多时间里，他们多次联名发表宣言，掀起了声势浩大的“反美扶日”爱国运动。唐亚伟也积极参加了这一运动。1947年9月10日，他与17位爱国志士联名发表了《我们关于对日和约的主张》，揭露美国的阴谋，引起了蒋管区人民的极大注意。后来签名人数发展到390人，给美蒋反动势力以沉重打击，在国内外产生了重大影响。

唐亚伟的爱国行动激怒了国民党反动当局，他的名字上了上海警备司令部的黑名单。当时，上海一片白色恐怖，许多爱国志士被捕入狱。唐亚伟在地下党的安排下，于1949年4月化装离开上海到香港，又于同年8月与刘定五等民主人士一起秘密乘船北上，来到了刚刚解放的北平。经过十几年在黑暗中的探索追求，唐亚伟终于找到了光明，找到了党。

四

新中国成立后，唐亚伟有了施展抱负的极好条件。30多年来，他辛勤耕耘，为我国速记事业的发展做出了不可磨灭的贡献。

新中国成立初期，他以北京为中心，在上海、南京、天津、杭州等十几个大中城市恢复和建立了亚伟速记学校，并出版了一批关于速记的书籍，创办了我国第一本公开发行的速记刊物《速记月报》。从1950年到1955年，北京亚伟速记学校共举办了13届专修科，同时开展函授。仅1951年上半年，函授面授学员就达1.5万人，为党政机关，各行各业培养了大批速记人才。

党对速记事业十分关心。1955年，陈毅副总理亲自批准成立北京速记学校，仍以“亚伟式速记”为教材。十年动乱期间，速记被视为异端，速记符号被看作“密码”，速记学校被迫停办，书刊资料也被焚毁。唐亚伟对此痛心疾首。党的十一届三中全会以后，他为速记事业的振兴奔走呼吁，并以65岁高龄在北京首次举办“速记系列讲座”，听讲者达1700多人。其后又在北京职工中专和中国人民大学开展速记教学。1981年，他倡导成立了我国第一个速记学术团体——北京速记协会，他当选为理事长。

50年来，唐亚伟先生适应时代和社会发展的需要，在速记学术领域内不倦攀登，著述达30余部。他的《亚伟式速记学》一书至新中国成立初已在北京、重庆、香港等地印行了18版。1953年，为了使速记在群众中更好普及，他又将流线型速记符号改进为斜体符号，编写了《工农速记》，并在此基础上主编了《中国斜体速记方案》，发表后引起很大反响。《汉语拼音方案》公布后，他又很快发表了《汉语拼音快速写法》。

近几年，为使速记适应现代化建设需要，唐亚伟先后完成了《打字速记法》《速记机研究（包括汉字速记机）》等设计方案，为速记领域的机械化、电子化开拓了道路。现在，他虽已暮年，但壮心不已，准备抓紧时间进行速记电脑的研究，还打算撰写一部《中国速记史话》，在有生之年为中国的速记事业做出更大贡献。

（原载于《人物》1987年第5期）

洒向人间都是爱

——林巧稚的故事

林巧稚（1901—1983），著名妇产科专家。曾任中国科学院学部委员、中国医学科学院教授兼副院长、首都医院妇产科主任、中华医学会妇产科学会主任委员。她长期献身于妇产科的教学、医疗和科学研究工作，擅长于疑难病症的诊断与处理。她曾在滋养细胞肿瘤的化疗方面取得重要成果，受到国家奖励。曾主编《妇科学进展》《妇科肿瘤病学》等学术专著及深受广大读者欢迎的《家庭卫生顾问》《育儿百科全书》《农村妇幼卫生常识问答》等科普读物。

半工半读的姑娘

林巧稚出生于厦门鼓浪屿一个普通人家。她的父亲是一位中学教员，母亲则由于积劳成疾在她五岁时就过早地离开了人世。随着家境的变迁，负担的增加，家庭生活越来越困难，她的大哥不得不中途辍学来帮助父亲支撑这个家庭。这样的环境使巧稚从小就尝到了生活的艰涩。

不知是为了补偿她过早失去的母爱，还是由于巧稚的聪明伶俐，父亲从小就对她格外偏爱。有限的家庭收入使她众多的兄弟姐妹都不能念书，巧稚却从小学一直读到了中学。父亲对她寄予深厚的期望，常对她说：“咱们林家女子读书的，你是第一个。要念，就要念得好，将来上大学，出国留学。”还常常勉励她说：“女孩子从小就要养成不靠人、不求人的能力，要能够自立！”家庭的窘困和父亲的期望使林巧稚从小就养成了自强自立的性格，她刻苦读书，学习成绩一直名列前茅。

那是上高中的时候，有一天，女校长佳林小姐叫住了她："巧稚，你学得很不错，老师们都夸奖你呢！"

佳林校长对林巧稚有着深刻的印象。那是因为几年以前，她曾到低年级教室听课。老师为了测验学生的智力，向大家提出了一个问题："什么动物早上四条腿走路，中午两条腿走路，晚上三条腿走路？"学生们全都被问住了。忽然，一个女学生举手站起来说，"是人。人在幼年时用四肢爬行，成年时用两条腿走路，老年时拄着拐杖，又变成三条腿了。"女校长看了看这个学生，眼睛里闪现出一丝赞许的目光。她后来了解到，这个女学生就叫林巧稚。从那以后，这个名字就深深印在校长的脑海里。

此时，她望着这个聪明的姑娘，喜爱之情油然而生："巧稚，你愿意留在学校做事吗？"原来学校里人手紧，校长有意让她半工半读，帮学校做一些事情。

巧稚想，家里负担沉重，如果自己能有个机会挣钱，多少能减轻一点父亲的负担。可是父亲却担心这样可能影响她的学业："半天工作、半天学习，你能跟得上吗？"

"能！"巧稚仰起头坚定地回答。

刚强的女儿促使父亲做出了他本不愿意做的决定。就这样，林巧稚开始了半工半读的生活。

上午，她在教室听课，下午，则做一些统计数字和抄写文书信件的工作。有时做不完，还要带回家去晚上加夜班。为了把被工作挤去的学习时间夺回来，她常常在昏暗的灯光下熬到很晚很晚。一年下来，她明显地消瘦了，也不像以前那样爱玩爱跳了。但是，她不但出色完成了学校交给的工作，而且期末考试成绩门门优异。

毕业之后，校长主动提出将她留校。她由一个听课的学生变成了一个讲课的老师。

走向医学之路

不久，北京协和医学院招生的消息传到了鼓浪屿，佳林校长热情地鼓励林巧稚去报考。巧稚心里犯起了嘀咕：工作一年多了，除了自己教的那门课外，其他功课都有些荒疏了，能考上吗？但是她的耳边响起了父亲常说的那句话："女孩子家，要自立，不靠人！"她又想到：母亲就是被疾病夺去生命的，如果自己今后真的学到医术，就可以救治多少像母亲那样的病人啊！她终于下决心前去应考。

没想到在考场上又发生了一件意外的事情。那一天是考英文，林巧稚正埋头答卷，忽听得"咕通"一声，接着考场里出现一片骚动。原来一个女学生晕倒了。监考老师上前看了那个晕倒学生的考卷后问在场的考生："她是厦门来的，你们谁认识她？"

林巧稚举手答道："我是厦门鼓浪屿的，她和我住一个房间。"

监考老师看了一下她的考卷，记下了当时的时间，然后对她说："那好，你把她送到医务室去吧！"

巧稚立刻放下手中的笔，将那个姑娘抱起来，送到了医务室。

就这样，林巧稚没有答完试卷，就结束了考试。她心想，这次肯定要落榜了。

然而又是一次意外，不知是由于她功底扎实，还是由于监考老师对她见义勇为行为的赞赏，她终于接到了录取通知书。1921年秋季，林巧稚跨进了协和医学院的大门。

协和医学院，这所旧中国神秘的医学殿堂，有着严格得近乎苛刻的校规，又是一个竞争激烈的场所。林巧稚在这里度过了整整八年的学习生活。"学海无涯苦作舟"，中午，大家都在午休，她却一个人挟着书本溜出宿舍，找一个僻静之处苦读，晚上，她会一个人跑到令人毛骨悚然的解剖室去，对着那些尸体温习学过的解剖学知识。一墙之隔的繁华热闹的王府井大街，对她似乎并没有什么吸引力。她的生活轨迹就是宿舍—教室—图书馆，甚至常常忘记了吃饭。

成功是对勤奋的最好奖励。八年过去了，林巧稚以应届毕业生中最优异的成绩获得了医学院的"文海"奖学金，并且是历届获此荣誉者中的唯一的女性。

妇产科里的第一位女医生

由于学习成绩优异，协和医学院决定留林巧稚在妇产科担任医生，但却有一个苛刻的条件：聘任期内不准结婚。林巧稚希望留在协和，因为这里有良好的学习和研究条件，但却对这种毫无道理的条件感到愤怒。究竟何去何从呢？

此时她的脑海中浮现出在妇产科实习时的情景：有些被病痛折磨的妇女虽然迫切希望医生为她们查出病因，除去病痛，但却怎么也不肯脱下衣服让医生检查。原因很简单，妇产科里的医生都是男的，而且几乎都是外国人。因此，很多患者不去找那些经验丰富的男大夫看，却偏偏坐到她这个还很稚嫩的实习医生的桌旁。是啊，妇产科需要女医生，同胞姐妹们需要自己为她们看病。想到这一切，她决定到妇产科去工作。

林巧稚成了妇产科里第一个女医生。她把自己的全身心都投入到为姐妹们接生、治病的工作中去，分享着她们的痛苦和喜悦。从她们那信任和感激的目光里，她看到了自己工作的价值和意义。

那是一个寒冷的圣诞节之夜，只有林巧稚一个人值班。急诊室里来了个年轻妇女，子宫破裂流血不止。林巧稚急忙给她采取了紧急止血措施，但是血还是止不住流出来，病人的生命处于垂危之中。必须马上动手术！林巧稚赶紧给科主任打电话汇报了情况。

“等明天再说吧！”被从睡梦中唤醒的主任在电话里无精打采地说。

“可是病人情况危急，恐怕等不到天亮了！”林巧稚焦急地说。

对方沉默了一会儿说：“如果还来得及，你就给做手术吧！”说着把话筒给挂上了。

没有上级医师指导，刚刚毕业的林巧稚能单独做这样的大手术吗？人命关天，如果出了意外，后果不堪设想！她急得眼泪都快掉下来了。

此时，病人的丈夫走到她跟前深深地施了一礼，恳切地说：“大夫，你救救她吧！你是我们中国的大夫，我们相信你！”

一股热流涌上了她的心头，是啊，她不能眼看着自己的同胞姐妹被死神夺去生命。她给手术室拨通了电话，通知他们马上手术。

无影灯下，林巧稚紧张而灵巧地运动着刀剪，剥离、切除、缝合，一个个动作是那样的准确、细致、利索，简直使人难以相信她是第一次做这样大手术的新手。

手术成功了。林巧稚揩去额头上的汗珠，脸上露出了欣慰的微笑。

好心肠的大夫

1941年，美国对日宣战，太平洋战争爆发。日本兵开进了美国人办的协和医院，林巧稚和院里的其他人员一起被赶出了医院的大门。为了继续给同胞姐妹们看病，她办起了“林巧稚诊疗所”。

此时的林巧稚已经成为闻名遐迩的妇产科医生和教授了，她的高超医术在社会各界有目共睹，她的高尚医德更为人们广泛传颂。当时北京的几家妇产科诊所的挂号费最少是五角，多的则达几元钱。为了使更多的贫苦人家也能看病，林巧稚把她的挂号费降为三角。来她这儿看病的人络绎不绝，小小的门诊部每天都是门庭若市。林巧稚没日没夜地工作着，不论贫富贵贱，谁来看病她都是一视同仁，随叫随到，细心地诊断和治疗。她对病人亲切和蔼，为病人排忧解难，人们都说她是个比菩萨还慈善的好心肠大夫。

一个雷电交加的雨夜，忙碌了一天的林巧稚刚刚睡下，一个求医的人就找上了门。来人一见林巧稚就要下跪，口里不住地说：“大夫，求您行行好吧，我家里的怕是要过不去了！”原来他是个人力车夫，他的妻子难产，请了两个接生婆都说没救了。林巧稚二话没说，拿上出诊包跳上车子就随那人消失在茫茫的雨夜中。

车子停在一间低矮潮湿的屋前。林巧稚进得屋来，顾不得说话喝水，赶快取出器械给产妇检查。只见昏黄的煤油灯映着产妇青紫的面庞，她目光呆滞，已经用尽了最后一点气力。经过检查，林巧稚发现胎儿是斜卧在母腹中，产妇盆腔狭窄，再加上营养不良，身体虚弱，已经十分危险了。她立即用双膝顶着炕沿，弯着腰，小心翼翼地帮产妇扶正了胎位，随后便开始为她助产。半个多小时过去了，屋里的人都紧张得几乎屏住了呼吸。突然，一阵婴儿的啼哭声打破了死一般的沉寂，孩子降生了，产妇的脸也由青变红，因疲劳而昏沉地睡着了。全家人那愁苦的脸上立刻绽开了笑容，千恩万谢地，不知说什么才能表达他们的感激之情。

林巧稚要走了，一家人变得难为情起来。林巧稚看出了他们的心思，摆了摆手说："费用你们就别提了。"随后从出诊包里取出几张钞票递给他们："产妇身体很虚弱，这点钱给她买点东西补养身体吧。"说罢，便走出门，消失在蒙蒙的晨雾中。

情系人民

新中国诞生了，林巧稚也迎来了新的生活。她被选为第一届全国人大代表和北京市妇联副主席，社会活动越来越多。但是，她仍然是个医生，她的心连着千千万万的妇女和孩子，她觉得只有更好地为人民服务，才能不辜负他们的期望和信任。

每天都有许多信从全国各地飞到她的手中，姐妹们在信中向她诉病、求医、问药、质疑。她总是认真地在每封信上写明自己的意见和看法，然后请秘书整理成文复信给对方。尽管这占去了她许多时间和精力，但不这样做她却会感到不安和内疚。

有一次，一位内蒙古草原的妇女在信中向她诉说自己连生的几胎婴儿都是出生后全身发黄而死去的，现在又怀了第五胎，她请求林大夫救救这个尚未出世的孩子。

林巧稚知道，这是新生儿溶血症，是一种不治之症。她心情沉重，不知怎样回答这个可怜的母亲。她不死心，又跑到了图书馆去探索寻求，但仍是失望而归，世界上对这种病似乎还没有治活的先例。她为此几天闷闷不乐，最后只好让秘书给那位妇女回信，请她就地治疗。

不久，那位妇女又接连来了两封信，信中那令人断肠的呼救深深打动了林巧稚的心。她想：没有治活的先例，就应把病人拒于千里之外吗？党和人民信任你，选你做人民代表、妇女代表，不是为了让你多为人民做一点事吗？她为自己的复信感到懊悔，于是又写信把那位妇女请到了医院。

为了攻克新生儿溶血症这个堡垒，林巧稚请来了许多专家学者，经过反复研究，决定采用脐静脉换血的方法，一边抽出病儿体内的坏血，一边输入新鲜的好血。这种方法的关键是恰当掌握抽血与输血的速度、数量和次数，国外报道的失败的病例，就是没掌握好这个关键。

婴儿降生了，不出所料，几个小时后粉嫩的身体开始发黄，并且越来越严重。治疗按照预定的方案开始进行。林巧稚的学生王文彬大夫小心地在婴儿的脐部慢慢抽出血来，同时又将一定的新鲜血液慢慢输进去。林巧稚紧张地注视着婴儿，一只手的食指和拇指慢慢地张开，又慢慢地捏合，指挥着王大夫抽血与输血的速度。四百毫升血液全部输入了新生婴儿的体内，婴儿一切正常，黄疸在明显地减退。又经过了第二次换血，婴儿身上的黄疸逐渐地消失了。

一个月后，那位草原妇女抱着新生的婴儿高高兴兴地离开了北京。她永远也不会忘记是林巧稚大夫使她的孩子获得了新生。

林巧稚的一生，不知把多少妇女从病魔的折磨下解救出来，也不知把多少小生命接到这个光明的世界。她孑然一身地走完了自己生命的里程，把她全部的爱献给了千千万万的妇女和孩子，献给了生养她的亲爱的祖国。

（原载于《科学家的故事》，学苑出版社1990年10月出版）

为了中国的小麦事业

——记著名农学家金善宝

金善宝（1895—），著名小麦专家。曾任中国农业科学院院长、名誉院长，中国农学会名誉会长，中国科学院生物学部委员，国务院学术委员会委员，全国科协副主席。曾出版我国小麦史上第一部专著《实用小麦论》，主编《中国小麦栽培学》和《中国小麦品种志》。他主编的《中国小麦品种及其系谱》曾获1984年全国优秀科技图书一等奖。他亲自选育的小麦优良品种"南大2419"在我国20多个省（市、区）推广、应用长达二三十年之久，他主持研究、育成的"京红号""中字号"春小麦品种在我国许多地区大量种植。

立志兴农

金善宝出生于浙江诸暨一位普通农民的家庭。他的父亲在村里的私塾内教书，母亲靠种桑养蚕来补贴家中经济的不足。善宝年幼时在父亲的私塾内读书，课余时间常常帮助母亲上山采桑，整治桑园。这使他从小就体验到农民生活的艰辛。

在黑暗的旧社会，中国的农村极端贫困，农业十分落后。当政者只知滥派苛捐杂税，根本不关心农业生产，农作物品种和种植技术都很陈旧，产量极低，加之军阀连年混战，自然灾害频繁，广大农民处于饥寒交迫之中。少年的金善宝目睹这样的现实，内心十分沉痛。他想，中国是一个古老的农业国家，农业的好坏，直接关系到千百万人民生活的温饱和国家民族的兴旺发达。要振兴中华，先要振兴农业。正是出于这种想法，他在中学毕业后，毅然投考了南京高等师范农业专修科。

为了振兴祖国的农业，金善宝于1930年辞别亲人赴美国康奈尔大学农学院学习深造。在美国，他学到了先进的农业科技知识，也经受了因国家贫弱而受洋人歧视凌辱的痛苦。在一次学校举行的聚餐会上，一个美国学生公然对着金善宝歇斯底里地喊道："密斯特金，把这些剩饭拿去给中国人吃吧！中国人正饿着肚皮呢！"面对着这个盛气凌人、洋洋得意的挑衅者，金善宝不禁怒火中烧，一种强烈的民族感和爱国情在心中腾然而起。他愤愤地回敬道："先生，遗憾得很，中国离这儿太远了，还是请您拿到芝加哥公园去吧！那里有很多失业者，他们正需要这些。"这个挑衅者听后自觉没趣，灰溜溜地离开了。这件事给金善宝的心灵上留下了深重的创伤，也进一步坚定了他立志振兴中国农业的决心。1932年初，他毅然决然离开美国，满怀振兴中华农业的憧憬踏上了返回祖国的航程。

百亩病麦的教训

1931年，长江泛滥成灾，两岸灾民饿殍遍野。国民党政府被迫向美国借款，其中有一部分属于棉麦贷款。金善宝看到在作为贷款的小麦中，有些品种籽粒整齐，饱满，内心十分喜爱，便留下一小部分，希望从中选出一些适合我国栽培的小麦品种。那年秋天，他将这些种子小心地一颗颗播种在试验田里，然后每天细心地观察和记录种子的生长情况。然而他万万没想到，经过几个月的辛勤劳动，呈现在他眼前的却是这样一番情景：一包包黑粉充满了小麦籽粒、百亩小麦散发出刺鼻的鱼腥味——小麦严重感染了腥黑穗病。金善宝愕然了，几个月的汗水竟然浇灌来这样的成果，他的心像被什么东西咬着一样疼。他愤怒地点起了熊熊大火，把百亩病麦烧了个一干二净。

后来他才知道，美国有关方面为了防止中国直接利用这批小麦做麦种，在运出前，有意在麦子上拌了腥黑穗病菌。当年食用不会发生问题，做种子用，第二年病菌就会侵染麦苗，最后危害小麦籽粒。这件事深深教育了金善宝，使他看到了帝国主义垄断农业科技成果的丑恶嘴脸。他痛切地感到，要振兴中国的农业，必须发展自己的农业科技，培育自己的小麦优良品种。

于是，金善宝不顾国民党政府的种种阻挠，克服生活上的种种困难，从全国790多个县搜集来了小麦地方品种，并通过认真的整理和严格的鉴定从中选择出“江东门”“武进无芒”“南京赤壳”“姜堰黄皮”等一批优良的小麦地方品种。这些品种很快在生产上得到推广应用，起到了增产的作用。

后来，他和助手们又经过不懈的努力，采用系统选育方法，从3000多份国外小麦品种中成功地选育出适合我国长江中下游地区栽培的“南大2419”和“中大2509”两个小麦优良品种。这两个品种在全国得到了广泛的推广应用，其中“南大2419”推广面积最大年份曾达7000多万亩，几乎占当时全国小麦种植总面积的1/5。

百万亩小麦起死回生

金善宝经常对学生们说，搞科研光有书本知识是远远不够的，必须到生产第一线去调查研究。这是他从自己的实践中得出的深切体会。

1951年春天，正当南方冬小麦处于返青拔节阶段，苏北地区突然遭到了历史上罕见的寒潮的袭击，大面积的小麦被冻坏。情况万分紧急。当时担任南京大学农学院院长的金善宝听到消息后，立即带领十多位教授赶到小麦受冻现场。只见绝大部分小麦的主茎都被冻坏了，受害程度很严重。许多教授见此情景都不住地摇头，感到这茬小麦已经没有希望挽救了，不如及早翻掉另种其他作物。金善宝此时心里也没谱，但是他想：如果改种别的庄稼，群众就要白白丢掉一茬粮食，不知又会有多少人面临着挨饿的危险。有没有更好的法子呢？他决心做出最大努力来挽回损失。于是，他带领大家跑了苏北、淮北的十多个县，每到一处都进行认真的调查研究。在调查研究中他们发现，小麦的主茎虽然冻死了，但小麦的分蘖节并没有冻死。根据这一情况，他们最后向有关方面提出了适时浇水，增施肥料，加强麦田管理等一系列栽培技术措施。经过广大群众的努力，当年苏北地区100多万亩受冻害小麦，最后仍获得了亩产200多斤的好收成。

让小麦一年繁殖三代

自古以来，小麦一年只能种植一次。以春小麦来说，在北京地区3月播种，6月收获，一年时间只能利用1/3。能不能让小麦一年种植两次或三次？长期以来，金善宝一直苦苦思考着这个问题。他觉得，首先可以在小麦育种上试一试。因为小麦育种时间较长，从杂交选配到初步获得一个稳定的优良品种，一般需要七八年甚至十年时间。如果使小麦一年繁殖两三代，只用三四年的时间就可以获得一个优良品种。

要让小麦一年繁殖两三代，关键要为其提供一个适应生长的气候环境。例如在夏季繁殖春小麦，就要为它创造一个春季的气温条件。为了实现这一想法，金善宝和他的助手们首先在北京进行春小麦夏繁试验。他们在试验地里搭上凉棚，并采取了喷水降温等措施，但连续两年的试验都失败了。金善宝没有气馁，他想高山上海拔高，气候冷，能不能搞小麦夏繁呢？于是他带领学生爬山涉水到安徽黄山进行实地考察，但黄山土地少，条件差，不适宜进行夏繁试验，于是他们又来到了井冈山。在井冈山，他亲自下到田间和助手们一起进行观察、试验，洒下了辛勤的汗水，终于使小麦夏繁获得了成功。随后，他们又在庐山植物园科技人员和工人的大力协助下取得了同样的成绩。

春小麦高山夏繁的成功使金善宝和他的助手们受到了极大的鼓舞，他们经过广泛的实地考察，进一步提出了利用广东湛江、海南岛及云南元谋县等地的气候条件进行春小麦冬季繁殖的设想，并经过试种获得了成功。至此，金善宝经过四五年的努力，利用我国自然地理条件，终于实现了他多年来想使小麦一年繁殖三代的美好愿望。

（原载于《科学家的故事》，学苑出版社1990年12月出版）

摘取数学皇冠上明珠的人

——数学家陈景润的故事

陈景润（1933—），男，著名数学家。中国科学院数学研究所研究员，中国科学院数学物理学部委员、中国数学会常务理事。他于1973年在《中国科学》上发表的证明哥德巴赫猜想“（1+2）”的著名论文，得到国内外数学界的高度评价，在国际上被公认为“陈氏定理”。1983年他因证明哥德巴赫猜想而荣获全国自然科学一等奖。

播在心中的种子

陈景润向哥德巴赫猜想的进军并非出于一时的心血来潮，早在青少年时期，他的心中便播下了这道世界著名难题的种子。

那是他在英华中学念高中的时候，有一天，数学老师沈元先生给同学们讲了数论中的一道著名难题。他说，德国有一位数学家叫哥德巴赫，他于1742年发现，每一个大于或等于4的偶数都可以写成两个素数之和（例如8可以写成3与5之和，12可以写成5和7之和）。他对许多偶数进行了验证，都说明这是正确的，但却没能够证明它。两百多年来，数学家们都在试图证明这个猜想，却没有成功。沈老师接着说：“自然科学的皇后是数学，数学的皇后是数论，哥德巴赫猜想则是皇冠上的明珠。”

如此简单的数字组合却这样难以证明，同学们都惊讶地瞪大了眼睛。有的同学说：“这有什么了不得，我们来做，我们做得出来。”老师笑了。他说：“真的，昨天晚上我还做了一个梦呢，梦见你们中间有那么一位同学，他不得了，证明了哥德巴赫猜想。”同学们“轰”的一声大笑起来。

第二天上课，有几个平素很用功的学生兴冲冲地给老师送上了答题卷，说他们已经把那个难题做出来了。老师看也不看地说：“你们这些卷子我用不着看，你们以为那么容易证明吗？你们这是想骑着自行车到月球上去。”课堂上又爆发出一阵大笑，连那几个交卷的同学自己也笑了。陈景润没有笑，他只觉得这个猜想是那么吸引人，而又那么深奥。他暗暗地下了决心，将来一定要攻克这座堡垒。

沈老师在陈景润的心里播下了哥德巴赫猜想的种子，谁能想到，他的梦想在二十年后却真的变成了现实。

一份重做的试卷

科学上的任何成就都不是仅凭热情和愿望就可以取得的，它需要扎实的基础知识、严格的专业训练和严谨的治学态度。在这方面，陈景润是深有体会的。

他在大学学习“微积分”课程时，作业常写得比较简单，缺乏必要的演算过程，因而引起了老师的怀疑：会不会是抄袭别人的？老师拿着作业到宿舍找到了他。他急忙打开抽屉，翻出了一叠杂乱的草稿，交给老师。老师从头到尾仔细看了一遍，发现演算还是挺详细的，就是写得过分简单了。于是告诉他以后一定要写清必要的步骤。他连声应是。

后来在一次考试中他又发生了类似的情况。他的考卷虽然没有什么错误，但是答案太简单，不能说明问题。老师把他找了去，对他说：“这次考的问题你到底懂了没有，从考卷上看不出来，请你再做一遍吧！”这样，陈景润又重做了一份试卷。第二份考卷递了上去，老师看后点了点头，略为沉思一下，提起笔来在原来考卷的右上角打了分数：98。老师语重心长地对他说：“你答得全对，本来可以给100分，但写得不清楚，应该扣两分。如果不是找你问，可能不及格了。以后自己写文章，也要注意表达清楚，否则你自己虽然懂了，人家还是看不懂。”

这两件事在陈景润的记忆中留下了深刻的印象。他后来在回忆这些事情时说：我就是这样在严师的一再督促下，逐渐培养起了严谨精细的治学态度。后来我所以能在研究哥德巴赫猜想方面做出成绩，是与这些好老师以及他们的辛勤劳动分不开的。

一个如愚似痴的怪人

关于哥德巴赫猜想的证明，直到20世纪20年代才有了一些进展。挪威数学家布朗用经过改进的筛法证明了每一个大偶数是两个“素因子都不超过九个的”数之和，即证明了（9+9）。其后，数学家们先后证明了（7+7）、（6+6）、（5+5）、（4+4）、（3+3），1958年，我国数学家王元证明了（2+3）。但是上述的结果中都有一个弱点，就是其中的两个数没有一个是可以肯定为素数的。1948年，匈牙利数学家兰恩尼开创了（1+e），后来，数学家们先后又证明了（1+5）、（1+4）、（1+3）。摆在陈景润面前的任务就是要证明（1+2）。然而，就像攀登一座险峰那样，越接近顶峰，路途越艰险，困难越大，每走一步都要付出巨大的代价。

陈景润开始向（1+2）进攻了，他把全身心都沉浸在充满公式、数字和符号的世界中，忘记了周围的一切。在将近十年的时间里，他不分节假日和星期天，也听不到上下班的铃声，经常看资料文献和演算到深夜，有时一天只睡三四个小时，甚至一口气干到第二天早晨。

有一次，他边走路边思考题目，想入了神，一头撞到了一棵大树上，头上碰出了一个大包，而他自己却没有觉察，一边用手摸着额头，一边还埋怨别人撞了他。还有一次傍晚时分，他在数学所的书库里看书看得入了神，竟忘记了下班时间。等他猛然想起到下班时间了，却发现出不去了，门被反锁上了。没办法，他只好打电话给李书记求助。李书记在电话里幽默地说：“噢，又忘记吃饭了？好，我去找管理员同志。”当李书记和管理员来到书库时，他还在全神贯注地阅读资料。

类似的笑话闹得多了，数学所的同志都说他是个怪人。然而正是这个如愚似痴的怪人，最后终于攻克了证明哥德巴赫猜想（1+2）这个堡垒。他的论文发表后，在国际上引起了强烈的反响。美国科学院副院长于1979年在美国数学会通告期刊载文说：“近年来，那里所得到的杰出成果是陈景润的定理。这个定理是当代在哥德巴赫猜想的研究方面最好的成果。”英国著名数学家哈伯斯坦和李希特在其合著的《筛法》一书的序言中说：“‘陈氏定理’构成了筛法理论的光辉顶峰！”

（原载于《科学家的故事》，学苑出版社1990年10月出版）

数学巨星是这样升起的

——华罗庚青少年时的故事

华罗庚（1910—1985），中国著名数学家。曾任清华大学教授，中国科学院数学研究所所长，中国数学学会理事长，中国科学院数理化学部主任，学部委员，中国科学院副院长。他在数论、代数、多复变函数论等方面有着深刻的研究和卓越的贡献，著有《数论导引》《堆垒素数论》《高等数学引论》《典型域上的调合分析》《从单位圆谈起》等数十种专著及大量的科学论文，在国内外享有很高的声誉。

独立思考的“罗呆子”

一个有成就的科学家，一般都具有善于独立思考的心理品质。华罗庚从少年时就显露出了这方面的特点。他上中学时，常常“呆头呆脑”地想问题，人们觉得他好笑，就给他起了个“罗呆子”的绰号。然而他的才能却被一位独具慧眼的数学老师王维克发现了。

王维克是一位很细心的老师，他在批改作业时发现，华罗庚和一般的学生不一样。他的作业写得很不工整，解的题作了许多涂改。乍看上去，这似乎是个很不用功的学生，可是，王维克老师仔细研究了华罗庚涂改的地方后惊奇地发现，那些涂改的地方正反映了他在解题时探索的多种路子。从此，王维克老师对他另眼相看了。课余时间，王维克常常对他悉心指点，循循诱导，还借书给他看。有一次，王维克借给他一本美国人著的微积分教科书，不料，华罗庚当天就送还了。王维克以为他是跳着看的，就提了几个问题问他。没想到，华罗庚竟对答如流，甚至把书中的印误之处也指了出来。就这样，在王维克老师的帮助和鼓励下，华罗庚超出了课堂讲授的范围，在数学的广阔领域里驰骋起来。

然而，任何一项创造发明的取得，不仅需要独立思考的能力，更需要锲而不舍的努力。一天放学后，华罗庚兴冲冲地来到王维克老师家，将自己的一篇论文交给了他。王维克一看，竟是数论中一道世界著名的难题《福尔玛最后定理之证明》。“我已经寄给各个大学请批评，也请王先生批评！”华罗庚得意洋洋地说。他满以为会得到老师的赞许，没想到却受到了批评。“福尔玛提出的定理要得到最后的证明，不是一件轻而易举的事。”王维克望着华罗庚殷切而又严肃地说：“你的证明所依据的公理似是而非，所以不能成立。我希望你不要急于求成，更不要灰心，要有坚韧不拔的精神，用你的智慧和汗水去铸造钥匙，争取有朝一日把这些锁打开！”王维克老师语重心长的一席话，使少年的华罗庚深受教益。从那以后，他以“独立思考，锲而不舍”这八个字作为自己的座右铭，在数学王国里取得了一项项令人瞩目的成绩。

烧“天书”的故事

在华罗庚成了举世闻名的数学大师后，一本外国数学杂志刊登了这样一幅漫画：他的父亲手持一根烧火棍，威胁儿子要把数学书扔到火炉里烧掉，华罗庚却把书死死抱在胸前左右躲藏着。这幅漫画并非虚构，而是反映了华罗庚少年时期在极端困难的条件下刻苦自学的一段真实而又令人心酸的故事。

初中毕业后，华罗庚考取了上海中华职业学校。但是在民不聊生的旧社会，他家的生活一天比一天困难。最后，他的父亲实在拿不出一学期50元的学费了，他被迫退学，回到了父亲开的那间只有一间门面的小杂货店里，挑起了全家生活的重担。贫困夺去了他学习的机会，但却并没有夺去他学习的意志。从此，他在艰难的困境中开始了顽强的自学生涯。

白天，他站在柜台后面呆呆地给顾客们拿着一卷卷灯草，一根根针，一支支香烟，顾客一走，他就埋头看书和演算起来。晚上吃过晚饭，他一头扎进自己那间小木板房里，继续攻读起数学来，一直到深夜，无论是寒冬腊月手脚冻得冰冷发僵，还是盛夏酷暑浑身上下汗流如注。他一年四季每天坚持自学十个小时以上，有时一天只睡四个小时的觉。华罗庚完全沉迷在数学的王国里，以致闹出了不少笑话。有一天一位老乡走进店门问：“多少钱一支线？”

这时，全神沉浸在数学中的华罗庚，头不抬，手不停，把刚刚在香烟盒上演算的结果脱口而出，“853729！”

“多少钱？”

“853729！”

买线的老头诧异地问：“一支棉线怎值这么多钱？”一气之下扭头走了。

还有一次，华罗庚正全神贯注地看书，一位顾客来买东西。他心不在焉地算错了账，多付给了那位顾客一块大洋。待他发现后追出去时，顾客早不见了踪影。

这样的失误和赔本发生了多次，他的父亲不禁怒火中烧，三番五次要从他手中强行把“天书”夺过来，一把火烧掉，以除掉儿子发呆的祸根。烧掉他的书就等于烧了他的心，华罗庚死死地抱着书不放。有一次心疼至极，竟当场晕了过去。

后来有一件事使他父亲永远打消了烧“天书”的念头。有一年秋季，华罗庚跟随父亲到茧场给人盘点蚕茧。父子俩整整用了一天加大半夜的时间才干完，华罗庚又困又累，不知不觉靠在一边睡着了。睡梦中，忽然被满屋的烟雾呛醒了。他睁眼一看，只见香炉里冒着浓烟，地上黑压压跪了许多人，口里念念有词，磕头如捣蒜一般。

“出什么事了，阿爸？”

“唉，两本账碰不上，差了上千块钱呢！”他父亲哭丧着脸说。

华罗庚跟老板说了一声，然后拿过账本算盘，噼里啪啦地打了起来。也就一顿饭功夫，他合上账本说：“账货相符，一文不差。”

伙计们又仔细算了算，果然分毫不差。

“没想到罗呆子还是个活算盘啊！”大家全都笑逐颜开了。

他父亲在一旁美滋滋地望着儿子，心想：那些“天书”到底没白念。从那以后，他再也不提烧“天书”的事了。

“真是英雄所见略同啊”

华罗庚在极为困难的条件下自学了高中三年和大学初年级的全部课程，并且创造了一种简便算法——直接法。有一天，一个喜欢研究中国古代数学的街坊走进了小店，掏出一盒火柴往柜台上一撒说：“远近都说你会神机妙算，我来考考你。”那人一面摆火柴，一面说：

“我只要知道这三三根剩二，五五根剩三，七七根剩二，就能知道总数是多少，你行吗？”

华罗庚瞧着那人满脸得意的神色，慢条斯理地回答说：“总共二十三根火柴！”

那人惊呆了，半晌问道：“你怎么知道？”

“我是这么想的，三三数之余二，七七数之余二，余数都是二。因此，这道题的公式可能是：三乘七加二等于二十三。用五除之恰余三。所以二十三就是所求之数了。”

“你看过《孙子算经》吗？”

“没有。我是用自己的‘直接法’算的。”

“呀，这是《孙子算经》上著名的中国剩余定理，你和孙子真是英雄所见略同啊，佩服！佩服！”说完，收起火柴，像一只败阵的公鸡一样，灰溜溜地走出了店门。

一篇脱颖而出的论文

华罗庚十九岁的时候，在一本《学艺》杂志上看见了苏家驹教授的一篇论文，题目是《代数五次方程式之解法》。仔细读后，他发现这位教授的解法是不对的，于是准备写篇文章予以纠正。但是自己这样一个无名小卒能不能批评大名鼎鼎的苏家驹教授呢？他把自己内心的疑虑告诉了王维克老师。“当然可以，”王维克鼓励他说，“就是圣人，也会有错误。”于是，华罗庚写出了《苏家驹之代数的五次方程式解法不能成立之理由》这篇论文，并且投寄上海《科学》杂志发表了。

这篇论文像一颗划破长空的新星，惊动了一位著名的数学大师——清华大学数学系主任熊庆来教授。熊庆来教授反复读了这篇论文，对作者在论文中表现的智慧和勇气极为赞赏。爱才如命的熊庆来教授了解了华罗庚的情况后既同情，又感动，他亲自设法说服了学校和有关当局，聘请华罗庚到清华大学工作。就这样，华罗庚从助理员到助教，一步步登上了清华大学的讲台。进入清华园的四年时间，华罗庚在国外各种数学杂志上发表了十几篇关于数论方面的论文，成了蜚声国际的青年学者。一颗数学王国的光芒四射的巨星就这样升起了。

（原载于《科学家的故事》，学苑出版社1990年10月出版）

几段年少事　一片爱国情

周尧（1912—），昆虫学家。曾任西北农业大学教授，北京自然博物馆研究员，中国植保学会、中国昆虫学会、中国科学技术史学会理事，《昆虫分类学报》主编，天则出版社社长，圣马力诺共和国国际科学院院士等职。他主持的小麦吸浆虫的研究工作，曾在1978年全国科学大会上受到表彰奖励。主要著作：《实验昆虫学》《中国昆虫学图志》《普通昆虫学》《昆虫分类学》《农业昆虫学》《中国早期昆虫学研究史》《中国盾蚧志》（三卷）、《中国昆虫学史》。后二著作分别获全国优秀图书一等奖及首届全国科技史优秀图书一等奖。他的名字载入了英国《国际名人传记大字典》。

少年投军梦

周尧是一位有着强烈的民族感和爱国心的科学家。早在少年时期，他就受到进步思想的影响，有过一段向往革命投军北伐的故事。

那年他13岁，离家到三十里外的咸祥镇读高小。学校里有两位老师，一位叫黄国材，一位叫黄国梁，是兄弟俩，负责教授他们的语文、历史和地理。他从两位黄老师那里了解了鸦片战争、太平天国革命、甲午战争、百日维新、辛亥革命、五四运动等重大历史事件的经过和意义，也懂得了一点民主革命的道理。两位老师悄悄告诉他：中国革命的摇篮在广州。这些在他年幼的心灵里点燃了救国救民向往革命的激情。

不久，这两位老师被学校以“思想有问题”为由解聘了，接替他们的教师是两个市侩，尽干坏事。他和同学们罢课反对，结果受到了学校的“警告”处分。他心里想，学校要办好，一定要革命。于是他只身出走，只带了四角钱，想到广东去投奔北伐军。他计划第一站先到象山，找两位黄老师出出主意。

那一天他天没明就出发，顶着烈日走了二十多里，中午只买了一个甜瓜充饥解渴。到象山港渡口时，起了大风。风浪把他乘的渡船一会儿抬到一丈多高的浪峰，一会儿又抛到深深的浪谷。同船的人一个个惊恐万状，吓得面无人色，少年周尧却为未来的新生活所鼓舞，全无惧色。他站在船头，迎风唱着："大鹏呀，飞吧！飞出幽谷便是广大的天涯！"

船到彼岸后又走了一段路，天黑时终于找到了黄老师的家。两位老师见到他非常惊奇，问明了缘由后就留他住了下来，待慢慢商议。没想到第二天傍晚他父亲却跟踪追来了。见到平时十分严厉的父亲，周尧原想免不了要挨一顿毒打。没想到父亲一句也没有责怪他，脸上却挂了两行泪珠。

那天晚上，他假装睡着，听到黄老师断断续续地对父亲说："这孩子学习好、品质好、有正义感……该让他继续读书……"第二天，黄老师对他说，"跟你父亲回去吧！参加北伐军你年纪太小了，还没有步枪高呢！北伐胜利以后，国家还要建设，好好念书吧！"

周尧投军的梦想就这样破灭了，他当时曾写了一首诗抒发情怀：

象港风狂海浪汹，颠簸片舟渡顽童。
阻程岂为双亲泪，魂魄何时到广东？

投军虽未能实现，但这段经历却深深留在了他的记忆里并且对他后来的生活产生了积极影响。

"中国的爱国主义者"

周尧十分热爱自己的祖国。他曾经说过，"一个人若是没有祖国，就失去了人的尊严和做人的权利！祖国，我愿为她的安全与荣誉而斗争！"他在意大利留学时经历的几件事就体现了他这种爱国主义的精神。

佩鲁贾是意大利一个古老的山城。有一次，当地一家餐厅举行跳舞晚会，一些人化装成中国人，丑态百出，并且把照片展览在餐厅的门外。周尧看到后十分气愤，就和同学邀请了在当地留学的各国学生代表和新闻记者，举行了一次晚会，对餐厅的事提出了抗议。当地报纸发表了他们晚会的消息和照片，迫使餐厅来人道歉，撤去了展出的照片。以后报纸还单独登载了周尧和他的好友彭泰尧的照片，给他们加了“中国的爱国主义者”的头衔。从那以后，他们傍晚在大街上散步时，常有相识和不相识的人向他们致意。

在那波利，他和同学、同事以及所接触的其他当地人民之间建立了深厚的友谊。连他们吃饭的小饭馆的服务员，如今还来信问候他。但由于旧中国国际地位的低下，他在那里也常受到一些不相识的鲁莽小伙子的侮辱，他总是不甘示弱地把他们教训一顿。有个青年法西斯党员，把他当作了日本人，对他说：“你们日本人了不起，把好大的中国一口吞下去了。”他一拳把对方打倒在地说：“我们中国人了不起，也将这样把帝国主义打出去！”那小伙子明白了他是中国人，赶紧爬起来跑了。后来小镇上的人见到他，往往向他伸出大拇指，喊一声：“中国人好！”

“七七事变”后，周尧毅然离开了意大利，回到了多灾多难的祖国。临别时他在好友彭泰尧的纪念册上题了这样的字句：

不要留恋异国的“天堂”，
要回到地狱的祖国，
要在祖国的地狱上，
建立起自己的天堂。

蜀道难

从事昆虫研究，经常需要去野外考察，采集标本。野外考察不仅生活艰苦，而且十分危险。为了祖国的科学事业，周尧数十年来不避艰险，踏遍了祖国的山山水水，丛林草滩。他年轻时在川康一带进行的一次科学考察历经艰险，至今想起来仍然记忆犹新。

川康一带道路险阻，诗人李白在诗中说“蜀道难，难于上青天”，确实一点不假。有一次，他们骑马走在一条新修的山路上，上下都是悬崖峭壁，头几乎擦到了路旁的悬崖，稍不小心掉下去就会粉身碎骨。忽然前面出现一条山沟，把小路切断了。怎么办？绕不过去，架桥也来不及。周尧鼓了鼓勇气，把马退回几十米远，猛一加鞭，马便沿着陡峭崖壁飞奔起来。他两手紧抓缰绳，不敢侧眼向崖下看，临到沟前，两腿猛一夹马肚，马一下越过了山沟，他也出了一身冷汗。后来有一匹马没有跳过去，跌下悬崖摔死了，幸好马上没有载人。

最危险的一次是过大渡河的一个支流。河水很急，波涛滚滚，水底是长满青苔的大石头。没有桥，也没有船。只能涉水而过。他骑在马上往河心走。没想到水很深，水底的大石头又太滑，马站不住脚，只能半浮半踏地跳跃着前进。这一来，马鞍就松了，他连人带鞍都被翻到了水里。他吃了几口水，钻出水面后，赶紧抱住了马脖子。就这样漂了几十米才渡过了这条河。

还有一次他们雇了马帮的马。那马从未被人骑过，只经常驮着用生牛皮包起的盐巴，走荆棘丛生的小路。周尧骑在马上，那马习惯地又向小路走。他拉住马缰不让它走，马不听指挥，反而乱跑起来。眼看前面的荆棘快扎到脸上了，他赶紧把身体向后倾，不小心一下子跌下马来，脚却被挂在作为马镫用的皮带上。那马拖着他沿着向下的石阶跑，他的头在一级级石阶上碰来撞去。他急中生智，赶紧抽出猎刀割断了皮带，才算脱了险。

这次考察虽然经历了许多风险，但收获很大。他采集制作了许多昆虫标本，为日后从事昆虫研究积累了大量的资料。更重要的是，他体验到一种为祖国的科学事业而献身的喜悦。为了表达自己这种感情，他在贡嘎山海拔4500米的高度上，用捕虫网在厚厚的积雪上写下了四个大字：祖国万岁。

（原载于《科学家的故事》，学苑出版社1990年10月出版）

赤子之情

——记女药学专家陈兰英

一个戴了二十二年“右派”帽子的知识分子，在她的右派问题得到改正时提出的唯一要求，是申请加入中国共产党。如今，她已经成为一名光荣的中国共产党党员。她就是首都医院药剂科主任陈兰英同志。

1944年，陈兰英从华西大学制药系毕业了。然而在那黑暗的年代里，毕业就是失业。她从四川到青岛，再到北平，奔波了几年，最后总算在协和医院药房谋到了一个位置。协和医院从不录用结过婚的女子，她为此不得不隐瞒自己已婚的情况。但是不久，她发现自己有了身孕。她慌了，顿时感到前途茫茫。正在这时，北平和平解放了。当她产后怀着惶恐的心情回到医院后，她惊讶了。她不但没有被解雇，而且没受到丝毫的训斥。慢慢地，她明白了，世道变了，共产党解救了她。

1950年，陈兰英被任命为协和医院的药房主任。她做梦也想不到，党对她这样一个旧社会过来的知识分子，竟会如此信任。她决心努力工作，报答党的恩情。她早来晚走，潜心钻研，建立了一整套的药品管理与发放制度，药房工作搞得有声有色。为了粉碎美帝国主义的药品封锁，她经过反复试验，研制成功了皮肤科急需的煤焦油制剂，并推广全国，一直应用到现在。她为党和人民做出了贡献，党和人民给了她一系列的荣誉。她先后被选为“人代会”和“妇代会”的医药界代表，受到了很多表彰和奖励……

正当陈兰英同志满怀对党的感激之情努力工作时，晴天一声霹雳，1957年的“反右”斗争把她打成了右派。她被撤掉了药房主任职务，工资连降四级。陈兰英感到委屈、痛苦，但并没有消沉下去。她深知没有党就没有她陈兰英，相信党一定会把一切搞清楚。于是她把全身心投入到药剂研制工作中去。

在辛勤的耕耘里，汗水结出了丰硕的果实。在这期间，她配合临床需要制作了数百种制剂，发表了十几篇学术论文，取得好几项科研成果。她将二甲基亚砜加入九氟氢化可的松中，大大提高了原药品的疗效，她用二甲基硅油制成的防护接触性皮肤病的新药“硅霜”，效果比有同类作用的凡士林好得多……她默默无闻地在药剂科学的沙漠上开垦着一块块绿洲，但是却没有享受这些荣誉的资格。对此，她全不放在心里。她相信，党是会理解她的。

十年动乱中，陈兰英不可避免地又受到了新的冲击，她隐隐感到，正在经历着一场从未有过的考验。她从个人的小天地里跳了出来，开始为党和国家担忧了。

当陈兰英看到，由于“文化大革命”冲垮了一切合理的规章制度，使得医院药剂工作上违章及不合理用药以致造成事故的现象十分严重时，下定决心改变这种状况。她集中研究了当时全国普遍存在的大输液污染问题，找出了原因及预防方法。在化工部召集的“大输液质量会议”上，陈兰英作了“大输液污染的危害”的报告，引起了全场的热烈反响。随后，她在一年多时间里又应邀去广州、贵阳等十四个城市作了五六十场报告，并深入实际具体指导。过度的劳累损害了她的健康，在广州她带病坚持工作，几乎晕倒在去机场的路上。但是，经过她的努力，大输液的设施和制度得到了健全，污染和反应大大减少。

党的十一届三中全会的春风吹开了陈兰英那被冰雪覆盖着的心。1979年，当党委负责同志向她宣布改正她被错划右派的问题，恢复她药剂科主任的职务时，她的心颤抖了，感情的闸门再也关闭不住，泪水像潮水般涌了出来。

党委负责同志亲切地问她有什么困难和要求，她鼓了鼓勇气问道：“我能申请入党吗？”党委同志的眼睛湿润了，用力点了点头，她的眼里闪出了泪花：“这是我唯一的要求。”不久，陈兰英向党组织正式递交了入党申请书，她在申请书中写道：“我要以一个党员的标准要求自己，党怎么说，我就怎么做！”

陈兰英以改革者的姿态投入到新的工作中去．她发动群众建立了岗位责任制、劳作考勤制、药品管理制等一系列规章制度，敢抓敢管，不怕得罪人。家里人劝她不要太认真，免得以后来了运动又要挨整。她说：“我不为名，不为利，只为工作，有什么可怕的！”

经过“文化大革命”，药剂科的业务力量受到了很大损失，按医药人员比例全科应定员八十人，而实际只有六十人，而且大部分没有受过专业训练。这样的状况怎能适应“四化”要求！陈兰英决定自办中级药剂班，她顶住了各方面的压力，克服了重重困难，亲自请教师、订教材、找教室，从制订教学计划到领桌椅板凳，全是自己干。两年后，第一期学员毕业了，药剂科的面貌改变了。

陈兰英已是年过花甲的老人，但是在她身上却有一种不可遏制的青春活力。除了岗位工作，她还兼任了许多社会工作。去年，她利用假期两次组织并参加了我社的智力支边活动，受到边疆地区的热烈欢迎。去年，她被评为北京市“三八红旗手”。有人问她为什么会有这么大劲头，她回答说：“党给了我第二次生命，我要把它献给党。”

（原载于《红专》1984年第7期）

春蚕丝不断　丹青五十年

——访工笔重彩画家潘絜兹

潘絜兹是我国著名的工笔重彩画家。他的画工整妍雅，有鲜明的个人风格，色彩鲜艳而不染尘俗，线条繁复而层次分明，处处洋溢着民族的自豪感和进取精神。最近，我有幸参观了中国历史博物馆等单位为他举办的“潘絜兹从艺五十年回顾展”，深为这位老艺术家半个世纪以来在工笔重彩绘画艺术上的矻矻追求及所取得的成就所感动。怀着这样的感情，我走访了他。

潘老在他的画室里接待了我。一进画室，首先映入我眼帘的是悬于画案之上的写有“春蚕画室”四字的匾额，我不禁有些异然：潘老为何以“春蚕”命名画室？潘老好像并设有发现我的异然，寒暄过后，我们的话题自然转到这次回顾展上。“我想请您谈谈，几十年来您是怎样在工笔重彩之路上追求的。”我说明了来意。潘老沉思着，陷入了对往事的回忆之中。

“1915年，我出生在浙江省宣平县一个青山环抱、绿水环绕的小山村中。童年，我对村庙壁画有着浓厚的兴趣。那些正襟危坐的神像、威风凛凛的门神吸引着我，我曾用薄纸把它们勾画下来。稍大一些，我开始描画父亲藏书中的插图、香烟盒上的画像。我不曾觉察，彩绘艺术之神已经叩开了我的心扉……”潘老娓娓谈着，把我引上了他的艺术征途。

1927年，潘老考入杭州安定中学，有了正式的美术教师张鹿山先生。然而，决定潘老与工笔重彩结下不解之缘的还当归于投师徐燕孙先生。1932年，潘老考入北平京华美术学院，不久成为领衔北方人物画坛的徐燕孙先生的传派弟子。徐先生画风出入宋元，工写兼精，他作细密之画，随手勾描，毫发不爽。这高超的技艺，为潘老工细缜密而又随心所欲的艺术功力奠定了基础。在京华，潘老除临徐先生画稿，还临过宋人《朱云折槛图》《袁盎却坐图》《五王醉归图》等，这使他入手明清，上窥宋元，逐步升堂入室了。

不久，“七七事变”爆发，潘老流离失所来到南充，但是他对工笔重彩的热恋之心并未泯灭。此时，敦煌发现壁画的消息传来，燃起了他多年郁结在心底的炽烈之情。晋唐之际，这是工笔重彩的黄金时代、妙龄之年，他多么想瞻仰一下自己所崇拜的艺术女神的青春年华、丰姿神韵呀！然而此时他已有了家室，拖家带口，身无分文，如何成行？他决定沿途卖画筹资，如唐僧取经一样去敦煌朝圣。这是何等艰难啊。他常常一手抱着婴儿，一手拿笔作画，起早贪黑，废寝忘食。花了两年多时间，画了几百张画，他终于安家兰州，只身来到敦煌。那时的敦煌，一片荒凉破败景象。他和其他几个虔诚的艺徒，栖身石窟，油灯照明，工作和生活条件十分艰苦。然而，对于一个痴恋着艺术之神的人来说，这一切又算得了什么呢？当他置身于洞窟中那浩瀚的壁画之海中时，简直眼花缭乱，如醉如痴了。在这里，顾（恺之）陆（探微）的秀骨清像，阎（立本）吴（道子）的奇志不穷，张（萱）周（昉）的曲眉丰肌、贯休的胡貌梵相等华夏艺术的精粹，接纳和融合着古印度刚健的犍陀罗式和柔美的崛多式艺术，古波斯细密的装饰风格的萨珊朝艺术，甚至东罗马的拜占廷艺术和欧洲的湿壁画工艺，组成了一条联结东西方艺术的锦带，达到了中国彩绘艺术的顶峰。他如同饥渴的婴儿贪婪地吮吸着母亲的乳汁一样从壁画中汲取着养料，珍惜分分秒秒，不放过每一寸粉壁。有一次从梯子上摔跌下来，当场昏厥过去，醒后怕看病耽误时间，忍着胸口的疼痛继续临摹……

潘老的叙述深深感动了我，我不禁问道：“您为什么如此执着地在工笔重彩艺术上追求呢？”

潘老深情地说：“我热爱她，崇拜她。从历史上看，是她哺育了中国的绘画艺术。无论是新石器时代彩陶上规整的图案，还是战国西汉时期帛画上浓丽的色彩，都是她的大手笔，没有她，水墨写意就成了无源之水、无本之木。从现实看，人民丰富多彩的生活需要她，无论是衣着穿戴，日用器皿，还是室内装潢、环境美化，都离不开她，更不用说艺术欣赏，人民希望她把生活装点得更美好。但是自宋元以来，工笔重彩渐衰，水墨写意崛起，中国画的优秀传统没有继承下来，中国画的发展长期处于不平衡状态。我几十年来不懈追求，就是为了复兴工笔重彩艺术。”

潘老确实是这么做的。水墨写意自宋元兴起至今已发展到相当高度，但工笔重彩从未突破过宋。潘老的敦煌之行，使他得以上追晋唐，领略到工笔重彩鼎盛时期的风貌，从而得以攀上那些徘徊于宋元明清之际者所无法达到的峰巅。但是，复兴不是复旧，继承并不是照搬。潘老从敦煌艺术中汲取了发展工笔重彩的真谛：不守家派而能博采众长，继承传统而又融贯中西。在后来的艺术生涯中，他不仅向敦煌学习，而且向民间学习，向日本浮世绘和欧洲印象派学习，熔古今中外于一炉，出真情实感于胸臆，形成了自己独特的艺术风格。从他早期的三联幅画《追》中，可以明显看出日本浮世绘的影响。至于他在解放后画的《葡萄熟了》《森林之曲》等反映现实生活的作品，则有着向民间艺术学习的痕迹。1955年创作的《石窟艺术的创造者》一画，可以看作是潘老继承传统、博采众长的代表。这幅画精妙地再现了敦煌艺术和创造这些艺术的伟大人民，获得了“一九八二年法国春季沙龙美展”金奖。

潘老认为，工笔重彩衰落的一个重要原因，就是宋元以来丢弃了晋唐时期注重意境创造的优良传统，而是临摹前人，注重技法，形成了一套固定的模式。因此无论是仕女还是花卉，像则像矣，但缺乏生命力，不能感动人。为了改变这种状况，近年来，潘老在古典题材的作品中，尝试将诗与画结合起来，创作了大量的诗意画。这些诗意画大多是组画，如《屈原九歌》《李白妇女诗》《诗人李白》《白居易长恨歌》《花与女》等。这些诗意画所追求的并非是形式上的相配，而是实质上的交融。它们是潘老在深入理解诗歌原意基础上情动于中而形成的，一色一线都浸透着画家的情感，展示着人物内在的情愫。

为了振兴工笔重彩艺术，潘老不仅在创作上进行探索，而且致力于理论上的研究。他先后出版了《敦煌莫高窟艺术》《敦煌壁画服饰资料》《绘画史话》《工笔重彩人物画法》等著作，为继承和发展我们民族的绘画艺术做出了自己的贡献。

新中国成立以来，古老的工笔重彩画逐渐焕发了青春，这里面是有着潘老的倡扬之功的。然而，潘老是怎样为复兴这一民族艺术之花而辛勤耕耘的呢？他说：“在旧中国，我为谋生做各种工作，只有失业时才是职业画家。新中国成立后，长期从事文物、博物馆工作和行政编辑工作，社会活动也很多，写作和画画都在八小时以外。我的许多作品都是深夜和清晨‘挤’出来的。我已年逾古稀，时间对我越吝惜，就越迫使我奋发。”望着这位老人，我不禁肃然起敬。此时，我想起了画家黄苗子为潘老所写的《“春蚕”赞》中的一段话：“一位艺术家，不为名，不为利，像一条春蚕一样，吐尽自己满腹经纶，是为了世人能穿上绮罗，增加世界的美好，这种精神，难道不值得敬佩吗？”我明白潘老的画室为什么要以“春蚕”命名了。

（原载于《红专》1985年第12期）

“世界和平使者”王林旭

在美国纽约联合国总部大厅里，一幅题为《和平万年》的巨幅中国水墨画卷深深吸引了每一个过往的人。画面上，50株墨竹苍翠挺拔、形态各异，象征着联合国成立50周年不平凡的历程，寄托着世界50亿人民对联合国维护和平、促进发展的良好祝愿。画卷长12米，蕴含着12亿中国人民期盼世界持久和平的美好愿望。这幅画是联合国成立50周年的贺礼，是联合国总部从征集到的世界各国一流画家的作品中精选出来的，作者也因此被联合国授予“世界和平使者”称号。他就是全国政协委员、九三学社中央联络委员会副主任、当代中国画家王林旭。王林旭自幼喜画，对竹有着特殊的感情。他认为竹子虚怀若谷、坚贞高洁、坚韧不拔，体现了中华民族的精神气质。他的东方墨竹，挺拔洒脱，高洁飒丽，形神兼备，意在笔中，达到了炉火纯青、出神入化的境界：近年来，他的作品被作为国礼赠给美国总统、日本天皇等70多个国家的元首和政界名流，深受赞誉。1992年日本天皇访华，中国政府赠予他的国礼是王林旭所绘题为《沁竹》的墨竹图。画中两根苍竹交叉而生，临风挺立，象征着中日两国一衣带水、文化同源的友好关系。明仁天皇爱不释手，将这幅画挂在他的皇宫里。

王林旭多次应邀出访美国、日本、法国、非洲等地讲学作画。他以东方墨竹连接中国与世界各国友谊，交流东西方文化，促进世界和平与发展，所到之处，受到热烈欢迎。在法国“法—中2000年协会”组织的中国画讲座上，王林旭泼墨挥毫，边画边讲，其挥洒自如的娴熟技艺令在场的90位法国政要和知名人士赞声不绝，报以热烈的掌声。为纪念中日邦交正常化20周年，应竹下登、渡边美智雄等日本政界、文化界邀请，王林旭东渡扶桑，以画会友，在日本掀起了一股墨竹旋风，并与日本前首相福田赳夫等成了艺友。

美国前总统布什曾称王林旭是“世界共同拥有的画家”。但这位出生于中国农民家庭的画家却始终把自己的一切成就和荣誉都归功于祖国。他深爱自己的祖国，不仅以自己的艺术为国服务，更通过民间外交活动为国建功。去年11月，王林旭应邀访日。在与日本前首相海部俊树、前副总理后藤田正晴等政要交谈中，王林旭深切感到中日两国老一代开创的友好事业需要年青一代来继承，他深感责无旁贷，为两国人民友好交往要多办些实事。通过积极联系推动，他促成了以日中协会常任理事村井隆为总团长的日本昆明世博会考察团访问昆明，并与云南省就开通大阪直航昆明的航线；日方设立云南经济协力会，为云南的经济发展招商引资；日方出资在云南开展“绿色和平计划”，在长江上游植树21万株等六个方面的友好合作达成共识。目前，“绿色和平计划”第一期工程植树2.1万株已开始实施。据测算，昆明世博会期间，将有1.9万日本游客通过大阪—昆明航线到云南。

丹青会友，墨竹报国。王林旭立志以艺术外交为祖国做出更大贡献。

（原载于《光明日报》1993年3月15日）

移风易俗　莫善于乐

——访中国音乐学院副院长张肖虎

1983年11月18日，在中山公园中山堂大殿里，“了解祖国、建设祖国”知识系列讲座第一讲《民族器乐简介及演奏欣赏》正在进行。这场别开生面的讲座，亦讲亦演，生动活泼。一位满头银发但却神采奕奕的老人主持了这个讲座。他那声情并茂、妙趣横生的讲话，深深地吸引了在场的青年听众。他就是九三学社北京市分社文教委员会副主任、中国音乐学院副院长、著名音乐家张肖虎同志。对这次音乐讲座张老是怎样想的呢？怀着浓厚的兴趣，我走访了他。

张老在他的家里接待了我。这位年近七旬的老人，耳聪目明，谈吐自如。了解了我的来意后，他爽朗地笑了起来：“古人云，‘移风易俗，莫善于乐’，我们这样做，也是为了清除精神污染嘛！”

谈到精神污染，张老的表情严肃了。他说：“早在第四届文代会上，邓小平同志就提出要在建设高度物质文明的同时，提高全民族的科学文化水平，发展高尚的、丰富多彩的文化生活，建设高度的社会主义精神文明。这里面，关键是‘高尚’和‘高度’两个词。”张老激动地说：“作为社会主义的文艺工作者，我们要无愧于人类灵魂工程师的称号，要提倡高尚健康的音乐。青少年良莠不辨，我们除了在政治上正确引导，还要加强美育教育，使他们了解什么是真正的美，自觉抵制精神污染。”

张老是这样说的，也是这样做的。几年来，他利用一切场合写文章、讲话，呼吁全社会加强对青少年的美育教育，抵制不健康的音乐。近年来，他几次在市内组织音乐鉴赏会，为中小学教育工作者演出、讲解，希望通过他们在青少年中传播健康的音乐，培养青少年高尚的审美情趣。

张老还是中国音乐学院学术委员会的副主任。在审查指导外出或出国演出的节目时，他总是严格把关，坚持健康高尚、民族性强的标准。他不追求票房价值，不迎合低级趣味，对一些不太健康的节目，坚决取消，并对演员进行耐心地说服，甚至不厌其烦地劝说某些学生不要留长发。

一年以前，张肖虎同志就曾在九三北京分社的有关会议上提出，希望在引导青少年开展健康高尚的音乐活动方面为社会多做一些工作。最近，当九三北京分社决定举办这个讲座并请他担任音乐这部分内容的领导和组织工作时，他十分高兴，亲自组织人员、确定节目，审查讲稿。他说："我们的讲课和演出是义务的，不搞'向钱看'。建设社会主义精神文明，首先要从我们自身做起。一个人民的文艺工作者首先要搞清他的艺术活动是为了什么。如果把艺术作为商品，那么就必然会出现粗制滥造、迎合社会上某些低级趣味的倾向。一个向党向人民负责的文艺工作者是不应该这样做的。"

谈到今后的打算，张老饶有兴致地说，这次讲座只是一个开头，今后他们还准备就音乐方面的其他内容再搞几讲。不仅如此，他们还准备深入到厂矿学校去，为开展健康高尚的文化活动，抵制精神污染多做贡献。

从张老家出来，他的话一直在我耳边回响。一阵猛烈的狂风吹过，树上的片片枯叶飘落下来。我想：没落的东西总是没有生命力的，而健康向上的事物必将蓬勃发展，迎来百花争艳的春天。

（原载于《九三北京社讯》1984年第1期）

《定位法舞谱》和它的发明者

千百年来，舞蹈的传授一直采取“口传面授”的方法，因此，优秀舞蹈失传的现象屡见不鲜。为解决这个问题，许多舞蹈艺术家曾做出不懈的努力，寻找科学记录舞蹈动作的有效方法。现今世界上共有一百多种舞谱，但是没有一种能够明确地揭示人体运动的规律，并运用定性、定量概念去分析人体动作，而大都是限于图画人形的感性认识范畴。

现在，这一重大难题终于被一对从事艺术事业的中年夫妇武季梅、高春林所突破。1984年元月，他们在北京宣布发明了一种《定位法舞谱》。这种舞谱从人体骨骼结构出发，以人体运动规律为依据，采用数学球面坐标系的基本原理，对于人体运动进行定位描述，只用十六个大小写的英文字母和八个阿拉伯数字，就能够描述出四百九十五万亿个以上的舞姿造型，准确地标示出任何人体动作的空间值。它与乐谱融合为一，成为一个完整的有音乐伴奏的舞谱，这样，舞蹈动作的时间值也科学地体现出来了。

追求之路

武季梅和高春林是两个有着强烈事业心的人，《定位法舞谱》的发明正是他们不断追求和探索的结果。

武季梅现是《舞蹈》杂志编辑部的一名编辑。她的父亲是位生物学教授，曾留学美国，但不幸在1957年反右派运动中被错划为“右派分子”，不久就含冤去世了。武季梅曾是中央歌舞团的一位骨干演员，担任过蒙古族《鄂尔多斯》等好几个舞蹈的领舞，还表演过难度较大的维吾尔族独舞《摘葡萄》，是一位很有艺术才华的专业人才。

高春林是中国音协的一名音乐理论工作者。同父异母的家庭使他自幼备尝了人世的辛酸，小小的年纪就不得不靠自己的劳动来支付学习费用，争得受教育的机会。他勤奋好学，立志要有所成就，做一个对社会有用的人。虽然十年动乱耽误了他学习和深造的机会，但并没有阻挡住他对事业的追求。

共同的理想和追求使他俩结合了。他们商定，为了未来的事业，婚后不要孩子。

1980年夏天，高春林在研究舞剧《奔月》的音乐设计时发现，现有的舞谱都不能用定量概念来描述舞蹈动作，因而无法进一步用专业语言去分析舞蹈与音乐的同步关系及情感关系。武季梅在撰写舞蹈评论时也感到，由于缺乏一种有音乐五线谱那样清楚而准确的舞蹈语言，评论往往不得不借用文学的比喻和形容的手法，对舞蹈动作进行感性的描写，而不能提到理性分析的高度。

高春林对妻子说："我们来搞个准确记录的舞谱吧！"

"舞蹈动作千姿百态，从哪里下手呢？"武季梅有些为难。

"不要从舞蹈动作的个性出发，要从共性上、从人体骨骼的结构出发去研究人体运动，只要找出规律，就好办了。"高春林指着窗外说："你看那起重机的铁臂，不是可以用坐标标出它的方位吗？"

武季梅的眼睛一下子亮了，她开始认真地思考起来。记忆的闸门开启了，以前跳过的六十多个舞蹈竞相在大脑中映现出来。她的脑海里充满着各种舞蹈的动作，有时甚至走在路上，也会下意识地动一动胳膊，摆一摆头，站在灶台前，她会突然丢下锅铲，记下头脑中一个新的闪念。她很少正经吃上一顿饭，两块白薯可以成为她的一顿午餐，一块生日蛋糕竟然成了她七天的饭食。不知过了多少个日日夜夜，她终于摸清了人体骨骼结构的连接关系，发现了"人体是在三种相互关联又各自独立的球体内进行运动"的规律。她将这些球体内进行的人体横向运动设计为方位圆（类似地球的纬线），将纵向运动设计为角位圆（类似地球的经线），将某些部位的自行转动设计为自转圆（类似地球的自转）。这样，人体每一动作在空间的位置，都可以像经纬线标志地理位置那样被标示出来。一个重大的发现就这样产生了。武季梅欣喜地把这一发现告诉了丈夫，他们共同商定将未来的新舞谱定名为《定位法舞谱》。

武季梅开始设计舞谱谱面了，高春林则忙着奔走于北京各大图书馆。他在查明研究了近四十万字的资料后确信：《定位法舞谱》的原理是科学的，是能够经受住考验的。

1981年底，他们完成了《定位法舞谱》的初稿。

报国之心

像许多发明创造一样，《定位法舞谱》被人们接受也不是一帆风顺的。

新舞谱脱稿后，他们打算在舞蹈界推广，向有关方面和部门作了汇报，然而没有引起充分重视。此时，他们在美国的一位友人建议把《定位法舞谱》拿到国外去发表。他们想：《定位法舞谱》和我们一样生在中国，长在中国，我们应该让它首先在中国的土地上开花。他们委婉地谢绝了友人的建议。

他们决定自己进行推广工作。他们自己花钱买纸，印刷和装订舞谱讲义，并四处登门拜访舞蹈工作者，免费奉送讲义；他们把对新舞谱感兴趣的人请到家里，讲解示范，直至深夜，还为他们准备了饮料、晚餐和夜宵。为了推行新舞谱，他们付出了全部心血和时间，用尽了积蓄，连录音机也变卖了。

随着新舞谱的推广，讥讽、嘲笑也在他们周围泛滥起来：什么“异想天开”呀，什么“一个疯子，一个骗子”呀……正在这时，远离北京的浙江舞蹈家协会闻讯后，邀请他们去杭州讲授新舞谱。他们欣然前往。虽然头几天里，讲学变成了答辩，学员们提出了各种各样的疑问，但是不久，听讲者就被《定位法舞谱》的科学性和严密性征服了。大家一致呼吁向全国推广这个新舞谱。

要推广这项发明，首先要得到一个权威性的鉴定。到哪里去鉴定呢？他们找到了以科技界中高级知识分子为主体的民主党派——九三学社。《定位法舞谱》的科学价值和武季梅、高春林的一片报国之心，引起了九三学社北京市委员会同志们的重视和支持。在九三学社北京市委员会的热情推荐下，中国科学院应用数学研究所为他们做了鉴定。《定位法舞谱》的科学原理被充分肯定了。

1984年1月6日，中国舞蹈家协会在北京隆重举行了《定位法舞谱》发表会。首都舞蹈界、科学界及有关方面的400多名专家学者和有关人员参加了大会。中国舞蹈家协会主席吴晓邦在会上说：“这是一项具有世界水平的发明，是我国舞蹈界创世纪的大事件。”并向他们赠送了玉马。北京市科协副主席陈明绍教授指出：“《定位法舞谱》体现了信息时代科学发展的特点和趋势，是人文科学与自然科学结合的一个创举。”

当年7月6日，文化部专门召开大会，表彰并奖励了武季梅、高春林。

成功之后

《定位法舞谱》发表后，全国各地的舞蹈团体纷纷邀请武季梅、高春林前去教授、讲学。首届国际动作谱会议主席道·李勒·赫威兹数次来电来信邀请他们参加会议并宣读论文。

《定位法舞谱》的意义远不止于舞蹈界。就在发表会后不久，一位《体育报》记者陪同一位武术教练来到了武季梅、高春林家里，想实际考察一下《定位法舞谱》是否能记录舞蹈以外的其他人体动作。这位教练做了几个武术动作，武季梅让一个学员将这几个动作用《定位法舞谱》记录下来，然后又找来了一个不在场的学员，当场视谱复现了武术动作。《体育报》在为此发表的消息中指出："《定位法舞谱》的问世已经超出了舞蹈界的范围，可以用于武术及其他体育项目的教学和科研。"

中国人工智能学会副秘书长、电脑专家刘尊全进一步指出，《定位法舞谱》科学简明，易于应用电子计算机对人体运动的各个领域，如舞蹈、体操、杂技、武术等进行开发研究，还可以在此基础上建立新的机器人运动语言，推进产业革命。

面对各方面的赞誉，武季梅和高春林并没有就此停步，而是开始了新的旅程。

为了尽快推广《定位法舞谱》，武季梅不辞劳苦，不计报酬，在北京、西宁、广州等城市传播新舞谱。短短一年多时间，全国29个省、自治区、直辖市中，就有近600名舞蹈、体操、杂技、武术、戏曲工作者学会了《定位法舞谱》，学习时间多者用28小时，少者仅用6个小时。

在武季梅辛勤传播《定位法舞谱》的时候，高春林正在着手做另一项工作。他利用业余时间刻苦学习计算机原理和操作方法，与有关科学家共同研究制定了"《定位法舞谱》引入电子计算机"的开发方案。现在，这项工作已经列为国家科委和文化部的重点科研项目并在顺利进行中。谈到未来的前景时，高春林充满信心地说："将《定位法舞谱》翻译为计算机语言后，输入舞谱，屏幕上就可以显示出图像，摄入图像，计算机又可以译成舞谱。这样就可以应用电子计算机记录、储存、分析、鉴定、设计舞蹈及一切人体动作，建立各种人体运动自动评分器，动画片自动生产线，还可以推动工业机器人的研制……还有许多科学研究项目等待着我们去完成。我们愿意和一切有志之士一起，共同为实现这些宏伟的目标继续奋斗。”

（原载于《中国建设》1985年第10期）

鲜花献给九三学社

1984年7月6日，在文化部召开的《定位法舞谱》表彰发奖大会上，当两名青年把手中的鲜花献给新舞谱的发明者武季梅、高春林后，人们看到他们转过身来，把一束鲜花献给了文化部副部长周巍峙，另一束鲜花献给了我社北京市委主委陈明绍同志。这时，全场爆发出一阵热烈的掌声。

他们为什么把鲜花献给九三学社？这还得从头说起。

那是去年下半年的事了。一天，我社北京市委的办公室里来了一男一女，女的自我介绍说："我叫武季梅，是九三学社已故社员武兆发的女儿，现在《舞蹈》杂志编辑部工作，他是我的爱人，叫高春林，在中国音协工作。前两年，为给我父亲落实政策，社里专门派人来看望我们并询问有什么困难和要求。为了不给组织增加负担，我们当时什么也没提；生活上的困难我们自已能克服。如今我们在事业上碰到了困难，只好回到'娘家'，请求社里帮助。"接着，他们详细地叙述了他们眼前的困难处境。

一年多以前，他们根据人体骨骼结构和人体运动的规律，按照立体几何球面坐标系的原理，创造了能够科学、准确、简便地记录一切舞蹈动作的《定位法舞谱》，从而结束了舞蹈界长期以来存在的以画小人的方法来记录舞蹈动作的口传心授的状况。但是，有关人员并没有认识到它的巨大意义，何况两个发明者又是名不见经传的小人物。一年多来，他们到处奔走，四处乞求，希望对舞谱进行鉴定和推广，但是有关部门却借口不懂科学原理而不予理睬，甚至连一封介绍他们去科研部门联系鉴定信也不给开。为了研制新舞谱，他们曾经废寝忘食，没日没夜地拼命，花了上千元钱，付出了大量的心血和时间，武季梅还因劳累过度险些被死神夺去生命。他们为了什么？"我们要求鉴定发表，不是为了个人的名利。"高春林激动地说，"早在《定位法舞谱》初稿刚完成的时候，我们在美国的一位朋友就提出把舞谱拿到国外去发表，我们婉言谢绝了。《定位法舞谱》属于祖国，我们要让它首先在祖国的土地上开花结果。”

听了他们的叙述，在场的几位社里的同志们心里很不平静。他们清楚地知道，九三学社只是一个以科技界知识分子为主体的民主党派，既非国家的科研机构，又非舞蹈的权威部门，怎样为他们鉴定呢？再说，两个发明者与九三学社既无行政关系，又无组织关系，师出何名呢？但是两位发明者为事业拼搏的献身精神，对祖国深挚的拳拳忠情，却深深打动了他们的心。他们对两个发明者的处境深表同情，并把这一情况向分社副秘书长范子昌同志作了汇报。范子昌同志指出，这是一项对国家有利的事业，我们应该尽力支持。后来，范子昌同志又把这一情况反映给陈明绍主委，得到了陈主委的充分肯定和大力支持。于是分社组织一方面给武季梅、高春林出具证明，介绍他们到科学院应用数学研究所；另一方面，又与我有关社员如科学院应用数学研究所所长秦元勋、中国音乐学院教授张肖虎、北大中文系教授阴法鲁、北医体育教研室副教授马汉卿等同志联系，希望他们对《定位法舞谱》提出鉴定和评价。不久，科学院应用数学研究所为武季梅、高春林出具证明，证明他们所应用的球面坐标系原理是起码的数学常识，用这个原理描述人体动作是科学、准确的。在这种情况下，有关部门同意召开《定位法舞谱》发表会。

1984年1月6日，《定位法舞谱》发表会在北京召开，我社北京市委主委陈明绍，秘书长王丙戌，副秘书长范子昌，社中央科教处处长青莱藻，社中央委员阴法鲁，北医支社副教授马汉卿及其他有关同志出席了会议以示关心和支持。陈明绍在会上讲了话，他对《定位法舞谱》给予了高度的评价，指出它为自然科学与人文科学的结合开辟了新的途径。发表会以后，我社有关方面的同志和专家陈明绍、秦元勋、张肖虎、阴法鲁、马汉卿等还分别为《定位法舞谱》写了书面的鉴定和评价。

《定位法舞谱》发表后，引起了各有关方面的高度评价和重视。中国科学院应用数学研究所副研究员刘尊全在给有关部门打的报告中指出：将《定位法舞谱》引入电子计算机，不仅能分析、鉴定舞谱，而且能记录体操、杂技、武术等一切人体动作并自动评分，进一步还可以建立机器人运动语言，促进产业革命。现在，这一项目已由国家科委拨专款组织人员进行研制。在这次表彰发奖大会上，文化部副部长周巍峙说：《定位法舞谱》的创立，使舞蹈事业发生了一个质的变化，对文化艺术的发展具有重要意义。武季梅、高春林的高度爱国精神和创造精神是值得我们每一个人学习的。

鲜花和赞誉包围着他们。但是每当人们询问他们的感想时，他们总是深情地说：是党的“四化”建设的总方针和知识分子政策激励我们创立了《定位法舞谱》，这也是与九三学社和社会上的其他有识之士对我们的支持和帮助分不开的。没有这些，也就没有《定位法舞谱》发表，没有今天的一切。我们要把鲜花和荣誉献给党，献给九三学社和一切支持帮助我们的人。

（原载于《红专》1984年第8期）

“千古之谜”的探索

——访中科院生物物理所副研究员祝总骧

早在两千多年前，我国最早的医学典籍《黄帝内经》上就记载了人的身体内有14条纵贯全身的经络，共300多个穴位。几千年来，我们的祖先一直按照这些经络穴位针灸治病，至今，针灸这一祖国医学的瑰宝已经蜚声四海，享誉五洲。然而人们不明白，一根小小的银针为什么会有这样奇异的效力，人们想知道，那个被称为经络的东西到底是什么。我们的祖先没有留下答案，现代解剖医学也没有找到根据。于是不少人觉得所谓经络只是一种主观的臆想和猜测，它根本没有物质存在基础。究竟有没有经络？这成了一直没有找到答案的“千古之谜”。

如今，这个“千古之谜”开始被揭开了。九三学社成员，中国科学院生物物理所副研究员祝总骧经过十多年的研究探索，用现代生物物理的方法证明，经络系统是可以观测的，人体普遍存在的，独立的客观现象。这一研究成果吸引了我，我怀着浓厚的兴趣访问了祝总骧先生。

祝先生在他的实验室内接待了我。他瘦长身材，两鬓飞霜，岁月在他清瘦的面庞上刻下了条条纹迹，但一双明亮的眼睛却闪烁着睿智而充满朝气的光芒。寒暄过后，我便开门见山地提出了问题：“您是怎样证明经络系统是客观存在的呢？”祝先生笑了，他打开幻灯，结合幻灯图片给我讲述起来：

早在20世纪70年代，我国的一些针灸工作者在临床实践中发现，有些患者在施行针刺穴位后，能产生循着古代经络线的感觉传导现象，这种现象被称为“显性循经感传现象”。尽管在1000个人中只有13个人有这种现象，它还是引起了祝总骧的兴趣。他想，能不能应用生物物理的方法，在一切人身上产生这种现象呢？他根据自己的想法采用电刺激穴位，结果使几乎所有的参试人员都产生了这种现象。于是他将这种现象命名为“隐性循经感传现象”，这条感传线命名为“隐性循经感传线”。当他把这条线路描绘出来后，发现其循行线路与古典经络图谱基本符合。这个发现鼓舞了他，他应用与别人合作设计的电子仪器再次测试，证实了经络确实具有特殊的电学特性。其后，他又和同事们一起发现了经络所具有的声、光方面的物理特性，从而进一步证实了经络是客观存在的……

幻灯关闭了，祝先生看到了我脸上将信将疑的神情，于是提议：“我们可以在你身上实验一下，这样你就可以获得切身的体验。”我欣然同意。于是祝先生将电极放在了我右臂的终端穴位，然后用一只特制的小橡皮锤在我的前臂上横向轻轻敲打，同时让我将听诊器放在上臂上倾听音响。每当祝先生进行一次横向敲打时，我都会在某一点上产生一种其他点所没有的异样感觉，同时耳中也听到一种与其他点略有不同的音响。祝先生在我的前臂上将这些点标志出来，然后连成一线。于是我看到了一条与经络图谱上前臂经络大致相符的一条线。“这就是一条隐性循经感传线。”祝先生微笑地对我说。

“可这只是我的主观感觉，并不是客观的证据啊。”我半开玩笑地说。

“对，你说得很对。”祝先生郑重地说，“我们开始的研究是以主观感觉描述为基础的。1978年后，我们与有关专家合作设计制作了一批新型的、能够反映经络特性的电子仪器。通过低电阻经络测试仪，我们发现与古老经络系统相吻合的‘隐性循经感传线’全部呈低阻抗特性，而且这些特性全部可以通过仪器显示出来。利用声信息探测以及计算机和频谱分析技术我们也能够将经络的特殊导音性记录下来。这样我们的研究就从主观描述进入了客观显示阶段。”说着祝先生将低电阻经络测试仪和声频分析仪接在我的穴位上，他用一支探笔在我的前臂上做横向扫描。当探笔的扫描轨迹与纵向的隐性循经感传线相交时，仪表的指示针立即向中摆动。接着他又用橡胶小锤横向敲击我的前臂，声频分析仪上就清楚地显示出隐性循经感传线与周围组织的声频差异。

我完全心悦诚服了，不禁想进一步了解一下这项研究到底有什么意义和价值。“意义太大了。”我的话音未落，坐在一旁的延安地区医院中医研究所的郝金凯大夫就把话接了过去：“我搞了40多年的针灸，过去扎针定位只是凭经验，这样就难免因定位不准而影响疗效。最近我们依据‘隐性循经感传线’和‘低阻抗线’定位取穴治疗口㖞、肺气肿和肺心病，临床效果大大提高。从宏观上看，这项研究成果不仅证明了我们祖先遗留下来的经络学说是确实的，而且使它建立在现代科学的基础之上。这样就为我们进一步研究针灸治病的原理，提高疗效提供了科学的理论和方法。总有一天经络系统会与神经和血液循环系统一样成为现代医学中不可缺少的一个内容。”

郝大夫的话启发了我，使我想起了祝总骧先生的研究成果在国内外引起的反响。1980年至1981年，卫生部和北京市科委、卫生局曾分别授予他科技成果奖，近年来，《人民日报》《光明日报》、中央人民广播电台、《文汇报》《健康报》等宣传部门多次对他的研究成果进行了报道；1983年，他被世界相关的医学、针灸学会授予“荣誉博士”称号；1984年，全欧自然医学和针灸学会拟授予他“荣誉科学博士”称号，并准备派人专程来华颁发，1985年，匈牙利生物物理学会和法国国际针灸学会分别授予他“荣誉会员”和“荣誉医学博士”称号，1986年4月，他又被第十届国际针灸和自然医学学术会议授予荣誉勋章和“科学博士”“医学博士”称号。这些不都足以说明这一科研成果的意义和价值吗？

那么这项科研成果是怎样搞成的呢？助手们告诉我，这朵科技之花是祝先生用十几年心血浇灌而成的。自从1973年他确定了这一科研课题以后，就一心扑在了上面。十几年来，他没有星期天，没有节假日，经常工作到深夜。经络组科技人员少，有段时期只有祝总骧和一位年轻助手徐瑞民，许多工作他都亲自去做，甚至亲自动手劈柴，给设在厕所后面的一间极其破旧的小房内的动物饲养室生炉子，以免实验动物被冻坏。1984年9月，中科院生物物理所在改革，课题调整中撤销了一部分课题，经络课题也在其中。这使他在科研经费上遇到了暂时困难，为了使研究工作继续下去，他陆续把自己的积蓄拿出来垫上，至今已垫支了1.2万多元。十几年来，他遇到了许许多多的困难，但任何困难都没有使他放弃对经络的研究。

“是什么力量使您如此执着地投身于这项事业呢？”我望着祝先生问道。

“为了实现周总理的愿望，为了针灸这一祖国医学遗产的现代化。”祝先生不假思索地说，话语里充满了感情。他告诉我，周总理在一次讲话中号召我国的科技人员奋发图强，不要让针灸这一宝贵的祖国医学遗产只在中国开花而在外国结果。周总理的讲话使他受到很大震动，一种炎黄子孙的民族感和科技人员的责任感在他心头勃然而生，他毅然决定把应用现代生物物理方法研究经络系统作为自己的科研课题。十几年来，正是这种力量鼓舞着他锲而不舍地在“经络之谜”的领域内不断探索。他的助手告诉我，十几年来他发表了60多篇关于经络的论文。当前我国的经络研究在国际上已处于领先地位，这种局面的取得是与祝先生的贡献分不开的。

祝先生谦虚地说：“经络研究的成绩，是在北京市科委、市卫生局、卫生部、中国科学院的支持下取得的，是我们与北京中医医院针灸科副主任医师于书庄、北京航空学院高级工程师刘亦鸣，北京积水潭医院骨科主治医师乐守玉以及北京、甘肃、陕西、河北的协作单位共同努力的结果。今后，我们还要在各方面领导的支持下，在各协作单位的配合下，为早一天发现经络系统的具体物质形态而努力奋斗。”

听着祝先生那充满信心的话语，我心中想：他的愿望一定能实现，完全揭开经络这个“千古之谜”的日子不会太远了。

（原载于《红专》1987年第2期）

辑四

议政感言

教育公平是机会公平的基础

社会公平是社会和谐的基本条件，而教育公平则是促进社会公平的“最伟大工具”。因为一个社会不可能做到财富的绝对公平，但要尽力做到机会的公平。教育公平则是机会公平的基础。

推进教育公平首先要解决城乡教育差距过大的问题。1986年《义务教育法》颁布前，中国城镇已经普及了小学和初中教育。但直到2004年，仍然有至少10%的地区没有普及九年义务教育。造成这种状况的主要原因是投入不足且分配不合理。《中国教育改革和发展纲要》明确到20世纪末国家财政性教育支出占GDP的比重为4%，但实际上到现在也未达到。投入总量本不足，在分配上又出现了城乡倒置。有调查显示，占总人口不到40%的城市人口获得了77%的教育投资，而占总人口60%以上的农村人口只获得23%的教育投资。这使得一些贫困农村和边远地区九年义务制教育得不到保证，一些孩子失学、辍学。

解决城乡教育差距问题，我认为一方面要大幅度增加财政教育经费，特别是要坚决实行教育投入向农村倾斜政策。温家宝总理在政府工作报告中提出今年要在全国农村全部免除义务教育阶段的学杂费，继续对农村贫困家庭学生免费提供教科书并补助寄宿生活费。这对缩小城乡教育差距会产生相当大的作用。另一方面，逐步完善农村义务教育经费的保障机制也是一个重要的问题。例如对一些贫困地区的市县能否考虑逐步上移农村义务教育的投资主体，从以县为主过渡到以省或区市为主；又如，可根据各地经济发展与财政收入的不同情况，制定出地方各级政府对农村义务教育的不同投资标准，并强化其投资保障责任。

推进教育公平要解决的第二个问题是“上学贵”。为了解决经费短缺问题，一些地方政府允许大中学校提高收费标准；另一方面，为了解决教育资源特别是优质教育资源供不应求的矛盾，一些高校便采取了提高收费标准的办法。中国青少年研究中心发布的一份报告显示，在过去的18年里，中国大学学费涨了约25倍，而同期城镇居民人均年收入只增长了4倍。据有关资料，高校每年5000元以上的学费使33%的北京家庭感到供养一个大学生很困难，对贫困地区的家庭来说这无疑更加艰难。高收费还体现在从小学到高中名目繁多的收费项目和与日俱增的收费标准。特别是一些“重点校”和“示范校”的“择校费”，从几千元到几万元不等，使许多经济条件差的家庭苦不堪言。“重点校”“示范校”制度造成了教育接受特权，使占有优质教育资源的机会更多地取决于社会成员的财力和权力。由此滋生了教育腐败，引起困难群体的不满。

解决“上学贵”问题当然有赖于政府增加教育投入，但更重要的是应该做好以下三件事。一是改革中学教育经费“重点倾斜”的做法，代之以按教育规模公平配置资源，逐步废除“重点校”“示范校”制度。二是国家加大对贫困学生的资助力度，完善社会捐资助学体系，使贫困家庭的学生都能上得起学。三是探索建立有政府、学校、受教育者及其家庭等有关方面参与的教育评价与监督机制，以遏制“乱收费”和教育腐败现象，保证教育公平。

推进教育公平还有一个非常重要的方面，是要研究解决高考招生的公平性问题。部属重点大学招生向所在地倾斜，使所在地考生的录取分数大大低于非所在地考生，一直是群众反应强烈的一个问题。这种现象来源于高考招生分省定额、划线的录取方式，而这种录取方式又是由中央与地方联合共建的投入模式决定的。所在地政府的大比例投入使其获得了大比例的招生名额，录取线当然随之降低。一份2000年至2002年全国部属高校招生计划的分析材料表明，教育部直属高校本地生源比例的全国平均水平是44.76%。这种现象加剧了发达地区与欠发达地区之间原已存在的教育不公平（2003年北京市高等学校的毛入学率为49%，云南省仅为8.64%），这自然地致使“高考移民”现象屡禁不止。

应该说，高考招生的公平性是一个十分复杂的问题。如果完全以考试分数论高下，对欠发达地区、少数民族地区也并不公平。因此非考试因素的调节还是必要的。但为什么人们对给少数民族地区加分没意见但却对一些大城市考生分数线过低有意见呢？恐怕对非考试因素的调节，人们更加认同的是照顾弱者而不是投入回报。从这一点来说，如果说现阶段高考招生中非考试因素还不能不起作用的话，那么能否逐步缩小投入回报因素的权重而对考试因素给予更多的尊重？我认为这应是高考招生制度改革中需要考虑的一个问题。

（原载于《瞭望》周刊2007年第14期）

条件·时机·方式

——关于发展适度规模经营的一些思考

江泽民同志在“在河南考察农业和农村工作时的讲话”中指出：“在有条件的地方，农民群众又自愿的，应积极引导他们发展适度规模经营，但一定要从本地实际出发，尊重农民意愿和首创精神，采取多种形式，而绝不能刮风，强求一律。”这对我国农地适度规模经营的发展具有重要的指导意义。

适度规模经营是我国农地经营方式的发展方向，邓小平同志称之为“中国社会主义农村的改革和发展”的“第二个飞跃”。近年来一些地区的发展实践证明，农地适度规模经营有利于土地资源的合理利用和农业现代科技的应用，有利于农业的产业化和农村商品经济的发展，有利于提高种粮比较效益、稳定粮食生产（有资料表明，苏南地区规模经营与非规模经营相比，劳均产粮高19倍，劳均收入高2倍多）。因此，发展适度规模经营乃是我国农业走向现代化的必由之路。问题在于，我们应该如何立足于国情，正确引导这一发展。笔者认为，其中主要应该把握好条件、时机和方式三个问题。

条件。我国是一个人多地少的国家，人均耕地远低于世界平均水平，土地承载着沉重的就业压力。因此，我国发展适度规模经营的基本条件是严峻的。但是另一方面，改革开放以来我国农村经济特别是二三产业迅速发展，平均每年向乡镇企业及其他非农产业转移500万人左右，一些发达地区因农业劳动力大量向非农产业转移而较早地实现了适度规模经营。这说明，农地适度规模经营在我国的发展固然需要一个长期的过程，但却会随着农村二三产业的发展而必然发展，其发展方式则是渐进的、不平衡的。至于某一地区是否适合发展适度规模经营，则要看其条件是否成熟。根据一些发达地区的经验，实行适度规模经营需要具备以下基本条件：一是70%以上的农业劳动力已稳定地转入非农产业；二是社区非农产业收入占总收入的60%以上，有较强的经济实力贴补和装备农业；三是社区集体有较强的组织能力；四是有较健全的社会化服务体系。具备条件的地区，可以积极引导发展适度规模经营；不具备条件的地区，则应积极创造条件，不可强力为之。

时机。适度规模经营的前提是一部分农民愿意放弃土地，以使土地可以集中经营。对此，一定要强调农民的自愿，绝不能搞强行的“归大堆”。农民的自愿程度是建立在他与土地处于什么样关系的基础之上的，因此，这里有一个时机问题。国外发展规模经营的经验证明：当经济不发达、土地还是农民的基本谋生手段时，农民不愿轻易放弃土地；当经济发达，土地资源的有限性展示出其迅速增值的前景时，农民也不愿意轻易放弃土地。因此，发展适度规模经营的最佳时机，乃是农民已从非农产业获得了丰厚而稳定的收入因而不再视土地为基本谋生手段，土地的迅速增值前景又尚未显现，因而农民不会为了追求高额增值而固守不弃。抓住这个时机发展适度规模经营会以较低的运作成本取得较高的改革成果。当然，近年来在一些发达地区也存在着农民在从事了收益丰厚的非农工作后，宁肯使土地撂荒也不愿将其放弃的现象。这是因为，在我国农村，土地实际承担着发展经济与风险保障双重职能；土地不仅是农民获取经济收益的基本依靠，而且是他在从事其他经济活动失败后所赖以生存的风险保障。近年来，有的地区试行“两田制”，将土地分为“口粮田”与“责任田”两种，“口粮田”依据公平原则按人均分，承担土地的风险保障职能；“责任田”依据效率原则按能力投标承包，承担土地的发展经济职能。“两田制”在解决土地分配中公平与效率、风险保障与发展经济的矛盾方面做了积极的探索，有利于促进土地资源的合理利用和适度规模经营的发展。

方式。这包括土地的流转集中方式和经营组织方式两个方面。在当前实行适度规模经营的地区中，土地的集中方式主要有以下几种：①集体“反承包”。即社区集体组织向农户承包，农户在保留原始承包权的前提下将土地交给集体并获得一定的经济补偿，集体组织则将土地统一出包或出租给种田能手或专业组织经营。②股份合作制。即社区集体成立农业股份有限公司，农户以承包权入股的方式将土地交给集体并享受年终分红，集体则将土地承包给公司经营。③农户间自主转包转让。即土地使用权的转包转让在农户间自主进行，社区集体组织只起中介协调作用。笔者认为，具体实行什么方式应因地制宜，不能强求一律；但应建立起一种与社会主义市场经济体制相适应的土地使用权流转机制，以保证其健康有序地发展。至于土地的经营组织方式，主要有兴办集体农场、农业车间、联户农场、家庭农场等；从一些地区的实践来看，集体农场有利于资金投入、科技装备和整体规划，家庭农场则有利于调动农民积极性，也更容易与家庭联产承包责任制相衔接。这也应从实际出发，因地制宜。

（原载于《光明日报》1996年10月8日）

向海洋要淡水

我国沿海地区经济发达，人口稠密，淡水供求矛盾十分突出。据了解，沿海工业城市人均水资源量大部分低于500立方米（仅为全国人均的1/4），随着我国经济的发展和城市化进程的加快，这一矛盾将会更加突出。据预测，2010年沿海城镇人口将从目前的2亿人增加到3.4亿人，年需新增供水能力110亿立方米。如何解决这一矛盾？笔者曾去天津大港电厂考察，品尝了经海水淡化形成的纯净水，没有一丝咸腥，不禁为之一振：向海洋要淡水！

有人认为海水淡化成本太高，其实这是个误解。目前海水淡化的吨成本已降至5元左右，而且包括设备折旧与投资回收。清华大学与烟台市合作建设日产8万吨高品质饮用水的核能海水淡化工程，设计吨成本3.7元，已与近日拟调整的北京市居民用水价格相当。那为什么会有这样的误解？因为人们习惯于拿海水淡化与自来水价格简单比较。殊不知，现行水价乃是计划体制下形成的扭曲价格。随着市场经济发展、水资源价值回归，自来水价格无疑将会提高（近日北京市水价的调整就是例证）；而海水淡化的成本则会随着技术进步而不断降低（由70年代的20多元降至现在的5元便体现了这一趋势）。一升一降，二者的差距将会日益缩小。

有人说，开采地下水、调水都是简便易行的办法，何必弃易求难搞海水淡化？其实他们不了解，由于地下水超量开采，我国沿海许多地区已出现地面沉降、海水入侵等地质灾害，给工农业生产和人民生活带来危害。至于调水，确实能增加沿海地区水资源的供给。但就全国而言，它只是解决了我国淡水资源分布不均的问题，并没有增加淡水资源的总量。而从长远看，我国淡水资源的自然供给是相对稳定的，而经济和社会发展对淡水资源的需求则是刚性增长的，这决定了我们必须在发展增量上做文章。显然，海水淡化可以增加我国淡水资源的总量，而且这种增加是可持续的，从这一点来看，海水淡化不仅可以解决我国沿海地区水资源供给不足的矛盾，而且对于长远解决我国水资源短缺问题具有战略意义，因此建议国家给予更多的重视。

（原载于《人民日报》2004年7月23日）

吉林归来话粮食

今年4月，笔者到吉林省就玉米购销情况进行调查研究，所见所闻颇有感受。

吉林是我国的产粮大省，以生产玉米为主。全省每年可向国家和社会提供商品粮120亿公斤，粮食人均占有量、商品量、调出量长期居全国之首。过去，吉林也曾出现过卖粮难和谷贱伤农的情况。但是近年来，国家两次提高粮食收购价格，农民种粮的积极性空前高涨。吉林省玉米连续三年获得丰收。之后，中共吉林省委省政府坚决贯彻中共中央、国务院关于粮食收购工作的有关精神，克服仓容不足等困难，以略低于定购价而大大高于市场价的保护价格向农民敞开收粮。我们在公主岭市风响乡了解到，该乡1996年人均纯收入为2403元，比1995年的1905元增加了498元，增幅达26%，其中因粮食收购价提高人均增收就达300元。

吉林的情况使我们深切感到，正是由于中共中央国务院近年来采取了“米袋子省长负责制”等一系列政策，才有了我国粮食连续几年的大丰收。当然，连续几年的丰收也产生了一些新情况，如销售不畅、仓容不足、财政补贴增加等等，因而有人认为对粮食可以松一松、放一放了。笔者对此不以为然。历史的经验值得注意，我们在1984年和1992年两次因粮食的连年丰收而放松了对粮食的生产与调控，结果导致了粮食产量下滑，价格上涨，对整个国民经济产生了不利的影响。江泽民总书记在中共十五大报告中提出“加强农业基础地位”“坚持把农业放在经济工作的首位”。这对我们具有重要的指导意义。粮食关乎国计民生，是经济发展和社会稳定的重要基础。我国人口多、耕地少的国情决定了我们在任何时候都不能对粮食掉以轻心。

在连年丰收的情况下如何进一步抓好粮食工作，要做的事情很多。笔者认为除了继续抓好粮食的生产与流通外，应以较大的力量抓好粮食的转化与加工。这一点对于粮食主产区尤其重要。有专家预测，随着经济、社会的发展和人民生活水平的提高，我国粮食的消费结构将由目前饲料与工业用粮占总消费的35%—40%增加到2000年的46.7%—50.2%，这意味着粮食的转化与加工有着广阔的发展前景。这不仅可畅通粮食销售、保持供求平衡，更重要的是会使粮食产业的比较效益大大提高。由于种种原因，我国粮食产业的比较效益低于其他产业。这是种粮增长较慢的一个重要原因。国家的保护政策与扶持措施固然具有重要意义，但是对于粮食主产区来说，要更大幅度地增加粮农收入，要使产粮大省大县尽快变成经济强省强县，还必须做好粮食转化与加工这篇文章。有人测算，原料性农产品加工为成品商品后可成倍增值，例如玉米一次加工可增值1—2倍，二次加工可增值5—10倍。由此可见，粮食转化与加工大有可为。近年来，一些地方改变了过去传统的家庭副业模式，走规模化、产业化经营的路子，实行产加销一条龙，贸工农一体化，使分散的农户与大市场相衔接，分享粮食转化与加工的增值，取得了良好的效果。这方面的经验很值得研究推广。

（原载于《人民政协报》1997年10月20日）

艺术还是要发挥教育功能

教育是艺术固有的功能。两千多年前古希腊著名思想家亚里士多德曾说："音乐之所以必须学习，不是只为了一种益处，而是为了许多益处，这就是说：（1）为了教育；（2）为了心灵的'净化'……；（3）为了理智的享受，为了紧张劳动后精神的松弛和修养。"我国古代的美学著作《礼记·乐记》中也说："乐也者，圣人之所乐也，而可以善民心，其感人深，其移风易俗，故先王著其教焉。"这两段论述对音乐的教育作用给予了高度评价。其实不只音乐，一切艺术都具有教育功能。

前一时期，社会上一些通俗的娱乐性作品红红火火，而那些高雅的、严肃的艺术则备受冷落。有人认为，现代社会的激烈竞争和快速发展使生活的节奏越来越快，人们在紧张的工作之余需要的是松弛和休息。因此艺术的主要功能是娱乐，要求它发挥教育功能是不合时宜的。笔者对此不敢苟同。毫无疑问，社会需要艺术发挥其娱乐功能，特别是在生活节奏加快的今天。但是社会更需要艺术发挥其教育功能。原因有二。其一，我们正在进行一场异常深刻的社会大变革：加快改革开放步伐，建立社会主义市场经济体制，尽快实现社会主义现代化。这必然会对人们的思想观念、精神状态和生活方式产生广泛而深刻的影响。时代需要艺术担负起社会责任，反映这一变革给我国社会带来的深刻变化，表现人民群众在改革开放中大胆探索、不断开拓的创造精神，塑造为社会主义现代化建设奋力拼搏、无私奉献的英雄人物，帮助人民认识时代的特征、前进的困难、历史的趋势、光辉的前景，鼓舞人民团结一致地开创祖国无限美好的未来。其二，我们所进行的社会主义现代化建设，既包括物质文明，也包括精神文明。特别是在改革开放条件下，加强社会主义精神文明建设，塑造人们的美好心灵，更具有特殊重要的意义。艺术应该责无旁贷地担负起这一重任，以生动感人的艺术形象讴歌爱国主义、集体主义、社会主义精神，颂扬真诚、善良、美好的事物，抨击虚假、邪恶、丑陋的灵魂。

有的同志说，艺术虽然具有教育功能，但群众却并不喜欢你去教训他；群众不喜欢看，其教育功能还是无法实现。的确，群众确实不喜欢那些板着面孔进行说教的概念化、公式化的作品。但是具有教育意义的作品并不意味着就是这种教训群众的作品。艺术的教育功能与娱乐功能并不是矛盾的，而是统一的。周恩来同志说："群众看戏，看电影是要从中得到娱乐和休息，你通过典型化的形象表演，寓教于其中，寓于娱乐之中。"事实说明，这种寓教于乐的艺术作品是能够赢得群众喜爱的。那么艺术作品怎样才能赢得群众的喜爱从而更好地发挥其教育功能呢？

（一）反映时代精神

艺术发展的历史说明，反映时代精神的作品一般都会受到人民群众的喜爱。欧洲文艺复兴时期，反对精神禁锢、主张个性解放成为当时的时代精神，但丁、薄伽丘、莎士比亚、达·芬奇等艺术家就创作了反映这种精神的作品；中国"五四"时期，反帝、反封建、要民主、要科学成为时代精神，鲁迅、郭沫若等就创作了反映这种精神的小说和诗歌。这些作品不仅在当时深受人民群众的喜爱并使他们深受教益，而且因反映了特定时代的精神而保持了其永久的魅力。党的十一届三中全会以来，改革开放、加快社会主义现代化建设成为时代精神。这个时期，产生了一批反映这一精神和贴近现实生活的作品，都因对我们这一伟大时代的精神有所反映而受到人民群众的喜爱。这是因为，这些作品能帮助他们了解、理解和适应迅速变化的社会生活，使他们能从中获得一些启发和教益。由此可见，反映时代精神有助于艺术更好地发挥教育功能。

（二）反映人民群众的愿望和要求

不少从事教育工作的人都有这样的体会：当你和受教育者产生了某些共同语言后，你讲的道理就更容易为他们所接受。这个道理也适用于艺术发挥其教育功能。当一部作品反映了群众的愿望和要求，也就是说和他们产生了共同语言后，就会受到他们的欢迎，因而更有助于实现作品的教育目的。电影《焦裕禄》所描写的是一位家喻户晓的人物。影片既没有什么离奇的故事，也没有强烈的感官刺激，它只是以朴实的手法描写了一位为人民的幸福忘我工作、无私奉献、鞠躬尽瘁、死而后已的共产党员、革命干部，却在群众中引起了强烈反响，大家争相观看，许多人被感动得流下了热泪。影片之所以具有如此巨大的魅力，除了其艺术上的成就和演员的出色表演外，很重要的一个原因是它涉及了一个群众关心的重要问题，即党群关系问题。群众对改革开放条件下一些党员、干部经不住考验而脱离群众甚至走向腐败是不满意的，他们在心底呼唤焦裕禄这样全心全意为人民服务的好干部，因此能与影片产生强烈共鸣。同时，影片主人公焦裕禄所具有的巨大人格力量和高尚精神境界必然会使每一个观众的心灵受到震动，从而使他们在感动之余受到深刻教育。

（三）提高作品的艺术质量

艺术的教育功能是通过审美享受实现的，因此作品艺术质量的高低对于其教育效果有重要的作用。缺乏艺术魅力的作品，再强调教育意义也无济于事；因为它吸引不了接受者，从而也就无法实现其教育功能。反之，艺术质量高的作品，却能以其强大的艺术力量吸引欣赏者进而使他们从中受到教育。据报载，数年前上海戏剧学院教师曾演出过一场反映挽救失足女青年的话剧《救救她》，谢幕之后，虹口区工读学校的40多名女生扑向扮演方教师的演员，放声大哭。一出戏为什么会有如此巨大的力量？就是因为它不是以枯燥的说教和抽象的道理向受教育者灌输，而是以生动感人的艺术形象和跌宕起伏的戏剧情节引导欣赏者自己去感受和体验，进而自然而然地在他们心中体会到某种生活哲理，从而受到教益。

（四）多层次地发挥艺术的教育功能

当前，我国还处于社会主义的初级阶段，以社会主义公有制经济为主体多种经济成分并存的国情决定了群众的思想文化不可能是清一色的。因此，艺术教育功能的发挥也不是单层次的，而应是多层次的。我们既要有闪耀着社会主义乃至共产主义思想光辉的艺术形象，如电影《周恩来》《焦裕禄》《蒋筑英》中的主人公；也要有体现爱国主义精神风貌和思想感情的作品，如电影《甲午风云》《高山下的花环》，歌曲《我的中国心》等；还要有表现清正廉洁、见义勇为、尊老爱幼、尊师敬贤等中华民族传统美德的作品，如电视连续剧《渴望》《包公》，电影《烛光里的微笑》等。即使是那些没有什么深刻思想内容的通俗作品，如果能生动表现善良美好的品性、健康真挚的爱情、扶危解难的豪气、惩恶扬善的宗旨等等，也都可以使人们从中得到积极的情绪感染，乃至为人处世的有益启示。因此，我们要把宣传爱国主义、社会主义、集体主义作为艺术的主旋律，同时也要注意把主旋律与多样化辩证统一起来，全方位、多层次地发挥艺术的教育功能。

（刊于《民主与科学》1994年第4期）

开发利用海水具有战略意义

我国沿海地区淡水供需矛盾十分突出。沿海工业城市人均水资源量大部分低于500立方米（仅为全国人均的四分之一），上海、天津、大连、青岛、连云港等城市甚至不足200立方米。据预测，2010年沿海城镇人口将从目前的2亿人增加到3.4亿人，年需新增供水能力110亿立方米。如何解决这一矛盾？开发利用海水资源是一条可行之路。我国淡水资源短缺，但绵长的海岸线却有着取之不尽、用之不竭的海水资源。因此，开发利用海水，对于长远解决我国水资源短缺具有重要战略意义。

海水资源开发利用主要包括海水淡化和海水直接利用。海水淡化即通过蒸馏、反渗透等方法将海水加工成纯净的淡水。笔者曾在天津大港电厂品尝了经海水淡化形成的淡水，清新爽口，水质完全可与市场上供应的纯净水媲美。海水直接利用主要包括工业（发电厂、炼油厂、化工厂、钢铁厂等）海水冷却、生活用海水（海水冲厕）、海水作为生产工艺用水（海水脱硫、化盐）等。据统计，城市用水中约80%是工业用水，工业用水中约80%是冷却用水；生活用水中35%是冲厕用水。由此可知，沿海城市70%用水可利用海水代替；如果再通过海水淡化解决饮用水等需求，沿海地区水资源短缺的矛盾完全可以通过海水资源的开发利用来解决。

其实，海水资源开发利用的意义不止于沿海地区。沿海地区以海水解决水资源短缺，就可以不调水或少调水，为内陆地区节省下大量可资利用的淡水资源。这实际等于增加了我国的淡水资源总量，而且这种增加是可持续的。

海水开发具有经济、环境、资源价值

我国众多滨海发电厂的经验证明，采用海水作为工业冷却水具有明显的经济优势。香港地区采用海水作为大生活用水也是技术经济比选的结果。

有人认为海水淡化成本太高，其实这是个误解。目前海水淡化的吨成本已降至5元左右，而且包括设备折旧与投资回报，清华大学与烟台市合作建造日产8万吨高品质饮用水的核能海水淡化工程，设计吨成本3.7元，已与近日拟调整的北京市居民用水价格相当。人们之所以会形成海水淡化成本高的误解，是因为与计划体制下形成的自来水价相比较所致。

海水资源开发利用的经济意义还在于可以形成新的产业。随着人们生活水平的提高，对饮用水的要求也越来越高。海水淡化可提供质量好的纯净水，在沿海地区形成纯净水产业。天津生产的淡化水在当地就很受欢迎。另外，海水淡化的国际市场每年以30%的幅度增长，预计未来20年将有近700亿美元的商机。我国的蒸馏法海水淡化实现产业化之后在价格上与发达国家有40%左右的竞争优势，走向世界前景广阔。

海水资源开发利用还有着巨大的环境、资源价值。它可以使沿海地区减少对地下水的开采，从而有效防治因地下水超量开采所造成的地面沉降、海水入侵等地质灾害；它有利于提高能源利用率，如利用发电量为10万千瓦机组的低压废蒸汽进行海水淡化，每天可产6万吨淡水，同时使电厂热效率从38%左右提高到65%左右；通过综合开发利用，还可以从海水中提取钾、溴、镁等化学资源。

加大海水资源开发力度

目前，我国海水循环冷却技术的有关指标居世界先进水平，且具有完全自主知识产权：在海水淡化方面，我国是世界上少数几个掌握此项先进技术的国家之一，取得了一批科研成果。应该说，我国的海水资源开发利用技术已基本具备了产业化条件。目前主要问题是成果转化不足，工业化进程不快，生产不够规模，产业发展缓慢。为此，建议：

一、立足于我国水资源安全和经济社会可持续发展的战略高度，提升海水资源开发利用在国家水资源战略中的地位，在“十一五”计划中结合产业布局制定相应发展规划，促进海水资源开发利用有一个更快的发展。

二、通过加大国家投入支持海水资源开发利用的规模示范、产业培育和重大关键、公用技术的深入研究。

三、通过制定海水资源开发利用的各项政策，例如鼓励沿海有关工业企业利用海水冷却的政策，鼓励沿海具有低位余热的企业（如热电厂）发展海水淡化产业的政策，鼓励将海水淡化、冷却、制盐、化学资源利用紧密结合、综合开发的产业政策，鼓励利用海水解决沿海城市缺水问题的政策等，推动海水资源开发利用事业不断发展。

（原载于《光明日报》2007年7月22日）

资源整合　全民医保　包费到人

群众看病贵的原因首先是政府投入不足。据卫生部公布的数据，2004年我国政府承担费用只占卫生总费用的17.1%，个人承担的费用则是53.6%，其重要原因之一是城镇44.8%的人无任何医疗保障，农村的比例更高。其次，医疗机构滥开药、滥检查、乱收费、药价虚高和保费流失等加大了医疗和医保成本，加重了患者看病负担。导致这种情况发生的重要原因是一直被人们忽视的医疗机构自己点“菜”，即为患者确定其购买的医疗服务、由医保机构和患者买单的医疗和医保运作机制。这种机制使医疗机构可以凭借自身的优势，通过“外部扩张”、多“点菜”（即滥检查多开药）来增加收益，而不是通过“内部挖潜”降低成本提高效益。

坚持政府主导与市场机制相结合

群众看病难的原因并不是我国医卫资源不足，而是医卫资源和病人资源分布不合理，又无法合理、有效流动。其原因在于城乡医卫机构和城市大小医卫机构在纵向上本不是“一家人”（即不是具有权属关系的医院集团）。由于缺乏一体化关系，城乡医疗机构之间、城市社区卫生机构与大医院之间都很难根据实际需要，对医疗与病人资源进行调整、转移；在社区卫生工作中“双向转诊”的难题主要是这个原因造成的。

解决群众看病贵、看病难的问题要坚持政府主导与市场机制相结合的方针，应做好三件事：一是政府增加投入，大力推进国家拿大头、个人拿小头的社会保险和社会救助、商业保险三位一体的医保制度建设，尽快实现全民医保；二是医疗卫生机构实行按人头包预防保健与疾病诊疗医保费用的制度，超支不补，结余归已，使医疗卫生机构增加收益的方式由“外部扩张”向“内部挖潜”转变，由重治疗轻预防向治疗与预防并重转变；三是通过资源整合，建立各种有预防保健与疾病诊治双层服务体系的医院集团，实现医疗卫生上下一体化服务。

推荐“四一三”模式

由科技部批准立项的国家软科学“四一三”医保帮困课题组曾提出“四定一自由三付费”的健康保险模式，简称“四一三”医保模式：“四”就是把所有参保人的医保费用连同医保责任，按人头包干给具备一定条件的首诊定点医院，费用超支不补，结余归医院。具体操作就是：定首诊定点医院、定医保费用、定医保质量、定医院定点人数规模。其目的是变医院点“菜”、别人（医保机构患者等）买单为医院点“菜”医院自己买单，促使医院不宜点的“菜”自觉不去乱点，有效控制资源浪费和流失。“一自由”即允许参保人如果对首诊定点医院的医疗服务不满意，有定期（一般每年一次）重新选择其他医院定点的自由，其目的是促使医院该点的“菜”必须点，确保参保患者的医疗服务质量。“三付费”即参保患者就诊，由定点医院、患者本人、政府或医保经办机构三方支付费用。

最近，“四一三”模式的研究又有新发展：在省会和省会以上城市建立若干紧密型医院集团，其分支机构和服务网点应自上而下延伸到城市社区乃至乡村，在全国建立起若干家像中国电信、联通一样的超大型、紧密型医院集团。由政府与医院集团签订服务范围和质量等医疗卫生服务责任合同，政府将居民的预防保健费用连同大小病的医保费用，按人头包干给当地医院集团，费用超支不补，结余归己。该方案的主要优点是可以使滥开药、滥检查、乱收费、药价虚高和保费流失等违规现象得到有效控制，大幅度降低医疗和医保成本，预计医疗和医保成本降幅可高达50%—70%。再一优点是通过组建若干医院集团，让更多的城乡医疗卫生机构和城市大小医疗卫生机构成为“一家人”。最后医保费用包给医卫机构，居民有选择权，能促使医卫服务机构为吸引更多的医保人头费提高服务质量；也能促使医院集团使居民少生病、少花医院集团的钱，自觉做好疾病预防和健康教育工作。

（原载于《光明日报》2007年5月17日）

提高政治素质　完善政党机制

——民主党派自身建设中的一个重要课题

中共十三大报告谈到政治体制改革时指出："要坚持'长期共存，互相监督，肝胆相照，荣辱与共'的方针，完善共产党领导下的多党合作和协商制度，进一步发挥民主党派和无党派爱国人士在国家政治生活中的作用。"可以设想，随着政治体制改革的进程，民主党派在国家政治生活中将会发挥越来越大的作用。

这种形势对民主党派提出了新的、更高的要求，这就是要强化政治功能，充分发挥民主党派作为一个政党的作用。近些年来，民主党派在这方面做了一些工作，但总的来看，尚不能完全适应社会主义现代化建设的要求。这里面的原因固然很多，但其中一个重要原因，是民主党派的政治素质还不够高，作为一个政党的机制还不够完善。因此，要完善党领导下的多党合作制度，充分发挥政治作用，民主党派就要提高自身的政治素质，完善自身的政党机制。我认为，这是民主党派自身建设中的一个重要课题。下面从思想建设、组织建设、制度建设三方面谈谈提高政治素质，完善政党机制的一些不成熟的想法。

一、思想建设方面，考虑可以做好以下几项工作。

第一，确立社会主义政党意识。这包括两方面含义。其一是要明确，民主党派成员固然大部分是各专业领域的专家、学者，但它到底是一个政治组织而不是学术团体，它固然可以在促进经济、科技、文化的发展方面做一些具体工作，但主要应该在政治方面发挥作用，在经济、科技、文化政策的形成方面发挥作用。其二是要明确，民主党派不同于资本主义国家的政党，而是在共产党领导下为社会主义服务的政党。因此一方面要坚持共产党的领导，另一方面又要独立自主地发挥作用，为社会主义现代化建设和祖国统一服务。只有确立起这样的政党意识，民主党派在国家政治生活中才能积极而又正确地发挥作用。

第二，增强政治责任感。民主党派作为一个在共产党领导下参加国家政权，参与政府工作，共同致力于社会主义事业的政党，要树立向国家和人民负责的主人翁责任感。在这方面，要注意克服两种偏向。一种是片面吸取了极“左”思潮时期的教训，对政治问题态度淡漠，不愿发表意见，或者虽发表意见，也是无关痛痒，缺乏实事求是的精神。另一种是虽然喜欢对国家政治和社会生活中的问题发表意见，但往往是从个人角度或直观现象出发发牢骚，而不能负责任地提出一些有价值的建设性意见。只有克服这些偏向，真正树立起为国为民的政治责任感，才能在参政议政中提出自己的真知灼见，切实发挥作用。

第三，提高思想理论水平。没有一定的思想理论水平，对问题的认识就不可能深刻全面，从而影响参政议政的水平和向群众宣传党和国家方针政策的效果。鉴于民主党派成员绝大部分是各专业领域内的专家而不是职业政治理论家或政治工作者，而改革开放又提出许多问题需要我们从理论上加以探索和认识，这个问题就更为重要。因此应该联系改革开放的实际认真学习一下马克思主义的基本理论，学习一下邓小平同志建设有中国特色的社会主义的思想和党的十三大报告。如果有条件，还应该读一点社会科学和政治理论书籍，以提高政治理论素养。

第四，提高参政议政能力。参政议政是一项十分严肃而又复杂的工作，往往涉及理论、政策、实践等方面的许多问题和社会多方面的关系。因此，要做好这方面的工作，光有热情是不够的，还要有一定的能力，例如掌握和运用法律、政策的能力、分析和解决社会问题的能力、社会活动能力、调查研究能力、组织宣传能力，等等。民主党派要不断提高成员参政议政的能力，使所提的意见和建议真正做到言之有据、论之成理、行之有效，而不是一些内容空泛，脱离实际的议论，从而提高参政议政的实效。

二、组织建设方面，考虑可以采取以下措施。

第一，提高领导班子的政治素质。对各级领导班子成员的选择，不仅要考虑他们的代表性或专业成就，还要考虑他们的政治品质和政治才能。在各级领导班子成员的构成上，不仅要有有影响的人物和学术领域的带头人，而且要有职业的政治活动家和政治工作者。另外，对各级领导班子成员要加强政治培训，以不断提高其政治素质。

第二，建设一支参政议政骨干队伍。这些同志应该具有较高的政治热情、理论水平、政治素养、工作能力，能够经常就国家政治生活和社会生活中的有关问题进行调查研究，提出一些有价值的意见和方案。

第三，建立相应的组织机构。例如可以考虑建立以下三方面机构：一是调研机构，其职能是对党和国家的大政方针及有关政策的实施、对政治生活和社会生活中的有关问题进行调查，收集群众的意见和反映，并深入进行研究，提出建设性的意见，为政治协商提供内容，为党和政府的决策提供参考。二是咨询机构，其职能是为国家建设中的某些专门问题（如生态平衡问题、资源开发问题等）提供咨询或可行性论证。三是监督机构，其职能是听取和收集成员及所联系的群众对国家各级行政部门和工作人员的官僚主义、违法乱纪等行为的批评和意见，并及时反映到有关部门。以上三方面机构相辅相成，共同为党派发挥政治作用服务。

第四，提高机关工作人员的政治素质。党派机关是党派各项工作落实实施的机构保证，因此机关工作人员的政治素质如何对党派政治作用的发挥具有重要意义。当前民主党派机关的工作人员不仅数量少，而且质量上也有一定的差距。因此，引进有较高政治素养的同志充实党派机关干部队伍，提高现有党派干部的政治素质，是一项迫在眉睫的工作。

三、制度建设方面，考虑可以建立健全以下一些制度。

第一，建立健全参政议政人员的选拔推荐制度。参政议政人员主要是指各级领导班子成员，人大代表、政协委员、参加政府工作的人员，因为民主党派的参政议政主要是通过这些人员实现的。对这些人员的选拔推荐应该建立一定的制度，例如选拔条件、选拔形式等等。这些制度应有利于调动党派成员参政议政的积极性，有利于德才兼备的人员脱颖而出。因此在选拔推荐中适当引入一定的竞争机制还是有必要的，例如考评、答辩等等。

第二，建立健全各级人大代表与政协委员的述职汇报制度。民主党派选拔推荐的人大代表与政协委员不是荣誉职务，而是本党派成员参加社会政治生活的代表，因此应该建立一些制度使他们能与所代表的群众保持较为密切的联系并向其负责。例如应有一些措施和制度保证他们在参会前听取群众的意见和要求，在参会后向群众汇报他们的工作情况，等等。

第三，建立健全各种协商对话制度。协商对话制度是健全社会主义民主、沟通各方面情况、协调各方面关系的一种好形式。在民主党派内部建立健全各种协商对话制度，例如各级领导与群众的对话制度、各级人大代表、政协委员与群众的对话制度等等，有利于密切党派领导和代表人物与群众的关系，活跃党派内部的民主生活，沟通各方面的信息，提高党派成员的向心力和参政议政的积极性。

提高政治素质，完善政党机制是民主党派自身建设中的一个重要课题。可以设想，随着民主党派政治素质的提高和政党机制的完善，它必将会以一个崭新的面貌出现在国家政治舞台上，从而在国家政治生活和社会生活中发挥更大的作用。

（原载于《红专》1988年第7期）

最难忘的三个国庆节

作为共和国的同龄人，我伴随着共和国前进的脚步而成长。因此，每年的国庆节都使我感到格外亲切；因为这是共和国的生日，她使我想到的是祖国母亲哺育了我。然而在我脑海中留下最深刻印象的是1959年、1976年和1999年三个国庆节。

1959年，共和国10周岁生日。那时我还是一个不谙世事的孩子，只记得北京城到处都是热火朝天的建设场面，在不到一年的时间里，奇迹般地建起了十大建筑。其中最雄伟壮丽的，当数人民大会堂。国庆节前夕，我作为少先队员代表，参加了在人民大会堂举行的中国少年先锋队成立10周年庆祝大会。那天阳光格外灿烂，人民大会堂彩旗飘扬，我穿着白汗衫、蓝裤子，戴着红领巾，和小伙伴们一起走进了这座神圣的殿堂。10点整，庆祝大会开始，我们全体起立，敬礼，齐唱中国少年先锋队队歌。我记得，那庄严肃穆、激动人心的场面使我眼中噙满了泪花。这一场面深深地印在了我的脑海里，激励我在后来的人生道路上不断追求进步。

光阴荏苒，转眼到了1976年。那是人民共和国历史上最具震撼力的一年。那一年，敬爱的周总理、朱总司令、毛主席先后离开了我们，“四人帮”加快了篡党夺权的步伐。这一年国庆节的气氛是沉闷而凝重的，毛主席的逝世使人们感到有如摩天大厦砥柱摧折，悲痛之余又对国家的前途命运感到深深忧虑。我记得，国庆节那两天，从北京回来一个同学（那时候，只要是插过队的，都相互谓之“同学”）。他曾参加了“四五”天安门广场纪念周总理的活动，抄了很多悼念周总理的诗。他向我描绘了那感天动地的场面，讲述了他所了解的社会上流传的各种各样的政治消息。那天晚上，我们谈得很晚。我们都在企盼笼罩在共和国天空上的阴霾尽快被驱散。想不到没多久就传来了“四人帮”被粉碎的好消息，我们所在的小县城顿时沸腾了。人们争先恐后跑到街上，敲锣打鼓庆祝游行。

斗转星移，世事沧桑。1999年，共和国迎来了50华诞，我也到了知天命之年。我1978年考进大学，毕业后被分配到九三学社工作，一干就是18年，1997年当选为九三学社第十届中央委员。1999年，我荣幸地被邀请参加了中华人民共和国成立50周年大庆观礼。节日的天安门广场，到处是鲜花和红旗的海洋。我站在观礼台上，心潮翻滚，浮想联翩。在我的心目中，观礼台是神圣的，能够登上观礼台是一种崇高的荣誉。没想到今天我也能站在观礼台上享受这种荣誉，一股热流传遍全身。我深深感到共产党对民主党派的真情与关爱，体会到“肝胆相照、荣辱与共”的深刻内涵；同时暗下决心，永远坚持共产党领导，为共产党领导的多党合作事业作出更大贡献。

雄壮的国歌打断了我的思绪，鲜艳的五星红旗又一次在天安门广场冉冉升起。在江泽民主席乘车检阅了受阅部队之后，由三军组成的42个方队威武雄壮地通过广场。接着，90辆彩车鱼贯而过，以“开国·创业”“改革·辉煌”“世纪·腾飞”三大主题，形象地展示了中国共产党三代领导集体带领全国各族人民建设新中国的50年历史。此情此景，令我心潮激荡。我耳边仿佛响起50年前毛泽东主席在天安门城楼的庄严宣告，又仿佛响起江泽民主席那充满自信的声音：“一个富强、民主、文明的社会主义中国必将出现在世界东方！”

是啊，50年来，中国共产党领导人民建立了新中国，又领导人民胜利实现了现代化建设第二步战略目标，并意气风发地向第三步战略目标迈进。作为共和国的同龄人，我的命运始终和祖国的命运紧紧连在一起。再过50年，我们中华民族将以社会主义现代化强国的雄姿屹立于世界民族之林。那时我可能已化作一股青烟，但中华人民共和国却千秋万代，永远雄踞世界东方。

（原载于《中华英才》2000年第19期）

老话新提

知识分子待遇，是个老而又老的话题。现在重新提起，是因为近年来又有些新的感受。

过去我常为“搞导弹的不如卖茶鸡蛋的，拿手术刀的不如握剃头刀的”而愤愤不平。记得数年前一次中学同学聚会，我们几个吃“皇粮”的曾被大家钦羡为“天之骄子”，侃起国家大事、岗位工作来，一个个神采飞扬，志得意满；但谈及个人的工资收入，却不免黯然失色，自惭形秽起来。我们之中，一个搞科研，一个站讲台，一个坐机关，虽有中级职称或处级职务，每月工资奖金却不过200多元。而一位当工人的同学，工资虽不足百元，奖金却数倍于此。至于那位开餐厅干个体的同学，日纯利就达二三百元，这更是我们无法望其项背的。按照经济学理论，复杂劳动所创造的价值数倍于简单劳动，劳动者的报酬应与其创造的价值相符，而现实中为什么会是“脑体倒挂”呢？我百思不得其解。

然而近年来发生的一些变化却使我对这个问题有了一些新的认识。去年几个同学碰巧又凑到了一起，一打听，那位教书的同学应聘去了一家合资企业，工资比原来翻了好几番；那位搞科研的则办了一家科技开发公司，月收入也达一两千元。我突然有所感悟，看来所谓“脑体倒挂”，其原因并不在脑体之分，而在体制之别。数年前那位当工人的同学之所以收入较高，是因为他所在的单位实行了承包制，他的工资奖金是与他的劳动成果挂钩的；至于那位开餐厅的同学，其收入更是与他的经营情况密切相关。可以说他们的劳动与收入都不同程度地体现了市场经济的法则，受价值规律的制约；而我们几位吃“皇粮”的则属计划经济的范畴，劳动与收入之间的联系并不像他们那样紧密。现在，两位吃“皇粮”的同学下了“海”，他们的收入更多地依赖于他们劳动的价值和效益，于是便赶上乃至超过了那位当工人的同学。由此我想，所谓知识分子待遇问题，靠旧体制下那种“大锅饭”“一刀切”的模式怕是不能从根本上得到解决；只有通过社会主义市场经济体制的建立和完善，使各种劳动者得以在某种统一、规范的劳动机制中公平竞争，从而更准确、合理地实现各自的劳动价值，才能得到彻底解决。

写到这里，问题应该说算是基本解决了。但是不久前在《瞭望》周刊上看到一篇文章，却又引起了我的深思。文章开头提出：下个世纪中小学谁执教鞭？颇给人以振聋发聩之感。文中说：1992年全国共调出中小学教师21.6万人，且这种流失还呈逐年上升趋势。浙江的一份问卷调查中，回答愿留在学校的教师仅占36%，天津的一份问卷调查中70%的教师表示，如果有重新择业机会，将不再干教师工作。文章认为，流失的主要原因是近年来教师待遇与其他行业日渐悬殊，市场经济的影响使人们的价值取向发生变化。这使我想到：知识分子待遇问题固然需要通过市场机制的途径才能从根本上得到解决，但似乎还应有所补充。因为如果人才都自然涌向一些急功近利的行业，那些对国家的长远发展有着重要影响的基础性行业，例如教育、基础研究等，又将如何发展呢？看来市场固然要在资源（包括劳动力资源）配置方面起基础性作用，但仍需国家在宏观上予以调控。如果国家通过提高基础性行业的待遇调控市场，吸引人才，不就可以保证包括教育、基础研究在内的一些无短期效益却关乎国家百年大计的事业不断发展吗？

以上所言，是耶？非耶？自忖不是行家里手，不敢妄断；但确是心中实感。

（原载于《群言》1994年第9期）

一本“曲高和众”的知识刊物

——为《百科知识》出版200期而作

在当今书刊出版物激烈的市场竞争中，一本刊物能保持其高品位、高格调实属不易；而在保持高品位、高格调的同时又能赢得较多的读者，更是难上加难。《百科知识》正是这样一本“曲高和众”的知识刊物。

若干年前，我们应约为《百科知识》撰稿，从而结识了这本刊物。给我们留下深刻印象的是，这虽是一本科普性的读物，却极为重视刊物的品位和质量。所刊文章，虽是介绍各学科的有关知识，却有相当的专业理论深度，不少文章还能反映出该学科当前的最新成果，作者也多为各学科的专家、学者。当时我们应约所写的稿件多为文艺心理学内容。文艺心理学是近年发展起来的一门新兴学科，是文艺学与心理学之间的一门边缘学科。我们对该刊坚持高品位的做法深感敬佩，很认真地为其撰写了几篇文章；同时内心也不免产生了一些担心：这种学术层次较高、学科专业性较强的知识读物，能拥有众多的读者吗?

最近又看到几期《百科知识》，我们过去的担心一扫而光。该刊仍坚持其高品位、高格调，例如“科学前沿”“学科博览”等栏目荟萃了一批具有前瞻性的高级科普文章，“国际纵横”等其他栏目的文章也称得上品位上乘、格调高雅；但另一方面，无论是内容安排还是栏目设置，都发生了种种变化，更贴近社会、贴近读者，令人耳目一新。这种变化具体表现为增强了“四性”：

（1）时政性。时事政治最为广大群众所关心，介绍与之相关的知识，不仅可以吸引读者，且有助于宣传党和国家的方针政策。不知是否出于这种考虑，该刊开辟了一系列时政性栏目。例如，结合我国将于1997年和1999年分别对香港和澳门恢复行使主权，开辟了“港澳述评”栏目，介绍有关中国香港、中国澳门的知识；结合纪念抗日战争和世界反法西斯战争胜利50周年，开辟了“二战史话”栏目，介绍第二次世界大战的有关史实。这些栏目的文章将政治、历史知识与群众关心的时事结合起来。

（2）社会性。当前，我国社会正处于由计划体制向社会主义市场经济体制转变的重要时期，人们遇到许多新矛盾、新问题、新现象，迫切希望通过有关知识的学习而提高认识。也许出于这种原因，该刊开辟了“国情与改革”“科学与社会”“经济论坛”“民族之林”“妇女世界”等栏目，抓住群众关心或感兴趣的一些问题和现象，介绍有关知识。例如今年第5期“国情与改革”栏日刊登了《通货膨胀与消费心理》一文，抓住通货膨胀这个热点问题，分析了在物价上涨幅度较大的情况下群众仍能保持较稳定的消费心理的原因。

（3）文化性。随着生活水平的提高，群众对文化的需求也越来越高。该刊开辟了“文化长廊”“文化漫谈”“文艺天地”“地理风物”等栏目，介绍各方面的文化知识。例如今年第7期“文化长廊”刊登的《围棋文化与围棋运动》，第6期“地理风物”刊登的《道教名山——武当山》，读后都令人颇受启发和教益。

（4）生活性。在各种知识中，群众往往对与生活相关的知识更为关注。该刊注意到了这一点，开辟了“科学与生活”“百科探索”“百科专栏”“东南西北”等栏目，介绍一些高层次的生活知识。例如今年第6期“科学与生活”栏目《肿瘤病毒与恶性肿瘤》一文，介绍了有关病毒与相关肿瘤发生的关系，读后令人视野大开。

总而言之，《百科知识》比以前更为贴近现实、贴近社会、贴近生活、贴近读者。它把科学普及、知识传播与群众关心的时政问题、社会问题，读者感兴趣的文化问题、生活问题结合起来，从而达到了高品位与群众性的统一，提高与普及的统一，社会效益与经济效益的统一。据了解，《百科知识》现在拥有的读者越来越多。这不难理解，它确实是一本“曲高和众”的知识刊物。

（本篇与金开诚教授合作，原载于《百科知识》1995年第11期）

看为基础　想为主导　落实到写

——读金开诚教授《艺文丛谈》

最近，北京大学中文系教授金开诚所著的《艺文丛谈》一书由北京出版社出版了。在书的一些篇章中，金先生根据青年朋友在学习和研究中存在的一些问题，运用心理学及“三论”的基本原理，分析了学习与创造之间的辩证关系，提出了充分发挥主观能动作用、边学习边创造的原则和“看为基础，想为主导，落实到写”的方法。

所谓“看为基础”，就是把看书学习作为创造过程的第一环节，强调为了创造需要而有目的地读书。有些青年片面理解学习与创造的关系，认为书读得越多，知识越丰富，就越有创造性，因而一味贪多求快，为读书而读书，结果常常事与愿违。对此，金先生深刻地指出：“任何人读书都是为了取得某种成果，而不是‘为读书而读书’。因此衡量书读得好不好的唯一标准，就是读了是否能用，是否能取得预期的成果。”所以，读书要有一定的目的，要有个“主心骨”。为什么呢？因为“吾生也有涯，而知也无涯”，这一点在知识爆炸的今天更为突出。那么怎样适应今天的形势而有效地读书呢？金先生运用控制论的原理，指出要“在看书学习中既看到它的‘封闭性’，也看到它的‘开放性’”。看到它的“开放性”，就要看到各学科各种知识间的相互联系，广泛地接收和处理各方面的信息。看到它的“封闭性”，就要注意在接收和处理知识信息时讲究系统性与序列性，以形成自己的最佳结构。那么怎么形成这种最佳结构呢？金先生认为第一要吃透马克思主义的基本原理，第二要建立有用的知识结构与可行的读书方法。有用的知识结构指最适合自己专业的创造知识系统，可行的读书方法则包括以下内容：一要精读少量的书；二要粗读较多的书；三要了解更多的书的大致内容和用处；四要尽可能多地了解各种信息、材料的线索。

所谓“想为主导”，就是说思考是整个学习和研究过程的核心环节。有的青年给金先生来信说，他常抱着“读书破万卷，下笔如有神”的信条拼命读书，结果却常常是“读书破多卷，下笔无主张”。为什么会如此呢？金先生认为“这里有一个读书之后想得不够、用得不够的问题”。他指出，“想”是脑力劳动创造过程的主要特征；就拿读书来说，也主要是脑力劳动，而不能降格为“眼力劳动”。因此，无论是读书还是研究，“一定要开动脑筋，全面运用思考、记忆、联想、想象等各种能力”。这种“想”不是胡思乱想，而是要想方设法在“已有的知识和面临的课题之间建立联系”，形成焦点。一个研究人员，如果在心中时时保持这个“焦点”（即已有知识和所要解决问题的联结点），在读书中就能成为有心人，甚至在日常生活中也常常会有感于物，有悟于心，发现可为“焦点”服务的东西。

“落实到写”，是学习研究过程的最后一个环节，也是一个十分重要的环节。那么，学习研究为什么一定要落实到写呢？金先生认为：“在明确的创造目的和艰难的写作任务催逼下，开动脑筋才有一定的方向，脑力劳动才有深度和强度；而且在把思考的结果表现为文字时，还要求内容更为精密，表达更为准确。这种锻炼显然不是看了书想一想所能够比拟。”从这个意义出发，金先生认为，从广义来看，不能把写作仅仅看作是一种文字表达的技能，而应看成是“完成工作和进行创造的智能的综合表现”。因此他反驳了“知识多了，自然能写出好文章”“怎么想就怎么说，怎么说就怎么写”等习惯看法，强调应该积极主动地下苦功去学、去想、去写。

金先生认为，“看为基础，想为主导，落实到写”是统一的学习创造过程中的三个既相互关联又相互作用的环节。只有先看，才能有的可想，有的可写；反之，只有带着“落实到写”的任务，才能积极、主动、有方向地去“想”，也才能有目的、有选择地去看。但是，相比之下，他更强调“写”对“想”“想”对“看”的积极能动作用。他认为，只要充分发挥主观能动作用，勤于并善于思考和实践，在实践中边创造边学习并自觉培养自己的创造能力，即使是学习和研究条件有一定限制，也能较快地取得成果。这种成果反过来又会成为动力，激励研究者更努力地学习和创造。这是金先生从自身实践中总结出的经验，对广大条件不足而又渴望创造的青年来说，它确实是一种切实可行而又行之有效的方法。

（刊于《北京晚报》1986年8月22日）

后　记

1982年，作为恢复高考后首届全国统考毕业生（所谓七八级），我由北京市人事局分配到九三学社北京分社工作。自那时至退休，我在九三学社工作凡31年。这31年，我伴随着时代的脚步前进，为中国共产党领导的多党合作事业，为九三学社的事业，勤勉工作，开拓进取，自己也从一名民主党派工作人员成长为九三学社中央常委、全国政协委员。

我小时候喜欢读书，在为书中的故事与哲理吸引的同时，也对创作这些的作家、学者颇为崇拜，总希望长大后也能成为和他们一样的人。在山西师范学院汉语言文学系读书时，也憧憬着未来毕业后能有一份专业研究的工作。因此得知自己被分配到九三学社工作，以为这个单位是搞学术研究的，心里还挺高兴。但是当北京市人事局的同志告诉我，九三学社是个民主党派，我的心一下子凉了。因此初到九三学社北京分社工作，我并不安心，曾联系到有关高校任教，从事汉语言文学的教学研究工作。但是不久后的一件事改变了我的这一想法。

工作中的一个偶然机会，我在九三学社北京分社的组织名单上，发现了北京大学金开诚教授的名字。我对金开诚教授心仪已久。他曾在北京大学开设文艺心理学选修课，给当时万马齐喑的中国文坛吹来一股清新之风，前来听课的学生挤得水泄不通，一时社会广为流传，颇有洛阳纸贵之势。我不禁萌生了随金先生研修文艺心理学的念头。于是贸然给他写了一封信，表达了希望考他文艺心理学研究生的想法。没想到很快接到金先生的电话，约我面谈。先生说，他没有文艺心理学专业研究生课，如果我有兴趣，可随他业余研修文艺心理学。我喜出望外。从此，我开始了随金开诚先生学习、研究文艺心理学的历程。

在先生的指导下，我仔细研读了他《文艺心理学论稿》一书。先生常拨冗为我讲述他文艺心理学的整体观点和结构体系。他旁征博引，侃侃而谈，以心理学的原理解释日常生活中司空见惯的艺术现象，阐述他对古今中外文艺创作与欣赏中心理活动的理解与感悟，其深邃的思想和广博的学识令我钦佩不已。先生还常常向我谈起他的成才思想和为学之道。他认为真正的人才不是考出来的，而是干出来的。为此他招研究生从不看考试成绩，而是看实际成果，用他的话说就是“拿文章来”。那么怎么能取得高水平的成果，或者说怎么能成才呢？先生总结了三句话十二个字：“看为基础，想为主导，落实到写。”所谓“看为基础”，就是为了研究而有目的的读书，而不是为读书而读书。所谓“想为主导”，就是把思考作为学习和研究过程的核心环节。这里的“想”不是胡思乱想，而是要想方设法在“已有的知识和面临的课题之间建立联系”，形成焦点。“落实到写”，是学习研究过程的最后一个环节。金先生认为，在明确的创造目的和艰难的写作任务催逼下，开动脑筋，才有一定的方向，脑力劳动才有深度和强度。因此，这里的“写”不能仅看作一种文学表达技能，而应是一种创造智能的综合表现。先生认为，“看为基础，想为主导，落实到写”是统一的学习创造过程中三个既相互联系又相互作用的环节。他特别强调“写”对“想”、“想”对“看”的积极作用。他认为，只要充分发挥主观能动作用，勤于并善于思考和实践，即使学习和研究条件有一定限制，也能较好地取得成果。

先生的教诲不仅使我领会了他文艺心理学深刻而完整的体系，更重要的是为我指明了如何学习与研究的途径。在后来的日子里，我按照先生传授的方法，带着文艺心理学的问题阅读了大量的书籍，从文艺学、心理学等相关知识的联系中思考问题，形成焦点，写成了一篇篇文章。我记得在一篇题为《艺术创造中情感与形象的关系》的文章中，我根据金先生文艺心理学中的一个基本观点：在艺术创造中，情感依赖于认识（感知、想象、思维）又反作用于认识，从神经心理学的角度阐述了这一关系的原理机制，受到了金先生的表扬。他说，杂志的编辑说“这篇文章把如此复杂的问题，论述得如此清楚，真了不起”，这是对你的表扬。

在将近10年的时间里，我业余从金开诚先生开展文艺心理学的理论研究与写作实践，先后与先生合作发表了13篇文章，合作出版了《文艺心理学》一书（《应用心理学丛书》之一册），参与编写了先生主编的《现代美育教程》

和《文艺心理学术语详解词典》两本书，独自撰写与发表了《比喻心理研究》等一批文章。这些文章，有些是对金开诚文艺心理学体系的阐述，如《谈谈文艺心理学的几个问题》；有些是对体系观点的挖掘与深化，如《艺术知觉的特征和艺术家的知觉能力》；有些是对体系的补充，如《文艺创作与定势》。

本书“文艺心理”和“审美欣赏”两部分收录了我和金开诚教授合作及我独自撰写的一批文艺心理学和文艺欣赏的文章。这些文章体现了我从金开诚先生研修文艺心理学的成果，也寄托了我对先生深切的感恩与怀念之情。

金开诚先生使我留在了九三学社机关工作。这不仅是因为他满足了我的“专业情结”，更因为他的德识才学、他的人格魅力深深吸引了我、感染了我。我开始关注我接触的每一个“九三人”，并深深地被他们吸引了，特别是周培源、茅以升、吴阶平、金善宝这些德高望重的前辈。他们身上那种炽热的爱国情怀、严谨的科学精神、执着的担当意识、亲和的人格魅力深深地感染了我，使我的内心世界受到一次又一次的洗礼。为一种激情所推动，这一时期（20世纪80年代中至90年代中，我先后在九三学社北京分社和九三学社中央从事宣传工作），我写下了大量的人物通讯。我觉得我有责任让社会了解，有这样一批“九三人”，他们虽经历种种人生磨难，却依然无怨无悔地为国家、为民族担当着历史的责任，做出他们的贡献。

本书“人物风采”部分收录了我所写的人物通讯。他们绝大部分是九三学社成员。这其中撰写茅以升先生的文章达10篇之多。这是因为茅以升先生逝世后，我为九三学社中央周培源主席起草纪念茅老的文章，研究了大量茅老的材料。后来，我又受九三学生中央委派担任茅以升科技教育基金会副秘书长，负责宣传工作，了解了更多茅以升先生的事迹。在这个过程中，我一次又一次被深深感动。茅以升先生，一生为祖国江河架桥，为科技与人民架桥，为党和知识分子架桥，为祖国统一架桥，也为自己架设了一座由爱国主义者通向共产主义者的人生之桥。我以为他是九三学社成员的杰出代表，也是中国科技工作者的楷模。

1994年，我调到九三学社中央专门委员会办公室（后改称参政议政部）工作。这是我人生道路上的一个重要节点。这个部门是九三学社中央各专门委员会的协调办事机构，也是社中央机关负责参政议政工作的职能部门。其主要工作是：组织实施社中央重点课题的调研并形成参政议政成果文稿，推动各专门委员会调研并形成各种参政议政文稿，在全社范围内征集政协发言提案并经遴选修改形成社组织名义的政协发言提案，为社中央领导参加高层协商、政协会议等活动撰写参政议政文稿。在这个岗位上我工作了整整16年，组织和参加了数十次参政议政调研活动，写下了一批参政议政文稿，主要有“九三学社中央致中共中央国务院关于三峡工程情况的考察报告”（1993年），“九三学社中央关于加快振兴东北老工业基地的建议”（上报中共中央国务院，2003年），“关于农村富余劳动力转移的调研报告”（九三学社建言，上报中办国办，2004年）；九三学社中央在全国政协大会的发言：“加大支持力度，强化科技的第一生产力地位”（1995年），“关于加强和完善特约人员工作的意见和建议”（1996年），“树立水资源危机意识，合理开发，反对浪费”（1998年），“加快创新人才建设，迎接知识经济挑战”（1999年），“强化环境保护意识，加大环保工作力度”（1999年），“建立智力产权制度，推动高科技产业蓬勃发展”（2000年），“关于实施西部大开发战略的若干建议”（2000年），“实施人才战略，建设世纪强国”（2001年），“大力发展和规范民办高等教育”（2002年），“关于大力发展我国海水淡化事业的建议”（2003年），“为科技人才营造良好的创新环境”（2004年），等等；九三学社中央提案：“关于落实科技进步，保证科技投入的建议”（1995年），“关于加快我国水电开发的建议”（1998年），“完善特约人员工作，推进民主监督事业”（2001年），“关于实施专利战略的建议”（2002年），“关于实施国家知识产权战略的建议”（2003年），“关于提升企业自主创新能力的若干建议”（2004年），“把发展循环经济作为‘十一五’规划的指导理念和规划基础”（2005年），“以人为本，切实加强食品安全”（2005年），“关于促进粮食主产区粮食增产农民增收的建议”（2006年），等等。这些文稿作为九三学社组织的参政议政成果，虽然没有收到本书中，但却是我人生中的一段重要轨迹，对我的成长产生了重要的影响和作用。它极大地提升了我作为一个参政党成员的政治素质和参政议政能力，为我后来作为政协委员在全国政协这个国事建言的舞台上参政议政打下了坚实的基础。

2003年至2012年，我担任了两届全国政协委员。在这十年中，我曾代表九三学社中央做过四次大会发言：“解决中小企业科技创新瓶颈问题刻不容缓”（口头发言，2003年），“加大行政信息公开与监督力度”（口头发言，根据安排改为与蔡辉军委员联合发言形式，2010年），“统筹区域发展要从改革税制入手”（书面发言，2004年），“立足国家水资源战略，大力推进海水利用”（书面发言，2005年）。另外，我也以委员个人名义提交了一批发言和提案，例如“关于解决我国资源可持续利用的建议案”（2001年），“关于维护劳动者权益的提案”（2006年），“关于促进企业成为技术创新主体的若干建议”（2007年），“关于实行全民医保、按人包费、资源整合医改方案的提案”（2007年），“和谐社会呼唤教育公平”（2007年），“大力推动生物质能源发展”（2006年），“高度重视失地农民长远生计保障问题”（2008年），“关于全面推动生态旅游的建议”（2012年），等等。这些发言和提案已收入中国文史出版社编辑出版的《政协委员履职风采》一书，本书不再收入。

本书“议政感言”部分收入了我在报刊上发表的一些议政文章，“窥一斑而见全豹”，这些文稿在一定程度上反映了我参政议政的风貌。这一部分还收录了我的几篇社会人生感言，反映了我人生中的若干思想痕迹。

苏轼《和子由渑池怀旧》诗云：“人生到处知何似，应似飞鸿踏雪泥。泥上偶然留指爪，飞鸿那复计东西。”本书所收集的文稿，并非为今日有意为之，实是人生自然留下的痕迹。因此名为雪泥鸿爪，应是正当其义。从岗位上退下来后，每当翻阅这些文稿，当时相关的画面便浮现在眼前，因此几次萌生将此辑为一书的意愿。中国文史出版社帮我实现了这个心愿。在此，谨向中国文史出版社表示诚挚的敬意和谢意，向为此书出版付出辛勤劳动的编辑刘华夏女士表示衷心的感谢！

张化本

2017年7月15日

附：张化本主要作品目录

1. 张化本编著：《艺文散论：文艺心理学拾遗及其他》，学苑出版社2015年12月版

2. 金开诚、张化本著：《应用心理学丛书·文艺心理学》，吉林教育出版社1988年4月版

3. 金开诚、龙协涛主编，张化本等编写：《现代美育教程》，江苏教育出版社1994年11月版

4. 金开诚主编，张化本等编写：《文艺心理学术语详解辞典》，北京大学出版社1992年10月版

5. 宓正明、张化本、李书编著：《科学家的故事》，学苑出版社1990年10月版

图书在版编目（CIP）数据

雪泥鸿爪 / 张化本著. —北京：中国文史出版社，2018.2
（政协委员文库）
ISBN 978-7-5205-0329-7

Ⅰ. ①雪… Ⅱ. ①张… Ⅲ. ①美学—文集②心理学—文集

Ⅳ. ① B83-49 ② B84-49

中国版本图书馆 CIP 数据核字（2018）第 123788 号

责任编辑：刘华夏

出版发行：**中国文史出版社**
社　　址：北京市西城区太平桥大街 23 号　邮编：100811
电　　话：010—66173572　66168268　66192736（发行部）
传　　真：010—66192703
印　　装：北京地大彩印有限公司
经　　销：全国新华书店
开　　本：787 × 1092　1/16
印　　张：28　　插页：1
字　　数：597 千字
版　　次：2018 年 8 月北京第 1 版
印　　次：2018 年 8 月第 1 次印刷
定　　价：86.00 元
